地理信息系统现代理论与技术系列丛书

地图设计与编绘导论

王结臣　陈　杰　钱天陆　等编

东南大学出版社
SOUTHEAST UNIVERSITY PRESS
·南京·

内 容 提 要

本书较简明地介绍了地图设计和地图编绘的理论、方法与制图技术，主要内容可概括为三部分。第一部分扼要介绍地图和地图学的起源与发展、现代地图学的学科体系、地图编制过程与方法、地图的种类，对应本书的第一章和第二章；第二部分重点论述地图设计的相关理论基础和主要方法，包括地图的表达基础、基础地理要素的表示方法、专题现象的表示方法、制图综合原理与典型地理要素的制图综合要求、地图设计的内容与方法，对应本书第三～七章；第三部分回顾了传统的地图编绘工艺，总结了计算机地图制图的主要技术及其发展，对应本书第八章。

本书可作为高等院校地理信息科学、测绘工程、地理国情监测、地球信息科学与技术、遥感科学与技术、自然地理与资源环境、人文地理与城乡规划等专业的本科教材，也可供相关领域的科研和工程技术人员作参考用书。

图书在版编目(CIP)数据

地图设计与编绘导论 / 王结臣等编．—南京：东南大学出版社，2019.1

(地理信息系统现代理论与技术系列丛书)

ISBN 978-7-5641-7973-1

Ⅰ.①地… Ⅱ.①王… Ⅲ.①地图—设计—高等学校—教材 ②地图编绘—高等学校—教材 Ⅳ.①P283

中国版本图书馆 CIP 数据核字(2018)第 203745 号

书　名：地图设计与编绘导论

编　者：王结臣　陈　杰　钱天陆 等
责任编辑：宋华莉
编辑邮箱：52145104@qq.com

出版发行：东南大学出版社
出 版 人：江建中
社　址：南京市四牌楼 2 号(210096)
网　址：http://www.seupress.com

印　刷：南京玉河印刷厂
开　本：787 mm×1 092 mm　1/16　印张：17.75　字数：444 千字
版 印 次：2019 年 1 月第 1 版　2019 年 1 月第 1 次印刷
书　号：ISBN 978-7-5641-7973-1
定　价：58.00 元
经　销：全国各地新华书店
发行热线：025-83790519　83791830

前　言

地图设计与编绘是高等院校地理信息科学专业(原名地理信息系统专业)的重要专业课程,主要介绍地图设计和地图编绘的理论、方法与制图技术。随着地理信息科学各分支学科的发展,GIS、遥感等相关专业课程越来越多,地图学相关的教学内容在不断浓缩,地图设计与编绘的技术方法也已有巨大进步和革新。本教材就是基于这些背景,将地图设计与编绘相关主要内容整合重组,按新形势下地理信息科学专业人才培养的教学新要求编写的。

全书共分八章。其中第一、二章扼要介绍了地图和地图学的起源与发展、现代地图学的学科体系、地图编制过程与方法、地图的种类;第三～五章较系统地阐述了地图的表达基础和地图内容的表示方法,包括地图的数学基础、地图符号、地图注记、地图图面配置、基础地理要素的表示方法、专题现象的表示方法;第六章着重讨论制图综合这一制图作业的重要环节,包括制图综合的基本原理、主要方法和典型地理要素的制图综合要求;第七章分别从制图区域分析与资料评价、数学基础设计、地图内容设计、表示方法设计、地图色彩设计、图面配置设计等多方面论述地图设计的理论方法;第八章简要介绍地图编绘的技术方法,回顾了传统的编绘工艺及其流程,总结了计算机地图制图的主要技术及其发展。教材所用的资料力求吸收最新的研究成果,编写过程中参阅了大量专著和地图作品,注意参考地图编绘的新标准、新规范,努力使本书内容完整、结构紧凑。

本书内容是编者在多年课程讲义的基础上经多次调整而确定。参加本书初稿撰写、资料整理和审校工作的有博士研究生陈杰,硕士研究生钱天陆、王金茵、李思倩、盛彩英、黄煌、卢敏、吴嘉逸等。全书由编者修改、统稿、定稿。由于水平所限,书中难免有错误和不妥之处,敬希读者批评指正。

编者

2018 年 7 月

目　录

第一章 绪 论

第一节 地 图

一、地图的起源与发展

（一）地图的起源

地图起源于远古，几乎和世界最早的文化一样有着悠久的历史。现存世界上最古老的地图是距今约 4 700 年前亚洲西部苏美尔人刻在泥板上的原始地图，图上标示了城市、河流和山系，以及一大段文字。其次是从巴比伦北面 320 km 的加苏古巴城（今伊拉克境内）发掘出来的刻在陶片上的地图（图 1-1），迄今有 4 500 余年的历史，这是一块手掌大小的陶片，图上绘有古巴比伦城、底格里斯河和幼发拉底河，地图上方残存有 11 行楔形文字。

在中国，有记载的最古老的地图是 4 000 年前夏禹的九鼎，鼎地图的传说记载于《左传》，由于是“贡金九牧”而铸鼎，且鼎上铸有山川形势、奇物怪兽，故后人称之为《九鼎图》；在先秦古籍《山海经》中，有不少绘有山、水、动植物及矿物的原始地图；河南安阳花园村出土的《田猎图》，是青铜器时代刻于卜卦用的龟板上的原始地图，距今 3 600 多年；在云南沧浪县发现的巨幅岩画《村圩图》，距今也有 3 500 年历史。

图 1-1 巴比伦陶片地图

资料来源：http://www.aryse.org/wp-content/uploads/2012/02/carte-mondeancienne-babylone.jpg

（二）中国古代与近代地图的发展

春秋战国时期，诸侯争霸，战争频繁，地图成为军事活动不可或缺的重要工具。《管子·地图篇》指出“凡兵主者，必先审知地图”，精辟阐述了地图的重要性。1986 年，在甘肃天水放马滩 1 号秦墓出土 7 幅地图，均用墨线绘在 4 块大小基本相同（长 26.7 cm、宽 18.1 cm、厚 1.1 cm）的松木板上，经甘肃省文物考古研究部门鉴定为秦王政八年（公元前 239 年）物品，是目前所知世界上最早的木板地图，图上重点表示了境内的河流、居民地及其名称，部分地区还表示了林木的分布情况、里程注记和其他地名。秦始皇统一中国后，在社会经济与发展方面对地图的需求量进一步加大。从划分郡县，到行政和经济管理；从兴修水利、开凿运河等大型工程，到建设遍布全国的交通要道，都离不开地图。因此，秦始皇很重视地图的制作和收藏。尽管秦王朝的统治只有 20 多年，但到汉灭秦时，秦地图的数量已相当可观。刘邦灭秦时，萧何先入咸阳，把大量的官家图籍接收过来，并专门建造一个坚固的石渠阁，以保存秦始皇在位时从全国各地收集来的地图。1973 年湖南长沙马王堆三号汉墓出土三幅绘于帛上的地图（地形图、驻军图和城邑图），距今至少

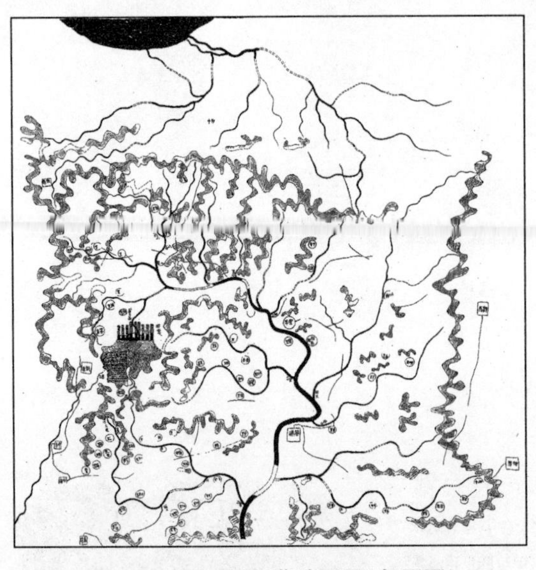

图 1-2　马王堆汉墓地形图(复原图)

资料来源:马王堆汉墓帛书整理小组.古地图:马王堆汉墓帛书[M].北京:文物出版社,1977.

2 100多年,地形图(图 1-2)是一幅边长 98 cm 的正方形彩色普通地图,范围大致为东经 111°～112°39′、北纬 23°～26°之间,相当于现今湖南、广东、广西等三省区交界地带。方位上南下北,所绘主区为汉初长沙国南部 8 县(道),即今湖南南部潇水流域、南岭、九嶷山及附近地区;邻区是汉初南越国的辖地,约相当于今天的广东大部分和广西小部分地区。地图内容丰富,包括山脉、河流、聚落、道路等要素,图上绘有 80 多个居民点、20 多条道路、30 多条河流,采用闭合曲线表示山体轮廓及其延伸范围。驻军图是一幅长 98 cm、宽78 cm,用黑、朱红、田青三色彩绘的军事地图,其范围仅仅是地形图的东南部地区。该图在简化了的地理基础之上,用朱红色突出表示了九支驻军的名称、布防位置、防区界线、军事要塞、烽燧点、防火水池等内容。城邑图长 40 cm、宽45 cm,图上标绘了城垣范围、城门堡、城墙上的楼阁、城区街道、宫殿建筑等。长沙马王堆汉墓地图的发现,给中外地图史增添了光辉灿烂的一页,它的时间之早,内容之丰富可靠,地图绘制原则和绘制水平及其使用价值,都处于世界领先地位。

魏晋时期,著名学者裴秀(公元 224—271 年)编制完成《禹贡地域图》,标志着我国古代地图学的辉煌成就,奠定了我国地图学的最初基石,裴秀因此被后人称为中国地图学之父。裴秀在晋朝初年担任过司空、地官,专管国家的户籍、土地、税收和地图,后任宰相。他以《禹贡》为依据,总结前人制图经验,绘制了 18 幅《禹贡地域图》,并将《天下大图》缩制为《方丈图》,创立了我国最早的制图理论"制图六体",即分率、准望、道里、高下、方邪、迂直。"分率",即比例尺;"准望",即方位;"道里",即距离;"高下",即相对高程;"方邪",即地面坡度起伏;"迂直",即实地的高低起伏距离与平面图上距离的换算。裴秀还反复阐述了"六体"之间相互制约的关系及其在制图中的重要性,"制图六体"自此成为我国 1 400 年间(西晋至明末)绘制地图的基本理论与方法,也是我国传统"计里画方"法绘制地图的理论基础,在我国和世界地图制图学史上有重要地位。

唐代贾耽(公元 730—805 年)通过对古今地图的对比分析和调查访问,编制了《关中陇右及山南九州图》。该图内容丰富,有新旧城镇,诸山诸水之源流,重要的军事要塞,道路的里数等。他的另一杰作是《海内华夷图》和说明该图的《古今郡国县道四夷述》四十卷。《海内华夷图》是魏晋以来的第一大图,"广三丈,纵三丈三尺",吸取了裴秀制图理论的优点,讲究"分率"(一寸折成百里)。图上古郡县用黑色注记,当代郡县用朱红色标明,进一步确定了这种传统历史沿革地图的表示方法,对后世产生了很大影响。唐代曾组织人力绘制京都《长安图》,是现存最大的古代城市图,藏于西安碑林博物馆。

宋代是制图技术较为发达的时期,北宋统一不久后于公元 993 年(淳化四年)曾用绢一百匹编绘了第一幅规模巨大的全国总舆图,即《淳化天下图》。该图系用各地所贡地图 400 余幅编制而成。在著名的西安碑林中,保存有一块伪齐阜昌七年(南宋绍兴六年,公元 1136

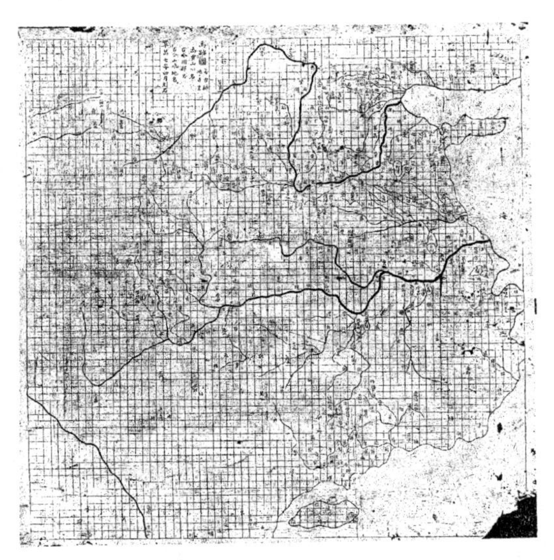

图 1-3 禹迹图(墨线图)

资料来源:廖克. 现代地图学[M]. 北京:科学出版社,2003.

年)刻石,在碑的两面分别刻着《华夷图》和《禹迹图》。《华夷图》可能是因袭唐代贾耽的《海内华夷图》制成。《禹迹图》上刻有方格,是目前看到的最早的"计里画方"的地图作品,在美国国会图书馆地图部所藏最早的中国地图就是《禹迹图》的 19 世纪拓本(图 1-3)。《禹迹图》长宽各一米多,图中采用"计里画方"的绘制方法,每个方格边长相当于一百里,横方格七十一个,竖方格七十三个。其中水系、海岸线非常接近现今地图上的形状,所绘内容十分丰富,行政区名有三百八十个,标注名称的河流近八十条、山脉七十多条、湖泊五个。然而,由于该图是根据公元前 2205 年夏朝大禹王时期《禹贡》中对地形的描述制作的,部分地物的位置与现今实际情况存在较大差距。宋代的代表性地图学家沈括(公元 1031—1095 年)对地图测绘有很多贡献,例如,为疏通渠道做过 840 里的水准测量,发现地磁偏角的存在,改进了指南针的装置等。历经十二年不懈的努力,元祐二年(公元 1087 年),沈括完成了奉旨编绘的《天下州县图》,其图幅之大,内容之详,前所罕见。全套地图共有二十幅,包括全国总图和各地区分图,比例为九十万分之一。在制图方法上,沈括提出分率、准望、互融、傍验、高下、方斜、迂直等九个方法,并按方域划分出"二十四至",从而大大提高了地图的科学性。

元、明两朝地图测绘也有长足的进步。例如,都对黄河源头做了详细的考察;郭守敬在测量上第一个提出了"海拔高程"的概念;出现了我国第一个地球仪。元朝地理学家朱思本(公元 1273—1333 年)十分重视地理考察,曾经游历过整个中原地区,他对地理知识的求索并不局限于泛游名山大川,而是考察历史沿革,核实地理情况,经过 10 年的努力,著成《舆地图》二卷。罗洪先(公元 1504—1564 年)是明代一位杰出的地图学家。他通过"考图观史",在访求的过程中,偶得元人朱思本地图,并与以前地图做比较,认为朱图坚持我国传统的计里画方制图,有较好的精度,各地物要素丰富。于是,以朱图为新图的蓝本,扬长避短,朱图"长广七尺,不便卷舒",他按计里画方的网格加以分幅,并补充新资料,积十年之寒暑而后成。因把朱图"广其数十"幅,故名《广舆图》,成为我国最早的综合性地图集。该图承前启后,对地图学的发展产生了重大影响,前后翻刻了六次,自明嘉靖直到清初的 250 多年间广为流传。

明朝著名航海家郑和(公元 1371—1433 年)先后七次在南洋和印度洋航行,历时 20 余年,经历了 30 多个国家,远到非洲东海岸和阿拉伯海、红海一带。郑和的同行者们留下四部重要的地理著作，产生了我国第一部航海图集——《郑和航海图》(原名《自宝船厂开船从龙江关出水直抵外国诸番图》)，它不仅是我国著名的古海图，也是15世纪以前最详细的亚洲地图。

明末，欧洲的一批耶稣教士到我国沿海和腹地开展传教活动，同时也传播了西方新兴的自然科学技术。明万历十年，意大利传教士利玛窦来华介绍的西方世界地图和地图制图技术得到中国统治者的重视，新的制图方法在中国进一步传播。利玛窦对中国科学文化影响最大的是绘制世界地图和测量经纬度。自1584年到1600年，他先后13次编制世界地图，把西方和东方的已知世界汇编在同一幅图上，并带来一些新的地理概念，如经纬度、南北极和赤道等。

清代，康熙聘请了德国、比利时、法国、意大利、葡萄牙等国的一批传教士，进行了大规模地理经纬度和全国舆图的测绘。采用天文测量和星象三角测量相结合的方法，历时35年，完成了631个重要点位的经纬度控制测量，奠定了中国近代地图测绘的基础。随后用10年时间绘制了科学水平空前的《皇舆全览图》，走在了世界前列。《皇舆全览图》原测28分幅，编绘出版时，以省分幅，计"全国地图一，离合凡三十二帧，别为分省图，各省一帧"。《皇舆全览图》绘制成功后，"镌以铜版，藏内府"，当时很少流传。但该图毕竟是我国首次全国性的实测地图，开我国实测经纬度地图之先河。乾隆继位后，在《皇舆全览图》的基础上，增加新疆、西藏新测绘的资料，编制成一部新地图集《乾隆内府舆图》，地图的表示范围为西到东经90°，北至北纬80°，成为当时世界上最完整的亚洲大陆全图。康熙、乾隆两朝实测地图的完成，把我国地图制图的发展提升到了新的水平，并影响着各省区地图集的编制，在中国地图发展史上具有极为重要的意义，它是中国传统制图法向现代制图法转变的标志。

我国采用经纬度制图法绘制的第一部世界地图集，是清末地理学家魏源(公元1794—1857年)编制的《海国图志》。《海国图志》是魏源受林则徐嘱托而编著的一部世界地理历史知识的综合性图书，是中国地图制图史上一部世界地图集编制的开创性工作，包括74幅地图。采用经纬度控制法，经线以穿过巴里亚利斯岛的子午线为零度，全球分为东经180°，西经180°，区别于康熙乾隆年代使用的北京为零度经线；大洲地图采用彭纳投影，各国地图采用圆锥投影，澳大利亚地区采用墨卡托投影；采用了各种不同的比例尺，但地物符号大部分仍保持古地图的特征。

清末，传统沿革地理学的集大成者、清代学者杨守敬(公元1839—1915年)经15年努力，主编完成了《历代舆地沿革险要图》，成为我国地图史上一部举足轻重的历史沿革地图集。该图集绘制了自春秋至明代的历代疆域政区，并辅以山川形势，历代正史地理志中的县级以上地名基本全收，并绘制了一级政区的界线，是历来历史地图中最详备的一种。

到了近代，由于受外来侵略和内部腐败等影响，国势日衰，限制了地图制图技术的发展。旧中国在地形图测绘方面只做了一些零星工作，没有建立统一的大地坐标系统，缺乏完善的制图作业规范，成图精度较低，杂乱而不成体系；专题地图只在少数部门(如地质、气象部门)开展了少量工作；私营舆图社编制出版过为数不多的地图集，影响较大的是1934年上海申报馆出版，由丁文江、翁文灏、曾世英等负责编纂的《中华民国新地图》(又称《申报馆中国地图集》)。

新中国成立后，随着经济建设和科学文化事业的迅速发展，我国的地图学也得到迅速发展，进入现代地图的发展时期。

(三) 国外古代和近代地图的发展

早在古埃及尼罗河沿岸开始有农业的时候，为了确定可能被河水淹没的土地范围，需要进行丈量和记录，产生了有数学意义、用图形表示土地轮廓和位置的地图。公元前6世纪至公元前4世纪，古希腊在自然科学方面有很大发展，尤其在数学、天文学、地理学、大地测量学、地图学等领域，涌现出一批卓越的学者。古希腊哲学家阿那克西曼德（约公元前610—前545年）提出了地球形状的假说，认为地球是椭圆形球体。到了公元前2世纪，地球是球体的学说为更多的人所接受。埃拉托斯芬（约公元前276—前194年）首先利用子午线弧长推算地球大小，从日影测算出地球的子午圈长为39 700 km，并第一个编制了把地球当作球体的地图。天文学家吉帕尔赫（约公元前160—前125年）创立了透视投影法，利用天文测量测定地面点的经度和纬度，提出将地球圆周划分为360°。著名数学家、天文学家和地图学家托勒密（公元90—168年）对地图学的发展作出了突出贡献，他所写的《地理学指南》是古代地图学的一部巨著。该指南对当时已知的地球各部分作了比较详细的叙述，包括各国居民地、河流和山脉，列举了注明经纬度的8 000多个点。指南中附有27幅地图（1幅世界地图和26幅分区图），是世界上最早的地图集雏形。托勒密提出了编制地图的方法，创立了球面投影和普通圆锥投影，并用普通圆锥投影编制了世界地图，该图在西方古代地图史上具有划时代的意义。

中世纪是西方地图史上的一个大倒退时期。由于宗教神权统治，地球球形的概念遇到排斥，地图不再是反映地球的地理知识的表现形式，往往成为神学著作中的插图。这类地图几乎千篇一律地把世界画成一个圆盘，既无经纬网格，又无比例尺，失去了科学和实用价值。

公元15世纪以后，欧洲各国封建社会内部的资本主义开始萌芽，历史进入文艺复兴、工业革命和地理大发现时期。航海家哥伦布进行三次航海探险，发现了通往亚洲和南美洲大陆的新航路和许多岛屿。葡萄牙航海家麦哲伦第一次完成了环球航行，证实了地球是球体的学说。这些航行和探险使人们对地球各大陆与海洋有了新的认识，为新的世界地图奠定了基础。

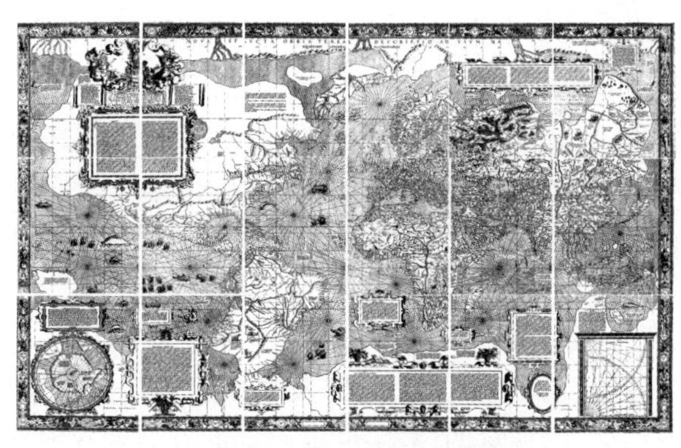

图1-4　墨卡托世界地图

资料来源：http://www.all-nationz.com/jpg/Mercator_1569_world_map_composite.jpg

公元16世纪，荷兰制图学家墨卡托（公元1512—1594年）创立了等角正轴圆柱投影（墨卡托投影），并于1568年用这种投影编制了世界地图（图1-4），代替了托勒密的普通圆锥投影地图。他用等角正轴圆柱投影编制的世界地图，不仅收集并改正了所有天文点成果，把当时对世界的认识表示到地图上，而且等角航线被表示成直线，对航海活动非常适合，因此迄今世界各国仍多采用墨卡托投影编制海图。墨卡托所编地图集也被誉为16世纪欧洲地图发展的里程碑。

17世纪以来，随着资本主义的发展，航海、贸易、军事及工程建设等对地图精度要求不断提高，加之当时平板仪及其他测量仪器的发明，使测绘精度大为提高。三角测量成为大地测量的基本方法，很多国家进行了大规模全国性三角测量，为大比例尺地形测图奠定了基础。由于采用平板仪测绘地图，使地图内容更加丰富，表示地面物体的方法由原来的透视写景符号改为平面图形，地貌由原来用透视写景表示改为用晕渲法，进而改为用等高线法，地图印刷由原来的铜版雕刻改用平版印刷。到了 18 世纪，很多国家开始系统测制以军事为目的的大比例尺地形图。

19 世纪末，资本主义各国为了对外寻找市场和掠夺殖民地，迫切需要了解世界地理情况，有了编制统一规格的世界详图的要求，对后来编制国际百万分之一地图起了积极的推动作用。此外，从 19 世纪开始，由于自然科学的发展进步，普通地图已不能满足需要，产生了各种专题地图。德国伯尔和斯编制出版的自然地图集、巴康和海尔巴特逊编制出版的巴特罗姆气候图集等，都对专题地图的发展起到了一定的推动作用。

20 世纪初飞机出现后，很快研制了航空摄影机和立体测图仪，地图测绘开始采用航空摄影测量方法，黑白航空像片成了专题地图制图的重要资料来源，改变了过去地面测绘速度慢、质量差的局面，使地图的科学内容、表现形式和印刷质量都提高到一个新的水平，地图学进入了一个新的发展时期。

二、地图的定义和基本特性

地图的定义是随着人类社会的发展和科学技术的进步而发展变化着的。20 世纪中叶以前，人们把地图说成是"地球表面在平面上的缩写"。该定义简单明了但不确切，它不能反映地图所具有的曲面与平面投影转换、内容抽象综合以及图形符号的特征，容易同地面照片、风景画相混淆或无法明确加以区分。随着人们对地图制图技术的重视，开始强调地图制作技术的特征，代表性的是 20 世纪 40 年代苏联制图学家萨里谢夫给出的定义："地图是根据一定的数学法则，将地球表面以符号综合缩绘于平面上，并反映出各种自然和社会现象的地理分布与相互联系。"这个定义在某种程度上揭示了地图的本质，说明了地图具有数学法则、符号系统以及地图内容的综合法则，强调了地图能反映各种自然和社会现象的地理分布与相互联系。萨里谢夫上述关于地图的定义在地图学界有较大影响，一直持续到 20 世纪 60 年代。70 年代后，萨里谢夫把模型概念引入地图定义，在他的《地图制图学概论》一书中写道："由数学所确定的经过概括并用形象符号表示的地球表面在平面上的图形，用其表示各种自然现象和社会现象的分布、状况和联系，根据其每种地图的具体用途对所表示现象进行选择和概括，结果得到的图形叫做地图。"国际地图学协会（International Cartographic Association，简称 ICA）1987 年成立的地图学定义与概念工作组给地图的定义是："地图是地理现实世界的表现或抽象，以视觉的、数字的或触觉的方式表现地理信息的工具。"

风景画、素描图、写景图、地面相片、航片、卫星照片与文字著作等，虽然也是地球在平面上的描绘和缩影，但在表示方法、表达手段与描绘的内容上与地图有着本质的区别，它们不具备地图所具有的如下三个基本特性：

（一）严密的数学法则

地面的素描图和写景图是透视投影，随着观测者位置的不同，物体的形状和大小也不同。航空像片则是另一种投影——中心投影，卫星影像是多中心投影。地物的形状和大小随其在像片上的位置不同而变化，等大的同一物体在像片中心和边缘的形状和大小也是不同的。地图是垂直（或正射）投影。从不规则的地球表面（自然表面）到制成地图，首先是要将自然表面上的物体沿铅垂方向投影到大地水准面上，由于大地水准面也是一个不规则的球面，无法用解析的方法精确描述，需要用一个经过定位的旋转椭球面去代替它，然后再将椭球面经过地图投影法则转换成平面。经过这些步骤，我们将自然表面上的经纬线投影到平面上，建立了坐标系统，成为地图的数学基础。通过地图投影生成的地面物体的图形，我们可以控制其变形性质，精确地确定其变形大小，使地图具有更高的科学和实用价值。风景画、地面像片及没有经过处理的航片、卫片，虽然也具有投影规则，但由于种种随机因素的影响，各处的比例很难确定，也不能进行严密的定向。

（二）科学的地图概括

地图是地球表面缩小了的图形，地图图形的大小通常比它表示的区域要小得多，每幅地图存在着地图与客观实际间的倍数关系，这种关系叫做地图的比例尺。在面积一定的图面上，其容量是有限的，但随着地图比例尺的缩小，对于同一区域能够表示到图面上的制图要素的数量也将随之减少。因此，必须对地图内容进行综合，即舍去次要的、微小的，保留基本的、主要的，并加以概括。这种经过取舍、简化等抽象性图形思维和符号模拟综合概括出来的地理图形，和航空像片、卫星图像有很大的差别。所以地图跟航空像片、卫星图像的又一差别在于它的内容是经过了地图概括（即制图综合）得来的，地图内容科学性的核心问题就是地图概括。

制图综合是地图作者在缩小比例尺制图时的第二次抽象，用概括和选取的手段突出地理事物的规律性和重要目标，在扩大读者视野的同时，能使地理事物一览无余。地面事物千差万别，在符号化的过程中，将性质类似、大小相近的物体赋予同样的符号，即实施对地理事物的分类分级，完成制图过程中的第一次抽象。同时还要将复杂的轮廓加以简化，对以质量或数量为标志区分的众多等级合并和缩减，这是制图过程中对地理事物的第二次抽象和升华。

（三）特定的符号系统

地球表面上的事物，在航空像片和卫星图像上是用黑白灰阶或彩色色阶表现出来的，在地图上则是运用特定的符号系统来表示的。地图符号系统又称为地图的语言，它们是按照世界通用的法则设计的、同地面物体对应的经过抽象的符号和文字标记。而风景画和照片则都是写真的，常常由于比例缩小无法辨认。地图由于使用了特殊的地图语言来表达事物，使之具有风景画和照片都无法比拟的直观性的优点。地面物体往往具有复杂的外貌轮廓，地图符号由于进行了抽象概括，按性质归类，使图形大大简化，即使比例尺缩小，也可以有清晰的图形。实地上形体小而又非常重要的物体在像片上不能辨认或根本没有影像，在地图上则可以根据需要，用非比例符号表示，且不受比例尺的限制，事物的数量和质量特征在地图上可以通过专门的符号和注记表达出来。地面上一些被遮盖的物体，在像片上无法显示，而在地图上可以通过专门符号显示出来，许多无形的自然和社会现象，在地图上都可以用符号表达。

为什么地图上要采用特定的符号系统呢？因为地理事物的形状、大小、性质等特征千差万别、十分复杂，如果全部按它们的原貌缩绘到地图上，将会杂乱无章，实际上也是不可能的。例如，有些事物由于缩小，按比例尺不能表示出来，但就其作用来说又必须保留在地图上；另外，有些事物，例如作为三度空间的地貌，只有用一组等高线系统才能将其显示于平面上；还有一些看不见的现象，如地磁、风速、风向、气温、降雨量、土壤有机质含量等，若不用特定的符号就无法将其表示在图面上；再者，采用符号系统，还可以将主要地物与次要地物区别开来，即主要地物用明显的符号或颜色表示，次要地物用不太明显的符号或颜色表示。由此可见，符号是地图的语言，犹如文章和语言中的文字。地图与文字相比，具有形象直观与一览性、地理方位性和几何量测性，谚云“一图胜千言”就是这个道理。

根据地图具有的上述三个特性，可以认为地图是根据一定的数学法则，使用地图语言，通过制图综合，表示地面上地理事物的空间分布、联系及在时间中发展变化状态的图形。随着科学技术的进步，地图可以用数字的形式储存和传送，对地图内容进行任意检索和叠加。围绕这些发展，对地图的定义又产生了新的认识，对地图的定义也出现许多不同的见解，如将地图看成“反映自然和社会现象的形象、符号模型”，地图是“空间信息的图形表达”“空间信息载体”“空间信息的传递通道”等。

现代地图一般认为就是指在数字环境下制作的地图，这种数字式现代地图与传统模拟式纸质地图相比较有很大不同。随着科学技术的进步和时代与社会的发展，地图从内容到形式，从信息源到成图方法，从编图到用图，都发生了巨大的变化。随着数字地图尤其是虚地图的提出，出现了许多新的地图定义。其中，王家耀等（2006）的《地图学原理与方法》中给出的定义是：“地图是根据构成地图数学基础的数学法则和构成地图内容的制图综合法则记录空间地理环境信息的载体，是传递空间地理环境信息的工具，它能反映各种自然和社会现象的空间分布、组合、联系和制约及其在时空中的变化和发展。”这个定义说明构成地图数学基础的数学法则是任何类型的地图都不可缺少的。制图综合法则从广义上讲，包括制图综合和符号系统，因为使用符号就意味着综合。记录空间地理环境信息的载体和传递空间地理信息的工具，既可以是实地图，也可以是虚地图。关于反映各种自然和社会现象的空间分布、组合、联系和制约及其在时空中的变化和发展，更是实地图和虚地图都具备的功能。传统二维纸质地图的数学法则，主要指曲面到平面转换的地图投影；而数字地图、基于椭球坐标系的电子地图，以及影像地图的数学法则指的是一种特殊的坐标系统即特殊的数学框架。传统二维纸质地图的综合法则，主要指地图内容的分类分级、符号化和地图内容的综合概括；而数字地图、影像地图的综合法则，主要指地图数据的分类分级、融合编辑处理，以及数据及影像的多层次细节表达模型处理等内容。可以看出，虽然地图的数学法则、地图概括和符号系统这三个基本特性在数字环境下都有所发展，但却没有发生根本改变。总之，我们把地图的这种变化只能称为特性的拓展，因为其实质并没有改变。

因此，可以给地图下这样一个定义：“地图是根据特定需求，采用一定的数学框架，以图形符号、三维模型、图像或数据形式，抽象概括表达或记录与空间有关的自然和社会现象的分布状况和联系及其发展变化规律的工具。”

第二节　地图学

一、地图学的产生和发展

地图学的发展经历了原始地图、古代地图、近代地图和现代地图四个时期。在不同的时期，地图学者们不断丰富地图理论，并随着科技的发展，制图水平不断提高。进入18世纪以后，大规模的三角测量和地形图的测绘被应用于制图工作，促进了地图投影等地图学理论的发展。到了20世纪，航空摄影测量改变了地形图的测绘生产过程；照相制版和彩色印刷技术的发展，使地图生产工艺发生了极大的变化。制图综合理论、专题制图和综合制图逐步发展和完善，使地图学逐渐成为一门完整的技术学科。

现代科学技术的发展，特别是以计算机为主体的信息技术的应用，以及与之相适应的地图信息论、地图感受论、地图符号学、地图模式论及地图传输论等现代地图学理论的产生和完善，使地图学产生了一次深刻的“革命”，逐渐发展成为现代地图学。

（一）传统的地图学

传统的地图学主要研究地图制图的理论和技术，包括地图概论、地图投影、地图编制、地图整饰和地图制印5个部分。20世纪70年代，在国际地图学协会的推动下，地图应用也成为地图学的重要组成部分。

在地图学的形成和发展过程中，瑞士地图学家英霍夫和苏联地图学家萨里谢夫、苏霍夫等人在诸多领域发挥了重要作用。以英霍夫为首的一批欧洲地图学家强调地图学的艺术成分，认为“地图学是带有强烈艺术倾向的技术科学”，制作一幅艺术品肯定不是地图学家的任务，但要制作一幅优秀的地图，没有艺术才能是不能成功的。1963 年英霍夫率先提出地图学应由理论地图学与实用地图学两部分组成。英霍夫还创造和发展了地图表示法，尤其是山地表示法和彩色地貌晕渲，对于自然环境描述逼真，立体效果生动。他主编过大量有较高地位和学术价值的地图(集)，主要著作有《地形与地图》(1950)、《地形的制图学表示法》(1965)、《专题制图学》(1972)等。

以萨里谢夫为首的一大批苏联地图学家在实践经验的基础上，提出了一整套的制图综合理论，完成了从机械转绘到光学转绘的生产工艺的变化，在地图和地图集的设计方面也取得了很大进展。萨里谢夫也是苏联地图应用学的创始人和基本原理的奠基人，他在自己的许多著作中都广泛、深入地研究了地图应用各方面的问题。他最早提出并把地图应用视为地图制图学的两大任务之一，把地图编制与地图应用列为地图学研究的两个同等重要部分；把地图学划分为五个相对独立的学科：地图概论、数学制图学、地图编制、地图整饰与印刷、地图量测学。他首先提出了“地图认识法”和“地图研究法”等科学概念，使地图学产生出一些新的分支学科、新的研究方向。20 世纪 70 年代后期，提出系统地图学概念，将地理系统作为一个整体，全面系统地反映其空间结构特征与时间系列变化，反映自然子系统与人文子系统各组成要素及其耦合关系。

(二) 现代地图学的形成

随着科学技术的发展，20 世纪 50 年代地图学开始受到信息论、系统论、传输论等横断科学的影响而跨界于多门学科。在理论研究方面，法国伯廷领导的图形实验室于1961 年提出一套用于地图符号设计的视觉变量理论；美国现代“符号学”创始人之一莫里斯在哲学理论基础上提出的形式语言学理论逐渐形成了符号学的核心；德国学者建立的图形心理学理论对地图阅读规律研究有指导意义；英国博德提出地图模型理论；捷克科拉斯尼根据信息论的概念提出了制图传输的系统模型。20 世纪 70 年代以来，地图制图技术发生了巨大变革，计算机制图已广泛应用于各类地图生产，多媒体地图集与互联网地图集推广普及，地图学—遥感—地理信息系统相结合已形成一体化的研究技术体系，计算机制图—电子出版生产一体化从根本上改变了地图设计与生产的传统工艺。这些成果奠定了现代地图学的理论和技术基础，现代地图学的概念由此产生，且体现出与传统地图学不同的新特点：

(1) 现代地图学在理论上结束了传统地图学以经验总结为主、以地图产品输出为主要目的的封闭体系，形成了以地球系统科学为依据，融合控制论、系统论、信息论等横断学科为一体的跨学科的开放体系。

(2) 在地图的功能上实现了信息获取的一端向信息的智能化加工和最终产品生成的一端(用户端)转移。现代地图学认为地图不只是信息载体，而且是科学深加工之后的创新的知识，应该由以往传统地图学中地图是“前端产品”向“终端产品”的观念转变，因为用户不满足于原始的数据材料，迫切需要的是经过深加工、综合集成的精品，将地图的功能进行了极大的扩展和延伸。

(3) 现代地图学把地图可视化和虚拟现实作为其研究的两大热门技术。可视化技术给原有的地图学理论带来了新的思维，它把注重地图的视觉传输转移到侧重视觉思维和认知分析。虚拟地图打破了地图作为平面产品为用户提供信息的固有观念,提供了一个虚拟的地理环境使人可以沉浸其中,并通过人机交互工具进行各种空间地理分析。

(4) 现代地图产品呈现品种多样、形式各异、实现手段多样化等特点,地图产品已经不仅仅是纸质的平面地图,出现了电子地图、网络地图、虚拟地图等多种形式的地图。

二、现代地图学理论与学科体系

现代地图学是以地图信息传输与地图可视化为手段,以区域综合制图与地图概括为核心,以地图科学认知与分析应用为目的,研究地图的理论实质、制作技术和使用方法的综合性大众化科学。

我国地图学家廖克提出如图 1-5 所示的现代地图学体系,根据该体系,现代地图学研究内容可以分为三个方面,即理论地图学(Theoretical Cartography)、技术地图学(Technological Cartography)和应用地图学(Applied Cartography)。理论地图学的内容有地图投影理论、地图概括理论、地图符号理论、地图信息与传输理论、地图模拟与模型理论、地图认知与感受理论等,前三者称为经典地图学理论,后三者属于现代地图学理论,此外还包括综合制图理论、地学信息图谱理论等;技术地图学的内容包括地图编制(含普通地图编制、专题地图编制)、遥感制图(含航空、航天摄影测量制图,遥感专题制图等)、计算机制图(含数字地图、电子地图、多媒体地图、互联网地图等)、地图制印与电子出版、地图可视化、综合制图等技术;应用地图学包括地图的选用、地图阅读、地图量算、地图分析与图上作业等。主要的地图学理论简介如下:

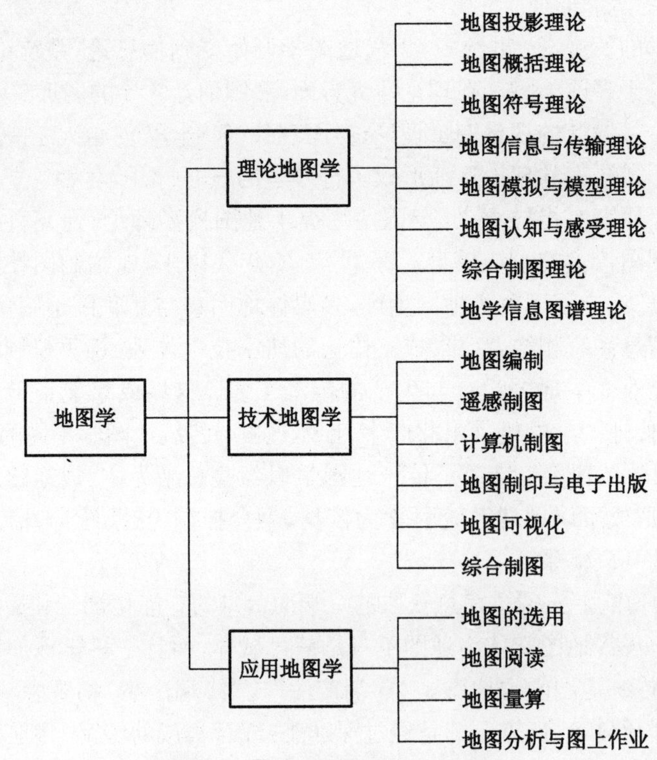

图 1-5 现代地图学体系示意图

资料来源:廖克. 现代地图学[M]. 北京:科学出版社,2003;张荣群,袁勘省,王英杰. 现代地图学基础[M]. 北京:中国农业大学出版社,2005. 根据上述文献改绘。

(1) 地图学概论。主要是研究地图与地图学的定义、学科体系和地图的特性、功用、组成要素、分类及地图学史等；阐述地图学与社会发展的关系，研究地图学的发展规律，地图学与相关学科的关系，预测地图学的发展方向，论述地图成图的基本过程等。

(2) 地图投影理论。研究如何应用数学方法建立地球表面和地图平面之间空间位置的映射关系，内容包括地图投影的基础理论与方法、投影的变形与分类、投影的判别与选择、新投影的设计与投影变换等。

(3) 地图概括理论。又称制图综合(Cartographic Generalization)理论，研究如何根据地图的主题、用途、制图比例尺和制图区域的地理特征，以概括、抽象的形式反映出制图要素的基本特点和典型特征，舍去那些次要的、非本质的东西。其实质在于运用科学的选取与概括的手段，在地图上正确、明显、深刻地反映出制图区域的基本地理规律性。

(4) 地图符号理论。是研究和建立作为地图语言的地图符号系统的理论，研究和设计地图符号时，应考虑和处理好符号与符号之间、符号与制图对象之间及符号与用图者之间的关系。

(5) 地图信息与传输理论。地图信息论是研究以地图图形显示、传递、转换、储存、处理和利用空间信息的理论。苏联制图学家苏霍夫率先将香农的信息熵引入地图学，对地图信息进行度量，建立了基于统计信息熵的狭义地图信息论。考虑到地图信息的独特性，国内外学者进而发展了广义地图信息论，并开展地图解译、地图综合、地图设计等方面的应用研究。

地图信息传输理论是指从信息论角度出发，把制图者看作是信息发送者，客观世界是制图对象，地图是信息的载体和通道，制图者把获得的客观世界认识(信息)，进行选择、分类分级、简化概括等信息加工和符号化(编码)而构成地图；再通过地图传输给用图者(信息接收者)，用图者经过符号识别(译码)量测、分析和解译，形成对客观世界的认识。

(6) 地图模拟与模型理论。地图模拟论认为地图是客观世界的抽象化和符号化，是对客观世界的模拟，是用抽象和概括的方法再现客观世界的位置、分布和组合结构的抽象概念模型和图形符号模型，它是模拟地图的理论基础。

地图模型论是研究建立再现客观世界的地图模型，并经过地图图形模式化而建立地图数字模型和地图数学模型，它是实现地图自动化处理的理论基础。地图数字模型就是将地图上或准备表示到地图上的所有要素转换成点的 x、y 坐标和 z(特征)的数值组成的地面空间模型；地图数学模型就是用数学方法(公式)抽象化、概括化了的制图对象分布结构的模型，一般有空间点位向平面转换的数学模型(地图投影)、地图图形数学模型、地图要素分布特征的数学模型、地图自动概括的数学模型及地图的各类实际分析与应用模型等。

(7) 地图认知与感受理论。地图认知论是通过地图阅读、分析与解译，充分发挥图形思维与联想思维，形成对制图对象空间分布、形态结构与时空变化规律的认识；地图感受论是从用图者对地图图形的感受过程和感受特点出发，分析用图者对图形的心理、物理特征和地图视觉效果的感受，研究塑造什么样的地图图形能更好地发挥地图的各种功能和作用。地图认知与感受理论是研究地图整饰设计、信息获取与实际应用的理论基础。

(8) 综合制图理论。它是研究制作与应用综合地图的理论。综合地图是综合反映自然、社会经济现象和要素及其相互联系的地图。综合制图也是一种方法，是借助于地图的手段，多方面、完整综合地反映客观环境的一种方法。它以自然综合体与地带性规律、物质循环与能量交换规律、生态系统与人地关系等理论为依据，以地理系统或地球系统、人地系统为制图对象，以综合分析、系统分析的方法为基础，编制国家或区域综合系列图、地图集和地学信息图谱，在内容上反映现象的空间结构与时间序列的变化，使用系列方法对内容进行综合性处理，保证其完整性、互补性及与形式的统一协调性。

(9) 地学信息图谱理论。地学信息图谱理论是由遥感、地图数据库、地理信息系统与数字地球的大量数字信息，经过图形思维与抽象概括，并以计算机多维动态可视化技术，显示地球系统及各要素与现象空间形态结构和时空变化规律的一种理论、手段与方法。地学信息图谱的理论基础有地学基础、认知基础和地学信息机理三个方面。

(10) 地图编制。研究编制地图的理论与工艺的学科，主要包括地图的编辑与编绘，如地图的内容、制图资料的分析与整理、制图综合的原则、地图内容转绘方法、遥感信息与计算机制图的运用等。

(11) 数字地图制图。又称为计算机制图、计算机地图制图、数字制图，是根据地图原理，以电子计算机的硬、软件为工具，应用数学逻辑方法，研究地图空间信息的获取、变换、存贮、处理、识别、分析和图形输出的理论方法和技术工艺，模拟传统的制图方法，进行地图的设计和编绘。

(12) 地图制印与电子出版。研究地图复制的理论与工艺技术等，以往主要采用平版制版印刷，作业过程包括原图复照、翻版、分涂、晒版、打样、审校、修版、印刷、检查、包装等工序。随着制印工艺的发展，出现了电子分色制版、静电复印、缩微、无压力印刷等新技术，为简化制印过程，实现制印工艺标准化与自动化提供了可能。地图电子出版是指应用电子计算机和其他制版设备自动制作地图与印刷版，以及自动控制胶印机，实现地图制图、制版与印刷一体化的技术总称。

(13) 地图可视化。地图可视化是以计算机科学、地图学、认知科学与地理信息系统为基础，以屏幕地图形式，直观、形象与多维、动态地显示空间信息的方法与技术。地图可视化是地图学与可视化技术结合的结果，将地图形式从传统的纸质地图拓展到屏幕显示的电子地图，成为现代地图学发展的支柱。地图可视化不仅仅是技术层面的问题，也随之带来了一系列地理信息表达与应用的理论问题。对地图学来说，可视化技术已经远远超出了传统的符号化及视觉变量表示法的水平，而进入动态、时空变化、多维的可交互的地图条件下探索视觉效果和提高视觉功能的阶段；空间信息可视化更重要的是一种空间认知行为，在提高空间数据的复杂过程分析的洞察能力，多维和多时相数据和过程的显示等方面，将有效地改善和增强空间地理环境信息传输的能力，有助于理解、发现自然界存在的现象的相关关系和启发形象思维的能力。

(14) 应用地图学。它是研究地图的选用、阅读、量算、分析、作业等方面的理论、方法和技术，其研究范围还包括地图功能、地图评价方法、地图分析方法、地图利用方法、地图信息系统应用等，以及在经济建设、科研教育、国防军事中，利用地图分析规律、综合评价、预测预报、决策对策、规划设计、指挥管理的原理与方法。

地图的选用包括不同种类地图的功用、评价方法、使用程度；阅读是研究地图的阅读程序、阅读方法、阅读步骤和阅读内容；量算是研究在地图上如何量算地物的位置、长度、面积、体积、容积、方向、坡度等；分析是根据地图上给出的直接信息或间接信息，结合已有知识，进行定性或定量的归纳判断，分析事物的分布、发展变化规律等。

三、现代地图学与其他学科的关系

地图学具有区域性学科与技术性学科的双重性质，同许多学科都有非常密切的关系。

地图学同地学和地球信息科学关系尤为密切，这两者分别是地图学的科学内容基础和技术基础，同时地图学又是这两者重要的研究方法与手段。

(一) 与地学的关系

地图学作为区域性学科，它的主要科学基础就是地学。它的发展与地理学和地质学、生物学、资源环境科学等学科有着密切的关系。地图是地理学和地质学等学科的“第二语言”，这些学科的野外实地勘测、调查与考察都离不开地图；同时，地图也是地学分析与研究的重要手段，包括利用地图方法进行规律总结、综合评价、预测预报、规划设计以及成果表达。地学既是地图学的应用对象又是地图学的研究对象，地图作为科学研究的有效工具，促进了地学的发展。

地学又是地图学特别是专题地图学的科学内容基础和主要的资料来源。各自然和社会现象的科学分类与分级及其地理规律的体现，都取决于地学调查和研究的深度与广度，即所掌握资料的详细程度与资料的可靠性，以及对制图对象地理分布规律与区域特点的认识。因此，地学调查研究成果与发展水平，都直接或间接反映在地图制图的广度与深度等方面。

地理学、地质学、生态学等的许多理论，如地带性规律、物质迁移与能量转换规律、人地关系与人地系统理论、地球系统理论、区位理论等，对地图制图有十分重要的指导作用。地图工作者必须认真地学习地学基础知识，注意野外实地调查与研究，深入研究制图对象，包括自然和人文现象的地理分布规律及其成因机制与演变过程，只有这样才能设计编制出科学水平和应用价值较高的地图。而地学工作者也应该了解和熟悉地图的基本知识，掌握好地图这一重要的研究方法与手段。

地图学与地学各分支学科相结合，形成地学各分支的专题地图学，如地质制图学、地貌制图学、土壤制图学、资源环境制图学、农业制图学等。

(二) 与测绘学的关系

测绘学包括“测”和“绘”两个方面。“测”是指测量学，它有两个重要分支：一是研究地球的形状、大小和建立测图控制的大地测量学；二是研究测制地形图的普通测量学和航空摄影测量学。前者提供了地球形状和大小的模型与数据，以及平面与高程控制测量成果，从而可以在地图上准确标出地面点的时空位置；后者可提供大比例尺实测地形图，它是用来编制中小比例尺地图时不可缺少的资料。所以说，没有精密的测量就没有精确的地图。同样，在测制地形图的过程中，各种成图要素的表示方法、地图概括理论及其编辑工作等，都需要地图学方面的知识。航空航天摄影测量使用的航片、卫片和影像数据在反映地面的真实性和详细程度等方面，具有无可比拟的优越性，它们在资源环境调查和制图中得到了广泛应用。测绘学中“绘”指绘图的意思，即指地图制图学。在国内，行政主管部门与学会组织，都把地图制图学与测量学结合在一起，统一由测绘地理信息局与测绘地理信息学会管理，把地图制图学作为测绘学的一个分支。从学科分类看，在国家科学分类系统中，地图学作为理科，在地球科学大类中，同自然地理学、地质学、海洋学等并列为二级学科；在技术学科中，地图制图是测绘技术中的分支。由此可见，地图学是由测绘学和地学深度交叉发展而成的，在测绘学中主要体现了技术特征，在地学中主要体现了科学和应用特征。

(三) 与“3S”技术的关系

“3S”技术是遥感技术(Remote Sensing, RS)、地理信息系统(Geography Information Systems, GIS)和全球定位系统(Global Positioning Systems, GPS)的统称，是空间技术、传

感器技术、卫星定位与导航技术和计算机技术、通信技术相结合，多学科高度集成的对空间信息进行采集、处理、管理、分析、表达、传播和应用的现代信息技术，属地球信息科学中的地学信息技术范畴。其中，遥感技术的发展给地图制图领域带来了深刻变化，遥感图像具有多波段、多时相、多尺度、周期短等特性，为地图内容的修编与更新、专题地图的编制和影像地图的制作等提供价廉而准实时的资料。计算机地图制图极大地提高了地图制图的效率，使大量的制图工作者从烦琐的手工制图工作中解脱出来，提高了地图制作的技术水平，丰富了地图的内容，使地图由模拟地图迈入数字地图时代成为可能。GIS 是在计算机地图制图技术上逐渐发展起来的，它不仅继承了地图学中空间信息的传递功能，更强调了空间数据的分析、处理与应用。GIS 是地图学在信息时代的发展，是地图学理论、方法与功能的延伸。GPS 使准确、快速地获取地面点的大地坐标值成为可能，提高了地图的空间数据质量。

（四）与其他学科的关系

地图学与其他学科也存在着广泛的联系。自然科学和社会科学为地图制图提供必要的题材；计算机与信息工程技术的进步，不断地改进制图的技术方法和工艺水平；艺术和色彩学为地图的表现手段和感染力提供营养；数学是地图投影与地图数学方法的基础，也是实现地图模型理论和计算机地图制图、数字制图的基础。

第三节　地图编制的过程与方法

一、地图制图方法简介

由于制图对象的多样，地图比例尺与地图用途的不同，导致地图的资料来源、表示方法和制图方法都有很大差别，但归纳起来主要有以下一些制图方法。

（一）实测成图

长期以来，实测成图法一直是测制大比例尺地图最基本的方法，这是一种使用地面普通测量仪器或航空摄影与地面立体摄影测量仪器测制地图的方法。用这种方法可以测制大比例尺地形图、水利图、工程平面图、城市平面图等，而所测制的地图内容详细准确，几何精度较高。其工作过程主要包括四个步骤，首先在国家控制网点的基础上进行扩展、加密成实测地图所需的图根控制点或网；其次以图根控制点为基准，对实际地物的平面位置及高程进行施测；然后转入内业，对图件进行整理、清绘；最后制作成地图。

实测的方法可以分为地面和高空两种。地面实测地图，过去一直以平板仪、经纬仪等为主要仪器，内、外业的工作量都很大。目前，已普遍采用全球定位系统定位与数字测图技术，利用地面全站仪进行数字测图，将野外点位的各种数据在实测的同时一起输入仪器进行贮存、计算，成图工作量大为减轻，精度大为提高。高空实测地图的主要手段是航摄成图，通过航摄仪器获得地面影像后，转入室内进行各种处理，并对实地调绘后形成地图，航空与卫星摄影测图必须有 40%～60%的影像重叠，同时地面和航空与卫星摄影测量制图都必须有一定数量的大地与水准控制点，以便根据控制点进行各项纠正处理，最后通过建立光学立体地形模型或数字立体模型，通过立体测量与数字解析测图仪完成大中比例尺地形图测制（图 1-6）。由于全球定位系统、遥感技术、地理信息系统的广泛应用，近年来开始出现通过 3S 集成系统收集与处理地面实地信息并生产地图的技术。

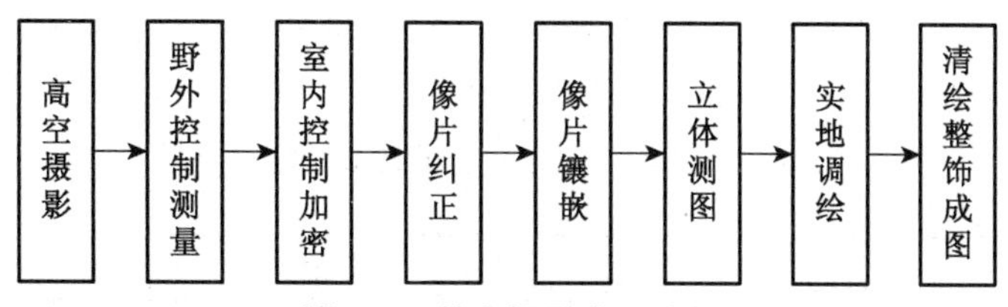

图 1-6　航空摄影成图过程

资料来源：编者绘。

(二) 野外调查制图

野外调查制图就是通过野外实地踏勘、考察和调查，进行观察分析，在已有的地形图上填绘专业内容和勾绘轮廓界线，这种制图方法也称为野外填图。在野外考察和调查中还需采集一些标本，进行室内定性定量分析，有助于类型的正确划分。在野外填图的基础上，室内再进行地理内延外推，编绘整个地区的专业内容与轮廓界线。这是编制大中比例尺地质、地貌、土壤、植被、土地利用等专题地图的主要方法。

(三) 地图资料编绘成图

传统的编绘成图方法，是把实测所得的大比例尺地图，根据需要，逐级缩小，编制成各种较小比例尺的地图，它是中小比例尺地图编制的主要方法之一，包括：

(1) 利用大中比例尺地图资料缩编同类中小比例尺地图。主要是利用大比例尺地形图编制中比例尺地形图和中小比例尺普通地图；利用大中比例尺专题地图编制中小比例尺专题地图。

(2) 利用地形图或其他地图量算出来的数据编制有新内容的地图，如编制地貌形态示量地图(地面坡度图、地貌切割程度图、水系密度图等)。

(3) 利用单要素分析地图编制综合地图、合成地图，或利用不同时期地图编制动态变化(变迁)地图。

(四) 数据资料制图

数据资料制图就是利用各种观测记录数据(包括固定或半固定台站、不固定测站、航空或遥控观测记录数据)、统计数据(包括人口普查、经济统计资料等)，经过分析整理计算，编制成各种地图。这是编制地磁、地震、气象气候、水文、海洋、环境污染和各种人口、经济统计地图的主要方法。数据资料制图需根据数据内容的详细程度和地图用途，选择反映制图对象数量特征的指标与图型，然后合理选择数量分级进行计算处理和地图编绘。

(五) 文字资料制图

这是利用文献资料编制地图的方法，主要用来制作历史地图。如利用黄河河道的变化文献记载来编制黄河河道历史迁移图，利用历史地震记载编制历史地震分布图，利用考古和历史文献资料编制历史地图、各历史时期人口分布图、各历史时期动物分布图等。

(六) 遥感资料制图

遥感资料制图就是利用航空和卫星影像编制地图的方法。以遥感资料进行地图编制的信息源一般是卫星遥感的数据或影像，在室内分析判读的基础上，经过实地验证，利用所建立的影像判读(解译)标志编制各种专题地图；还可借助于图像假彩色合成、影像增强、密度分割、图像分类等处理、识别技术，提高影像分析解译的能力和内容转绘的精度。目前，采用电子计算机与图像处理设备，利用数字影像通过非监督分类、监督分类或其他图像分析模型自动分类，并与地形图或地理底图匹配，已成为很多专题地图编制的主要方法之一。

这种方法的主要过程是：图像处理—图像判读—地图要素转绘—清绘整饰—地图制印（图1-7）。目前，遥感制图从图像处理一直到地图制印之前，都可以运用计算机进行，并与地理信息系统等有机结合而成为计算机编制地图工艺的组成部分。

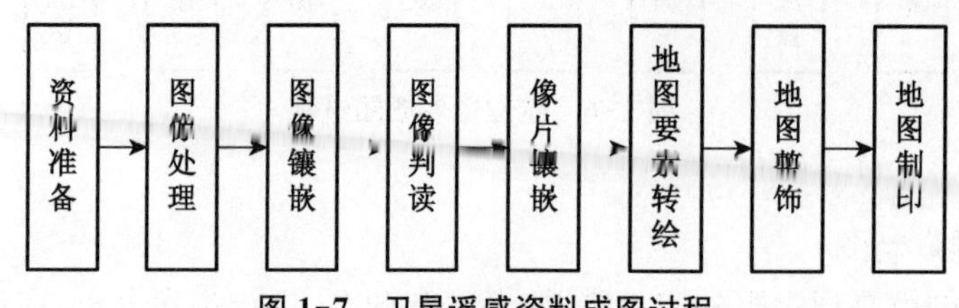

图 1-7 卫星遥感资料成图过程

资料来源：编者绘。

（七）计算机制图

运用计算机作为主要设备制作地图，经历了40余年从试验、作为制图的辅助手段，直至今天成熟应用几个阶段。它的工作过程可概括为四个部分，即：数据获取及输入、数据处理、图形显示与输出、地图制印。目前，前三个步骤已经形成几种比较成熟的工艺方案，并分别可由各自的软、硬件支持；在计算机技术支持下，地图制印的工艺流程也正在发生重大变革，计算机直接制版技术在地图制印生产中目前已得到实际应用，一些测绘生产单位还开发了计算机地图制图制印一体化生产系统，使地图生产在总体设计、编辑创意、编绘、清绘、制作分色图、挂网分色、修版等全过程实现了计算机制图一体化操作。

二、传统编绘成图法

用传统技术编制地图的过程（图1-8）主要分为四个阶段：地图设计与编辑准备、原图编绘、出版准备、地图出版。

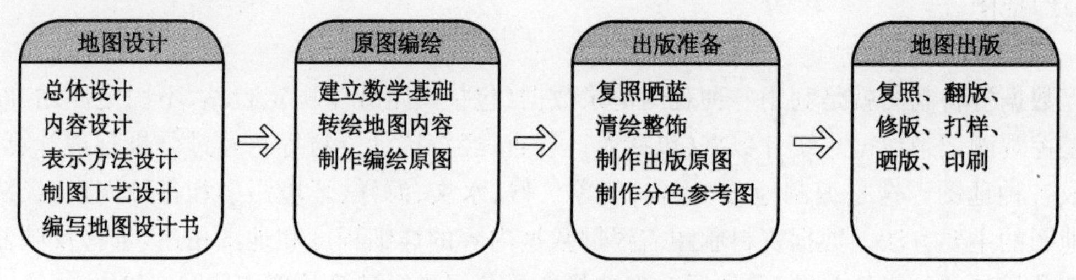

图 1-8 常规方法编绘成图过程

资料来源：编者绘。

（一）地图设计与编辑准备阶段

完成地图设计和地图正式编绘前的各项准备工作。一般包括：根据制图目的、任务和用途，确定地图的选题、内容、指标和地图比例尺与地图投影；搜集、分析编图资料；了解熟悉制图区域或制图对象的特点和分布规律；选择表示方法和拟订图例符号；确定制图综合的原则要求与编绘工艺，对于专题地图，还要提出底图编绘的要求和专题内容分类、分级的原则并确定编稿方式；最后写出地图编制设计文件——编图大纲或地图编制设计书，并制订完成地图编制的具体工作计划。

（二）原图编绘阶段

这一阶段的主要工作包括：建立新编图的数学基础，转绘地图内容，在编绘用底图上实施制图综合和图形描绘，最终获得编绘原图。地图编绘是一种创造性的工作，编绘阶段的最终成果是编绘原图。所谓编绘原图，就是按编图大纲或制图规范完成的，在地图内容、制图精度等方面都符合定稿要求的正式地图。对于专题地图，往往在地图正式编绘前先由专业人员编出作者原图，然后再由制图人员编辑加工，完成正式的编绘原图。

（三）地图整饰阶段（出版准备）

地图出版准备阶段的任务是依据编绘原图清绘或刻绘出供印刷用的出版原图，以及制作与出版有关的分色参考图、半色调原图、线画试印样图和彩色试印样图。

准备出版原图的关键步骤是原图清绘。为得到高质量的印刷地图作品，首先要满足照相制版要求，为此须对地图原稿进行清绘整饰，使地图上的线画均匀光洁，符号精致美观，注记规则整齐。原图清绘的方法是将实测或编绘原图，照相后晒制裱版蓝图或塑料片蓝图，然后按编辑设计、图式图例和规范要求进行描绘和剪贴符号注记。按地图内容的繁简可进行一版清绘和分版清绘，分版清绘可省去分涂或减少分涂工作量和简化制印工序。地形图通常分黑绿版和棕蓝版两版作业，黑绿版包括居民地、交通和植被等内容，棕蓝版包括地形和水系等内容。较复杂的中小比例尺地图可按实际需要，分成 3 版或多版清绘。

出版原图的质量好坏直接影响到印刷图的质量，且影响着生产周期和成本。因此，出版原图应满足以下要求：图上内容与编绘图一致；保持地图的高精度；绘（刻）线画质量高、地图符号规格化、注记版合乎要求；所有整饰内容符合规定。

（四）地图出版阶段

地图出版阶段的主要任务流程是：出版原图经过复照、翻版、分涂等工序，制成供打样或印刷用的印刷版，再经审校、修改、批准生成打样图，最后上机打印和印刷。

在常规制图的条件下，印刷厂在接到出版原图后，需根据其类型制订制印工艺方案，包括照相、翻版、分色、制版、打样、修版到印刷等工序。地图印刷使用单色或多色平版印刷机来完成。印刷原图复照拷贝菲林、制版，或用刻图版直接拷贝菲林、制版，把地图的图形全部晒制在金属版上，用胶印机把金属版上的图形文字转印到纸上，生产出大量的地图。地图印刷主要研究和应用内容是色彩的原理与应用、油墨的分析与调配、纸张的性能与处理及其选用、印刷机的构造及调整与使用等。地图印刷阶段是地图制作的最后一个阶段，此阶段的质量好坏，直接影响着成品图的质量。

三、计算机制图过程与方法

利用计算机及由计算机控制的输入、输出设备作为主要的制图工具，通过数据库技术和图形的数字处理方法实现的地图制图称为计算机地图制图。计算机地图制图仍以传统的制图原理为基础。例如，制图资料的选择，地图比例尺和地图投影的确定，地图内容和表示法，地图内容的制图综合等，都同传统地图制图理论没有实质性的区别。从地图学的角度看，计算机地图制图只是一种技术手段的变化，从而对制图工艺产生重大影响。

用计算机制作地图的过程分为以下四个阶段：

（一）地图设计阶段

根据制图目的、任务和用途，确定地图的选题、内容、指标和地图比例尺与地图投影；搜集、分析编图资料；了解熟悉制图区域或制图对象的特点和分布规律；选择表示方法和拟订图例符号；确定制图综合的原则要求与编绘工艺，确定使用的软件和数字化方法；最后写出地图编制设计书，并制订完成地图编制的具体工作计划。

（二）数据输入阶段

这是获取数据的阶段，要将资料的图形图像转换为数字，以便由计算机存储、识别和处理。当前使用的数字化方法基本上有两种：一是以联机方式用手扶跟踪的方法进行数字化；二是自动扫描的方法，扫描方式已经成为主流方式。制图用的统计数据可直接用键盘输入计算机。制图资料经过数字化以后，建立数据库，供计算机处理和应用。当然，如果制图资料本身就是数据形式，那就不存在上述的数字化过程了。

（三）数据处理阶段

计算机制图的过程先是由图形变成数字（数字化），在数据库的控制下，要对数据进行处理（按制图要求对图形进行改变），再把数字转换为图形（图形输出）。数据处理是在输入与输出之间的阶段，包括数据的检索、更新、制图综合的选取、化简等尺度变换操作，这些工作都是制图人员调用相关程序来实现的，在很多情况下也需要人机交互的支持。

（四）图形输出阶段

图形输出阶段是将数字地图变成可视的模拟地图的形式，可以用屏幕的形式输出，也可以用打印机、照排机、绘图机等输出纸质地图及供制作印刷版用的分色胶片等。制图数据经过计算机处理以后，变成了绘图机可识别的信息，以驱动绘图机输出图形。图形输出首先是屏幕显示，用于在正式绘图前进行图形检查。输出图形的方式有矢量和栅格绘图两大类，它们可以是绘图、用光学系统输出胶片等形式。

目前计算机制图与自动制版一体化系统（计算机地图出版生产系统），已将地图编辑、编绘、整饰与制版合成一个阶段，即计算机设计、编辑与自动分色制版，输出胶片，直接制版上机印刷。

第二章　地图的种类

第一节　地图的分类

凡是具有空间分布的任何事物和现象，不论是自然要素还是社会现象，也不论是具体现实事物，还是抽象假设的概念，都可用地图加以表现。随着经济建设和科学教育的发展，编制和应用地图的部门和学科越来越多，新颖的地图成果层出不穷，可以从地图内容、地图比例尺、制图范围、视觉化状况、瞬时状态、地图维数等视角对地图进行分类。

一、按地图内容分类

地图按所反映自然和社会经济现象等内容的种类、性质和完备程度可分为普通地图与专题地图。

普通地图是以相对均衡的详细程度表示制图区域内各种自然和社会经济现象的地图，它并不偏重说明某个要素。普通地图上主要表示水系、地形地貌、交通网、居民点、境界线、土质及植被，有时也表示一些常用的社会、经济、文化要素。普通地图按内容的概括程度、区域及图幅的划分状况等分为地形图和普通地理图(简称地理图)。地形图是按国家统一编图规范编制的比例尺相对较大的普通地图。

专题地图是着重表示一种或几种主题要素及它们之间相互关系的地图。专题地图的内容主要是各专业部门所选择的各类专业要素，也可以是普通地图上的某种要素加以专题化。专题地图所涉及的专业十分广泛，不仅包括地学范畴各学科，也包括若干其他学科。按各自的学科体系可以进行层次结构的细化，一般地说，它们都可以成为专题地图的专题内容。

有一些具有专业特殊用途的专题地图，被称为专门地图。如航空图、海图是两种比较公认的专门地图，也有把教学图、旅游图列为专门地图的。

二、按比例尺分类

地图比例尺的大小决定地图内容表示的详细程度、制图范围、地图量测的精度。按比例尺的大小，可将地图分为大、中、小三类。

大于 1∶10 万(包括 1∶10 万)比例尺的地图，称大比例尺地图。它详尽而精确地表示地面的地形和地物或某种专题要素，往往是在实测或实地调查的基础上编制而成。

小于 1∶10 万而大于 1∶100 万比例尺的地图，称中比例尺地图。它表示的内容比较简要，由大比例尺地图或根据卫星图像经过地图概括编制而成。

小于 1∶100 万(包括 1∶100 万)比例尺的地图，称小比例尺地图。这种地图随着比例尺的缩小，内容概括程度增大，几何精度相对降低，用以表示制图区域的总体特点以及地理分布规律和区域差异等。

也有个别部门对大、中、小比例尺的划分与上述有所不同。例如城市规划及其他工程设计部门常把大于 1∶1 万的地图称为大比例尺地图，1∶1 万至 1∶5 万的地图称为中比例尺地图，小于 1∶5 万的地图称为小比例尺地图。

三、按制图范围分类

地图制图的区域范围可按自然区域和行政区域两种方式划分。

按自然区域可分为全球地图、半球地图（东半球地图、西半球地图）、大洲地图（如亚洲地图、欧洲地图、非洲地图等）、大洋地图（如太平洋地图、大西洋地图、印度洋地图等）；还有的自然区域地图，以高原、平原、盆地、流域等为范围，如青藏高原地图、黄淮海平原地图、四川盆地地图、黄河流域地图等。

按行政区域可分为世界地图、国家地图、一级行政区（如我国的省、自治区、直辖市）、二级行政区（如我国的市、县）以及更小的行政区域地图。还有一类以城市为范围的城市地图，其中有的城市是行政中心，如首都、省会所在地，或者城市本身就是行政区划单位，如直辖市、地级市、县级市等。

四、按地图的视觉化状况分类

按地图的视觉化状况可将地图分为实地图与虚地图。实地图是空间数据可视化的地图，包括纸介质（以及各种织物、聚酯薄膜等介质）地图和屏幕地图。它是将地图信息经过抽象和符号化以后在指定的载体上形成的。虚地图指存贮于人脑或电脑中的地图，前者即为"心像地图"，后者即为"数字地图"。实地图和虚地图可以相互转换，如屏幕地图与存贮在磁带上的数字地图。

五、按地图的瞬时状态分类

按地图的瞬时状态可分为静态地图和动态地图。以常规方法制印的地图都是静态地图，它所表示的内容（或者称为承载的地图信息）都是被"固化"的。以静态地图反映动态事物，可以借助于地图符号的变化或同一现象、不同时相静态地图的对比来实现。动态地图是连续快速呈现的一组反映随时间变化的地图，主要以在屏幕上播放的形式实现。

六、按维数分类

按地图的维数可分为平面地图（二维地图）和立体地图（三维地图）。平面地图是常见的地图类型。立体地图（三维地图）是利用立体视差原理制作而形成立体视觉，如互补色地图、光栅地图等。用各种材料（如塑料压膜、石膏、纸浆等）制作的实体模型也可列入立体地图范畴。近年来，以计算机三维动画影像技术制作的三维地图得到迅速发展，特别是在军事应用领域，在三维地图基础上，利用虚拟现实（Virtual Reality，简称 VR）技术，通过头盔、数据手套等工具，形成了一种称为"可进入地图"的新品种，使用者能产生亲临其境的感觉。

七、按其他标志分类

按用途可分为通用地图和专用地图两大类。通用地图包括地形图、地理图；专用地图包括教学地图、军事地图、航海地图、公路交通地图、旅游地图、规划地图等。

按使用方式可分为桌图、挂图、屏幕图和携带图四种。

按感受方式可分为视觉地图（线划图、影像图、屏幕图）、触觉地图（盲人图）和多感觉地图（多媒体图、多维动态图、虚拟现实环境）。

按地图的综合程度可分为单幅分析地图(解析图)、单幅综合地图(组合图、合成图)、综合系列地图和综合地图集。

按基本图型可分为分布图、类型图、区划图、等值线图、点值图、动线图、统计图、网格图等表示方法不同的基本图型;还有分析图、组合图、合成图等综合程度不同的基本图型。

按语言种类可分为汉语地图、各少数民族语言地图、外国语言(外文)地图。

按历史年代可分为原始地图、古代地图、近代地图、现代地图。

第二节　普通地图

能比较全面地反映制图区域的自然和社会经济的一般概貌,即同时表示地形、水系、居民地、交通网、境界线、土质、植被等内容的地图称为普通地图。

普通地图,包括地形图和普通地理图。大比例尺地形图是通过航空摄影测量或地面实际测量完成的,内容非常详细而精确;中小比例尺地形图是在大比例尺地形图基础上缩编而成的,内容也比较详细。而普通地理图内容较为概括,主要强调反映制图区域的基本特征和各要素的地理分布规律。

一、地形图

(一) 国家基本地形图

国家基本地形图即国家基本比例尺地形图,简称国家基本图(图 2-1)。它是根据国家颁布的统一测量规范、图式和比例尺系列测绘或编绘而成的地形图,是国家经济建设、国防建设和军队作战的基本用图,也是编制其他地图的基础,其测制精度和成图数量质量是衡量一个国家测绘科学技术发展水平的重要标志之一。各国的地形图比例尺系列不尽一致,我国的国家基本比例尺地形图主要包括 1∶500、1∶1 000、1∶2 000、1∶5 000、1∶1 万、1∶2.5 万、1∶5 万、1∶10 万、1∶25 万、1∶50 万、1∶100 万等 11 种。2011 年,“1∶5 万更新工程”和“西部测图工程”两个工程全面竣工,实现了中国国家基本图——24 182 幅最新的 1∶5 万地形图对我国全部陆地国土的全面覆盖,这是中国测绘地理信息发展史上的重要里程碑;1∶1 万地形图陆地国土覆盖率从 1977 年的 10% 提高到 2007 年的 47%;1∶2 000及更大比例尺地形图基本覆盖了全国城镇地区,基本满足了各个时期经济建设和社会发展对地形图的需要。每种比例尺地形图图幅所包括的范围大小、可能表示的最小长度和面积,以及等高距选取都是不同的(表 2-1)。

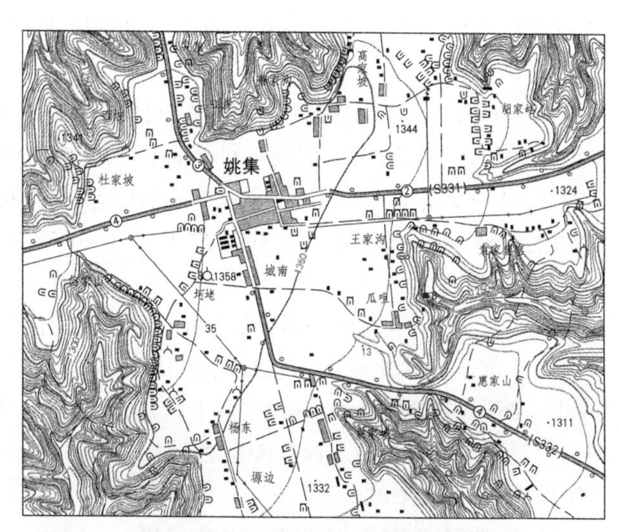

图 2-1　国家基本比例尺地形图示例(原图 1∶5 万)

资料来源:中华人民共和国国家质量监督检验检疫总局,中国国家标准化管理委员会. 国家基本比例尺地形图图式(第 3 部分:1∶25 000 1∶50 000 1∶100 000 地形图图式)[S]. 北京:中国标准出版社,2006.

表 2-1　各种比例尺地形图的基本数据

比例尺		1∶500	1∶1 000	1∶2 000	1∶5 000	1∶1万	1∶2.5万	1∶5万	1∶10万	1∶25万	1∶50万	1∶100万
图上1 cm相当于实地的长度		5 m	10 m	20 m	50 m	100 m	250 m	500 m	1 km	2.5 km	5 km	10 km
图上1 cm² 相当于实地的面积		25 m²	100 m²	400 m²	0.002 5 km²	0.01 km²	0.062 5 km²	0.25 km²	1 km²	6.25 km²	25 km²	100 km²
实地1 km在图上的长度		2 m	1 m	50 cm	20 cm	10 cm	4 cm	2 cm	1 cm	4 mm	2 mm	1 mm
等高距		0.5 m	1 m	1 m	1 m	2.5 m	5 m	10 m	20 m	50 m	100 m	
图幅大小	纬差	6.25″	12.5″	25″	1′15″	2′30″	5′	10′	20′	1°	2°	4°
	经差	9.375″	18.75″	37.5″	1′52.5″	3′45″	7′30″	15′	30′	1°30′	3°	6°

资料来源：编者制。

1∶500、1∶1 000、1∶2 000、1∶5 000地形图主要用于小范围内详细研究和评价地形，可供各部门勘察、规划、设计、科研等使用。

1∶1万地形图主要是农田基本建设和国家重点建设项目的基本图件，也是部队基本战术和军事工程施工用图。

1∶2.5万地形图是农林水利或其他工程建设规划或总体设计用图，在军事上是基本战术用图，作为团级单位部署兵力、指挥作战的基本用图。

1∶5万地形图是铁路、公路选线，重要工程规划布局，地质、地理、植被、土壤等专业调查或综合科学考察中野外调查和填图的地理底图，也可作为县级规划生产部门进行全县范围农林水利交通总体规划的基本用图，军事上可供师、团级指挥机关组织指挥作战使用。

1∶10万地形图可以作为地区或县范围总体规划用图或各种专业调查或综合科学考察野外使用的地理底图，军事上供师、军级指挥机关指挥作战使用。

1∶25万地形图可作为各种专业调查或综合科学考察总结成果的地理底图，以及地区或省级机关规划用的工作底图。军事上供军以上领导机关使用，还有空军飞行领航时寻找大型目标使用。

1∶50万地形图是省级领导机关总体规划用图或相当于省（区）范围各专业地图的地理底图，军事上供高级司令部或各种兵种协同作战时使用。

1∶100万地形图可作为国家或各部门总体规划或作为国家基本自然条件和土地资源地图的地理底图，军事上主要供最高领导机关和各军兵种作为战略用图。

（二）工程地形图

除了国家基本地形图外，许多专业生产部门常根据本单位的需要，测制大比例尺地形图（1∶5 000～1∶5万）。例如，地质、石油、煤炭、冶金、水利、电力、铁道、公路、林业、农垦、城建等部门，结合重点勘测和重点工程建设的需要测制了不少大比例尺地形图或比例尺大于1∶5 000的平面图。这些专业性地形测图或平面图都有自订的规范，内容一般都按专业部门需要而有所增减。

（三）国家基本比例尺地形图的分幅

1∶100万地形图的分幅采用按照国际1∶100万地形图分幅的标准进行。每幅1∶100万地形图范围是经差6°、纬差4°；纬度60°～76°之间为经差12°、纬差4°；纬度76°～88°之间为经差24°、纬差4°（在我国范围内没有纬度60°以上的需要合幅的图幅）。

1∶50万～1∶5 000地形图均以1∶100万地形图为基础，按规定的经差和纬差划分图幅。每幅1∶100万地形图划分为2行2列，共4幅1∶50万地形图，每幅1∶50万地形图的范围是经差3°、纬差2°。

每幅1∶100万地形图划分为4行4列，共16幅1∶25万地形图，每幅1∶25万地形图的范围是经差1°30′、纬差1°。

每幅1∶100万地形图划分为12行12列，共144幅1∶10万地形图，每幅1∶10万地形图的范围是经差30′，纬差20′。

每幅1∶100万地形图划分为24行24列，共576幅1∶5万地形图，每幅1∶5万地形图的范围是经差15′、纬差10′。

每幅1∶100万地形图划分为48行48列，共2 304幅1∶2.5万地形图，每幅1∶2.5万地形图的范围是经差7′30″、纬差5′。

每幅1∶100万地形图划分为96行96列，共9 216幅1∶1万地形图，每幅1∶1万地形图的范围是经差3′45″、纬差2′30″。

每幅1∶100万地形图划分为192行192列，共36 864幅1∶5 000地形图，每幅1∶5 000地形图的范围是经差1′52.5″、纬差1′15″。

1∶2 000、1∶1 000、1∶500地形图宜以1∶100万地形图为基础，按规定的经差和纬差划分图幅。每幅1∶100万地形图划分为576行576列，共331 776幅1∶2 000地形图，每幅1∶2 000地形图的范围是经差37.5″、纬差25″，即每幅1∶5 000地形图划分为3行3列，共9幅1∶2 000地形图。

每幅1∶100万地形图划分为1 152行1 152列，共1 327 104幅1∶1 000地形图，每幅1∶1 000地形图的范围是经差18.75″、纬差12.5″，即每幅1∶2 000地形图划分为2行2列，共4幅1∶1 000地形图。

每幅1∶100万地形图划分为2 304行2 304列，共5 308 416幅1∶500地形图，每幅1∶500地形图的范围是经差9.375″、纬差6.25″，即每幅1∶1 000地形图划分为2行2列，共4幅1∶500地形图。

1∶2 000、1∶1 000、1∶500地形图亦可根据需要采用50 cm×50 cm正方形分幅和40 cm×50 cm矩形分幅。

（四）国家基本比例尺地形图的编号

1∶100万地形图的编号采用国际1∶100万地图编号标准。从赤道算起，每纬差4°为一行，至南、北纬88°各分为22行，依次用大写拉丁字母(字符码)A、B、C、…、V表示其相应行号；从180°经线起算，自西向东每经差6°为一列，全球分为60列，依次用阿拉伯数字(数字码)1、2、3、…、60表示其相应列号。由经线和纬线所围成的每一个梯形小格为一幅1∶100万地形图，它们的编号由该图所在的行号与列号组合而成。同时，国际1∶100万地图编号第一位表示南、北半球，用“N”表示北半球，用“S”表示南半球。我国范围全部位于赤道以北，我国范围内1∶100万地形图的编号省略国际1∶100万地图编号中用来标志北半球的字母代码N。例如我国首都“北京”所在的1∶100万地形图的图幅编号为J50，其中J为“北京”所在的1∶100万地形图图幅行号(字符码)，50为“北京”所在的1∶100万地形图图幅列号(数字码)。

1∶50万～1∶5 000地形图的编号均以1∶100万地形图编号为基础，采用行列编号方法。1∶50万～1∶5 000地形图的图号均由其所在1∶100万地形图的图号、比例尺代码和各图幅的行列号共十位码组成，见图 2-2 所示。比例尺代码见表 2-2 所示。行、列编号是将 1∶100 万地形图按所含各比例尺地形图的经差和纬差划分为若干行和列，横行从上到下、纵列从左到右按顺序分别用三位阿拉伯数字(数字码)表示，不足三位者前面补零，取行号在前、列号在后的排列形式标记。

表 2-2　1∶50 万～1∶500 地形图的比例尺代码

比例尺	1∶50万	1∶25万	1∶10万	1∶5万	1∶2.5万	1∶1万	1∶5 000	1∶2 000	1∶1 000	1∶500
代码	B	C	D	E	F	G	H	I	J	K

资料来源：编者制。

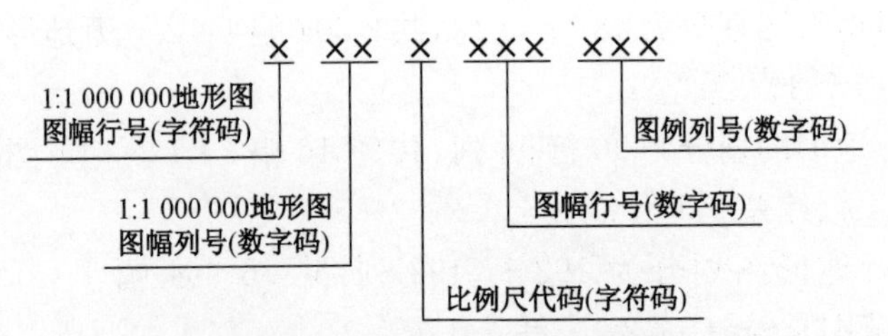

图 2-2　地形图图幅编号的组成

资料来源：编者绘。

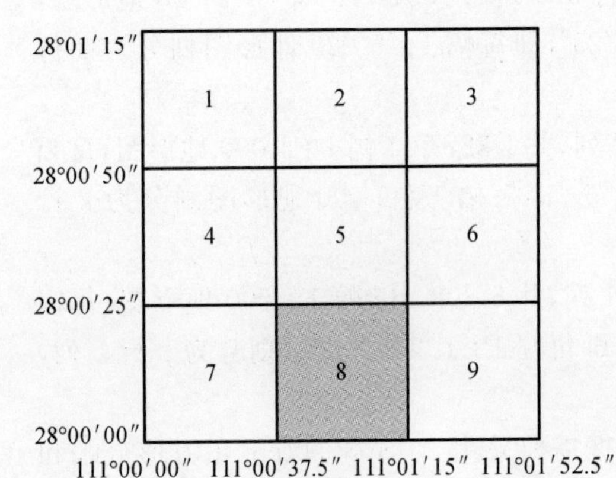

图 2-3　1∶2 000 地形图的经、纬度分幅顺序编号

资料来源：编者绘。

1∶2 000 地形图经、纬度分幅的图幅编号方法宜与 1∶50 万～1∶5 000 地形图的图幅编号方法相同。1∶2 000 地形图经、纬度分幅的图幅编号亦可根据需要以1∶5 000 地形图编号分别加短线，再加 1、2、3、4、5、6、7、8、9 表示，其编号示例见图 2-3 所示。图中灰色区域所在图幅编号为 H49H192097-8。

1∶1 000、1∶500 地形图经、纬度分幅的图幅编号均以 1∶100 万地形图编号为基础，采用行列编号方法，1∶1 000、1∶500地形图经、纬度分幅的图号由其所在1∶100 万地形图的图号、比例尺代码和各图幅的行列号共十二位码组成，见图 2-4 所示。行、列编号是将 1∶100 万地形图按所含比例尺地形图的经差和纬差划分成若干行和列，横行从上到下、纵列从左到右按顺序分别用四位阿拉伯数字(数字码)表示，不足四位者前面补零，取行号在前、列号在后的排列形式标记。

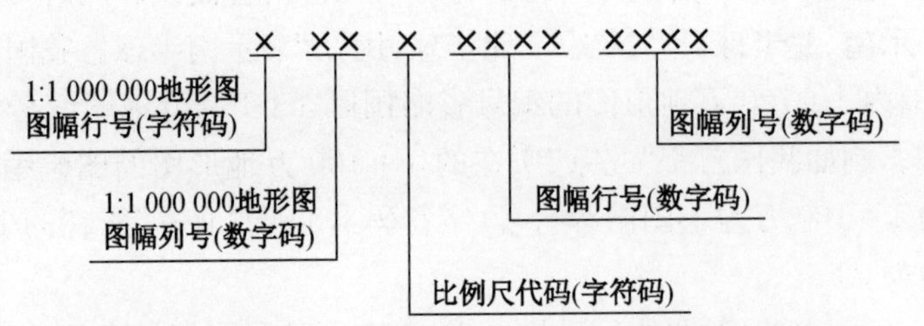

图 2-4　1∶1 000、1∶500 地形图经、纬度分幅的编号组成

资料来源：编者绘。

此外,1∶2 000、1∶1 000、1∶500 地形图还可采用正方形和矩形分幅,其图幅编号一般采用图廓西南角坐标编号法,也可选用流水编号法和行列编号法。

采用图廓西南角坐标公里数编号时,x 坐标公里数在前,y 坐标公里数在后。1∶2 000、1∶1 000 地形图取至 0.1 km(如 10.0~21.0);1∶500 地形图取至 0.01 km(如 10.40~27.75)。

流水编号法按测区统一顺序编号,一般从左到右,从上到下用阿拉伯数字 1、2、3、4 ……编定,如图 2-5 所示,图中灰色区域所示图幅编号为××-9(××为测区代号)。

行列编号法一般采用以字母(如 A、B、C、D……)为代号的横行从上到下排列,以阿拉伯数字为代号的纵列从左到右来编定,先行后列,如图 2-6 所示,图中灰色区域所示图幅编号为 B-4。

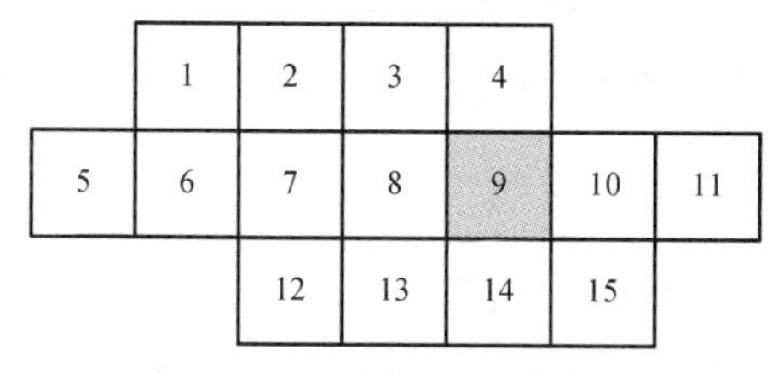

图 2-5　流水编号法

资料来源:编者绘。

	A-2	A-3	A-4	A-5		
B-1	B-2	B-3	B-4	B-5	B-6	B-7
		C-3	C-4	C-5	C-6	

图 2-6　行列编号法

资料来源:编者绘。

二、普通地理图

普通地理图简称地理图,一般是指比例尺小于 1∶100 万(亦有大于 1∶100 万的)的以概括的手法反映自然地理要素和社会经济特点的地图。它反映制图区域内的水系、土壤、地貌、居民点、交通网、国家等地理要素的总体特征及分布规律。

普通地理图的制图范围比较灵活,其比例尺相差的幅度很大,大者可大于 1∶100 万,小者可小于 1∶1 000 万,反映到地图内容、综合程度、几何精度以及区域特征的表达详度方面都相差悬殊。为了制图和使用的方便,可以把普通地理图划分为以下三类:

一览性普通地理图(简称一览图),比例尺≤1∶400 万。其主要特点是制图范围大(世界图、分洲图或分国图),比例尺小,概括程度高,地理适应性居首要地位,几何精确性退居次要地位,只能反映最基本的区域特征。

普通地理图(简称地理图),比例尺在 1∶100 万和 1∶400 万之间。由于比例尺较大,接近国家最小比例尺的基本地形图,地图内容较一览图丰富,概括程度小,综合得较细致,注意加深区域特征的体现,既强调地理适应性的重要性,也重视几何精确性的保证。

普通地理图性质的地区图或县图(简称地、县图),比例尺大于 1∶100 万,接近大、中比例尺地形图,但内容却没有地形图全面、具体,综合程度比较大,主要表示地、县范围的主要区域特征,服务面较窄,主要供地、县领导规划和指导生产建设用。

地理图主要是根据地形图和其他资料在投影网上绘制的,所显示的地理要素有助于说明专题内容的形成环境和分布规律,可以作为了解一个大区域环境的参考用图,是认识和研究区域环境的重要手段;是进行地理教育的良好工具,可用来编绘教学用图;亦是编制同类比例尺专题地图的基础底图。

第三节　专题地图

专题地图是突出而尽可能完善、详尽地表示制图区域内的一种或几种自然或社会经济

(人文)要素的地图。专题地图的制图领域宽广,凡具有空间属性的信息数据都可用其来表示。其内容、形式多种多样,能够广泛应用于国民经济建设、教学和科学研究、国防建设等行业部门。

一、按专题内容分类

根据内容,专题地图可分四大类:表示自然现象主题的自然地图;表示社会经济现象主题的社会经济地图;反映环境状况的环境地图;其他专题地图。

专题地图按内容进行分类时,应根据图件所涉及学科、专业的特点及结构层次,将所编的专题地图相对应地进行内容分类分级,这对于同一层次以及不同层次的专题内容进行对比和应用分析,各类信息数据库的建立,进行地理信息系统中的叠置分析、多因子综合分析等都很重要。

(一) 自然地图

主要包括地理环境中各种自然地理要素形成的专题地图。较常见的如:

气象—气候图,反映气象、气候要素的空间分布、时间变化的地图。如太阳辐射、气团、气旋、气温、降水、气压、风、云、日照、湿度、蒸发量、热量平衡、气候带、气候区划等的专题地图(图 2-7)。

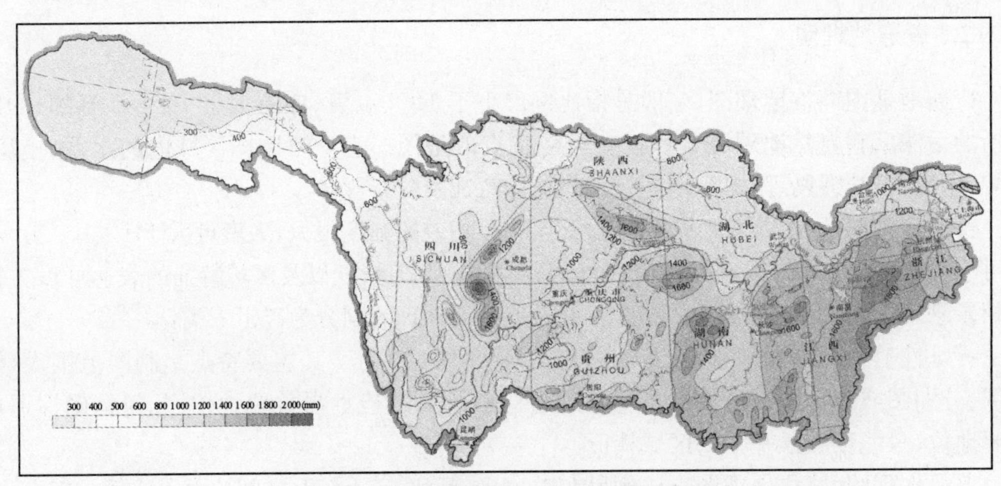

图 2-7　长江流域多年平均降水量分布图

资料来源:中国科学院生态环境研究中心,世界自然基金会. 长江流域生物多样性格局与保护图集[M]. 北京:科学出版社,2011.

地质图,显示地壳表层的岩石分布、地层年代、地质构造、岩浆活动等地质现象的地图。如普通地质图,地层、构造、岩相图,第四纪古地理图,大地构造图,工程地质、水文地质图,火山及地震图,地球化学图,矿产图等。

地势图,显示地形起伏特征的地图。如测高图、测深图、形态图、地貌图、地貌形态示量图等。地貌图又可因其成因、年龄与发展过程的差异而分为地貌类型、地貌区划及各种部门地貌(流水、重力、岩溶、冰川、海岸、风沙等)的专题地图;地貌形态示量图又可分为地表切割密度、切割深度、坡度等地图。

水文图,显示海洋和陆地水文现象的地图。如洋流、潮汐、波浪、泥沙、水温、盐度、水系、径流、水力资源、水文区划等地图。各类现象可能涉及多种专题指标,如径流方面,包括径流深度、径流系数、径流变率等。

此外,土壤、植被、动物地理、地球物理、综合自然地理等类型的专题地图也属于自然地理图的范畴。

（二）社会经济地图

社会经济类的专题地图涉及面十分广泛。它所包括的主要类别有人口地图、经济地图、社会事业地图、政治行政区划地图以及分别在区域及时间上有特殊意义的城市地图和历史地图等。

人口地图，反映人口的分布、数量、组成、动态变化的地图，如人口分布图、人口组成图、人口密度图(图 2-8)、人口自然增长率图等。人口分布中又可分为常住人口、流动人口等；在表达人口组成的地图中，又可分为年龄、性别、宗教、民族、职业构成等。

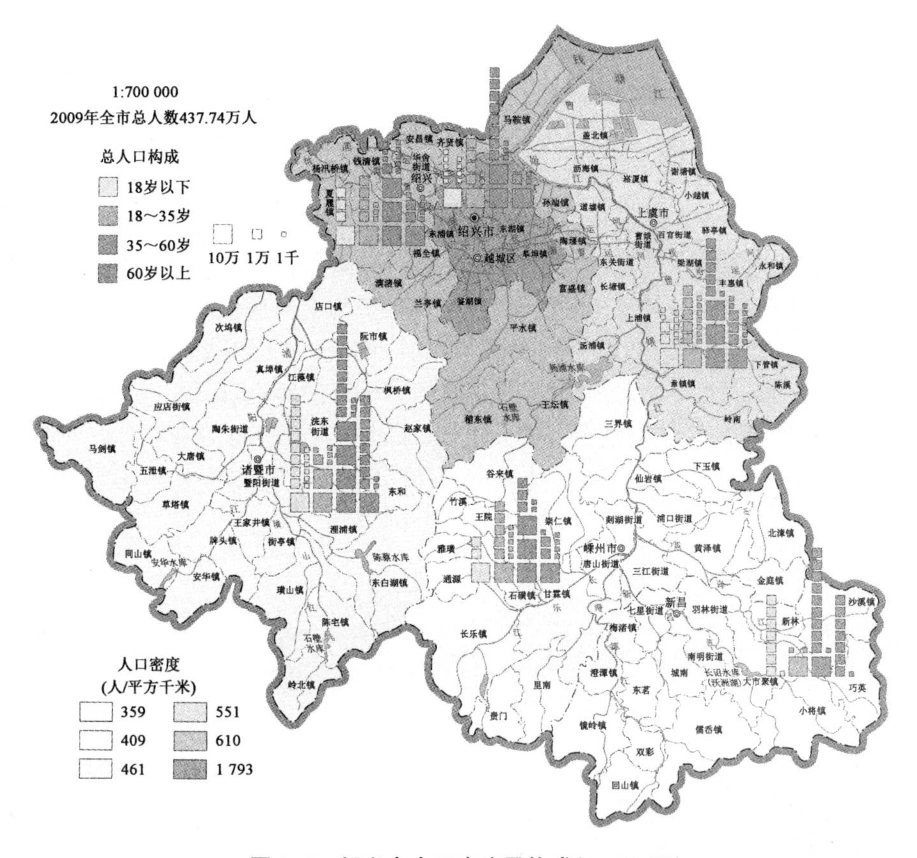

图 2-8　绍兴市人口密度及构成(1∶70 万)

资料来源：绍兴市土地勘测规划院，浙江省第一测绘院．绍兴市地图集[Z]．北京：中国地图出版社，2011.

近年来，根据研究水平及在人类生活中的作用与地位，也有学者把人口地图从社会经济地图中分离，与自然、社会经济等并列而成第五大类的专题地图。

经济地图，反映国民经济各部门的分布、结构及发展水平的地图。经济地图是社会经济，乃至整个专题地图中专题最为广泛的类型。主要包括资源地图、经济发展总体指标图、各经济部门的专题地图等大类。旅游作为国民经济的一个产业，也可把旅游地图作为经济地图的一个大类。资源地图包括劳动力、水、气候、矿产、土地等资源类型在数量、质量、分布及综合评价方面的专题地图。经济发展总体指标包括产业结构、国民生产总值、工资水平、经济发展波动性特征等专题内容。经济部门专题地图的分类十分繁杂，包括工业、农业、商业、交通运输业、邮电通信等类别的专题地图，每一类又分为许多次一级的专题。仅以农业为例，就包括农(耕作)、林、牧、副、渔等几个主要类别。因此，经济地图在各个不同层次结构都有数量众多的地图或地图集成果。

社会事业地图，反映教育、科学技术、医疗及卫生、体育、文化娱乐、广播电视、新闻及出版等部门的现状及发展的地图。社会事业各部门的地图常常是综合地图集中的重要组成部分，一般较少单独成图。

政治行政区划地图，表示各类区域(如世界、地区、国家及国内各级行政区)行政区划及政治地理行为的地图。

历史地理图，反映人类社会发展的历史过程、历史事件的地图，如国家疆域的变迁，民族迁徙及民族史，自然环境演变及自然灾害，经济、文化、政治的重大事件及发展变化等专题。

城市地图，作为政治、经济及各类社会事业的特殊区域，反映城市的沿革、现状及发展目标的地图。城市地图在国内外都已发展为一个较为独立的专题地图系列。

(三) 环境地图

由于人类对自身生存环境的重视和对环境可持续发展的需求，使环境地图逐渐成为专题地图中的新型独立图种。环境地图种类很多，包括环境污染与环境保护地图、自然灾害地图、生态环境地图、疾病与医疗地理图，以及自然保护与全球变化地图等。

环境污染与环境保护地图，包括环境要素图、污染源(如大气、废水等)分布图、污染现状图、环境质量评价地图、环境预测图、环境保护区划图，以及环境保护与治理规划图等。

自然灾害地图，反映区域自然灾害的分布、成因、危害程度、防治措施等方面的地图，自然灾害涉及地震(图 2-9)、洪水、台风、冰雹、泥石流、风沙、森林火灾、病虫害等多种类型。

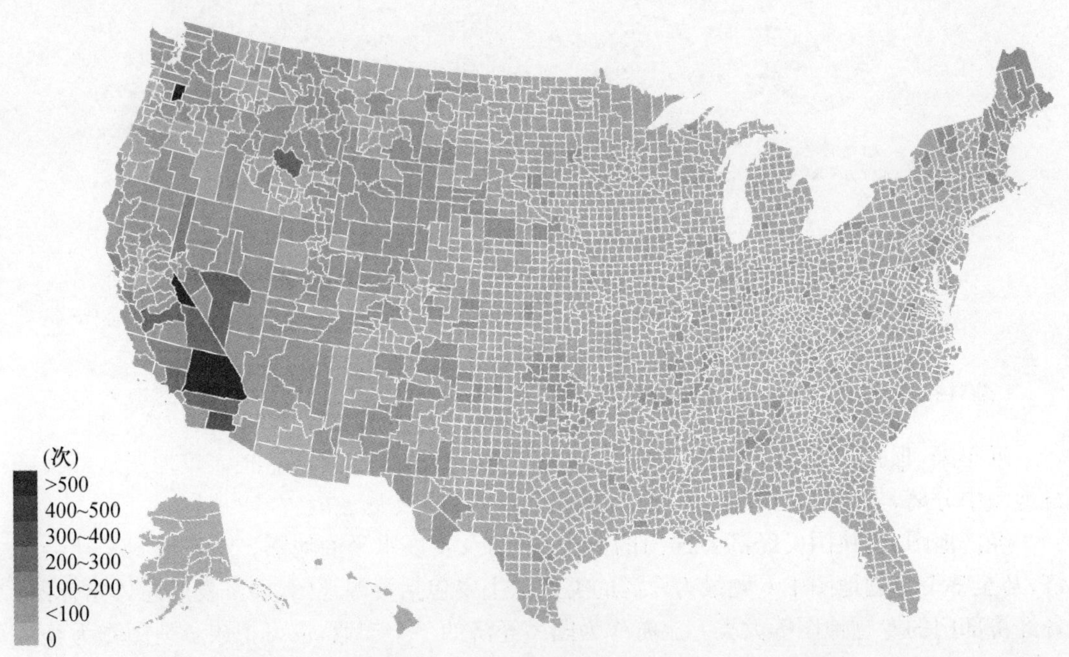

图 2-9　美国各县 3.5 级以上地震次数(1980—2015)分布图

资料来源：http://rdcnewscdn.realtor.com/wp-content/uploads/2016/09/maps-05-4.png

生态环境地图，表示自然生态环境和受人类活动影响而造成的生态环境演变情况，如土壤侵蚀(水土流失)图、荒漠化图、土壤退化图、植被(森林、草地)破坏图、生物多样性减少与珍稀濒危动物图等。

疾病与医疗地理图，反映使人体致病、致畸、致残的各种疾病患病率的地理分布及其环境因素，包括地方病分布及发病率图、恶性肿瘤分布及发病率图、环境病因分析评价图等。如图 2-10 所示为 2000—2004 年美国县域宫颈癌集聚风险分布图。

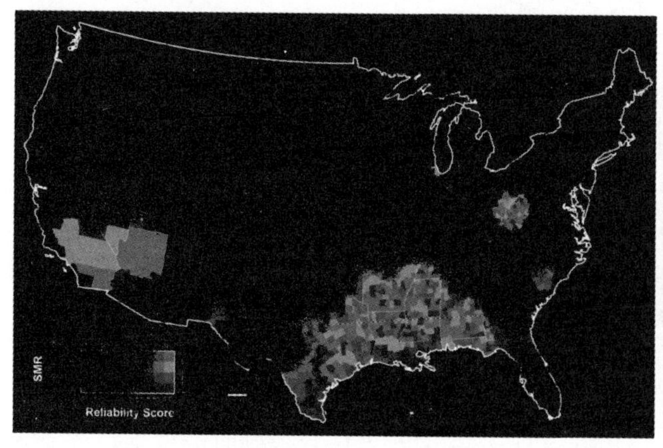

图 2-10　2000—2004 年美国县域宫颈癌集聚风险分布图

资料来源：Robert E. Roth, Andrew W. Woodruff, Zachary F. Johnson. Value-by-alpha maps: An alternative technique to the cartogram[J]. Cartographic Journal, 2010, 47(2): 130-140.

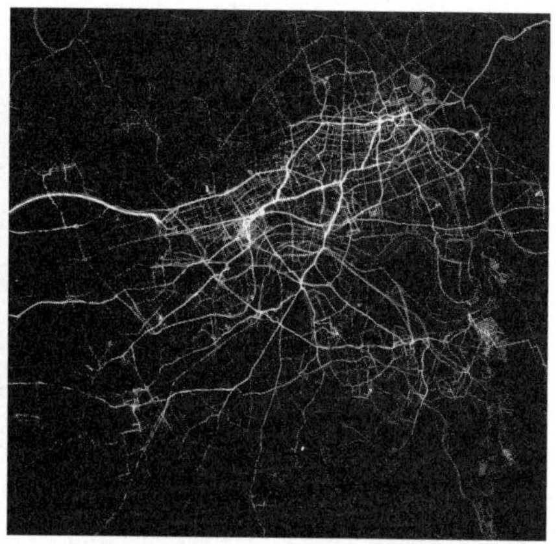

图 2-11　个体行为轨迹图

资料来源：Tracey P. Lauriault. GPS Tracings-Personal Cartographies [J]. The Cartographic Journal, 2009, 46(4): 360-365.

自然保护地图，包括自然资源分布图、单要素资源评价图和区域综合评价图、自然保护区图、自然资源合理开发利用和保护更新规划图等。

全球变化图，反映全球气候与环境的变化。如全球环境地图、全球气候变化图、臭氧层变化图、厄尔尼诺分布图、海平面变化图、全球植被指数变化图等。

(四) 其他专题地图

指上述类型以外的专题地图，例如新近出现的反映个体行为的 GPS 轨迹图(图 2-11)、社交网络地图等。

专题地图按内容(主题)所作的分类并不是绝对的，有些专题地图可同时分属不同的类别，如矿产可以作为一种资源属于经济地图，也可作为一种地质现象而属于自然地图。尽管图名及图面所表示的主要内容一致或相似，但编图目的及使用对象可能不同，对专题资料的选取、处理以及表示方法等也应有所区别。

二、按专题现象概括程度分类

根据对专题现象的概括程度，可将专题地图分为分析图、组合图、综合图。

(一) 分析图(解析图)

通常用来表示单一现象的分布情况，但不反映现象与其他要素的联系或相互作用。对这种单一现象的内容通常不作简化或很少简化。因此，从资料的获取、处理到图形表示都比较直观、单一。如表示各行政单位人口数量及分布范围的人口图；表示各个工厂企业的分布或单一指标(总产值或职工人数或利税等)的工业图；表示某时刻气温分布的温度等值线图；反映区域内地面切割程度的切割密度图等。分析图可直接获取某专题的空间分布规律，也可作为编制组合图、综合图的基础资料。

(二) 组合图(多部门图)

在同一幅地图上表示一种或几种现象的多方面特征。这些现象及其特征必须有内在联系,但又有各自的数量指标、概括程度及表示方法。因此,组合图都是多变量的专题地图。采用组合图方法编制地图的目的,是为了更完整、深入地说明某一明确的主题。如在地图上同时表示各行政区划的人口密度及人口构成。

(二) 综合图(合成图)

表示的不是各种现象的具体指标,而是把几种不同但互有关联的指标进行综合与概括,以获取某种专题现象(或过程)的全部完整特征。各种类型的区划图、综合评价图都属此类。如气候区划图中对气候区划的划分依赖于气候及其他诸多因子(气温、降水、湿润度、地形等),但在气候区划图上,并不出现上述各单因子的解析图,而是通过这些单因子建立综合指标来划分。又如某区域的环境质量综合评价图,是通过大气、水、噪声、固体废弃物、生态与绿化状况等有关的十多个因子,按一定的标准分别打分,以各因子在影响环境质量中的作用确定权重,得到综合性的评价指标及分级,从而编制出环境质量综合评价图。

采用传统的方法编制地图时,分析图、组合图、综合图在设计与编制时的复杂程度是逐步增加的。而运用计算机进行自动制图,特别是地理信息系统方法的介入,它们之间的差异已不太明显。

有一些类型的专题地图,是为特定的专业需要设计的,并且往往只在相关的专业部门中阅读、作业、使用,可称为专用地图。它们在功能、表示方法、图面配置等方面与一般的专题地图有一定差异。航图(航空、航海、宇航)就是典型的专用地图,其他如教学地图、旅游地图,也可划入专用地图的范畴。

三、系列专题地图

系列专题地图是指应用同一信息源和基础资料,统一设计,同时编制同一地区、多种专题要素或指标的一系列成套地图,是综合制图的形式之一。如地形、地质、地貌、水文、土壤、植被、土地利用、土地潜力等内容相关联的地图,即称为系列地图,一般还有大、中、小比例尺之分。

系列图依据不同的分类指标可以有不同的类型,若按内容分,可以分为部门系列图和综合系列图。部门系列图,比如环境污染与环境破坏系列图,包括空气污染、水体污染、土壤污染、植被破坏、噪声污染、垃圾与工业废物等图幅。综合系列图为地理综合体的各相关图,其内容广泛多样,类型复杂,比如由地势图、自然景观图、地质图、地貌图、土壤图、植被图、生态地理区域图、海底地势图组成的《中华人民共和国国家自然地图集》。

系列地图也可划分为内容系列、比例尺系列和时间系列。

内容系列是指同一比例尺不同内容的成套图。例如,土地综合地图的内容系列图有地貌类型图、土壤类型图、植被类型图、土地利用图、土地类型图和土地资源图等。这一系列图是从内容横向看成为一个系列,故又称为横向系列图。

比例尺系列是指同一内容不同比例尺的成套图。即从比例尺纵向看成为大、中、小比例尺系列,故又叫纵向系列图。比如我国国家基本比例尺系列地形图就是一个完整的比例尺系列图实例。

时间系列是指同一内容和同一比例尺地图在时间上不同的成套图。即有历史、现状和未来(预测预报和规划设计)的地图。例如对土地利用图来说,就有某历史时期的土地利用状况图、土地现状图和未来某一时间段的土地利用规划图。因为这一系列图含有发展变化的动态概念,所以又称为动态系列图。

由于系列图的编制是利用同一地区的资料,按不同学科的学科内涵,通过信息解释和提取,结合野外的综合考察编制而成的,因此系列图具有以下特点:

(1) 系列图能系统全面地显示制图区域各种现象的发生、发展规律,同时较好地揭示各现象间的相互联系和相互制约关系。

(2) 基于系列图的统一编制原则,如同比例尺的多种专题图用同等的分级表达和同等的制图综合程度,使系列图中的各专题图间能较好地进行对比应用,便于进行综合分析和评价,体现了系列成图内在的协调和较高的科学性。

(3) 用系列成图方法编图既节约又避免了重复和矛盾现象的发生,可节省人力、物力、财力,还加速了成图进程。

(4) 系列成图比较灵活,不受比例尺和幅面大小的限制。

第四节　地图集

一、地图集的起源与发展

第一本地图集是与公元2世纪古希腊亚历山大城的天文学家、地理学家和制图学家托勒密的名字分不开的,可以说,他是地图集的创始人。他的名著《地理学》反映了古代人们所知的人类居住的整个地区,直到16世纪,它仍是最完美的地图作品。

中世纪的欧洲,由于封建割据及闭关自守,几乎和外界完全隔绝,加之神学统治和文化的低落,直到15世纪还不会制作地图集。

15、16世纪的地理大发现,商业、航海、工业的飞速发展,引起人们对地图的极大兴趣。在此期间,很多国家用"托勒密"作为图集名称,并出版了几十种地图集。1595年问世的墨卡托地图集,由于其内容丰富、结构严整、投影选择合理和整饰质量的高超,成为当时的一部辉煌巨著。墨卡托选择了古代神话中的勇士——撑天巨人阿特拉斯(Atlas)为自己的图集取了具有象征意义的名称,这一名称受到了普遍欢迎,并逐渐替代了其他名称而成为"地图集"的代名词。

16世纪末还编制了一些国家地图集,如英国地图集和法国地图集,其内容都是普通地图。与此同时,还出现了一些初期的专题地图集,如道路图集和航海图集。17世纪地图集的篇幅已经扩展了很多,如荷兰制图学家出版的地图集有很多卷,其中包括数百幅艺术性很强的地图,并广泛采用了地理文字说明。

到18世纪,情况有些改变。在缩减篇幅和降低价格的情况下地图集却另具特点:资料新颖,批判性的选择和科学地处理原始资料,绘图方法精确。有些普通地图集还加入了人文和自然地图。同时,也出现了具有旅游指南性质的小型地图集和多次出版的学校用地图集。

19世纪地图集的发展,表现为参考用的普通地图集的内容丰富了,各种专题地图集有了很大的发展,同时,开始编制一些综合性地图集。其中德国别格哈兹(Berghaus)地图集

(第一版于1836—1842年出版)可作为最完善的综合性自然地图集的一个范例,1899年出版的芬兰地图集是第一本综合性国家地图集。

20世纪以来,除了普通地图集的编图质量有了显著进步外,综合性地图集也有了很大的发展,这种地图集要求同样完备和详细地反映制图区域的自然条件、人文现象等各方面状况。诸如近期出版的日本、美国、英国、加拿大、瑞士、古巴等国的综合性地图集都是比较精湛的制图作品。同时,随着社会分工的深入,各门科学的发展,各种类型的专题地图集也不断增多,如海图集、地质图集、经济图集、城市图集、人口图集等。

二、地图集的概念和类型

地图集是根据某种用途与服务对象,按照统一的设计和要求,编制而成的多幅地图的系统汇集。一般都是装订成册或活页汇集。它分别或综合地反映整个世界或一个国家、某个地区的地理环境、自然资源、生产布局、社会经济、政治军事和文化历史的发展等多方面的现象、要素及其特征。

地图集并不是各种单幅地图的机械组合,而是为特定的主题和用途,采用科学的结构体系按照一定的顺序,把各种地图有机结合起来。因此,地图集中表现的地图内容具有相互协调、彼此联系、互相补充和统一规格的特点。这些特点表现在各图幅采用的地图投影、地图图例、表示方法、图幅大小、文字说明、地名索引、地图集的装帧和比例尺一致或成简单的倍数,引用资料的截止日期等都具有统一的标准。

对于国家地图集而言,它必须全面系统地反映该国的自然环境、社会经济条件和历史发展的全貌,所以也可以说它是一部论述一个国家的地理著作。国家地图集的政治思想性、科学性和艺术性,往往反映着国家经济建设和文化发展的水平,也反映一个国家地图学理论和制图技术水平。

随着经济建设、科学技术的飞速发展以及实际生活的需要,地图集的类型和数量越来越多,题材范围也越来越专门化,地图内容越来越深入。地图集通常根据下列三种指标:制图区域范围、内容性质和地图集的用途进行分类。

(一) 按制图区域分类

地图集按制图区域范围可分为世界地图集、洲地图集、国家地图集、区域地图集和城市地图集。

世界地图集:反映整个世界及其构成要素的地图集,多由序图(有些还介绍地球相关知识)、分洲及分国地图组成。

洲地图集:以特定洲为制图区域。

国家地图集:反映一个国家综合情况或某项专题情况的地图集,常表示该国的自然面貌、社会经济、文化历史、人口概况、资源分布等特征。

区域地图集:反映世界局部区域(如大洋)或一个国家一、二、三级行政区(如省、市、县)、地理单元(如自然区域、流域、经济区)的地图集等。

城市地图集:反映城市及其所辖郊县的总貌及其区域特征的地图集。

(二) 按内容性质分类

地图集按内容性质可划分为普通地图集、专题地图集和综合地图集。

普通地图集:以普通地图为主体,拥有少量的专题地图的地图集,详细表示制图区域的水系、地貌、居民地、道路网、行政区划等地理信息,方便读者了解区域的一般地理概况。这类地图集多由序图、基本图、文字说明和统计图表、地名索引等组成。序图又称总图，给读者建立一个制图区域的总体概念，反映制图区域的地理概况。基本图又称分区图，它是构成普通地图集的主体，由大量反映各地区基本面貌的普通地理图所构成。基本图应具有统一的图式符号和表示方法，根据地区的面积大小和开发程度，往往采用多级比例尺地图相互配合来描绘重点制图区域。统计图表、文字说明的主要作用是增加地图信息量，弥补地图内容的不足。地名索引作为地名查找的工具编排在地图集中。

专题地图集：以反映某类专题内容为主的地图集。按内容性质可细分为自然地图集和社会经济地图集两大类。自然地图集：其中有气候图集、地质图集、植被图集、土壤图集等。还有以各种自然现象为内容的综合性自然图集，用以研究某种自然现象分布规律或综合性地揭示地理环境中各要素的相互联系和相互制约特征。社会经济地图集：包括政区图集、人口图集、历史图集和经济图集（或可再分为工业图集和农业图集）等。综合性的人文图集包括行政区划、人口、工矿、农、林、牧、渔、交通运输、邮电通信、文教卫生、综合经济等方面的地图。人文图集不仅反映了人文现象的分布，还反映了数量和质量对比以及发展动态。

综合地图集：包括普通地图、自然地图及社会经济地图等的综合性图集。这种地图集的特点是内容完备、图幅众多、图种复杂，其任务是把制图区域内自然和人文各方面的现象完整而系统地显示出来。

（三）按用途分类

图集按用途可划分为教学地图集、参考地图集、旅游地图集等。

教学地图集：用于配合教学的地图集，如我国编制的大、中、小学用的地图集。这种地图集的特点是简明扼要、整饰色彩鲜明。

参考地图集：按照使用对象的差异，该类可分为一般参考地图集、经济建设参考地图集、科学研究地图集、军事参考地图集等。

旅游地图集：供旅游者使用的地图集。图集详细表示旅游景点分布、交通线、饮食住宿设施、娱乐场所等，其特点是印刷精美、开本小、色彩悦目、地图—文字—照片有机结合。

三、我国地图集的发展简介

（一）发展概况

在中国现代史上，由于国力落后，专题地图集无所建树，自新中国成立后，国家重视专题地图集的编印，出版了许多有影响力的专题地图作品。改革开放以后，中国社会发生了翻天覆地的变化，经济建设取得了史无前例的发展，全国性和地区性专题地图集大量编制出版。当代中国地图集的发展可分为三个阶段：起步阶段、发展阶段、创新阶段。

新中国成立初期，百废俱兴，新中国开始了全面经济建设，测绘制图事业刚刚起步，地图基础资料相对薄弱，这一时期专题地图编制出版较少，主要是反映自然条件和历史文化方面的地图集。比如《中国历史地图集》《中国国家自然地图集》《中国地质图集》。这一时期专题地图集主要是手工编制设计，开本较小，编制出版周期较长。

从改革开放到20世纪末，中国研制专题地图集取得了惊人的发展成就，从自然资源、基础设施到交通旅游、社会经济等诸多领域出版了大量专题地图集。如《中国农业经济地图集》《中国地貌图集》《中国土壤图集》《中国气候资源地图集》《中国贵稀金属矿产图集》《中华人民共和国地方病与环境地图集》。这一时期地图集的特点是突出反映自然地理、经济建设成就，图集编制周期缩短，并开始利用计算机辅助制图。

进入21世纪，专题图集涉及面相当广泛，除了自然地理、历史文化外，在社会经济、自然灾害、生态环境、资源环境等诸多领域也出版了大量专题图集。如《中国高等教育地图集》《中国人口地图集》《中国自然景观图集》《中国地下水资源与环境图集》《中国地质图集》《中国性别平等与妇女发展地图集》《长江经济带可持续发展图集》《广州市投资环境地图集》《汶川地震灾害图集》。这一时期地图集的特点是主题丰富，设计科学，编印技术先进，实现了地图数字化编辑与出版印刷系统一体化。

（二）代表性地图集简介

地图集的主题和用途越来越多样化，为了更好地利用地图资料，加深对地图制图学的理解，设计编绘出更好的地图作品，应该对国内外现有的主要地图作品有所了解。限于篇幅，本节仅择要介绍几种国内较有影响的地图集。

1.《申报馆中国地图集》(1934年)

该图集原名为《中华民国新地图》。为纪念申报60周年，由丁文江、翁文灏、曾世英编制。图集共有53幅地图，其中包括总图7幅，分图44幅，61个主要城市图拼成2幅。总图比例尺为1∶1 500万和1∶2 300万，分图大部分为1∶200万，蒙、新、藏为1∶500万。全国总图采用阿尔伯斯割圆锥等面积投影，以北纬24°和48°为标准纬线；分区图采用多圆锥投影。地图按经纬线分幅，避免了相互重复，各图幅可以拼接使用，最后附有地名索引。

该图集利用了当时最新资料进行编制，采用铜版雕刻按等高线分层设色表示地貌，精致美观。出版后，行销国内外，得到了当时国际学术界很高的评价。

2.《中华人民共和国地图集》(1981年，8开本)

该图集是一本较全面介绍我国地理概况和经济建设成就的综合性参考地图集，主要供国内经济建设、科学技术、文化教育部门的广大干部以及海外侨胞和国外读者参考使用。图集包括专题地图、省区地图、城市地图以及文字说明等部分。专题地图内容非常丰富，覆盖中国行政区划、人口、民族分布、地貌、地质、气候、森林、矿产分布、工业、交通、文化古迹等许多领域，概括了自1949年以来地学研究成果和经济建设成就的有关资料，内容超过了过去的同类型地图集，是了解我国自然地理、人文地理的良好参考地图集。

3.《中华人民共和国国家自然地图集》(1999年，4开本)

《中华人民共和国国家自然地图集》是代表中国国家水平的一部大型综合性科学参考地图集。由中科院和国家测绘局（现国家测绘地理信息局）主持，中科院地理所主编，中国地图出版社出版；是37个单位、300多位专家学者密切合作，历时10年完成的一项系统工程。全书包括序图、自然环境、自然资源、自然灾害、自然利用与保护等五个部分18个图组，共540幅地图、115个图表与照片以及近30万文字说明。图集为4开本，中、英文同时出版发行。《中华人民共和国国家自然地图集》是我国第一部运用计算机地图编辑与制版系统而完成的大型国家图集。它的出版，标志着我国地图学的发展已进入90年代末国际最先进水平。

4.《中国历史地图集》(1974年，16开本)

该图集是一本以中国历代疆域政区为主的地图集，也是当时国内外同类地图中质量最高、内容最详、印制最精的一种。由已故中国科学院院士谭其骧主编，复旦大学中国历史地理研究所、中国社会科学院有关研究所、中央民族学院、南京大学、云南大学数十位学者历时三十余年合作完成。全书自原始社会至清末，反映了1840年前我国各历史时期的政区设置和部族分布的基本情况。按历史时期分为8册、20个图组，共304幅地图(插图未计在内)，地图全部采用古今对照。该图集从20世纪50年代起开始编纂，1974年起曾以中华地图学社名义出版内部试行本，1980年决定进行修订后公开发行，1982—1988年由中国地图出版社陆续出版1～8册。图集的地理基础底图为当今的中国全图，重要地名采用古今对照的表示方法，地貌用浅色晕渲表示，是研究我国历代行政区划不可多得的宝贵资料。

5.《中国植被图集》(1∶100万，2001年，4开本)

该图集是我国国家自然资源和自然条件的基本图件，由著名植被生态学家侯学煜院士主编。它是根据半个世纪以来全国各地开展植被调查所积累的丰富的第一手资料，并利用航空遥感和卫星影像等现代技术所获得的材料以及有关地质学、土壤学和气候学最新的研究成果编制而成。详细反映了我国11个植被类型组、54个植被型的796个群系和亚群系植被单位的分布状况、水平地带性和垂直地带性分布规律，同时反映了我国2 000多个植物优势种、主要农作物和经济作物的实际分布状况及优势种与土壤和地貌地质的密切关系。

6.《中华人民共和国地貌图集》(1∶100万，2009年，4开本)

自2001年起，中国科学院地理科学与资源研究所启动了“中国数字地貌研究”，全国1∶100万地貌图的编制是其中的一项重要任务。在李吉均、周成虎院士的主持下，邀请国内外地貌学、地图学等学科的老一辈科学家为指导，地理科学与资源研究所协同中国科学院相关研究所以及兰州大学、南京大学等高等院校100多位中青年学者联合攻关，历时八年，完成了百万分之一国际分幅《中华人民共和国地貌图集》的编制和出版。该图集是全面反映我国地貌宏观规律、揭示区域地貌空间分异的国家级基本比例尺基础性图集，是国家重要的自然条件和自然资源基础图件之一。以我国长期积累的资料文献和科学研究成果为基础，充分利用现代对地观测提供的遥感数据及地理信息系统方法，实现了地貌图编制的全数字化；通过三维地形、遥感影像与地貌图的组合形式，全面、系统地反映了我国地貌类型及其空间分布等基本特征。

第五节　电子地图

一、电子地图的概念

电子地图存在广义和狭义两种概念。广义上电子地图与数字地图是同一概念，认为电子地图只不过是数字地图的通俗称谓，实质均指在计算机环境中制作与使用的地图，其差别仅在于电子地图注重地图制作与使用的设备、环境和电子技术的特点，但实质都是基于地图信息的数据表示。狭义的概念认为电子地图即屏幕地图，是供计算机环境中使用的新型的地图产品，强调地图信息的视觉感受特征。随着20世纪90年代计算机多媒体技术的发展，电子地图的概念进一步扩展，不但包括基于数字形式显示的屏幕地图，还包括声音、文字和视频等的多媒体地图产品。这里给电子地图作如下定义：由电子计算机控制所生成和运作的地图称之为电子地图，它具有地图的符号化数据特征，并能实现快速显示，是可供人们阅读的有序数字地图数据的集合。

二、电子地图的特点

电子地图与数字地图虽然都是在计算机程序控制下完成的，但两者之间还是有差别的。数字地图是指用数字形式描述地图要素的定位、属性和关系信息的数据集合，而电子地图则是数字地图符号化处理后的数据集合。所以，电子地图与数字地图的根本区别之一是地图要素的符号化处理与否（即可视化程度怎样）。此外，电子地图具有显示速度快，能迅速将符号化的地图数据转换为屏幕地图，这也是其一个显著特点。

电子地图与纸质地图相比较，具有其独特的优点，这些优点包括交互性、动态性、分层性、快速性、传输性、虚拟性和量测性等。

（一）交互性

可以实现人机对话，即在地图数据库和软硬件资源支持下，能实现对电子地图的各种操作。例如显示阅读、属性查询、空间检索分析、硬拷贝输出等。

（二）动态性

指可以实时、动态表现空间信息。电子地图的动态性表现在两个方面：一是用具有时间维的动画地图来反映事物随时间变化的动态过程，并可通过对动态过程的分析来推演事物发展变化的趋势；二是利用闪动、颜色瞬变、屏幕漫游、开窗放大、镜头推移、拼接裁剪等显示技术，不断生成新的地图，这些是纸质地图所无法实现的技术。

（三）分层性

指按地图要素分层进行显示，如图幅可分为居民地层、道路层、水系层、植被层、土质层、地貌层和境界层等，也可进行组合显示或综合显示。层下还可设级，例如可将道路层中的铁路定为1级，公路定为2级，大车路定为3级等，即可按级进行显示。这种等级分明、显示灵活的技术是纸质地图所不及的。

（四）快速性

指能实现快速存取显示。目前，数据库存取一幅电子地图仅需几秒钟，而且随着电子计算机技术的发展，这种速度会更快，这比纸质地图的存取速度快得多。

（五）传输性

指利用数据传输技术将电子地图传至其他地方，这比纸质地图的传输要便捷得多。

（六）虚拟性

指应用虚拟现实技术将地图立体化、动态化，使人具有身临其境之感，这种技术更是纸质地图所无法实现的。

（七）量测性

指可实现图上的长度、面积、角度等的自动化量测。

三、电子地图的类型

电子地图的类型十分丰富，不同类型的电子地图都有其自身特征、用途范围及表现形式。电子地图在特征上有内容、比例尺、区域范围等方面的不同；在用途方面有军用、民用之分；在表现形式上有数据结构形式、显示过程形式和用户功能等方面的差别。

（一）以内容作为分类标志

按电子地图的内容可划分为普通电子地图和专题电子地图两大类。普通电子地图是综合反映地表自然现象与社会经济一般特征的地图。其内容包括各种自然地理要素（水系、地貌、土质、植被等)和社会经济要素(居民点、交通线、境界线和独立地物等),但不突出表示其中的某一种要素。专题电子地图是着重表示自然现象或社会经济现象中的某一种或几种要素的地图,如自然电子地图、经济电子地图、历史电子地图等。

（二）以比例尺作为分类标志

按比例尺的不同,可划分为大、中、小比例尺电子地图。参考纸质地图的比例尺划分方法,通常将 1∶10 万及更大比例尺的电子地图称为大比例尺电子地图,将 1∶10 万～1∶100 万的电子地图称为中比例尺电子地图;将 1∶100 万及更小比例尺的电子地图称为小比例尺电子地图。普通的大、中比例尺电子地图又叫做电子地形图,小比例的电子地图又称作电子地理图。电子地形图表示的内容较详细,电子地理图则较简略。

（三）以区域范围为分类标志

电子地图按其所含区域范围的不同,可划分为:包括全球的世界电子地图,包括一个洲或几个洲的大陆电子地图,包括某个地区的区域电子地图,包括一个国家的全国电子地图,包括一个国家内部的某个等级的行政区划或自然区域的电子地图,等等。

（四）以用途为分类标志

按用途可划分为民用电子地图和军用电子地图。

民用电子地图按其专业可划分为:农业用电子地图、地质用电子地图、石油用电子地图、民航用电子地图、气象用电子地图、交通用电子地图、水利用电子地图等。

军用电子地图按兵种划分为电子陆图、电子海图、电子航空图、电子宇航图等。

（五）按数据结构分类

按数据结构方面的不同,可划分为矢量电子地图和像素电子地图。

矢量电子地图:利用矢量数据描述电子地图要素的图形位置和颜色的数据集合。矢量电子地图的数据,主要是由数字地图经符号化处理获得的,当然也可以直接利用手扶跟踪数字化仪对纸质地图进行数字化,再经符号化处理获得。还可利用解析测图仪或数字投影测量工作站对地形像片进行数字化,再经符号化处理获得。

像素电子地图:用像素数据的矩阵描述电子地图要素的图形位置和颜色的数据集合。像素电子地图数据可通过扫描获得。利用彩色自动扫描仪对彩色纸质地图进行扫描,可获取彩色像素电子地图数据;利用黑白自动扫描仪对纸质地图进行扫描,可获得黑白像素电子地图。扫描分辨率(又称空间分辨率或取样点的密度)和灰度等级(或彩色)分辨率与所获像素电子地图的图形质量有密切关系。扫描分辨率愈高、灰度级数目愈多,则图形质量愈好,但过高会影响扫描速度和占用太多的存贮空间。

矢量电子地图较像素电子地图的数据量小,所以在存贮容量方面没有像素电子地图要求大。另外,矢量电子地图在显示时,容易通过软件控制实现放大、缩小、变色、闪动等图形变化操作,也可以实现地图要素的分类、叠加以及分级显示等。因此,矢量电子地图是电子地图的主要类型和发展方向。

（六）按提供给用户的功能分类

按电子地图提供给用户的功能,电子地图可分为两种类型:只读型电子地图和分析型电子地图。

只读型电子地图:这类电子地图,用户只能用来显示、检索存贮于数据库中的图形和文本数据,不能对数据库中的数据进行再加工,且无深入的分析功能。如我国的“京津唐生态环境地图集”,其图形以栅格形式运行显示,没有文字数据检索及分析功能。美国的“世界电子地图集”(The Electronic World Atlas)，可进行图形、文本、数据的检索，但没有分析功能。

分析型电子地图：除了具有上述只读型电子地图的功能外，还能给用户提供动态交互和分析功能。如加拿大出版的“加拿大电子地图集”(The Electronic Atlas Canada)具有制图功能和分析功能，美国生产的“世界数字地图”(The Digit Chart of the World)较好地把电子地图与GIS技术结合起来，具有很多的分析功能。

(七) 按显示过程的表现形式分类

按显示过程的表现形式可分为一般电子地图、多媒体电子地图和网络电子地图3种类型。

一般电子地图：它是按传统地图表现方法，以电子的形式存储与显示地图图形，具有快速查询、漫游、开窗、三维显示立体地形等功能。

多媒体电子地图：除了具有一般电子地图的功能外，还增加了声音、动画和录像多媒体等功能。

网络电子地图：Internet是电子地图存在和流传的最好媒介之一，网络电子地图是实现地图信息网络发布的基础。目前的网络电子地图有地图资料库形式和交互式地图两种类型：①地图资料库是在数据库中存放了预先制作好的大量地图图形，通过各种检索方式获得地图图形；②交互式地图允许使用者发布操作命令(例如可指定范围、指定比例尺和指定显示要素等)，然后根据命令实时计算显示出所需要的地图，通过网络发送给使用者。

四、电子地图的应用和常见图种

(一) 电子地图的应用

电子地图的功能和特点，决定了电子地图的应用范围。作为信息时代的新型地图产品，电子地图不仅具备了地图的基本功能，在应用方面还有其独特之处。它可以科学而形象地表示和传递地理环境信息，作为人们快速了解、认识和研究客观世界的重要工具，因而广泛地应用于经济建设、教学、科研、军事指挥等各领域；电子地图是和计算机系统融为一体的，因此可使其充分利用计算机信息处理功能，挖掘地图信息分析的应用潜力，进行空间信息的定量分析；它可以利用计算机的图形处理功能，制作一些新的地图图形，例如地图动画、电子沙盘等；电子地图是在计算机环境中制作的，可以实时修改变化的信息，更改内容，缩短制作地图的周期，为用户分析地图内容和利用地图表达信息提供了方便。

1. 在地图量算和分析中的应用

在地图上量算坐标、角度、长度、距离、面积、体积、高度、坡度、密度、梯度、强度等是地图应用中常遇到的作业内容。这些工作在纸质地图上实施时，需要使用一定的工具和手工处理方法，通常操作比较繁琐、复杂，精度也不易保证。但在电子地图上，可通过直接调用相应的算法，操作简单方便，精度仅取决于地图比例尺。生产和科研部门经常利用地图进行问题的分析研究，若利用电子地图进行更能显示其优越性。

2. 在规划管理中的应用

规划管理需要大量信息和数据支持，地图作为空间信息的载体和最有效的表达方式，在规划管理中是必不可少的。规划管理中使用的地图不仅能覆盖其规划管理的区域，而且应具有与使用目的相适宜的比例尺和地图投影，内容现势性要强，并具有多级比例尺的专题地图。电子地图检索调阅方便，可进行定量分析，实时生成、修改或更新信息，能保证规划管理分析所用资料的现势性，利于辅助决策，完全能符合现代化规划管理对地图的要求。此外，电子地图也可作为标绘专题信息的底图，利用统计数据快速生成专题地图。

3. 在军事指挥中的应用

在军队自动化指挥系统中，指挥员研究战场环境和下达命令将通过电子地图系统与卫星联系，从屏幕上观察战局变化，指挥部队行动。作为现代武装力量的标志，在现代的飞机、舰船、汽车甚至作战坦克上，都装有电子地图系统，可随时将自己所在的位置实时显示在电子地图上，供驾驶人员观察、分析和操作。目前各种军事指挥辅助决策系统中的电子地图，都具有地形显示、地形分析和军事态势标绘的功能。

4. 在其他领域中的应用

电子地图的应用领域十分广泛，各种与空间环境有关的信息系统，都可以利用电子地图。如国家防汛指挥中心使用电子地图进行防汛抗洪指挥；天气预报电子地图和气象信息处理系统相连接，是表示气象信息分析处理结果的一种形式。

（二）常见图种

1. 互联网电子地图

随着地理信息开发技术的日趋成熟，面向公众应用与互动功能的不断扩展，越来越多的人开始关注并使用电子地图服务。近年来，互联网上的电子地图如雨后春笋般快速发展壮大，呈现出一种蓬勃的发展趋势，如 Google 地图、百度地图、腾讯地图等。各类电子地图网站，从不同的角度和方式对地图进行了不同的诠释和应用。

为促进地理信息资源共享和高效利用，提高测绘地理信息公共服务能力和水平，更好地满足国家信息化建设的需要，由国家测绘地理信息局主导建设了国家地理信息公共服务平台“天地图”（以下简称“天地图”）。2013 年 6 月 18 日，天地图的 2013 版本正式上线，向各类用户提供权威、标准、统一的在线地理信息综合服务。“天地图”覆盖了全球的地理信息数据，这些数据以地图、地形、影像、三维四种模式，全方位、多角度展现，可漫游、能缩放，是目前中国区域内数据资源最全的地理信息服务网站。用户可以通过“天地图”的门户网站进行基于地理位置的信息浏览、查询、量算、搜索，以及路线规划等各类应用；也可以利用服务接口调用“天地图”的地理信息服务，并利用编程接口将“天地图”的服务资源嵌入到已有的各类应用系统中，并以“天地图”的服务为支撑开展各类增值服务与应用（图 2-12）。

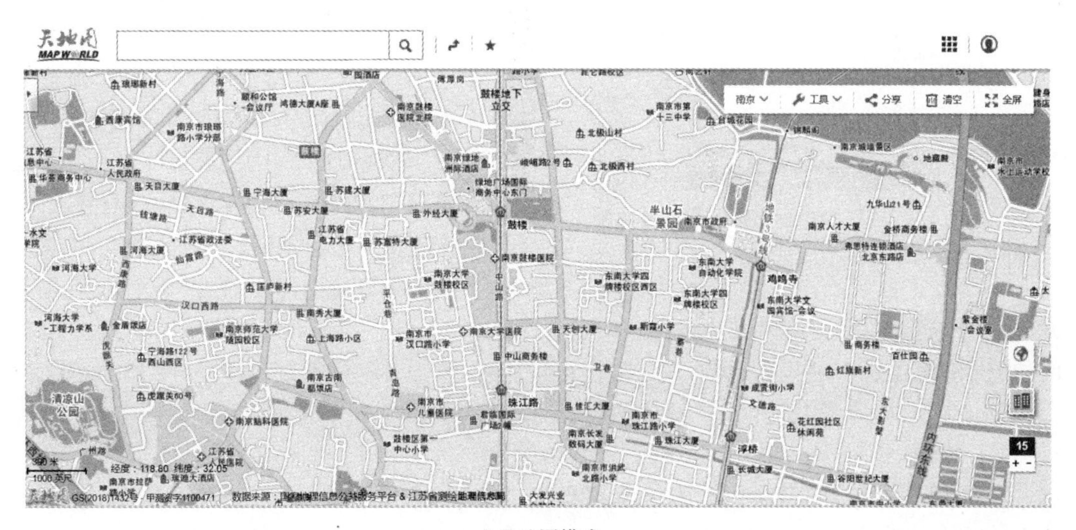

(a) 地图模式

(b) 影像模式

图 2-12　天地图运行截图

资料来源：天地图国家地理信息公共服务平台，http://map.tianditu.gov.cn/

2. 导航电子地图

导航电子地图是指含有空间位置地理坐标，能够与空间定位系统结合，准确引导人或交通工具从出发地到达目的地的电子地图及数据集。随着 GPS、北斗等导航定位技术的发展，电子导航地图的应用快速普及，已成为百姓开车行路的必备工具。导航电子地图产业快速发展壮大，四维图新、高德、深圳凯立德等十余家企业获得国家测绘地理信息局批准的导航电子地图生产甲级资质。随着阿里巴巴全资收购高德地图，中国互联网三巨头 BAT 均间接拥有了甲级地图测绘资质。

图 2-13　高德导航电子地图

资料来源：高德导航运行手机截屏。

导航电子地图主要具有地图查询和路线规划功能（图 2-13）。地图的查询功能是指可以输入某些条件进行模糊查询，比如某个位置附近的宾馆、银行、超市等信息；或者在专用设备上搜索某个地方，只要有地址，电子地图就可以用地理编码技术自动找到并定位。路线规划功能是指根据用户设定的起始点和目的地，自动选择一条或几条“最佳线路”。“最佳线路”可以是最短距离、最短耗时等其中的某个或某几个方面，用户还可以设定是否要经过某些途经点或者要避开某些不利条件（如交通拥堵路段）来优化线路。导航电子地图还可以在行进中接通全球定位系统（GPS），将目前所处位置精确地显示在地图上，并实时指示前进路线和方向。

3. 多媒体地图

百科全书装进了 CD-ROM，不仅体积和重量变小，更增加了声音、动画和影像，能方便地全文检索，地貌、地形、环境、政区、河流、城市等内容随读者需要而显示，并能排列组合出许多类型的地图来。此外，将现有地图作为底图，添加上自己的标记和注释，就制作出了自己的地图。这类多媒体地图著名的有 Microsoft Virtual Globe 和 The Leaning Company 生产的 3D Atlas 等，其中 3D Atlas 从名称就可以知道这是一个三维地图集。

4. 遥感地图

遥感信息是新的数据源，具有精度高、更新快等优点，是现代规划、管理和研究工作的重要数据。遥感分为航空遥感和航天遥感。这两类遥感数据都能制成电子地图。遥感数据多为栅格影像，但通过叠加矢量的数据，例如政区、注记等，能在一定范围内作地图用。例如英国某公司出售有欧洲主要城市航空遥感地图集，其分辨率可达 2 m。

5. 电子地形图

除了专题地图、地图集、遥感地图外，普通地图也加入了电子地图的行列，比较著名的是 DeLorme Topo USA。它由 4 张 CD-ROM 组成，收录了美国 50 个州的地形、道路、地表覆盖信息，能显示三维立体地形，能进行地形剖面分析，能连接 GPS 进行定位，能按山脉、河流、地名、经纬度以及邮政编码快速检索。

第三章　地图的表达基础

第一节　数学基础

一、定位参考系统

（一）参考椭球面

构成地层物质分布的不均匀和地面高低起伏不平引起各处铅垂线方向产生不规则的变化，因而处处与铅垂线方向垂直的大地水准面不可能是一个十分规则的曲面，也不可能用简单的数学公式来表达。若把地表面的形状投影到这个不规则的曲面上，将难以进行测量计算工作，必须寻求一个与大地体极其接近的形体来代替大地体。经几个世纪的实践，人们逐渐认识到地球的形状近似于一个两极略扁的椭球，经推算和探讨，认为大地球体虽然是一个有一定起伏的复杂曲面，但是对整个地球而言，影响不太大，而且其形状接近于一个扁率很小的椭圆绕其短轴旋转而成的椭球体。人们假想，可以将大地体绕短轴（地轴）飞速旋转，就能形成一个表面光滑的球体，即旋转椭球体，或称地球椭球体。地球椭球体表面是一个可以用数学模型定义和表达的曲面，这就是我们所称的地球数学表面。

地球椭球体的短轴为极半径b，长轴为赤道半径a，地球的扁率为$f=(a-b)/a$。地球旋转椭球体的形状和大小，同大地平均海水面所包围的地球相近似。由于各国观测分析和计算的不同，椭球体的主要参数略有差异，我国在不同时期采用了不同的椭球体参数（表3-1）。

表3-1　中国不同时期采用的椭球体参数表

椭球体名称	年代	长轴(m)	扁率	采用年代	备　注
海福特	1910	6 378 388	1∶297.0	1953年以前	1924年被定为国际椭球
克拉索夫斯基	1940	6 378 245	1∶298.3	1953—1980年	北京54坐标系采用
GRS 1975	1975	6 378 140	1∶298.257	1980年以后	国际大地测量与地球物理学联合会IUGG 1975年推荐，1980年西安坐标系采用
CGCS 2000椭球	2008	6 378 137	1∶298.257	2008年以后	2008年中国全面启用

资料来源：编者制。

（二）地理坐标系

坐标系是确定地面点或空间目标位置所采用的参考系。对球面坐标系统的讨论，应该先追溯平面坐标系统的产生及延伸。17世纪法国笛卡尔发明了一种代数关系的几何解释系统。利用这个坐标系统，可以精确地标定平面上任一点的位置，即平面上每一点只有一个与之相对应的x，y坐标值。关于球面坐标系统的建立，首先可以假想地球绕一个想象中的地轴旋转，轴的北端称为地球的北极，轴的南端称为地球的南极；想象中有一个与地轴相垂直的平面能将地球截为相等的两半，这个平面与地球相交的交线是一个圆，这个圆就是地球的赤道。我们将一个过英国格林尼治天文台旧址和地轴所组成的平面与地球球面的交线定义为本初子午线。以地球的北极、南极、赤道以及本初子午线作为基本要素，即可构成地球球面的地理坐标系统。地球表面上任一点的坐标，实质上就是对原点而言的空间方向，通常通过纬度和经度两个角度来确定。地理坐标，是用经纬度表示地面点位置的球面坐标。经度是以英国的格林尼治天文台所在地作为起算点（本初子午线即 0°），向东从0°～180°为东经，向西从 0°～180°为西经。纬度是从赤道起算（0°），向北由 0°～90°为北纬，向南由 0°～90°为南纬。

（三）大地坐标系

大地测量中以参考椭球面为基准面建立起来的坐标系称为大地坐标系，地面点的位置用大地经度、大地纬度和大地高度表示。

大地坐标系的确立包括选择一个椭球、对椭球进行定位和确定大地起算数据。一个形状、大小和定位、定向都已确定的地球椭球叫参考椭球。参考椭球一旦确定，则标志着大地坐标系已经建立。

确定地面点的位置主要采用天文测量与大地测量的方法。天文测量是通过观测星体计算出地面点的经纬度坐标。大地测量是以大地原点为起始点，通过三角测量方法获得经纬度坐标。前者称为天文坐标，后者称为大地坐标。天文坐标一般没有大地坐标的精度高。所以，只有在缺少大地控制网的地区才使用独立的天文坐标。

中华人民共和国成立以后，迫切需要建立一个坐标系。由于当时的历史条件，暂时采用了苏联的克拉索夫斯基椭球，并与苏联 1942 年坐标系进行联测，通过计算建立了我国大地坐标系，定名为 1954 年北京坐标系。这一坐标系是按克拉索夫斯基椭球体参数建立的，经过较长时期实践证明，该椭球体参数，自西向东有较大系统性倾斜，大地水准面差距最大达 768 m，这对我国东部沿海地区的计算纠正造成了困难，并且其长轴比 1975 年国际大地测量协会推荐的地球椭球体参数大 105 m。因此，我国从 1980 年起选用了 1975 年国际大地测量协会推荐的椭球体参数，并将大地坐标原点设在中国西安附近的泾阳县境内，建立了我国新的坐标系，即 1980 西安坐标系。

1957 年人造地球卫星出现以来，利用人造地球卫星进行地面点定位以及测定地球形状、大小和地球重力场的研究获得迅速发展，现代卫星大地测量技术逐渐发展成熟，它不仅能测定地球形状、大地水准面与椭球面的差距，还可测定地面点的坐标，建立人造卫星大地测量控制网。我国目前已利用这种方法进行大地控制测量和测定坐标。随着社会的进步，国民经济建设、国防建设和社会发展、科学研究等对国家大地坐标系提出了新的要求，迫切需要采用原点位于地球质量中心的坐标系统（以下简称地心坐标系）作为国家大地坐标系。采用地心坐标系，有利于采用现代空间技术对坐标系进行维护和快速更新，测定高精度大地控制点三维坐标，并提高测图工作效率。2008 年 3 月，由国土资源部正式上报国务院《关于中国采用 2000 国家大地坐标系的请示》，并于 2008 年 4 月获得国务院批准。自 2008 年 7 月 1 日起，中国全面启用 2000 国家大地坐标系。

（四）高程坐标系

地面各点的高程是以大地水准面为基准计算的，而大地水准面以平均海水面计算。各国采用的起算点是不同的。中华人民共和国成立后，继建立 1954 年北京坐标系之后，又决定建立国家统一高程系统的起算点，即水准原点。根据青岛验潮站 1950—1956 年记录资料，确定了黄海平均海水面，并由此面起推算设在青岛市观象山山洞里的青岛水准原点高程为72.289 m，作为全国各地高程测量计算的依据，以此所建立的高程系统称为 1956 年黄海高程系。

因观测数据的积累，黄海平均海水面发生了微小变化，为了更好地适应国民经济建设和科学研究发展的需要，1985 年决定采用青岛验潮站于 1953—1979 年这 27 年验潮资料所计算的平均海水面作为我国新的高程起算面，命名为 1985 年国家高程基准，依此推算出国家水准原点值为高出该基准 72.260 m。1987 年国家测绘局颁布启用新的高程系及国家一等水准网成果、废止原青岛水准原点高程值 72.289 m 的通告。

(五) 大地控制网

建立大地测量控制网，精确测定控制网点的坐标、高程和重力值，是大地测量的主要任务，它可为地形测图提供精密控制，满足国家基本比例尺测图的基本需求。经典大地测量控制网分为平面控制网、高程控制网和重力控制网。

平面控制网是通过建立全国性一、二、三、四等三角网并用精密仪器测算出各控制点(三角点)的大地坐标。其中一等三角网是由一等三角锁及各段的三角形构成，锁段长200 km，锁段内三角形边长 20～30 km，以此形成统一的骨干大地控制网，然后以一等锁为控制基础，依次扩展为二、三、四等三角网。二等三角网的三角形平均边长为 13 km；三、四等三角网的三角形平均边长分别为 8 km 和 4 km，可以分别满足从 1∶10 万至 1∶1 万比例尺测图控制点的需要。高程控制点通过水准联测求得。在全国布设一、二、三、四等水准网，作为全国实施高程测量的控制基础。我国广大测绘工作者经过较长时期的共同努力，已经建立全国大地测量控制网和水准高程网，即平面坐标控制系统和高程控制系统，并达到了较高精度，满足了我国测绘工作(包括地形测量、工程测量和地图制图)和其他各方面的需要。

我国目前采用的 2000 国家大地控制网是 2000 国家大地坐标系的框架点，是 2000 国家大地坐标系的具体实现。2000 国家大地控制网构成包括：2000 国家 GPS 大地控制网(共 2 542个点，包括国家测绘局 GPS A、B 级网，总参测绘局 GPS 一、二级网，中国地壳运动观测网，其他地壳形变 GPS 监测网等)；在 2000 国家 GPS 大地控制网的基础上完成的天文大地网联合平差获得的在国际地球参考框架 ITRF97 下的近 5 万个一、二等天文大地网点；ITRF97 框架下平差后获得的近 10 万个三、四等天文大地网点。

(六) 地形图上测量控制点的表示

由天文测量、大地测量和水准测量所获得的平面与高程控制点，包括天文点、三角点、导线点、水准点，由于具有精确的平面坐标和海拔高程，成为测图和编图的控制基础。在各种地形测量、工程测量中，都以这些点的平面位置与高程作为基础。在地形图上，用坐标展点方法以特殊的符号(三角形、圆形等)将它们表示出来，用以控制其他各要素在图上的位置。在实地，这些控制点的地面标志还具有帮助识别方位的意义。不过只有在大比例尺地形图上，才能较多地表示各种类型和等级的控制点；随着比例尺的缩小，只能表示较高等级的控制点。在小比例尺地图上，一般不再表示控制点。表 3-2 为 1∶500、1∶1 000、1∶2 000 地形图中测量控制点的表示形式。

表 3-2 测量控制点的表示

符号名称	符号式样	符号放大图
三角点 a. 土堆上的 张湾岭、黄土岗——点名 156.718、203.623——高程 5.0——比高	3.0 △ 张湾岭/156.718 a 5.0 △ 黄土岗/203.623	1.0 0.5 0

续表 3-2

符号名称	符号式样	符号放大图
小三角点 a. 土堆上的 摩天岭、张庄——点名 294.91、156.71——高程 4.0——比高	3.0 ▽ 摩天岭/294.91 a 4.0 ▽ 张庄/156.71	1.0 0.5 1.0
导线点 a. 土堆上的 Ⅰ16、Ⅰ23——等级、点号 84.46、94.40——高程 2.4——比高	2.0 ⊙ Ⅰ16/84.46 a 2.4 ⊙ Ⅰ23/94.40	/
埋石图根点 a. 土堆上的 12、16——点号 275.46、175.64——高程 2.5——比高	2.0 ⊡ 12/275.46 a 2.5 ⊡ 16/175.64	0.5 2.0 0.5 1.0
不埋石图根点 19——点号 84.47——高程	2.0 ⊡ 19/84.47	/
水准点 Ⅱ——等级 京石 5——点名点号 32.805——高程	2.0 ⊗ Ⅱ京石5/32.805	/
卫星定位等级点 B——等级 14——点号 495.263——高程	2.0 △ B14/495.263	/

资料来源:编者制。

二、地图投影

地图是以平面图纸为介质,而地球椭球体或球体的表面是个曲面,要把曲面上的物体表示到平面上,首先就要将这曲面展为平面。然而球面是个不可展的曲面,若强行把它展平,必然要发生破裂和重叠,如果用这种具有破裂和重叠的平面绘制地图,不可避免地要使一些地物地貌不是被破开就是被压扁,失去了它的原样。人们所需要的地图是要能把地球表面的全部或局部完整地、连续地表示在平面上,要达到这种要求,只有采用特殊的科学方法,将曲面展开,使其成为没有破裂和重叠的平面。为了解决这一问题,地图投影就应运而生了。

(一) 地图投影的定义

地图投影,就是按照一定的数学法则,将地球椭球面上的经纬网转换到平面上,使地面点位的地理坐标与地图上相对应的点位的平面直角坐标或平面极坐标间,建立起一一对应的函数关系。球面上地理经纬度投影到平面上的表象称为地图经纬网。不同的投影条件,可以得到许多不同种类的地图投影,地图经纬网的形状也各不相同。但多数投影都是用数学分析方法,即用函数的概念建立起地球椭球面与平面之间的对应关系。平面上的点用直角坐标 x、y 表示,椭球面上的点用大地坐标 φ、λ 表示,φ 为纬度,λ 为经度。φ、λ 是自变量,x、

y 是因变量，二者的函数关系为：

$$x = f_1(\varphi, \lambda) \quad y = f_2(\varphi, \lambda)$$

当给定 φ、λ 时，可求出对应的 x、y 值。这就是地图投影的一般方程式。所有投影都可表示为这种函数关系，而给定具体条件时，可得到具体投影方程式。地图投影的概念对于地图用户是重要的，这里的地图用户，指的是将地图作为专业研究的重要工具和研究成果表达手段的科技工作者。只有具备一定的地图投影知识，比如了解各种常见地图投影变形性质、变形分布规律及具体应用范围等，才能够正确选择和使用地图。球面上任一点的位置均是由它的经纬度所确定的，因此实施投影时，是先将球面上一些经纬线的交点展绘在平面上，并将相同经度、纬度的点分别连成经线和纬线，构成经纬网；然后再将球面上的点，按其经纬度转绘在平面上相应位置处。由此可见，地图投影的实质就是将地球椭球体面上的经纬网按照一定的数学法则转移到平面上，建立球面上点与平面对应点之间的函数关系。

鉴于地图投影的任务就是在球面与投影面之间建立点与点的一一对应关系，故点是最基本的元素，由点连续移动而成为线，线连续移动而成为面。地图投影描写的对象是地球表面，将地球表面上的点、线、面描写到平面和可展平的圆柱或圆锥体面上，即可构成不同类型的投影。地图投影的方法，可归纳为几何透视法和数学分析法两种。几何透视法，系利用透视线的关系，将地球体面上的点投影到投影面上的一种投影方法。例如，我们假设地球按比例缩小成一个透明的地球仪般的球体，在其球心、球面或球外安置一个光源，将地球仪上的经纬线、控制点、地物及地貌图形一并投影到球外的一个平面上，即成为地图。几何透视法是一种比较原始的投影方法，它有一定的局限性，表现为通常不能将全球都投影下来。

（二）地图投影变形

正如前文所述，为了制作地图，需要将地球表面这个不可展的曲面展成平面，从而造成地球表面某些部分的破裂或重叠，使位于地表这部分的地物和地貌变得不连续和不完整。但就实际应用角度而言，则要求地图所反映的事物必须是连续而完整的。为此就需将裂开的部分予以均匀地拉伸，重叠的部分予以均匀地压缩，以消除裂缝和褶皱，从而构成事物图像完整的地图。但是，就在这一拉伸和压缩的过程中，地图上这些部分就与地球表面的相应部分失去了相似性，在相应的长度、面积和形状（角度）方面产生了变化，这种变化就是因投影而产生的变形。此种变形，在地球仪与地图二者经纬网的比较中被清晰地显示了出来。

在讨论地图投影概念时，我们知道，采用地图投影的方法，可以使平面与球面之间保持一一对应的函数关系，解决由球面向平面的转换。但应该明确的是，这里强调的只是二者之间保持一种对应的函数关系。其实，经过投影后并不能保持平面与球面之间在长度（距离）、角度（形状）、面积等方面完全不变。只不过根据具体用图目的、表现区域和内容特点等，在长度、角度、面积几种变形中，选择一种，并令其不变形，或者虽有几种变形，但变形值相对不至于过大而已。

综上所述，地图投影变形是不可避免的，即没有变形的地图投影是绝对没有的，只要一投影就会产生变形；对某一地图投影来讲，不存在这种变形，就一定存在另一种或两种变形。人们只有掌握地图投影变形性质和规律，才能有目的地支配和控制地图投影的变形，以满足使用地图的各种要求。

为了更好地说明地图投影的变形特性，通常需要引入变形椭圆的概念。取地面上一个微分圆（微分圆的面积小到可以忽略地球曲面的影响，即可将它作为平面看待），将它投影后变为椭圆(除个别为正圆外,一般皆为椭圆),通过研究其在投影平面上的变化,作为地图投影变形的几何解释,这样的椭圆称为变形椭圆。利用变形椭圆的图解及理论能更为科学和准确地阐述地图投影变形的概念、变形的性质及变形大小。

地图投影按变形性质可分为等角投影、等积投影和任意投影。

等角投影:投影面上两条方向线所夹角度与球面上对应的两条方向线所夹角度相等。换句话说,球面上小范围内的地物轮廓经投影之后,仍保持形状不变。若用变形椭圆解释,保持等角条件必须是:球面上任一处的微分圆投影到一平面上之后仍为正圆而不是椭圆,长度比在一点上不因方向改变而改变。因此,等角投影也称相似投影或正形投影。但应该说明一点,在不同点上长度比大小是各不相同的。由于等角投影保持角度不变,因此适用于交通图、洋流图、风向图等。

等积投影:地球椭球面上的面状地物轮廓经投影之后,仍保持面积不变。即投影平面上的地物轮廓图形面积与球面上相对应的地物占地面积相等。用变形椭圆解释,变形椭圆的最大长度比与最小长度比互为倒数关系。由此看来,在不同点上变形椭圆的形状相差很大,即长轴越长,则短轴越短。也就是说,在等积投影上以破坏图形的相似性来保持面积上的相等。因此,等积投影的角度变形大。由于这类投影保持面积不变,利于面积对比,故适用于对面积精度要求较高的自然地图和社会经济地图。

任意投影:这是根据一般参考图或中小学教学用图要求而设计的一种投影。它既不等角也不等积,长度、角度、面积三种变形同时存在。其角度变形小于等积投影,而面积变形小于等角投影。在任意投影中,有一种比较常见的投影,即等距投影。所谓等距投影,并不是说这类投影不存在长度变形,而是只保持变形椭圆主方向中某一个长度比等于1。

(三) 地图投影分类

地图投影的种类繁多,通常采用以下两种分类方法:按地图投影面分类和按地图投影的变形性质分类。

1. 按投影面分类

地图投影面通常有三种:平面、圆柱面和圆锥面(图 3-1)。后两种虽然是立体面,但可以剪开展成平面。以圆锥面为投影面的投影称为圆锥投影,以圆柱面为投影面的投影称为

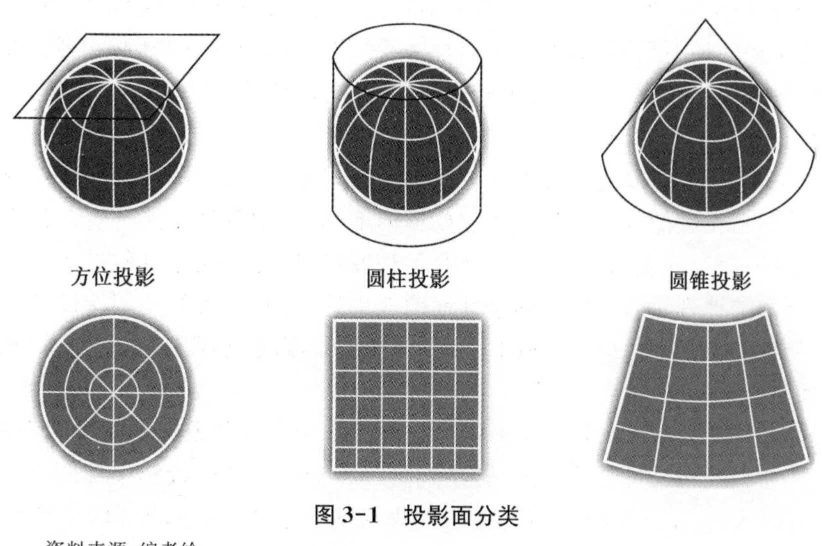

图 3-1　投影面分类

资料来源:编者绘。

圆柱投影,以平面为投影面的投影称为方位投影。地球椭球体可以与平面、圆柱面和圆锥面相切或相割。如果是相切,相切处的纬线为标准纬线;如果是相割,相割的两条纬线为标准纬线。当投影面正放时,称正轴投影,横放时称横轴投影,斜放时称斜轴投影。方位投影的投影面正放时,称正方位投影,横放时称横方位投影,斜放时称斜方位投影。同样,圆柱和圆锥投影的投影面正放、横放、斜放,都可以得到几种不同投影。如再加上相切、相割,可以组合出更多的投影。

正轴圆锥投影的纬线表现为同心圆弧,经线表现为放射状的直线束,夹角相等。正轴圆锥投影的变形大小随纬度而变化,与经度无关,即同一条纬线上的变形相等。与圆锥相切或相割的标准纬线上没有变形,所以,标准纬线的选择决定了图幅内各部分的变形分布。离标准纬线越远,变形越大,在双标准纬线之间为负向变形,双标准纬线以外为正向变形。由于正轴圆锥投影具有变形不大,易于纠正,经纬线形状简单,以及特殊的变形规律,因此,最适于中纬度地带沿东西向伸展区域的地图使用。地球上广大陆地处于中纬度地带,所以各种圆锥投影被广泛用来表示这些地区。

圆柱投影的经纬线表现为相互正交的平行直线。正轴圆柱投影的变形规律与圆锥投影相同,即等变形线为与纬线一致的平行直线。该投影变形特点是以赤道为对称轴,南北同名纬线上的变形大小相等,在标准纬线上无变形,低纬地区变形较小,高纬地区变形较大。所以,最适宜于低纬地区沿纬线伸展的区域使用。等角圆柱投影具有等角航线表现为直线的特性,因此,最适用于编制各种航海图、航空图。

正轴方位投影的经线表现为交于一点的放射状直线,夹角与经差相等,纬线表现为同心圆。该投影具有从投影中心到任何一点的方位角保持不变形的特点。等变形线为同心圆,所以最适宜于表示圆形轮廓的区域和两极地区。

2. 按投影变形性质分类

球面投影到平面后,必然使地球上各种要素的几何特性,如距离、面积、形状和角度等,受到不同程度的破坏,即产生变形(或称误差)。其中面积的变形是指地图上各部分地物面积缩小的比例不同;距离的变形是指地图上地物长度的比例随不同地点、不同方向而变化;角度与形状的变形是由于投影后地图上两线的夹角不等于实地上相应的夹角,而且其变化因地而异。不同的地图投影,产生的变形也不相同。然而,在某种投影条件下,可以保持角度不变形,或保持面积不变形,但不可能同时保持角度和面积都不变形。因此,按照变形的性质可将地图投影分为等角投影、等距离投影、等积投影和任意投影。

在等角投影的地图上没有角度变形,地图上两线夹角等于球面上相应的夹角。等距离投影能保持一定方向上线段的长度不变。等积投影的地图上没有面积变形,任意有限的区域面积等于球面上相应的区域面积。任意投影的地图上,则各种变形都有。其中等距离投影是任意投影的一种,一般而言,它虽然具有各种变形,但变形较之其他投影小。当球面上各种要素按所在的地理经纬度位置描绘到地图上以后,这些要素的几何特性就受到该种地图投影变形特性的支配。所以,在地图上测量面积或长度时,必须选择合适的地图投影。

(四) 地图投影变换

在地图编制过程中,经常遇到地图资料与新编地图之间投影不统一,因而必须将某一种投影的地图资料通过某种转换方式,转绘到另一种新编地图的投影坐标网格中去。假定资料图中点的坐标为 x、y,新编地图上点的坐标为 X、Y,则点的坐标变换的基本方程式为:

$$X = F_1(x, y) \quad Y = F_2(x, y)$$

传统的手工编图作业时，通常采用网格转绘法或蓝图（或棕图）嵌贴法。网格转绘法中将地图资料投影网格和新编地图的投影网格对应加密，也就是把地图资料微小网格与新编地图的微小网格一一对应，在对应的微小网格范围内，采取手工方法逐点、逐线转绘。蓝图（或棕图）嵌贴法是将地图资料按新编地图比例尺复照后晒成蓝图（或棕图），切块嵌贴在新编地图投影网格的相应位置上。

现代地图投影的坐标变换，通常有解析变换法、数值变换法和数值解析变换法等。目前，国内外按照上述基本原理和方法，已研究设计出一系列投影变换的软件可以在计算机制图与地理信息系统中直接应用。解析变换法是找出两投影间坐标变换的解析计算公式，反解出原地图投影点的地理坐标 φ、λ，代入新投影中求得新的投影坐标。数值变换法是用二元幂多项式来建立两投影间的变换关系式，建立一组线性方程组，求得系数值。数值解析变换法是已知新投影方程式，而原投影方程式未知时，先求得原投影的地理坐标，然后代入新投影方程式，即可实现两种投影间的变换。

（五）选择地图投影的原则

为一个具体的编图任务来选择地图投影，必须了解地图设计书中的规定要求，从地图的用途、比例尺和使用方法等多方面来考虑选择地图投影，投影选择的主要依据包括：

1. 制图区域的地理位置、形状和范围

制图区域的地理位置决定了所选择投影的种类。例如，制图区域在极地位置，理所当然地选择正轴方位投影；制图区域在赤道附近，应考虑选择横轴方位投影或正轴圆柱投影；若制图区域在中纬度地区，则应考虑选择正轴圆锥投影或斜轴方位投影。制图区域形状直接制约地图投影的选择。例如，同是中纬度地区，如果制图区域呈现沿纬线方向延伸的长形区域，则应选择单标准纬线正轴圆锥投影；如果制图区域呈现沿经线方向略窄、沿纬线方向略宽的长形区域，则应选择双标准纬线正轴圆锥投影。制图区域的范围大小也影响地图投影的选择，当制图区域范围不太大时，无论选择什么投影，制图区域范围内各处变形差异都不会太大；而对制图区域大的大国地图、大洲地图、半球图、世界图等，则需要慎重地选择投影。

2. 制图比例尺

不同比例尺地图对精度要求的不同，导致在投影选择上亦各不相同。以我国为例，大比例尺地形图，由于要在图上进行各种量算及精确定位，因此应选择各方面变形都很小的地图投影，比如分带横轴等角椭圆柱投影（高斯-克吕格投影等）。而中小比例尺的省区图，由于概括程度高于大比例尺地形图，定位精度相对降低，选用正轴等角、等积、等距的圆锥投影即可满足用图要求。

3. 地图的内容

即使同一个制图区域，因地图所表现的主题和内容不同，其投影选择也应有所不同。如交通图、航海图、航空图、军用地形图等要求方向正确的地图，应选择等角投影；而自然地图和社会经济地图中的分布图、类型图、区划图等则要求保持面积对比关系的正确，应选用等积投影。

4. 出版方式

地图在出版方式上，有单幅图、系列图和地图集之分。单幅图的投影选择比较简单，只考虑上述几个原则便可以了；系列图或地图集中的一个图组，虽然表现内容较多，但由于性质相近，也应该选择同一变形性质的投影，以便于相互比较与参证；如果是地图集，情况就比较复杂了。一部图集，虽然是一个统一整体，但它是由若干不同主题内容的图组所构成，在投影选择上不能千篇一律，必须结合具体内容予以考虑。

（六）我国常用的地图投影

1. 正轴等面积割圆锥投影

由于该投影无面积变形，常用于行政区划图及其他要求无面积变形的地图，该投影在我国范围内最大的角度变形达 4′44″，长度变形随点的位置、线段的方位角不同而变化。因此，在该图上量测距离和方位角都有误差，前者可达±4%，后者可达 2°。当要求精确的数值时，必须进行纠正。

2. 正轴等角割圆锥投影

该投影保持了角度无变形的特性，常用于我国的地势图与各种气象、气候图，及各省、自治区或大区的地势图。该投影在标准纬线上无变形，其他地区长度变形随点的纬度位置不同而异，北部最大达±4%，南部最大达±3%，中部为−1.8%，面积变形要比长度变形大一倍。

3. 改良多圆锥投影

国际上编制 1∶100 万地形图都采用该投影。在我国范围内，由经差 6°，纬差 4°的球面梯形构成一图幅。经纬网的密度为 1°×1°，经线为直线，纬线为圆弧。图幅上下两端的纬线无长度变形，中央经线略为缩短，离中央经线±2°处的经线保持了正确的长度。在我国范围内，每幅 1∶100 万图的最大角度变形不超过 5′，长度变形不超过 0.6%，所以，在处于低纬、中纬地区的 1∶100 万图上进行量测，一般可不用纠正。

4. 等角横切椭圆柱投影（高斯-克吕格投影）

该投影是以经差 6°或 3°为一带投影到椭圆柱面上，然后展开成平面的。在比例尺 1∶2.5万～1∶50 万图上采用 6°分带，对比例尺为 1∶1 万及大于 1∶1 万的图采用 3°分带。投影带的中央经线是相切于椭圆柱面的经线，保持了长度不变；其他经线表象为对称于中央经线的曲线，较实地略长。在以该投影编制的每幅图上的变形就更小了，在这种图上进行量测可以得到较高的精度。我国大于 1∶50 万的各种比例尺地形图都采用该投影。

5. 斜轴等面积方位投影

我国编制的将南海诸岛包括在内的中国全图以及亚洲图或半球图，常采用该投影。该投影中心选择为 $\varphi_1=+30°$，$\lambda=+105°$。图幅的中央经线表象为直线，其余经线表象为对称于中央经线的曲线。在投影中心处无变形，远离中心愈远变形愈大。

6. 等差分纬线多圆锥投影

该投影是任意多圆锥投影的一种，是我国制图工作者根据我国领土的形状和位置，于 1963 年设计的。该投影在我国编制各种比例尺世界政区图及其他类型世界地图中已得到较广泛的使用，并获得较好效果。该投影中纬线为对称于赤道的同轴圆圆弧，圆心位于中央经线上。中央经线为一直线，其他经线为对称于中央经线的曲线，且离中央经线愈远，其经线间隔愈成比例地递减；极点表示为圆弧，其长度为赤道投影长度的二分之一，经纬网的图形有球形感。我国被配置在地图中接近于中央的位置，使我国面积相对于同一条纬带上其他国家的面积不因面积变形而有所缩小，图形形状比较正确，图面图形完整，没有裂隙，也不出现重复，保持太平洋完整，可显示我国与邻近国家的水陆联系。由于该投影的性质是接近等面积的任意投影，因此我国绝大部分地区面积变形小。

三、比例尺

地图比例尺是决定地图内容详细程度和地图精度的重要因素。地图的用途、地图的投影选择、地图概括程度、地图量算精度，都取决于地图比例尺，选择和确定地图比例尺是进行地图设计与编制的前提。

（一）地图比例尺的含义

1. 比例尺

为了使地图的制作者能按实际需要的比例制图，也为了使地图的使用者能够了解地图与制图区域之间的比例关系，以便用图，在制图之前必须明确制定制图区域缩小的比例，在成图之后也应在图上明确表示出缩小的比例。比例尺就是指实地被缩小的程度，即图上线段长度与实地相应线段的水平投影长度之比：

$$d/D = 1/M$$

式中，d 为地图上线段的长度，D 为实地上相应线段的水平投影长度，当制图区域比较小、景物缩小的比率也较小时，由于采用了各方面变形都较小的投影，图面上各处长度缩小的比例可以近似看成相等。在这种情况下，地图比例尺的含义，具体指的是图上长度与相应地面之间的长度比例，d、D、M 三个变量，只要知道其中任意两个，便可推知第三个。

2. 主比例尺和局部比例尺

由于地图投影带来的变形，导致地图上各部分的比例尺并不相同。只有范围很小的平面图，各部分的比例尺才基本相同。在一般地图上，只在标准纬线上或投影中心处保持了一致的缩小程度，这种缩小的比例常在图上标明，称为主比例尺。在地图投影中，切点、切线和割线上是没有任何变形的，这些地方的比例尺皆为主比例尺。在各种地图上通常所标注的都是此种比例尺，故又称普通比例尺。

地图投影中，除切点、切线和割线这些标准点或标准线外，其他地方均有不同程度的投影变形。这些部位的比例尺，其实是因地而异的，称为局部比例尺。这些有变形的地方某一线段长度与球面上相应直线距离水平投影长度的比值不是该地实际缩小的倍数，一般地图上都不标注此种比例尺。为了研究地图投影变形的大小、分布规律和投影性质，有时地图上还配置复式比例尺，它是根据地图主比例尺和地图投影长度变形分布规律设计的一种图解比例尺。在小比例尺制图中，地图投影引起的种种变形中，长度变形是主要的变形，此时不仅要设计适用没有变形的点或线上的地图主比例尺，还要设计能适用于其他部位量算的地图局部比例尺。通常是对每一条纬线（或经线）单独设计一个直线比例尺，将各直线比例尺组合起来形成复式比例尺。

3. 特殊比例尺

变比例尺：当制图的主区分散且间隔的距离比较远时，为了突出主区和节省图面，可将主区以外部分的距离按适当比例相应压缩，而主区仍按原规定的比例表示。

无级别比例尺：是一种随数字制图的出现而与传统的比例尺系统相对而言的一个新概念，并没有一个具体的表现形式。在数字制图中，由于计算机或数据库里可以存储物体的实际长度、面积、体积等数据，并且根据需要可以很容易地按比例任意缩小或放大这些数据，因此没有必要将地图数据固定在某一比例尺上。可以把存贮数据精度和内容详细程度都比较高的地图数据库，称为无级别比例尺地图数据库。

（二）比例尺的表示

比例尺是地图图面上必不可少的构成要素，也是重要的读图工具，通常有数字式、文字式、图解式等形式。

1. 数字式比例尺

可以写成比的形式如 1：10 000，亦可以写成分式形式如 1/10 000 等。

2. 文字式比例尺

标注为“一万分之一”“五万分之一”“百万分之一”或“图上 1 cm 等于实地 1 km”等形式。

3. 图解式比例尺

分为直线比例尺、斜分比例尺和复式比例尺。直线比例尺是以直线线段形式标明图上线段长度所对应的地面距离（图 3-2）；斜分比例尺又称微分比例尺，是一种根据相似三角形原理制成的图解比例尺（图 3-3），它不是绘在地图上的比例尺图形，而是一种地图的量算工具，利用它可以量取比例尺基本长度单位的百分之一；复式比例尺，又称投影比例尺，是根据地图主比例尺和地图投影长度变形分布规律设计的一种图解比例尺（图 3-4）。

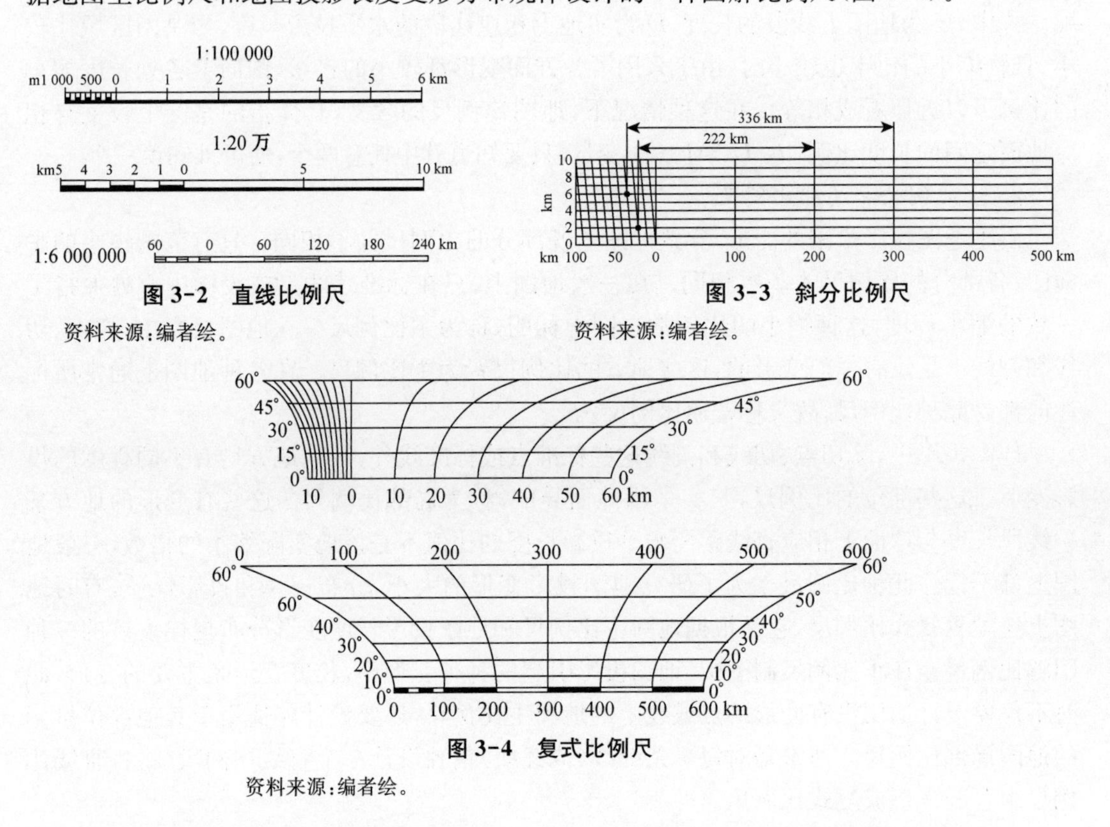

图 3-2　直线比例尺

资料来源：编者绘。

图 3-3　斜分比例尺

资料来源：编者绘。

图 3-4　复式比例尺

资料来源：编者绘。

第二节　地图符号

一、地图符号及其分类

（一）地图符号的概念与实质

广义的地图符号是指表示各种事物现象的线划图形、色彩、数学语言和注记的总和，也称为地图符号系统。狭义的地图符号是指在图上表示制图对象空间分布、数量、质量等特征的标志和信息载体，包括线划符号、色彩图形和注记。

地图符号与地图一样有着久远的历史，最初的地图符号与象形文字没有什么区别。经过漫长的演变过程，地图符号放弃了比较含糊和繁琐的绘画手法，逐渐形成了简洁而又规则化的图案符号形态。现代的地图符号不仅使地图表现出严谨的数学基础，其符号形式也更适于准确表现各种对象的定位概念和质量、数量特征，成为一种功能相当完备的符号系统。

地图符号属于表象性符号，它以其视觉形象指代抽象的概念。它们明确直观、形象生动，很容易被人们理解。客观世界的事物错综复杂，人们根据需要对它们进行归纳(分类、分级)和抽象，用比较简单的符号形象表现它们，不仅解决了描绘真实世界的困难，而且能反映出事物的本质和规律。因此，地图符号的形成实质上是一种科学抽象的过程，是对制图对象的第一次综合，它与编绘地图时进行的制图综合同样重要。

地图是空间信息的符号模型，符号具有地图语言的功能，其作用主要表现在四个方面：地图符号是空间信息传递的手段；地图符号构成的符号模型，不受比例尺缩小的限制，仍能反映区域的基本面貌；地图符号提供地图极大的表现能力；地图符号能再现客体的空间模型，或者给难以表达的现象建立构想模型。

(二) 地图符号的类型

现代地图符号数量众多，可以按照符号的视点位置、比例关系、定位情况和所反映要素的空间特征对地图符号进行分类。

1. 按视点位置分类

可以分为侧视符号和正形符号。侧视符号图形近似于物体的侧面轮廓，仿佛制图者从物体侧面看到的形象，如独立树、宝塔等；正形符号绘出物体的平面轮廓图形，相当于制图者在物体上方垂直俯视所看到的物体形状，如体育场、饲养场等(表 3-3)。

表 3-3 符号按视点位置分类

侧视符号	独立树	宝塔
正形符号	体育场 体育场	饲养场 牲

资料来源：编者制。

2. 按比例关系分类

地图符号按对地图比例尺的依存关系可以分为依比例尺符号、不依比例尺符号和半依比例尺符号三种(表 3-4)。对于实地上面积较大的物体依地图的比例尺缩小后，还能保持与实地形状相似的清晰图形，这一类符号称为依比例尺符号。属于这一类的符号有：海、湖、大河、森林和沼泽等的轮廓图形。不依比例尺符号一般是实地上面积较小的物体，不可能按照地图的比例尺缩小表示，地图上只能表示它们的存在而不能表示其实际大小，如地图上的水塔、学校等。实地上的线状和狭长物体，随地图的比例尺缩小后，其长度可以依比例尺表达而宽度不能依比例尺表示，这类符号称为半依比例尺符号，如道路、管道等。

表 3-4　符号按比例关系分类

依比例尺符号	湖 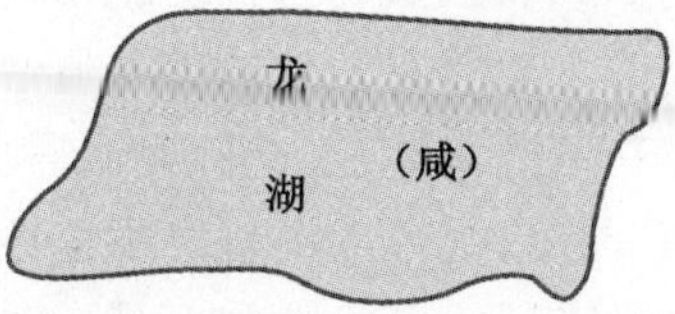 龙（咸）湖	大河 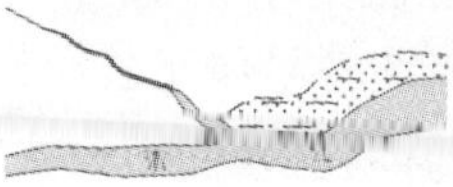
不依比例尺符号	矿井 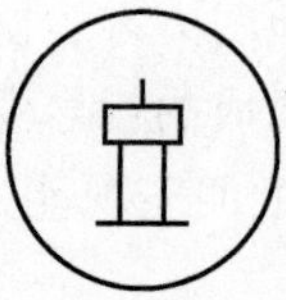	明礁 
半依比例尺符号	公路	管道 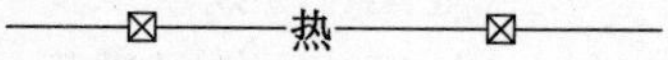 热

资料来源：编者制。

3. 按定位情况分类

地图符号按照其在地图上定位的灵活性分为定位符号、说明符号和注记三类（表 3-5）。定位符号在图面上有确定的位置，不能任意搬动，如河流、居民点、道路等；说明符号是为说明地物的质量和数量特征而附加的一类符号，它通常是依附于定位符号而存在的，如说明森林树种的符号、果园符号、稻田符号等；地图上的注记也常常被看成是一种符号，它配合其他符号说明制图物体和现象的名称、数量和质量特征等。

表 3-5　符号按定位情况分类

定位符号	路灯 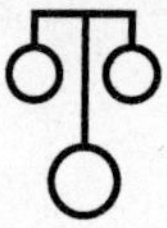	地级行政区界线 
说明符号	果园 	稻田 
注记	地名 唐山市	高速公路编码 G322

资料来源：编者制。

4. 按反映要素的空间特征分类

根据地图符号所反映地理要素的空间特征，可将其区分为点状符号、线状符号和面状符号。

点状符号：表达空间上一个点位的符号，符号的大小与地图比例尺无关且具定位特征。如控制点、居民点、矿产地等符号。

线状符号：表达空间上沿某个方向延伸的线状或带状现象的符号，具定位特征，为半依比例尺符号，如河流、渠道、岸线、道路、航线等符号。等值线符号（如等温线、等压线）是一种特殊的线状符号，尽管其几何特征是线状的，但它表达的含义却是连续分布的面。

面状符号：表达空间上呈面状分布的现象，具定位特征，为依比例尺符号。用这种地图符号表示的有水域范围、林地范围、土地利用分类界限、各种区划范围、动植物和矿藏资源分布等现象。

不论是点状符号、线状符号，还是面状符号，都可以用不同的形状、不同的尺寸、不同的方向、不同的亮度、不同的密度以及不同的色彩（统称为图形变量）来区分表象各种不同事物的分布、质量、数量等特征。

二、地图符号的视觉变量

（一）视觉变量的含义

视觉变量指的是图形符号之间具有的可引起视觉差别的图形或色彩因素的变化。地图符号的视觉外貌由构成符号的视觉变量所决定，通过视觉变量的不同组合，使符号之间既有联系又有差别，从而表示地图内容之间的联系与差别。因此，视觉变量理论为地图内容的符号化提供了理论依据。

视觉变量的概念最早由法国地图制图学家兼图表信息传输专家贝尔廷（J. Bertin）于 1967 年提出，他在其专著《图形符号学》中把构成图形符号的基本因素抽象出来，成为“视觉变量”，即形状、方向、尺寸、明度、密度和颜色。视觉变量作为地图图形符号设计的基础，在提高符号构图规律和加强地图表达效果方面起到很大作用，一经提出，即引起广泛重视，不少人根据他的理论提出了自己的见解。1984 年美国人鲁宾逊（A. Robinson）等在《地图学原理》一书中提出基本图形要素是：色相、亮度、尺寸、形状、密度、方向和位置，1995 年他又把基本图形要素改为视觉变量，认为其是由基本视觉变量（形状、尺寸、方向、色相、亮度、纯度）和从属视觉变量（网纹排列、网纹纹理、网纹方向）两部分组成。

不同学者对视觉符号的理解尚没有统一的认识。贝尔廷提出的视觉变量尽管较严密，但他论述的视觉变量是针对广义的图形符号，对于地图符号并不完全适用。有的视觉变量在地图符号设计中很少采用，如大多数点状符号和线状符号，由于符号所占面积较小，亮度和纹理的变化很难区别出来，方向变量在地图符号设计中也很少采用。为此，国内一些学者结合前人的理论研究，认为构成地图符号的视觉变量主要是形状、尺寸、色彩、亮度、图案和纹理，其中点状符号和线状符号的视觉变量是形状、尺寸、色彩和图案，面状符号的视觉变量是色彩、亮度、图案和纹理。

（二）视觉变量的构成

1. 形状

形状变量是点状符号和线状符号最重要的构图要素。对于点状符号来说，形状变量就是符号本身图形的变化，它可以是规则的也可以是不规则的，从简单的几何图形如圆形、三角形、方形到任何复杂的图形。对于线状符号来说，形状变量指的是线状符号的图形构成形式的变化，如双线、单线、虚线、点线，以及这些线划形状的组合与变化(图 3-5)。面状符号无形状变量，因为面状符号的轮廓差异是由制图现象本身所决定的，与符号设计无关。

2. 大小

尺寸变量对于点状符号，指的是符号图形大小的变化。对于线状符号，指的是单线符号线的粗细，双线符号的线粗与间隔，以及点线符号的点子大小、点与点的间隔，虚线符号的线粗、短线长度与间隔等(图 3-6)。面状符号无尺寸变化，因为面状符号的范围大小由制图要素来决定。

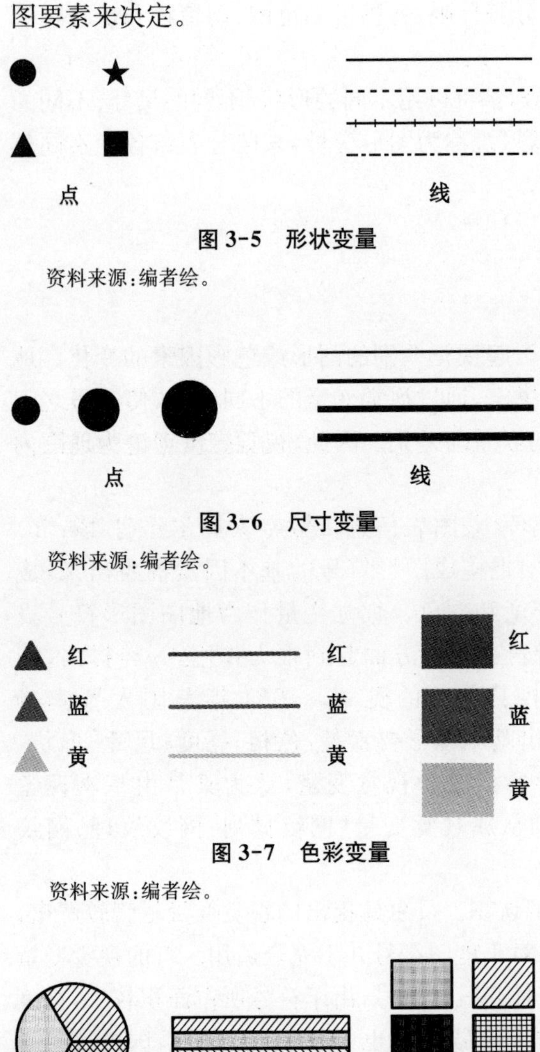

图 3-5　形状变量

资料来源：编者绘。

图 3-6　尺寸变量

资料来源：编者绘。

图 3-7　色彩变量

资料来源：编者绘。

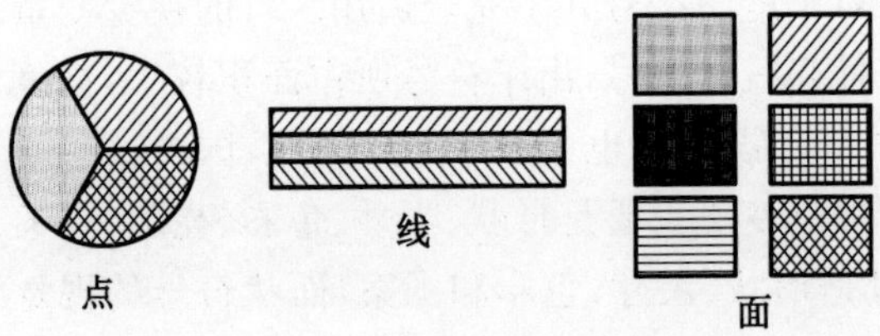

图 3-8　图案变量

资料来源：编者绘。

3. 色彩

大多数点状符号和线状符号，无论构图简单或复杂，为突出易读性，就需要符号具有高反差，因此，色彩变量主要体现在色相的变化上。对于面状符号来说，色彩变量指的是色相与饱和度的结合，色彩可以单独构成面状符号，因此，色彩可以认为是构造面状符号的一个主要的视觉变量(图 3-7)。当点状符号或线状符号用于表示定量制图要素时，其色彩的含义与面状符号的色彩含义相同。

4. 亮度

亮度是彩色三维量中的一个维量。消色的亮度可理解为从黑到白的变化。由于点状符号与线状符号自身尺寸很小，很难体现出亮度上的差别，所以点状符号与线状符号无亮度变量。面状符号的亮度变量，指的是面积色彩的亮度变化，或者说是印刷网线的线数变化。

5. 图案

图案是由一组同形的纹样有规则地组合排列而成，主要有点纹样、线纹样及混杂纹样三类图案。图案变量指的是构成图案的纹样的形状或排列方向的变化。点状符号和线状符号只有在表示定量的专题要素时才使用图案变量，如分级圆符号、动线符号等，此时的点状符号和线状符号在构图上与面状符号无异。而图案变量对于构造面状符号来说，则是一个重要的视觉变量，它可用来构成各种图案形式的面状符号(图 3-8)。

6. 纹理

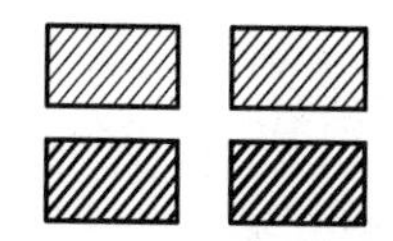

图 3-9 纹理变量

资料来源：编者绘。

纹理作为视觉变量，指的是构造图案的像素的尺寸或间隔的改变，用印刷网线来比喻，就是当每英寸线数小于 42 线时，像素间距的变化为纹理变化，当每英寸线数大于 72 线时为亮度变化。因此，纹理与亮度两变量在视觉上都是明暗度的变化。点状符号和线状符号无纹理变量(图 3-9)。

（三）视觉变量的感受性能

各种视觉变量能引起视觉感受的多种效果。地图符号的感受性能是由构造它们的视觉变量产生的，设计地图符号时必须从地理信息和制图目的所要求的感受特性来确定视觉变量，使符号的功能与制图数据的量表水平相当。

制图数据可以用四类量表方法来度量，即定名量表、等级量表、间距量表和比率量表。事实上，对于视觉制图目的来说，地图符号本身只能内涵定名量表和等级量表的关系，即只存在定性与定量关系，只有对图例符号进行数值说明时，才能增加间隔量表或比率量表的度量含义。

因此，构造地图符号的视觉变量可以归纳为两类，即差别变量和等级变量。形状、色彩和图案为差别变量，用于描述制图数据间的定性差别；尺寸、纹理和亮度为等级变量，用于描述制图数据间的定量差别。两者也可以联合使用，差别变量与等级变量联合可以增强等级概念，如形状与尺寸联合，增强了等级感受效果(普通地图上居民地的图形符号和境界符号)；等级变量之间的联合也可用于增强等级感受效果，如亮度与纹理联合(人口分布图上表示人口密度)；差别变量之间的联合可增强差别概念，如色彩与图案联合(专题地图上表示地质构造类型的面状符号)。

三、地图符号设计的要求

（一）图形

地图符号的图形是决定符号的最根本、最重要的因素，它直接影响着地图内容的显示程度和效果，制约着各要素的相互配合及整个地图外貌的美观。从符号图形的角度来看，设计的符号应具有图案化的特征，具有一定的逻辑系统，并充分考虑到制图和印刷工艺技术的要求。

1. 符号的图形要图案化

符号图形的取材主要来源于两个方面：一是制图物体本身的实际形态，如铁路、房屋、河流、桥梁、宝塔等本身的形象就是设计地图符号图形的主要依据；二是对于那些无形的现象，如境界、行政等级等则多采用象征性的会意方法来设计。但不管用哪种方法，都要进行高度的概括，使符号的图形具有明显的图案化特点。

我们可以从符号图形来自实地物体本身的形象说明地图符号图案化的过程。从符号图形的角度来说，它不应该是实地物体的真实写照(过于真实的符号形象往往收不到好的效果)，因此就要运用抽象概括的方法，抓住物体的基本特征，对复杂的物体图形进行夸张，用较规则的图案表示出来。在这个过程中，要坚决舍去那些不必要的细部，突出最重要的特征，使图形尽量达到简明，在这个基础上再运用艺术的手段加以美化。实地物体的形象经过图案化加工后，就会显得更加生动，它不仅能真实地反映现实，而且高于现实，更加典型化，如图 3-10 所示。

亭子

烟囱

路灯

河流

图 3-10　图案化符号

资料来源:编者绘。

图案化了的符号具有形象(利于联想实物)、简单(便于绘图)、明显(易于读图)和准确定位等特点。

形象。设计的符号应能反映物体的主要特征,表达物体最具有代表性的部位,读者一看到符号立即产生对事物的联想,使地图易于阅读。

简单。一个符号描述的形象应显得生动、直观,但又不能过于复杂,否则就会造成绘图和印图的困难,反而降低了符号的科学性和艺术价值。因此,符号的图形还要求简单,去掉那些不必要的装饰线条。为使符号简单、易于绘制,同时达到区分明显、便于记忆的效果,设计地图符号时应尽可能做到几何图形化。

明显。地图上的符号应具有各自的独立形态,才便于从各种符号中明显地区分出来。图形过于接近,再加上色彩无明显区别,就会使符号容易混淆。

定位。地图符号应能确定它所表示物体的正确位置(说明符号除外),以便于进行图上量算。为此,设计地图符号时,还必须考虑符号定位的要求。依比例尺符号应便于确定其轮廓范围线位置;半依比例尺符号应便于确定其中心线的位置;不依比例尺符号则应该便于确定其定位点。

2. 符号的图形应具有一定的系统性

设计地图符号时,要避免孤立地去设计每个符号的图形,应考虑到分类、分级、重要和次要在图上的变化,应顾及与其他地图符号的联系,并考虑符号图形内在的有机联系。

(1) 设计的符号要考虑已经普及的格式

地图符号经历了几个世纪的认识和实践,许多符号已基本定型(并不排斥修改和补充),已出版的许多地图其符号已形成固定的格式,为广大群众所熟悉。设计地图符号时要注意保持与这些常用符号的联系。所谓联系,有的是要与习惯上常用的符号一致,有的则是保持与惯用符号相似,但其尺寸和色彩往往还要结合地图的用途和比例尺等自行拟定。还应该指出,强调联系并不等于否认符号设计中的创造性,随着时代的发展,新技术在制图中开始应用,符号本身也要发展,但要正确处理好继承和创新的关系。

(2) 符号的图形要同要素分级分类相适应

以普通地图上道路的符号为例,它分为铁路、高速公路、国道、省道、县乡道等(图 3-11),借助符号的尺寸和结构可详细区分要素的主次/等级关系。

(3) 利用符号图形的含义区分制图物体的本质

最常用的是用实线和虚线来表示不同的含义(图 3-12),用实线表示已建成的、地上的、常年的、永久的,用虚线表示在建的、地下的、季节性的、临时的等含义,利用符号的虚实区别物体或现象的性质差别,逻辑上比较合理。

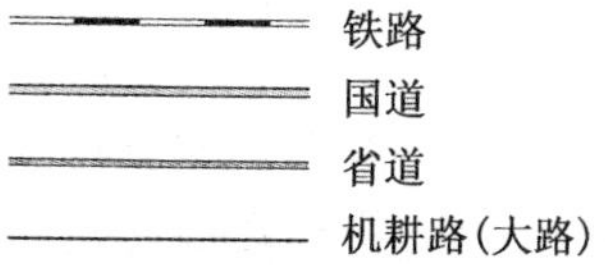

铁路
国道
省道
机耕路(大路)

图 3-11　不同类型、等级的道路符号

资料来源：编者绘。

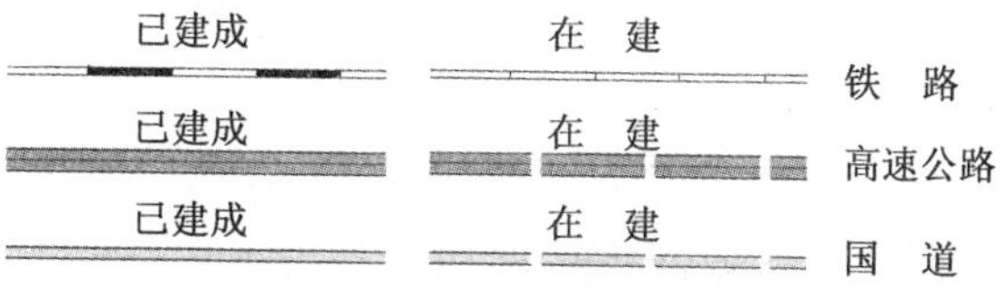

已建成　在　建　铁　路
已建成　在　建　高速公路
已建成　在　建　国　道

图 3-12　实线与虚线符号

资料来源：编者绘。

(4) 用符号组合或配合派生新的符号

单个符号的含义确定后，自身组合或与其他符号配合，就可以派生出大量的新符号。因此，从单个符号的含义出发，就很容易理解各种派生符号的含义，从而体现符号的科学性和系统性。

3. 符号的图形要考虑制图和印刷工艺的要求

符号设计是影响制图作业速度和成图质量的重要因素之一，好的符号便于制图和印刷，在设计符号图形时要考虑到制图和印刷工艺。随着计算机制图技术的发展，地图符号的设计可以做到非常精细，但仍受到印刷工艺的限制。

(二) 尺寸

1. 符号的尺寸与地图用途、比例尺、制图区域特点、读图条件等方面的联系

对于不同的地图用途，符号的尺寸有所差别，例如作为挂图用的教学地图，符号应该粗大些，而作为科学参考用的地图，符号就要设计得精细些。

地图比例尺对符号尺寸的影响也很明显。地图比例尺大，单位面积里的内容相对较少，符号尺寸可以大一些；地图比例尺小，地图内容相对复杂，符号尺寸也相对小一些。但这个规律不适用于所有的情况，即地图符号不可能随比例尺的缩小而无限缩小下去。

此外，制图区域地理特征、读图对象、使用方式等，它们对符号尺寸也有明显影响。

2. 符号的尺寸与视力、绘图和印刷能力的关系

设计地图符号时，如果单纯要求符号精细，会给绘图、印图带来很大的困难，影响读图效果。因此，在设计地图符号时，应该考虑正常视力的分辨能力，以及绘图和现代印刷技术能力等一系列数据。

3. 符号的尺寸与对象的数量和质量特征的关系

制图对象如果按照数量分级表示，其符号大小要和等级高低相对应。仅以符号尺寸大小区分对象等级或单纯用图形结构进行区分，其区分效果有限，一般采用以图形区别为主，尺寸区别为辅的办法进行表示。

4. 符号的尺寸应该相互配合

设计符号时，应该十分注意符号之间的配合，特别是在不同符号相交汇的时候要特别注意不同符号的表达。一个符号本身也有尺寸的配合问题，例如随着符号尺寸加大，构图的线号也应该适当加粗。

(三) 色彩

色彩是构成地图符号的一个最基本的要素，它不但可以丰富地图的内容，增加地图载负量，使地图各要素层次分明、清晰易读，还能增加地图的艺术性。色彩与符号的构图融合在一起，有效地提高了地图的表现力。

1. 色彩的三要素

自然界的色彩绚丽多彩，种类繁多，但都有共同的三个要素：色相、明度、饱和度。色相

又称色别，指的是色彩的类别，是色彩彼此相互区分的基本特征，如红、黄、绿、青、蓝等。制图时通常使用不同的色相来表示不同类别的物体，例如，普通地图上多用蓝色表示水系，绿色表示植被，棕色表示高原、山地等，分类的概念特别明显。明度指颜色的明暗程度。同一种色相，有不同的明度。在地图上，多用不同的明度来表现物体的数量差异，特别是同一色相的不同明度更能明显地表达数量的增减。例如，用蓝色的深浅表示海部的深度变化（分层设色）等。饱和度又称纯度，指色彩的纯洁性。一般来讲，色彩越鲜艳，饱和度越高；反之，饱和度越低。绘制和印制地图时，熟练运用这一属性来调配色彩，将会收到较好的效果。例如，地图上用许多颜色的组合表现对象的分布范围时，一般小面积、少量分布的对象多使用饱和度较高的色彩，以求明显突出（如城市街区中的绿地），而大面积范围的对象则最好用饱和度偏低的色彩，以免过分明显刺眼（如大面积山区、森林）；人口图中饱和度高的区域人口密度大，饱和度低的区域人口密度小。

任何色彩都具备上述三个基本特征，而且其中一个发生改变，其他特征也会随之改变，这样就产生了种类繁多的色彩。在地图符号上运用色彩，不仅能提高地图的表达效果，而且具有简化符号图形，提高地图表现力的功能。另外，色彩还能增加地图产品的美感，吸引读者的注意力并激发读者的读图兴趣。

2. 色彩的象征性

应该说色彩本身是没有很确切的象征含义的，但由于色彩的物理特性，以及长期的传统习惯，比如经常以某种颜色表示某种特定的内容，或某种颜色给人造成心理联想，于是该色就成了该物体和事物的象征。

当色彩的象征含义与地图要素结合后，便应注意其表现出不同的内在联系和倾向性。例如，蓝色与自然中的水色联系在一起，是表示海洋、河流、湖泊的习惯色；棕色表示山地；黄色和棕色联系到无植被的干燥区，是表示沙漠和戈壁的自然色；植被用绿色表示；冰雪区域用蓝紫色表示等。

地图色彩设计中的象征用法，可分为定性和定量两种，如果两者不遵循色彩象征的习惯色，那么就可能给读者带来读图的困惑，如用暖色表示北方一月份的温度，用绿色表示植被稀少的荒漠等。定性用色常采用色彩的色相和饱和度来表示地图内容的性质和类别。如前面提到的水域等自然象征用色，就非常符合逻辑，也区分了性质和类别。又如海洋中的暖流用红色系，寒流用蓝色系等，都是定性的象征用色。定量用色是利用色彩三属性并遵守象征习惯色来表示地图内容的数量变化。制图对象中密的、多的、强的用深暗色表示；稀的、少的、弱的用浅淡色表示。

以上这些用色规律，都体现了色彩与地图内容的内在联系，是象征心理的一种感受。当然，为满足不同类型地图的需要和不同用图对象的要求（如专题地图），改变这种秩序也是可能的。总之，正确利用色彩的象征意义，指的是把客观事物和主观感受、地图要素功能、用图对象和地图发展趋势有机地结合起来考虑设色。当然，色彩象征性也有个适应和习惯的过程。

3. 色彩配合

现代地图通常使用彩色符号来表示地图要素，其根本原因是色彩具有很强的表现力。色彩的合理配置，是增强地图表达效果的有效途径。

通常，一幅地图由点、线、面三类符号相互配合而成，面状符号常具有背景的意义，使用饱和度较小的色彩；点状和线状符号则使用饱和度大的色彩，使其构成较强烈的刺激，而易为人们所感知。在这个原则基础上，再结合色相、明度和饱和度变化表现各种对象的质、量、分布范围等，极大地增大了地图的载负量，使读图变得简单、快捷。

地图上面状符号以色彩表现时，其设色好坏往往是地图成败的关键之一。色彩的配合种类很多，也很复杂。例如，对比色的配合主要是原色的配合、补色的配合和差别较大的颜色的配合，它可以加强地图上区分图形与背景的效果，也能形成地图结构中不同的视觉层次感。色彩设计利用色彩对比时，要注意地图图面的主色调和总体用色方案，以求色彩的平衡和协调。色彩对比利用得不好，如色彩对比很弱，那么设计出的地图就显得单调、乏味，不能引人注目。又如，调和色的配合主要是同种色配合和类似色的配合，其特点是朴素雅致，容易获得协调的图面效果，常用于表现地图要素的数量差异，像海深、降水量、人口密度分布等。

实际上，单独一种颜色不存在所谓漂亮或美的说法，只有在两个以上的色相组合搭配时，作为色彩的配合才有好与不好的结果，即色彩的配色美。当然配色的效果有多种形式，但用色整体协调与否，都与地图上的色彩功能、色彩的习惯用法、设计地图的目的，以及根据地图内容合理选择色彩有关。

(四) 逻辑性

地图是通过图形符号来传递地理空间信息的，为了提高地图信息的传输效率，在设计地图符号时，除考虑符号简单易绘、便于视觉感受外，还应要求地图符号的视觉载负量小，传递信息效率高，所含信息量大，而地图符号设计的逻辑性原则正可以达到上述目的。地图符号设计的逻辑性原则包括符号构图的逻辑性和图例设计的逻辑性。

1. 地图符号构图的逻辑性

地图符号构图的逻辑性，指的是在设计地图符号时，要在符号与符号之间建立起内在的、有机的联系，或者说，让地图内容的分类、分级、重要、次要诸变化通过符号的构图差别来体现。这样可以使我们避免孤立地、片面地设计每个符号，可以在不增加单个符号数量的前提下，丰富地图符号系统，提高符号的科学性与易读性。地图符号的构图因素是视觉变量，包括形状、尺寸、色彩、亮度、图案与纹理。构造点状符号和线状符号的视觉变量是形状、尺寸、色彩和图案，构造面状符号的视觉变量是亮度、色彩、图案和纹理。地图符号的构图就是按照一定的原则与规律将构图因素(视觉变量)组合成地图符号。因此，符号构图的逻辑性主要通过合理地选择视觉变量来实现。地图符号构图的逻辑性可以通过以下方法获得。

(1) 符号的视觉逻辑与地图内容逻辑相对应

如尺寸的变化从小到大表示地图内容的重要性从次要到重要，或数量变化从少到多；亮度、纹理的变化从亮到暗表示数量从少到多。按照这样的逻辑顺序设计符号，就能获得最好的效果。如用符号的亮度差别表示湖泊的水质，用深蓝色表示淡水湖，浅蓝色表示咸水湖，因为咸水湖在重要性方面不如淡水湖，所以采用降低符号亮度的方法来表示。又如用双实线表示高速公路，单实线表示公路，虚线表示小路，利用视觉变量形状和尺寸相组合来构图，尺寸从大到小的变化表示地图内容从高级到低级的变化，形状的变化使视觉感受效果更好。同样，在境界符号的设计中也利用了此原则，其中尺寸变量是主变量，形状变量是次变量。

(2) 符号构图的虚实变化相应地反映制图对象的重要与次要

利用符号构图中形状的虚、实变化来构图表示地图内容的重要与次要、有形与无形、地上与地下等差别。实线表示稳定的、准确的、地上的、有形的；虚线表示不稳定的、不准确的、地下的、无形的。例如蓝色实线表示常年河，蓝色虚线表示时令河；黑色实线表示铁路，黑色虚线表示建筑中的铁路；蓝色实线上加小圆点表示地上输水管，蓝色虚线上加小圆点表示地下输水管等。用符号构图的虚实变化相应地反映制图对象的差别合乎逻辑，比较容易被用户所接受。

(3) 利用色彩的心理感受特点设计符号，体现逻辑性

地图上的色彩往往使人联想起现实生活中所见到自然色彩，如蓝色——水，绿色——森林、草原。在地图符号设计中，应用这一原则，可以起到自然联想的作用，使地图信息的传输效果得到提高。如在地形图上用蓝色表示水系，绿色表示植被，棕色表示地貌；又如在小比例尺普通地图上用三角形表示火山，蓝色三角形表示海底火山，红色三角形表示陆地火山；用单实线上加圆点表示管道，蓝色、棕色和红色分别表示输水管、输气管和输油管。

(4) 利用符号色相表示地图内容的主要差别，以符号形状表示次要差别

用相同的符号色相表示地图内容的逻辑联系，如在《中国地图集》的世界资源图上，与木材有关的要素用绿色表示：用绿色小圆点表示木材产地，绿色柱状符号表示木材蓄积量，绿色动线符号表示木材流动方向，土地利用中的森林用绿色表示。又如，与石油有关的要素用红色表示：石油产地用红色三角形表示，石油流动方向用红色动线符号表示，输油管用红色单实线上加小圆点符号表示，石油储量与产量、炼油厂、油气区等符号的色相也是红色。符号设计遵循这样的构图规律，能引起视觉上的连续感，通过视觉上的联系来反映地图内容的逻辑联系。

(5) 利用符号基本形状的逻辑组合表示制图内容的逻辑关系

点状符号的基本形状是圆形、正方形、三角形等几何形状，它们之间的差别容易察觉，这是构造点状符号最直观的方法之一。如用圆形表示居民地，三角形表示山峰，半圆形表示井。由于基本几何形状数量有限，因此，常常利用基本形状的组合来构造更多的符号。如用蓝色半圆形表示泉，在蓝色半圆形上添加三条短曲线表示温泉；或用蓝色圆点表示井，若干个蓝色小圆点间用短线相连表示坎儿井，泉则用蓝色小圆点下面加一小尾巴表示。又如用小三角形表示山峰，一大一小两个并列三角形表示峰林。符号的这种构图方法具有很强的逻辑性，能引起联想和加深记忆。同样的例子还有军事基地符号，用同样形状、尺寸和色相的圆形符号表示军事基地，圆形符号内不同的象形符号表示各种不同的军事基地，如用舰艇表示海军基地，用飞机表示空军基地等。

2. 图例设计的逻辑性

图例是地图的钥匙和逻辑基础，它不仅说明图式符号，而且还包括各级分类单位，并指出它们的从属关系，同时还对地图上标绘的分类单位作出界定。因此，任何地图，尤其是专题地图，最重要的内容要素是地图图例，图例中符号的顺序、它们的内部从属关系、设色和色调、晕线、字体、标题和副标题的选择，都要遵循制图现象所用分类法的逻辑。图例系统与科学分类系统之间的关系既有联系又有区别，它们之所以有联系是因为图例系统的设计是以科学分类为依据，而它们的区别主要是由地图学科本身的特点所决定的。因此，在设计地图图例时应特别注意图例的结构和排列顺序的逻辑系统性与科学分类的统一协调。图例设计的逻辑性包括图例系统的逻辑设计和图例符号的逻辑排列。

(1) 图例系统的逻辑设计

建立地图符号系统的基础是地图图例的逻辑分类，无论是常规制图还是机助制图，在建立地图符号系统时，都必须考虑按种类进行分组的可能性并引入视觉变量来实现层次的区分。因此，图例系统的逻辑设计是地图符号设计逻辑性原则的体现。图例系统必须反映

部门学科领域的研究水平，包括分类体系、指标和研究程度，并通过图例的形式选择图例符号，色彩的配置和组合富有艺术感染力。图例系统的逻辑设计在于将不同专业的分类体系转化为适合于编图的图例体系，并依照系统的逻辑设计意图来安排图例要素的顺序和位置。在进行图例系统的逻辑设计时，应注意：对于某单个要素和它所在系统内容的符号之间，要有逻辑上的连续性；要保持这一逻辑系统和其他系统之间的联系。例如，在地貌类型图中，冲积平原用绿色色系，其中的三角洲平原、湖积平原、冲积平原等可按其成因分别用深绿、果绿、浅蓝绿色。

(2) 图例符号的逻辑排列

图例设计的目的不仅是为了便于理解地图内容和阅读方便，而且是为了最充分地揭示地图的编图思想。因此，图例符号的安置和排列要能够阐明科学分类依据和逻辑结构的原则。如果地图表示了多方面的内容指标，应先主后次，先安排第一层平面，然后安排第二、三层平面的内容。例如，大地构造图的图例排列是从构造层、构造类型、构造变形到其他内容，时代从老到新，从陆地到海洋。表示数量分级的图例，一般都按由小到大，由低级到高级的顺序排列。对于统计地图来说，图例要素的排列应以明确指示地图内容为原则，数量变化从左到右，或从上到下依次增加，从视觉效果及感受信息的速度上考虑，只要图面空间允许，以从上到下排列为佳。

第三节　地图注记

一、地图注记的定义与分类

在地图上起说明作用的各种文字、数字，统称注记，是地图语言之一，可以说地图注记也是地图的主要构成部分之一。地图注记主要有标识地图对象、指明对象的属性、表明对象间的关系和转译等功能，常常和地图符号结合在一起使用，从而说明地图中各个地物的名称、位置、范围等信息，可以分为以下几类：

(一) 名称注记

名称注记(地名注记)是指由不同规格、颜色的字体来说明具有专有名称的各种地形、地物的注记。主要包括居民地名称，公路、铁路及其附属物名称，行政区域、地域名称，水系物体(海洋、河流、湖泊、沟渠、水库等)名称，山脉、山岭、岛礁名称等。地名注记是地图不可缺少的内容，占据地图相当大的载负。

(二) 说明注记

说明注记是指用文字表示地形与地物质量和特征的各种注记，如表示森林树种、井泉性质的注记等。

(三) 数字注记

数字注记指由不同规格、颜色的数字和分数式表达地形与地物的数量概念的注记，如高程、等值线数值、道路长度和航海线里程等。

二、地图注记的特性

(一) 从属性

从广义上说，地图注记与通常所讲的地图符号同属于符号范畴，但它们在地图上的地位和作用是截然不同的，在使用过程中应当区别对待。从内容表达上看，符号主要用于空间信息定位，而地图注记主要是配合符号来说明符号所无法表达的有关定性、定量等方面的问题。例如，居民点符号用于定位，其名称用注记来说明；等高线只说明位置，其高程要用数字来说明。有些符号似乎也有定性作用，但实际上还是注记在起作用，是注记将某些含义传给了符号。在地位上，注记服从于符号。因为地图的功能主要是解决地理信息的定位问题，这是注记语言所无法做到的。某些情况下注记可用于定位，但不宜用于精确定位，只有依靠符号语言来实现。另一方面，尽管符号的地位重要，但是不能说符号可以完全取代注记的作用。从形式上看，注记跟随着符号而出现，只有两者一一对应，才能更清楚地说明地图内容。在图面上起支撑作用的是符号，它是地图的骨架，注记依附于符号而存在。总之，注记与符号在地图上分工不同，分别说明事物不同方面的问题，一般情况下地图注记跟着符号走，设计中应当体现这种关系。

（二）分散性

地图注记排列有一个显著的特点，即它不同于一般书刊、广告，它的排列是分散的，不是成段成篇的，也不是按照正常文本那样按先后顺序排列。注记排列特点的不同，读者的阅读过程也必然不同。读者阅读书刊的顺序是从左到右，从上到下。而地图注记整体上却没有按照正常的顺序，即使是词组也未必是从左到右的顺序，而是与符号有一种一一对应的关系，有纵有横，有雁行排列，有屈曲排列等，而且与图形符号交织在一起。地图设计者不仅要考虑注记的内容意义，而且必须按照视觉规律进行注记组织，将它融入众多的地图符号之中，将无序注记变成"有序"注记。

（三）层次性

从内容上看，地图上的内容是有层次的，例如，在专题地图上的内容分专题要素和底图要素。地图的内容以不同大小的符号，各种不同的线划、粗度和颜色，不同的字体、字形和字级，反映出现象的主次、先后、远近等，用这种方法表示在图面上，所得到的效果叫做地图的平面层次。地图注记与图形符号一样存在不同的内容层次，地图设计者要通过合理的符号设计和注记设计将这种内容上的层次转变为视觉上的层次。

（四）分类性

大多数地图的内容都包含多种地物类别，如水系、居民地、道路、植被、境界等，地图设计者要通过合理的符号设计和注记设计将这种内容的分类变成视觉上的分类，也就是说，地图内容的类别要用符号语言表达出来，这才是地图设计者要达到的目的。

三、地图注记的设计

地图注记由字体、字大或字级、字色、字隔及排列方向、位置 5 个因素构成。通常用不同的字体和颜色区分不同的事物，用注记的大小等级反映事物分级以及在图上的重要程度，用注记位置以及不同字隔和排列方向表现事物的位置、伸展方向和分布范围。注记的设计和编排，要求字形工整、美观、主次分明、易于区分、位置正确。

（一）注记字体

制图字体种类繁多，有的美观雅致，有的端庄严谨，有的线划一致，还可以由字体变形而得到各种变体。地图设计中确定注记字体，首先要遵循地图注记的表示习惯，如水系名称注记常用左斜宋体、山脉名称注记用右耸肩体等，用不同的注记字体表示不同类别的要素（表 3-6）；其次，根据要素的重要程度和人眼识别感受来选择字体，如图名需突出表示，可以选择粗黑、琥珀、魏碑等美术字体；村庄注记数量多，如用黑体字将导致视线内遍布黑乎乎的小注记，显著干扰其他要素，致使其他地物退后到下一层面，此时应改用仿宋或等线体；再次，需关注字体之间的相互适应，即图面字体的综合表现不要出现冲突，注意一般地物所选用的字体不能明显于重要地物，不同类别的地物尽量选用不同类别字体。

总之，字体的选择就是在常用几种字体基础上，通过变形及字大、颜色的配合，按要素的面积大小和重要性进行注记排序，以区分要素的重要程度。因读图者对字体之间的微小差别不易分辨，切忌用过多类型的字体来区别表示不同类地物。

表 3-6　地物注记字体示意表

地物类型	字体类型	注记样式
河流水系	左斜宋体	延河 渭河
交通铁路公路	正等线体	宝城铁路　西宝高速公路
测量点数字注记	正等线体	$\frac{196}{96.93}$ $\frac{25}{96.93}$
地市名称	粗等线体	**唐山市** **安吉县**

资料来源：编者制。

（二）注记字大

字大的单位有 mm、磅、号、级等多种。“级”也称为“k”，(k−1)×0.25 就能将“级”换算为 mm，这种字体单位目前已很少采用。“磅”也称为“点”或“p”，1 p＝0.352 7 mm＝1/27 英寸；“号”一般分 16 级，从大到小依次为初号、小初、一号、小一、二号、小二、……、六号、小六、七号、八号。

地图上通常根据所注记地物的重要性和它所占据的空间大小来规定字大。在进行字大设计时，首先要考虑读图者的视觉反应，根据对人眼正常视力的研究表明，4 磅或 5 磅字接近一般人视力的较低限度，桌面地图字大最小不得低于 1.5～1.75 mm，挂图最小字大则要达到 2.25～2.5 mm。其次，字大差别小于 15％时（如 8 磅字和 9 磅字）人眼难以分辨差异，至少相差 25％时人眼才能感受到，因字大是比字体更能引起读图者关注的因素，所以用同种字体进行等级划分时一定要控制好级差。第三，通过同种字体的字大划分来区别要素等级，如表示河流、道路、居民地的不同级别时，最多采用 3 种字大来区分表示较为合适，对于 3 种以上的差别，需要使用字体的变形或改变字体。第四，不同幅面的地图，同种要素的字大一般存在一定的规律性。进行字大设计时，还应综合考虑地图的总体设计和内容。

（三）注记排列

注记排列在体现注记和符号之间关系的紧密性以及图面秩序性方面发挥着重要作用。地图上注记的排列方式力求保持空间上的联系，使注记归属明确，不同符号的注记之间互不干扰。

点状符号的注记，以符号为中心（以经纬线为基准）紧密排列于上、下、左、右，均能保持空间上的联系性。但是，按照视觉习惯，注记排列的最佳位置应以图 3-13 所示的选择顺序，首先应当选择 1 号位，如果 1 号位有其他符号或注记，则选择 2 号位，以此类推。如果摆在符号的左上、左下、右上、右下效果就较差，只有在最佳位置均不适合摆放的情况下，才选择这四个位置。字数较多的注记排成两行，则显紧凑些。在很多情况下，为了防止遮盖地物，注记往往不能放在理想的位置，这时就要权衡利弊，统筹兼顾。此外，当注记非压盖地物不可时，最好是避免放在线条的转弯处，而要放在弯曲度小的地方，以防止信息的丢失。排列的方向以横排为佳，迫不得已再用竖排。点状符号注记的排列不仅要考虑自身位置的合理性，还要注意周边注记排列位置的相互错让、相互照应，以利于改善背景空间的美感，并可以在不减少注记数量的情况下使图面显得宽松。

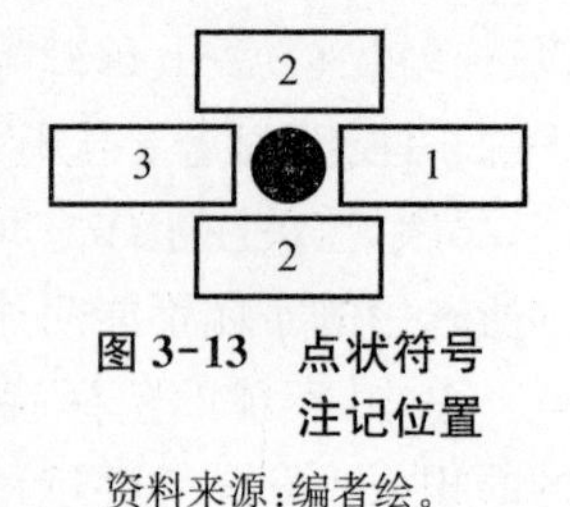

图 3-13　点状符号注记位置

资料来源：编者绘。

线状符号的注记采取沿线状符号分散排列，横排或竖排或斜排或雁行排列，所要追求的无非是保持与符号之间的紧凑性与协调性。双线河流和街道注记放在双线内比放在外面紧凑些。单线或窄双线河流注记放在向内弯曲处比放在向外弯曲处显得紧凑些。有的地图设计者为了保证注记与街道的紧凑性，纵向街道的注记用长形字放在双线内，横向街道的注记用扁形字放在双线内。这样使得注记与符号融为一体，又让出了图上空间，还能保持注记的分量不减。

面状分布现象的图斑注记在位置上与图斑范围相协调，在排列走向上与图斑延伸方向一致。图斑曲度较大者或中部很窄时可分两组排列。要让注记能管得住整个区域，但不能顶到边界，而是保持与图斑范围协调、呼应的关系。例如，湖泊、行政区域的注记按这种规律排列来体现与图斑范围的关系。

（四）注记色彩

注记颜色需考虑字的实际颜色、亮度以及与背景之间的对比度等。地图上通常水系注记用蓝色，地貌注记用棕色，说明注记用黑色等。在注记色彩设计时，第一，要遵循表示习惯，通过注记颜色来增强此类要素分类概念；第二，注记亮度以及与背景之间对比度是区分地图要素层次的重要手段，同样字体大小颜色的注记，在不同的背景下表示会产生不同的视觉对比度，当注记色相亮度接近于背景时，可见度会逐渐降低，无法体现同等重要性的作用，必须综合考虑普染色或晕线等区域色的色相亮度，通过反复试验对比，不断调整注记及其他面色的色相亮度，把需要突出表示的要素凸显出来；第三，要考虑印刷要求，不论是几色印刷，如注记字大小于 2.5 mm 而设计为复色时，由于印刷设备不能满足要求或运行不稳定等原因，会导致注记出现"双眼皮"现象，影响读图用图。

第四节　图面配置

一、图面配置要素

图面配置指主图及图上所有辅助元素，包括图名、图例、比例尺、插图、附图、附表、文字说明及其他内容在图面上放置的位置和大小。图面配置时主要考虑的因素包括：

（1）地图用途和地图内容；

（2）地图使用的条件（桌面的、墙上的、多幅的或地图集中的、借助计算机或其他工具阅读的)；

(3) 经济效益的要求(使用标准规格的纸张，最有效地利用印刷版的有效面积)；

(4) 艺术上的要求。

进行图面配置的结果称为配置样图，它要求能反映出新编图上图面总的布局，指出图幅尺寸，图名、图例、各种附图、说明、比例尺等的位置和范围以及地图图廓、图边的形式等。图廓配置还应该包括经纬线网、制图区域的轮廓图形等必要的地理基础要素。配置样图的制作最好保持和新编图的比例尺及投影一致，在小比例尺地图中，由于投影误差和其他原因，尺寸放大后可能超出纸张规格，导致非预期的结果。图 3-14 为某市级土地利用规划配置样图。

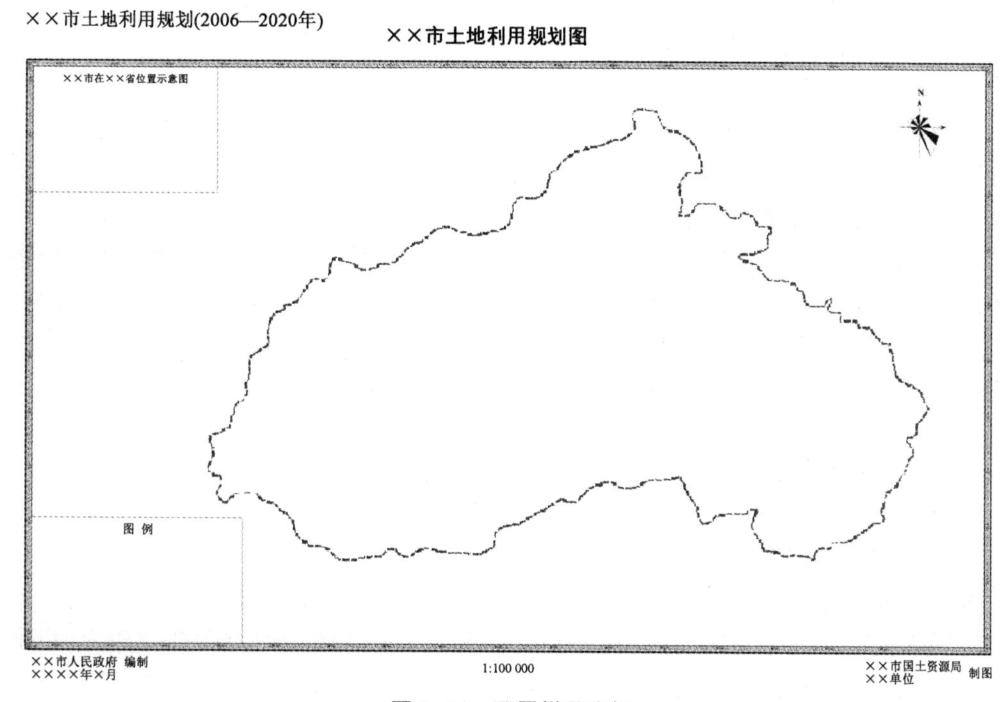

图 3-14　配置样图实例

资料来源：编者绘。

(一) 图名

图名即为地图的名称。图名应简练，含义明确，要具有概括性，不能把地图上所有的内容都用图名表达出来，而是只概括出其主要内容。通常图名中包含两个方面的内容，即制图区域和地图的主要内容，如“南京市土地利用现状图”，对于普通的地理图或者政区图，也可以只用区域范围命名，如“江苏省地图”。

图名在地图上的位置、排法与地图的图面配置(主要是附图的数量与位置)、制图区域的形状特征等相关。一般的位置与排法有：

(1) 图名位于图廓外：通常横排于上方居中位置，少数竖排于左(右)上方等位置。

(2) 图名位于图廓内：一般横排或竖排于左上方或右上方，并多加框线，以求明显突出。

(3) 无图廓时，常采用“悬浮式”，把图名框出，或将图名嵌入地图内容的背景中。

图名的字大与地图的幅面大小成比例，一般长形字字高或扁形字字宽不超过图廓边长的 6%。图名长，字宜小；图名短，字可适当增大。字体的黑度大(如粗等线字)，字宜小；字体的黑度小(如空心字),字号可酌情增大。

图名的字体应考虑地图性质。科学技术用图的图名宜端庄大方,避免花哨;旅游图则可用活泼形象的美术字。对图名字体的装饰有多种方式,如加绘网线、加绘与地图主题有关的花纹、3D花纹立体装饰等(图3-15)。

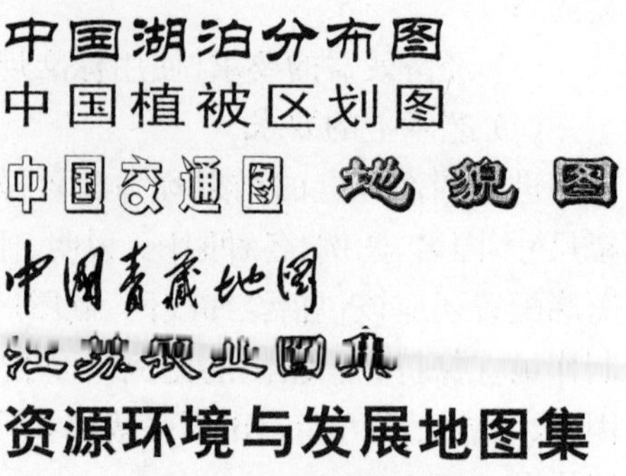

中国湖泊分布图
中国植被区划图
中国交通图　地貌图
中国青藏地图
江苏职业图集
资源环境与发展地图集

图3-15　图名样式示例

资料来源:编者绘。

(二)图廓

地图图廓通常使用的有两种:一种是单线图廓,另一种是双线图廓。

单线图廓给人以简洁、朴素的感觉,另一方面也有单调、随意的感觉。它的这种特点决定了它适合小幅地图、书籍插图、资料图等使用。

双线图廓由细的内图廓和粗的外图廓构成。内图廓与地图的内容线划直接接触,应当与地图线划相协调,不要任何对比,因为内图廓不需要压住地图线划,取图内中等或偏细的线条作内图廓为宜,太粗了不协调,太细了不明显。外图廓有时是一条单线,有时是一组线,但不管是几条线组成、有多复杂,都将其看成是一条外图廓,是一个有机整体。外图廓是地图作品的外部框架,它主要起装饰作用,对地图的外部形象影响较大。外图廓的首要任务是要压得住地图的线划,在大开幅的地图上,常采用带有花边的外框。此外,还要处理好外图廓与内外图廓间的空白关系以及外图廓与图幅大小的关系。

(三)附图

附图是指主图外加绘的图件,它的作用主要是补充主图的不足。专题地图中的附图,包括主图位置示意图、重点区域扩大图、行政区划略图等。

1. 位置图

说明本图的制图区域在更大范围里的位置,例如江苏省在全国的位置。

分幅地图的位置图就是接图表,它的形式也有很多:有的附在图廓外的空边上,指出本图及四邻的图名或图号;有的是绘出较大区域的分幅略图,从中突出显示出本幅图的位置;有的则是在图廓四周注出邻幅的图号或图名,这也能起到接图表的作用。

2. 重点区域扩大图

本图制图区域中的某些重点区域需要用较大的比例尺详细表达。这类附图通常包括重要城市的街道图,市区图,某一重点区域(风景区、工矿区、灌区等)的地图等。

3. 行政区划略图

在小比例尺地图上,由于制图区域范围大,行政区划单位较多,每个单位图面范围有限,不能一一在图面上标注,这时可以在图面配置一个行政区划略图,专门对行政区划情况进行补充说明。

4. 嵌入图

由于制图区域的形状、位置以及地图投影、比例尺和图纸规格等的影响,把制图区域的一部分用移图的办法配置(嵌入)在图面较空的位置,以达到节省版面和美观的目的,如以往沿用了多年的“横版中国地图”上常把南海诸岛作为嵌入图移到主图图廓内。

(四)图例

图例是集中于地图一角或一侧的地图上各种符号和颜色所代表内容与指标的说明,它是地图上表示地理事物的符号，有助于更好地认识地图。它具有双重任务，在编图时作为图解表示地图内容的准绳，用图时作为必不可少的阅读指南。

图例必须符合完备性和一致性的原则：完备性是指图例中应包含地图上所有的符号和标记，并且能够根据图例对地图上所有的图形进行解释；一致性是指图例中的符号，其图形、大小、颜色均应严格与描绘地图内容时所使用的符号一致。

（五）图表和文字说明

为了帮助读图，地图上必要时会配置一些补充性的图表和文字说明。一类图表是作为量算工具使用的，如坡度尺、坐标尺、图解比例尺等；另一类是统计图表，用以补充说明专题要素的数量、结构等特征，如土地利用类型图中利用饼图反映整个制图区域的土地利用结构；或一些难以利用地图符号表达的信息，如旅游地图中以表格形式反映的城市公交路线。文字说明也是用图的重要信息，常常涉及诸如编图使用的资料及其年限，地图投影的性质，坐标系和高程系，编图过程及编绘、出版单位等。附图和图表的数量不宜过多，配置时应注意图面上的视觉平衡。

二、图面配置的视觉感受

（一）视觉层次

视觉层次是一种视知觉的心理反应，不同的层次用通俗的语言说就是不同的醒目程度。视觉总是首先选择冲击力强、有吸引力的对象，感受的先后次序和感受强度既受刺激条件、对象的影响，也受读图者的心理因素的影响，这些影响综合表现为视觉对客体注视的选择性。

地图上的“视觉层次”，是指在二维平面上利用颜色的变化、符号的大小、线划的粗细对视觉的不同刺激而产生的远近不同层面的视觉效果。形成若干层面，有的图像现于上层，有的则隐退到下层，达到地图内容主次分明的目的。

1. 视觉层次的体现

地图上要素的视觉层次主要体现在以下三个方面：

(1) 专题要素与底图要素的层次差别

地图都有主要表达的要素，特别是在专题地图中，专题要素是地图的主题，必须突出地表现于地图整饰效果的上层平面。地理底图要素是说明专题所发生的地理环境，是作为专题要素定位与定向之用的，一般说它应处于从属的地位，处于视觉效果的下层平面。专题要素与底图要素的层次差别是地图中最基本的两个视觉层次。

(2) 不同专题要素间的层次差别

有很多地图表达的内容丰富，存在多个专题要素。在这些专题要素中，由于重要程度或逻辑次序的不同，有的内容要安排在上层平面，有的内容要安排在下层平面；有的专题内容之间并无明确的主次之分，但为了提高图面的清晰度，需要拉开它们的视觉层次；还有的是不同的内容用不同的表示方法，在表示方法的配合使用中对各自表达的内容要求产生不同的层次感。

(3) 同类要素中不同等级符号的层次差别

同类要素间等级较高的应处于上层平面，等级较低的应处于下层平面。如道路图中各级道路的表达以及小比例尺地图中各级行政区境界线的表达，是这一类层次要求最有代表性的例子。

2. 建立图面视觉层次的手段

(1) 符号的大小和内部结构

在其他因素相同的情况下，图形的大小能直接影响到感受的水平。符号大、线划粗，其视觉的选择度就高，从而使其处于视觉的上层平面；小而线划细的符号则自然处于视觉的下层平面。如果符号的外廓大小不变，但形成符号内部结构的线划加粗，使符号的"黑度"加大，同样可以起到拉开视觉层次的作用。

(2) 色彩的变化

在地图上利用色彩变化是构建图面视觉层次最主要的手段。色彩的变化主要体现在色相、明度、饱和度三方面。利用色相中暖色、冷色以及对比色的特性，可以拉开视觉层次。例如暖色一般比较醒目、突出，冷色显得比较冷静，有后退之感，在用饱和度相对较小的冷色表示的分级统计图的背景上，安置鲜艳的暖色图表，可有效区分出两个层次。

利用色彩饱和度和明度的变化，效果也非常明显。表示专题要素的符号或线划都用鲜艳而饱和度大的颜色，而底图要素则用偏暗且饱和度小的青灰或钢灰色，使专题要素和底图要素明显地形成两个视觉平面。在分级统计图法与分区统计图表法的配合上，分级统计图法常作为背景出现，运用的颜色应采用带灰的复色，饱和度不宜太大，分区统计图表应采用较明亮的间色。

(3) 符号的不同视觉形态

线划符号和面积色彩属于不同的视觉形态，在轮廓范围内由线划符号组成的线纹同样可以与面积普染一样反映面状现象的分布。当要利用线纹图案和普染色同时反映两种质量指标时(如地貌图中既要反映地貌类型又要反映地面切割程度，土壤图中既要反映土壤类型又要反映其机械组成)，主要的质量系统用颜色表示(如表示地貌类型和土壤类型)，次要的质量系统用线纹图案表示，而且线划图的颜色最好用暗灰或黑色，密度要低，目的是减少线纹对色彩的干扰，形成两个视层平面。

(4) 对符号的装饰

为了突出个体符号，将其置于视觉的上层平面，常常采用对符号进行装饰或干脆改用透视符号的做法。对符号进行装饰的常用方法是增加对符号的立体装饰，使其体现体积感，重叠遮挡也是一种形成空间层次感的方法(离我们近的物体会妨碍或者在视觉上挡住远处的物体，挡住其他物体的那个物体似乎离我们更近些)。象形符号(透视符号)由于其体积相对较大，形象生动美观，更容易突现于第一平面。

(二) 视觉平衡

地图是由主图、图名、图例、比例尺、文字说明及附图等共同组成的。图面配置的设计是要将它们摆布成一个和谐的整体，表现出空间分布的逻辑秩序，在充分利用有效空间面积的条件下使地图达到匀称和谐。所谓"视觉平衡"，就是指按一定原则摆布各图形要素的位置，使之看起来匀称合理。影响视觉平衡的因素主要有：

1. 视觉中心

读者读图时视觉上的中心与图面图廓的几何中心是不一致的，通常视觉中心比图面图廓的几何中心要高出约5%。视觉平衡要求所有的图形都应围绕视觉中心来配置。对一幅地图中只有一幅主区图的主单元地图，由于该单元区的形状各异，它的图形几何中心常常不可能与图面的视觉中心一致，这就要靠其他的图形要素去平衡。一幅地图中有两幅或两幅以上主地图的多单元地图，则存在多个几何中心，更不可能与图面的视觉中心一致，因此整幅图面配置的平衡要靠组成该多单元地图的各个部分去实现。实现平衡有两个影响因素，即视觉重量和视觉方向。

2. 视觉重量

地图上的图形，由于所处的位置，图形本身的大小、颜色、结构及其背景的影响，有的给人感觉重些，有的给人感觉轻些，这就称为视觉重量。

(1) 图形所处的位置

这里所说的位置是指相对视觉中心的方位和距离。感觉实验证明，同样一个图表，位于视觉中心上方显得重一些，位于视觉中心下方显得轻一些；位于视觉中心左侧显得重一些，位于视觉中心右侧显得轻一些。从距离来看，距离视觉中心越远，元素的视觉重量也就越大。

(2) 图形的特征

图形本身的特征也影响视觉重量。按尺寸，大图形比小图形重；按颜色，对视觉冲击越强显得越重，如大红、紫色比蓝色重，黑色是最重的颜色，饱和色比不饱和色重，明度高的比明度低的重，强烈对比色比调和色重；按结构，复杂的、规则的、紧凑的图形比简单的、不规则的、松散的图形重；背景孤立的图形比混杂的图形重。

3. 视觉方向

读者阅读地图的习惯是有方向性的，通常其视线从左上方进入，扫视全图后从右下方退出。这个进入点和退出点都是视觉上的重点。因此往往把图名置于地图的左上方，把图例置于右下方。

对称也是自然现象的美学原则之一，人体、动物、植物形态，都呈现这一对称平衡的原则。对称是指构图中的视觉权重或物体间均衡感，地图中各图形的布局亦要符合对称这一规律，当然这种对称并非绝对意义上的对称。在图面配置时，无论是主单元地图还是多单元地图，当地图的重心与视觉中心不一致时，应利用图名、图例、附图、插图，以及多幅地图的位置、尺寸、结构和色彩来达到整幅地图视觉上的平衡。

第四章　基础地理要素的表示

地图的地理要素是指地图上能够起控制作用、反映制图对象相对位置，以及反映制图对象与地理环境之间联系的要素。普通地图上的地理要素包括测量控制点、水系、居民地、交通、管线、境界、地貌、植被和土质等，这些要素简化后可作为专题地图的基础底图内容。

第一节　水　系

水系是江、河、湖、海、井、泉、水库、池塘、沟渠等自然和人工水体及连通体系的总称，是重要的自然条件和环境要素。水是人民生活、农业灌溉和工业生产不可缺少的条件，同时提供动力资源和运输渠道，在国民经济中起着巨大的作用。在军事上，水系物体通常可作为防守屏障，也是空中和地面判定方位的重要目标。水系对地貌的发育、土壤的形成、植被的分布和气候的变化等都有不同程度的影响，对居民地、道路的分布，工农业生产的配置等也有极大的影响。读图时，根据河流的分布和流向，可以判断地势的起伏，识别河谷、山脊和地面的倾斜方向；绘图时，水系对其他要素起着控制骨架的作用。因此，水系在地图上的显示具有很重要的意义。

地形图上对水系应详细表示，既要反映出水系的类型、形态及分布特征，也要反映水流的水情、通航、沿岸情况和水上建筑物等。其核心问题是如何正确表示出水陆界线，即岸线（也叫水涯线）。岸线正确表达才能正确显示大陆与海洋轮廓，岛屿、湖泊、水库的形状，河流、渠道的弯曲特征。但是，在图上准确表示岸线的位置并非易事，主要是由于它并非是一条线，而是一条变动较大的范围或地带。

一、海洋要素

普通地图上表示的海洋要素，主要包括海岸和海底地貌，有时还要表示冰界、海流及流速、潮流及流速、海底底质及有关海上航行方面的标志等。

（一）海岸

海水不停地升降，海水和陆地相互作用形成的具有一定宽度的海边狭长地带，称为海岸。海岸由沿岸地带、潮浸地带和沿海地带三部分构成(图 4-1)。

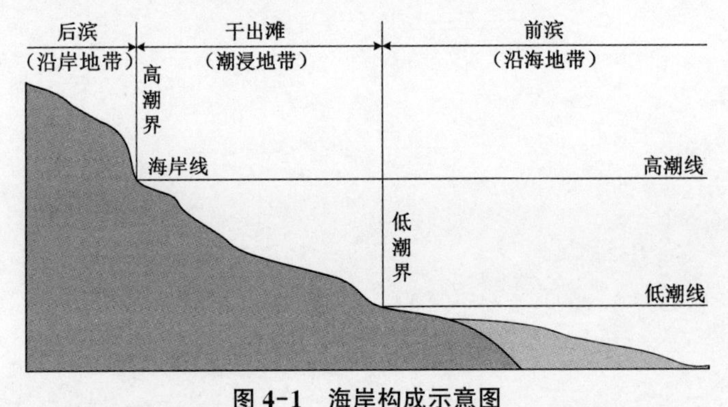

图 4-1　海岸构成示意图

资料来源：编者绘。

沿岸地带:亦称后滨,是高潮线以上狭窄的陆上地带,是高潮波浪作用过的陆地部分,可依据海岸阶坡(包括海蚀崖、海蚀穴)或海岸堆积区等标志来识别。根据地势的陡缓和潮汐的情况,这个地带的宽度可能相差很大。

潮浸地带:是高潮线与低潮线之间的地带。高潮时淹没在水下,低潮时露出水面,地形图上称为干出滩。

沿海地带:又称前滨,是低潮线以下直至波浪作用下限(近岸海区约为 30 m 深处)的一个狭长海底地带。

在海岸的发育过程中,这三个地带是相互联系而不可分割的整体。沿岸地带和潮浸地带的分界线即为海岸线,它是海面平均大潮高潮时的水陆分界线。海面最低低潮时的水陆分界线(最低低潮线)即为干出线。海岸线一般可根据当地的海蚀阶地、海滩堆积物或海滨植物确定。海岸线通常用 0.15~0.20 mm 的蓝色实线来表示,低潮线一般用点线概略地绘出,其位置与干出滩的外缘大抵重合。海岸线与干出线在地形图上的表示如图 4-2 所示。

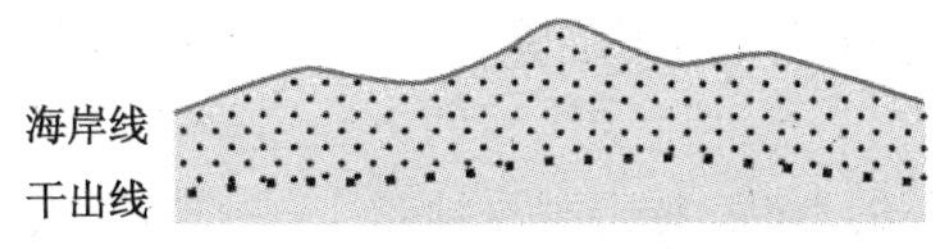

图 4-2 海岸线与干出线的表示

资料来源:编者绘。

海岸线与干出线之间的潮浸地带为干出滩,又称海滩,高潮时被海水淹没,低潮时露出,是地形图上表示海岸的重点。它对说明海岸性质、通航情况和登陆条件等很有意义。地形图上都是在相应范围内填绘各种符号表示其分布范围和性质,如沙滩、砾石滩、淤泥滩、岩石滩、红树林滩等(图 4-3)。

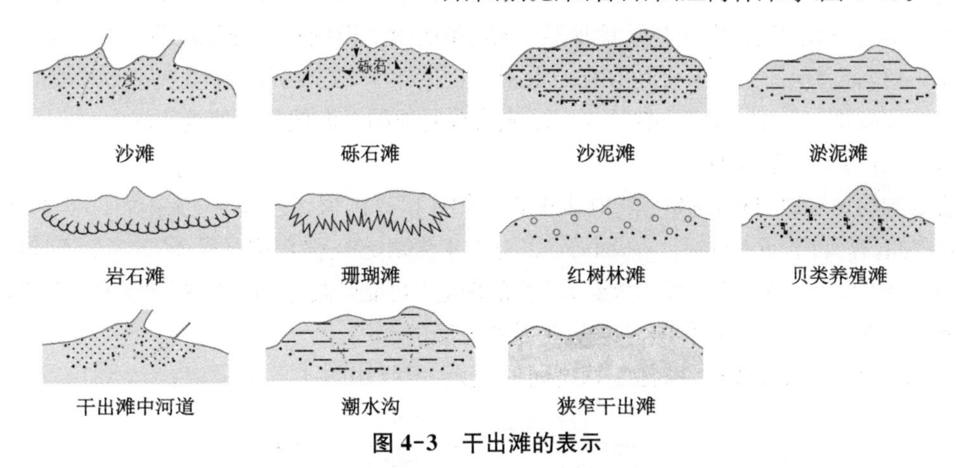

图 4-3 干出滩的表示

资料来源:编者绘。

在海岸线以上的沿岸地带,主要通过等高线或地貌符号来显示危险岸、沙岸、土岸、岩岸、陡岸、斜岸、有滩陡岸等,只有无滩陡岸才和海岸线一并表示。沿岸地带的表示方法如图 4-4 所示。

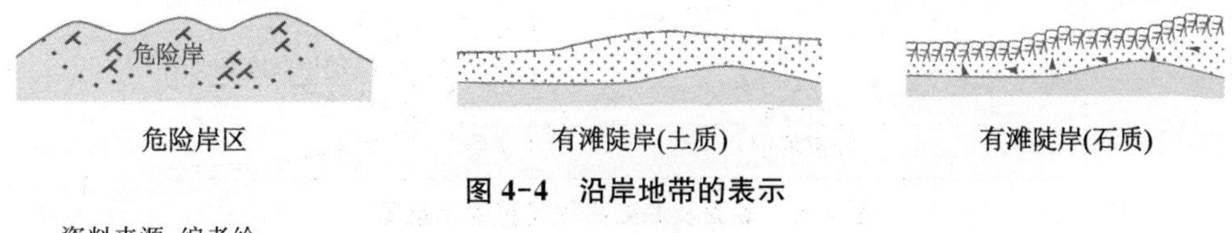

图 4-4 沿岸地带的表示

资料来源:编者绘。

至于沿海地带,重点是表示该区域范围内的岛礁和海底地形,以及航行标志等,如图 4-5所示。礁石是孤立水中隐现于水面的岩石,按隐现于水面的程度分为明礁、干出礁、适淹礁和暗礁。明礁是平均大潮高潮时露出的礁石；暗礁是最低低潮时潮面下的礁石；干出礁是平均大潮时高潮淹没、低潮露出的礁石；适淹礁是最低低潮时与水面平齐的礁石。

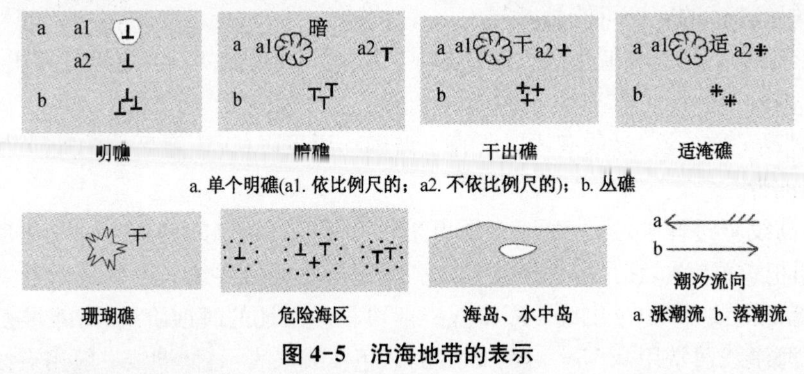

图 4-5　沿海地带的表示

资料来源：编者绘。

小比例尺地图上海岸的表示也大同小异，主要不同在于：为了陆地与海部区分明显，常常将海岸线加粗表示，有时为了强调岸线的细部特征，又允许用变线划的方法适当改变岸线符号的粗细，以便真实地描绘出沙嘴、小岛、潟湖等的形状；对于潮浸地带上的干出滩表示得较为概略。

（二）海底地貌

海底地貌与陆地地貌在成因和形态上虽然有所差别，但它们之间有着不可分割的联系。作为地球体的表层，它应与陆地地貌一样，在地图上得到较为详细的反映。可是较长时期以来，它在普通地图上并未得到应有的重视。近些年来，随着我国海洋事业的发展，对海域知识迫切需要加深了解，海底地貌的表示已成为普通地图上海域部分的重要内容之一。

1. 海水的深度基准面

在我国的普通地图和海图上，陆地部分统一采用 1985 国家高程基准(原采用 1956 年黄海高程系)作为起算，自下而上进行计算，而海洋部分的水深则是根据“深度基准面”自上而下计算的。

深度基准面是根据长期验潮的数据所求得的理论上可能最低的潮面，也称“理论深度基准面”。

地图上标明的水深，就是由深度基准面到海底的深度。

海水的几个潮面及海陆高程起算之间的关系，可以用图 4-6 来说明。

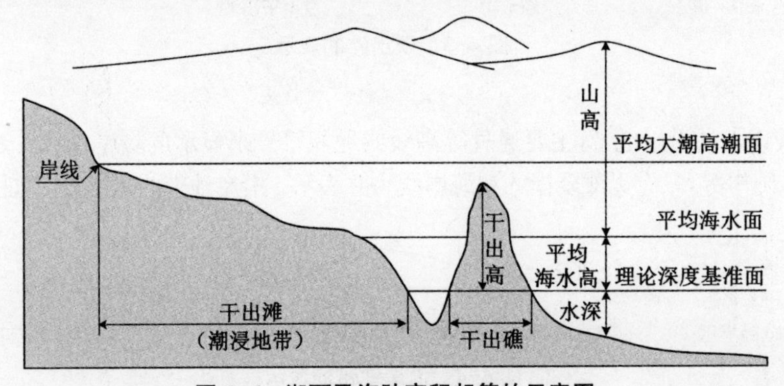

图 4-6　潮面及海陆高程起算的示意图

资料来源：编者绘。

理论深度基准面在平均海水面以下，例如“平均海面为 1.5 m”，即指深度基准面在平均海水面下 1.5 m 处。所以，由同一地区两幅图上的平均海面注记数值不同，就可以知道采用深度基准面的差异。

海面上的干出滩和干出礁的高度是从深度基准面向上计算的。涨潮时，一些小船在干出滩上也可以航行，此时的水深是潮高减去干出高度。海图上的灯塔、灯桩等沿海路上发光标志的高度则是从平均高潮面起算的。因为舰船进出港或近岸航行，多选在高潮涨起的时间。

从以上叙述可知，海岸线并不是 0 m 等高线，0 m 等高线应该在海岸线以下的干出滩上通过；海岸线亦不是 0 m 等深线，0 m 等深线大体上应该是干出滩的外围线(即低潮界符号)，它在地图上是比海岸线更不易准确测定的一条线。实际上，只有在无滩陡岸地带，海岸线与 0 m 等高线、0 m 等深线才重合在一起。一般情况下，由于 0 m 等高线同海岸线比较接近，地图上不把它单独绘出来，而是用海岸线代替。只有当海岸很平缓，有较宽的潮浸地带，且地图比例尺比较大时，才要绘出 0 m 等高线，至于 0 m 等深线，则一般都用低潮界来代替。

2. 海底地貌的表示

海底地貌可以用水深注记、等深线、分层设色和地貌晕渲等方法来表示。

(1) 水深注记

水深注记是水深点深度注记的简称，许多资料上还称水深，它类似于陆地的高程点。

海图上的水深注记有一定的规则，普通地图上也多引用。例如，水深点不标点位，而是用注记整数位的几何中心来代替；可靠的、新测的水深点用斜体字注出，不可靠的、旧资料的水深点用正体字注出；不足整米的小数位用较小的字注于整数后面偏下的位置，中间不用小数点(图 4-7)。

234 *5*　　　234 5

可靠、新测水深点　　　不可靠、旧资料水深点

图 4-7　水深注记的表示方法

资料来源：编者绘。

过去的地图上，水深注记通常作为表示海底地形的一种独立方法出现，但它所表示的地形难以阅读，即使有相当专业素养的人要据此判断海底地形的起伏也十分困难。所以，等深线被采用之后，水深注记往往只是作为一种辅助的方法使用。

(2) 等深线

等深线是从深度基准面起算的等深度点的连线。

等深线的形式有两种，一种是类似于境界的点线符号，也称“花线”；一种是通常所见的细实线符号。

用点线符号表示等深线是世界上大部分国家及我国目前出版的海图所采用的形式。它是根据不同的深度而用不同的点线组合而成的，图 4-8 为海图上所用的等深线符号式样，其优点是直观，缺点是难于描绘。

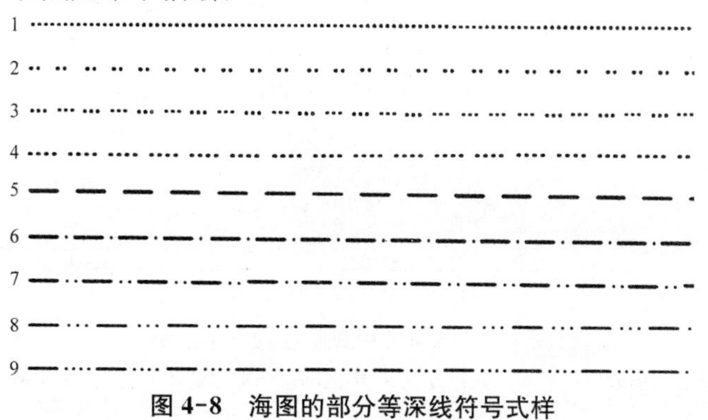

图 4-8　海图的部分等深线符号式样

资料来源：编者绘。

用细实线表示的等深线还往往配合水深注记显示海底地貌。我国过去的海图和一些别的国家的海图上均采用此法，我国的普通地图上也用此法来表示海底地貌。其优点是易绘并有利于详细表示海底地貌，不足是要配合以等深线注记才能阅读。为了增强表达效果，海图上常以不同粗细程度和不同深浅色调的等深线表示海底地貌，称为明暗等深线法。

也有一些国家的地图上同时采用两种类型的符号来描绘等深线，即用点线符号表示较浅海域的等深线，用实线符号表示较深海域的等深线。

(3) 分层设色

分层设色是与等深线表示法联系在一起的。分层设色是在等深线的基础上每相邻两根等深线(或几根等深线)之间加绘颜色来表示地貌的起伏，通常都是用蓝色的不同深浅来区分各层的。有的地图上等深线不另印颜色，而依靠相邻两种不同蓝色的自然分界来显示。

(4) 地貌晕渲

在中小比例尺地图上，为了增强地貌立体感，有时单独使用晕渲法，或采用晕渲法配合等深线表示海底地貌的起伏。

地形图上海岸带和海底地貌的表示如图 4-9 所示。

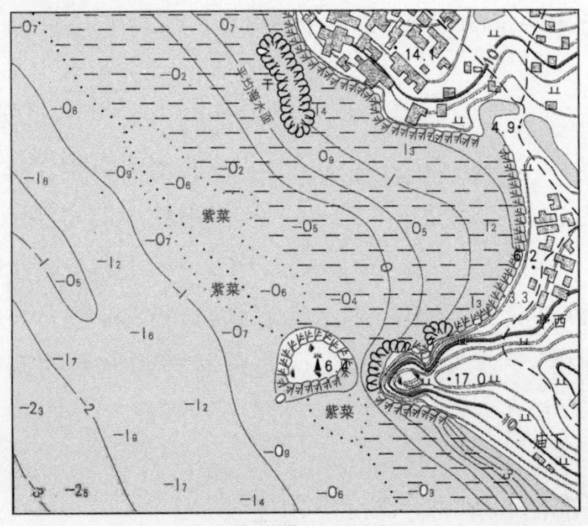

(a) 海岸带(1∶1万)

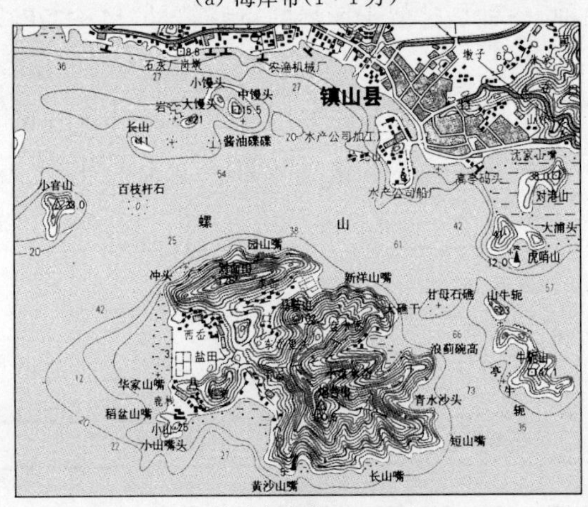

(b) 海岸与岛屿(1∶5万)

图 4-9 海岸带和海底地貌表示示例

资料来源：中华人民共和国国家质量监督检验检疫总局，中国国家标准化管理委员会. 国家基本比例尺地形图图式(第2部分：1∶5 000 1∶10 000 地形图图式；第3部分：1∶25 000 1∶50 000 1∶100 000 地形图图式)[S]. 北京：中国标准出版社，2006.

二、陆地水系

陆地水系在实地上都占有一定的面积，但其大小和形体差别悬殊，其符号有依比例尺的，如湖、宽大的河流与沟渠等；有半依比例尺的，如较窄的河流与沟渠等；有不依比例尺的，如泉、井等。

（一）河流、运河及沟渠

河流、运河及沟渠在地图上都是用线状或面状符号并配合注记的形式来表示的。

1. 河流的表示

地图上通常要求表示河流的大小（长度及宽度）、形状和水流状况。

当河流较宽或地图比例尺较大时，只要用岸线符号正确地描绘河流的两条岸线就能大体上满足这些要求。河流岸线是水面与陆地的交界线，又称水涯线，是指常水位（一年中大部分时间的平稳水位）所形成的岸线，如果雨季的高水位与常水位线相差很大，在大比例尺地图上还要求同时表示高水位岸线。常水位岸线用蓝色实线描绘，高水位岸线用棕色虚线表示，如图 4-10 所示。

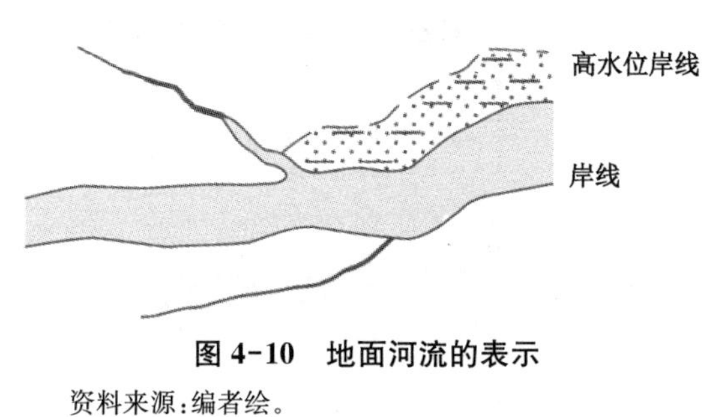

图 4-10　地面河流的表示

资料来源：编者绘。

岸滩是河流、湖泊岸边高水位时被淹没，常水位时露出的沉积沙质、泥质地或砾石块形成的滩地。其内配置相应的土质符号（图 4-11），有植被的还应配置植被符号。

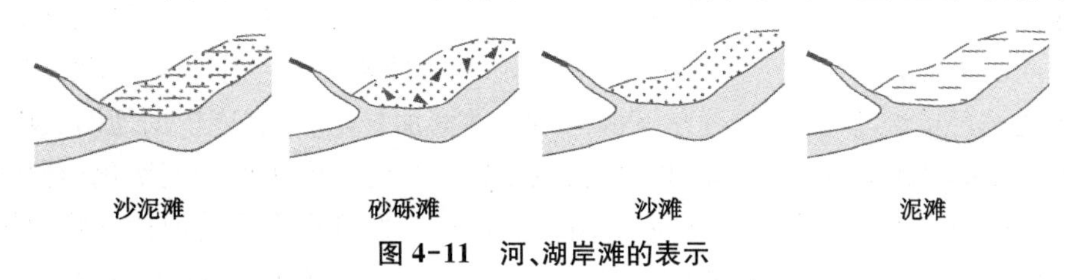

图 4-11　河、湖岸滩的表示

资料来源：编者绘。

水中滩是河流、湖泊、水库中常水位时被淹没，低水位时露出的沉积沙滩地或砾、泥形成的滩地。图上按实地范围散列配置相应的沙滩、石滩、沙泥滩、沙砾滩等土质符号（图 4-12）。

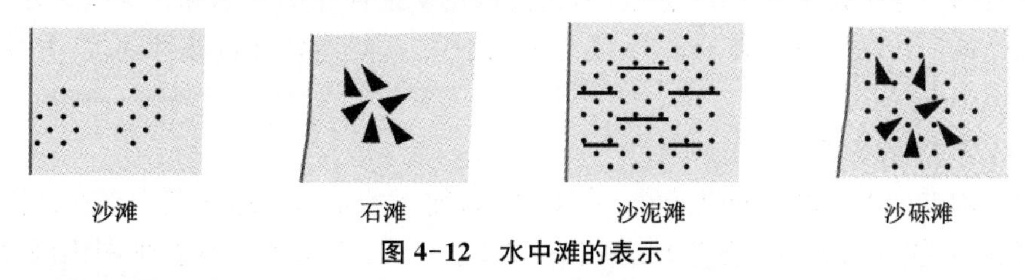

图 4-12　水中滩的表示

资料来源：编者绘。

时令河是季节性有水的自然河流，用蓝色虚线表示，以其新沉积物（淤泥）的上边界为时令河岸线（不固定水涯线），加注有水月份；消失河段是河流流经沼泽、沙地等地区，没有明显河床或表面水流消失的地段，用蓝色点线表示；干河床是指降水或融雪后短暂时间内有水的河床或河流改道后遗留的河道，属于一种地貌形态，用棕色虚线符号表示。时令河、消失河段及干河床的表示如图 4-13 所示。

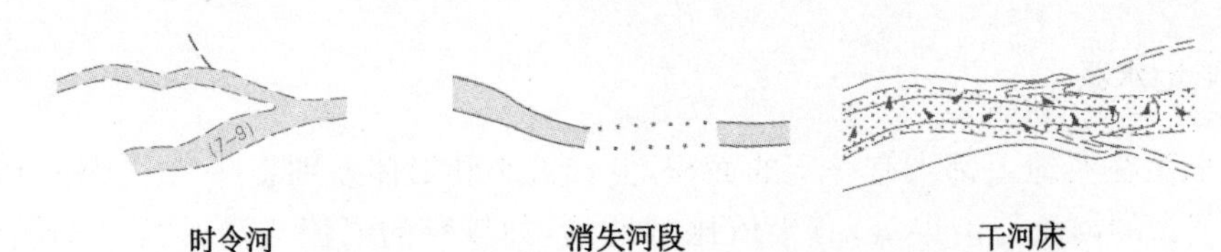

图 4-13　时令河、消失河段及干河床的表示

资料来源:编者绘

出于地图比例尺的关系,地图上大多数河流只能用单线表示,用单线表示河流时,符号由细到粗自然过渡,可以反映出河流的流向和形状,区分出主支流,同时配以注记还可表明河流的宽度、深度和底质。根据绘图的可能,一般规定图上单线河粗于 0.4 mm 时,就可用双线表示(1∶500～1∶1 万的地形图上以 0.5 mm 为界)。为了与单线河衔接及美观的需要,往往用 0.4 mm 的不依比例尺双线符号过渡到依比例尺的双线符号表示(图 4-14)。

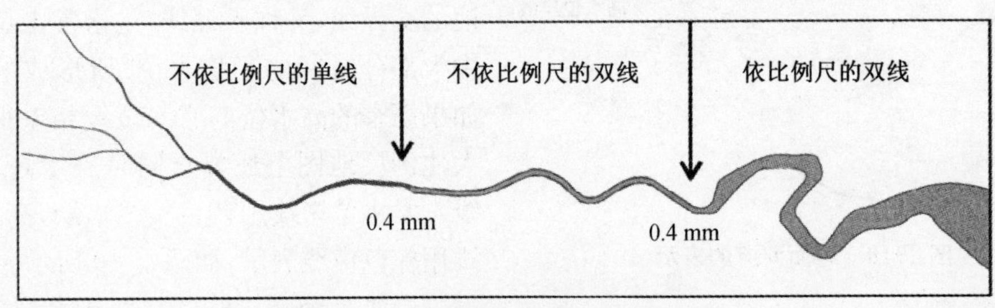

图 4-14　河流岸线由单线到双线的过渡

资料来源:编者绘。

小比例尺地图上,河流主要有两种表示方法:一是不依比例尺单线符号配合不依比例尺双线和依比例尺双线符号;二是不依比例尺单线配合真形单线符号,称为单线真形符号。

不依比例尺单线符号,其宽度从河源向下游逐渐加粗,具体宽度依据地图的不同用途而异。不依比例尺的双线河符号在形式上是双线,但宽度不依实地宽度变化,是从单线到依比例尺双线的过渡性质的符号,在地形图上这种过渡性符号表示的河段往往很短,而在小比例尺地图上,过渡性符号通常很长,从单线变成双线的地方开始,到能清楚表达河床特征的相当宽度为止。依比例尺的双线符号,是指那些在地图上按比例尺缩小描绘的河段。它的收缩和扩大,汊流、河心岛等的平面图形与实地有对应的关系。

单线真形符号不是示意性的、渐变的,而是根据实地河床的收缩和扩大来表示的,汊流中间的陆地或河心岛用空白表示,这种方法可以比较自然地处理过渡性河段,并使图形生动而真实感强。

2. 运河及沟渠的表示

运河及沟渠是人工修建的供灌溉、引水、排水、航运的水道。运河及沟渠在地图上都是用平行双线(双线内水域用浅蓝色)或等粗的实线表示(图 4-15),并根据地图比例尺和实地宽度的分级情况用不同粗细的线状符号表示。

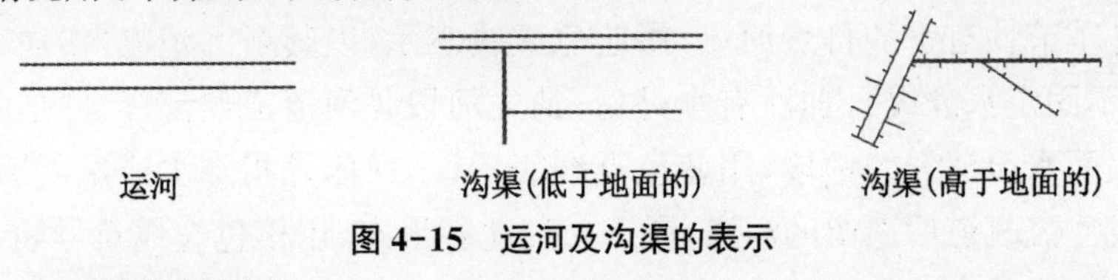

图 4-15　运河及沟渠的表示

资料来源:编者绘。

实地上运河、沟渠往往与堤坝、沟堑等地物关系密切，在图上表示时需注意符号间的配合协调，如图 4-16 所示。

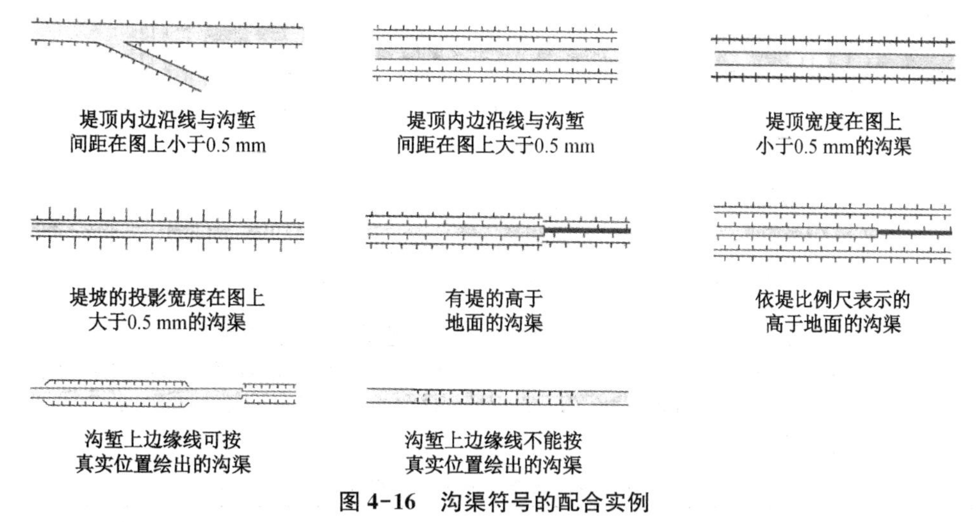

图 4-16　沟渠符号的配合实例

资料来源：中华人民共和国国家质量监督检验检疫总局，中国国家标准化管理委员会. 国家基本比例尺地形图图式（第 2 部分：1∶5 000 1∶10 000 地形图图式）[S]. 北京：中国标准出版社，2006.

（二）湖泊、水库及池塘

湖泊、水库及池塘都属于面状分布的水系物体。在彩色地图上皆用蓝色岸线配合水部浅蓝色来区分陆地和水部(图 4-17)，单色图上水体用水平晕线即平行线表示。水库通常是在山谷、河谷的适当位置，按一定高程筑坝截流而成的，因此在地图上表示时，一定要与地形的等高线形状相一致，要表示常水位岸线、堤坝及材料性质（石、水泥等）、出水孔、溢洪道等。

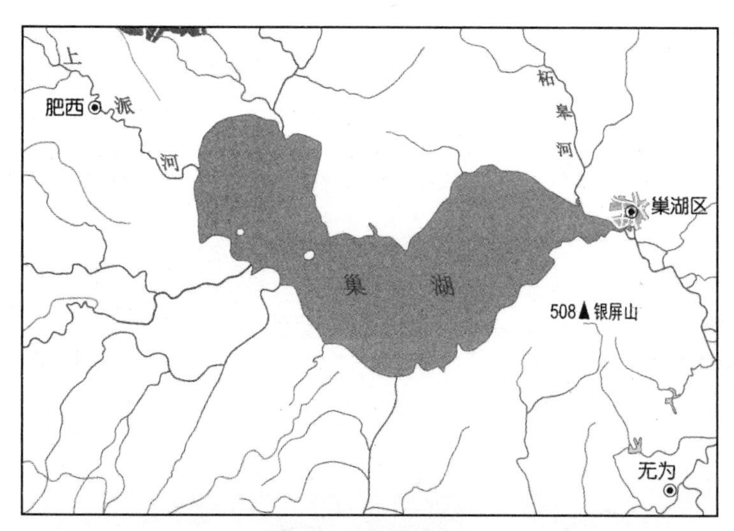

图 4-17　湖泊的表示

资料来源：编者绘。

在彩色地图上，湖水的性质往往借助水部的颜色来区分。例如，一般用浅蓝色和浅紫色分别表示淡水和咸水，也有用蓝色的不同深浅区分湖水性质的。时令湖是季节性有水的湖泊，用不固定水涯线符号表示，以其新沉积物（淤泥）的上边界为水涯线，并加注有水月份

(图 4-18(a))。在沼泽地区的湖泊、水潭等，如没有明显和固定的水涯线时，也用此符号表示。干涸湖是降雨或融雪后短暂时间内有水的湖盆。湖内应表示相应的土质符号，有名称的加注名称(图 4-18(b))。

(a) 时令湖　　(b) 干涸湖

图 4-18　时令湖和干涸湖的表示

资料来源：编者绘。

水库是因建造坝、闸、堤、堰等水利工程拦蓄河川径流而形成的水体及建筑物。水库在地图上的表示，通常根据水库大小设计不同的符号。当水库能依比例尺表示时，用岸线配合水坝符号显示；当不能依比例尺表示时，改用记号性水库符号表示(表 4-1)。水库与堤、坝的符号配合表示如图 4-19 所示。

表 4-1　水库在地图上的表示

依比例尺	不依比例尺

资料来源：编者制。

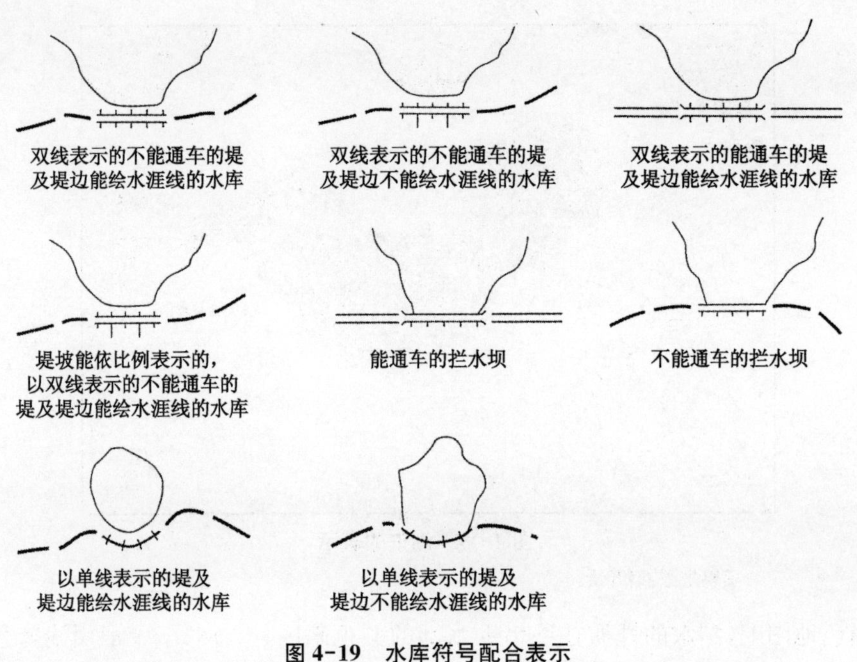

图 4-19　水库符号配合表示

资料来源：编者绘。

(三) 井、泉及贮水池

这些水系物体形态都很小，在地图上只能用蓝色记号性符号表示分布的位置，有的还添加有关性质方面的说明注记等，如泉加注记：温、间、矿、硫、毒、喷等说明泉水的性质。井、泉及贮水池虽小，但它却有不容忽视的存在价值，在干旱区域、特殊区域（如风景旅游区）尤为重要。

坎儿井是干旱地区引用地下水及雪水，并有竖井与之相通的地下暗渠（在我国新疆地区特有），地面上每隔一定距离有竖井与暗渠相通。图上符号除两端的圆圈表示暗渠起止处竖井的位置外，其余的均匀配置（图 4-20）。

图 4-20　坎儿井

资料来源：编者绘。

泉、水井、机井、地热井的表示如表 4-2 所示。

表 4-2　泉、水井、机井、地热井的表示

泉	 温	地下水集中涌出的出水口。符号的圆点表示水口位置，其弯曲线段表示泉水流向
水井、机井	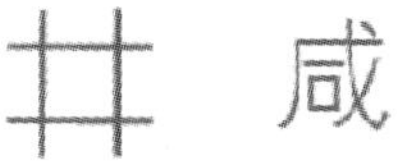 咸	人工开凿用于取水的竖井
地热井		有大量天然水蒸气或水温 60 ℃以上的水井

资料来源：编者制。

(四) 水系的附属物

水系的附属物包括两类：一类是自然形成的，如瀑布、石滩等；另一类是附属建筑物，如水闸、滚水坝、拦水坝、加固岸、防波堤、制水坝等，它们的表示如表 4-3 所示。

表 4-3　水系附属建筑物表示

堤 a. 干堤 b. 一般堤	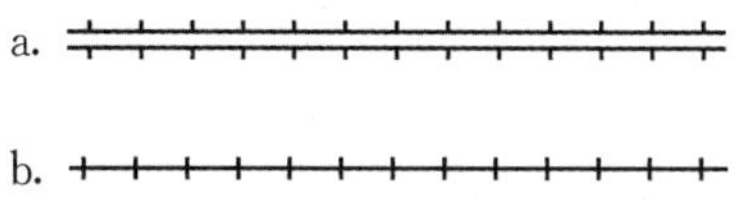 a. b.	人工修建的用于防洪、防潮的挡水建筑物。有重要防洪、防潮作用或堤顶宽度在图上大于 0.3 mm 的或堤高大于 5 m 的用干堤符号表示，其他的为一般堤
水闸 a. 能通车的 b. 不能通车的	a.　b.	建在河流、水库和沟渠中，有闸门启闭，用以调节水位和控制流量的构筑物。符号中的尖角指向上游
滚水坝		横截河流，使河水经常性或季节性地从上面溢过的坝式构筑物。符号的短线朝向下游方向
拦水坝 a. 能通车的 b. 不能通车的	a.　b.	拦截山谷、横截河流以抬高水位的坝式构筑物。符号的短线朝向下游方向
加固岸		用木桩、砖、石、水泥等材料建成的护岸建筑
防波堤、制水坝	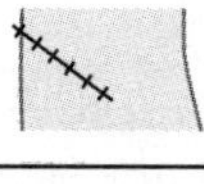	调节水流方向或减缓水流流速，防护港口、海湾的护岸式堤坝

资料来源：编者制。

自然形成的附属物，图上一般都用蓝色符号；人工建筑的水系附属物，如与岸线联系密切的(码头、加固岸、防波堤等)一般用蓝色符号，其他用黑色符号。不同比例尺下河、湖与堤岸的表示如图 4-21 所示。

在小比例尺地图上，水系的附属物则多数不表示。

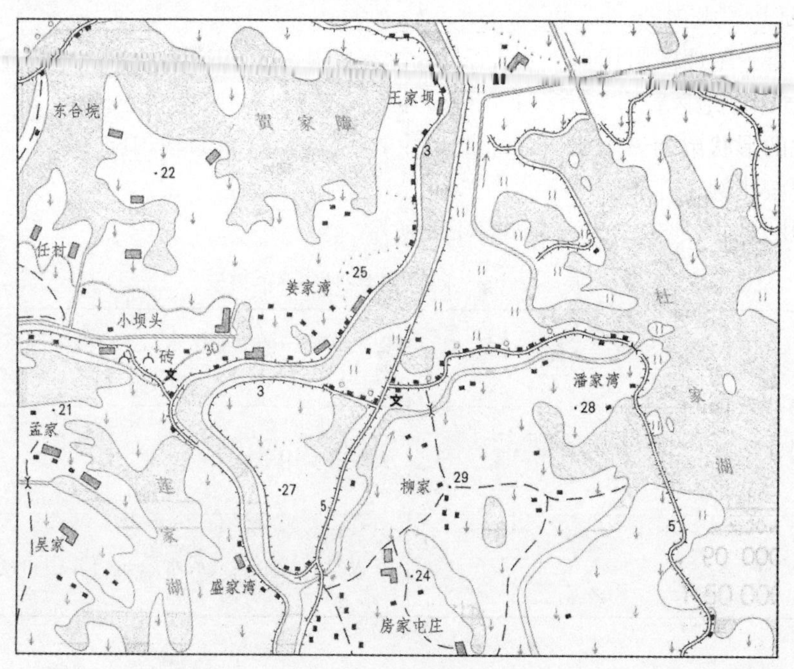

(a) 1∶5万

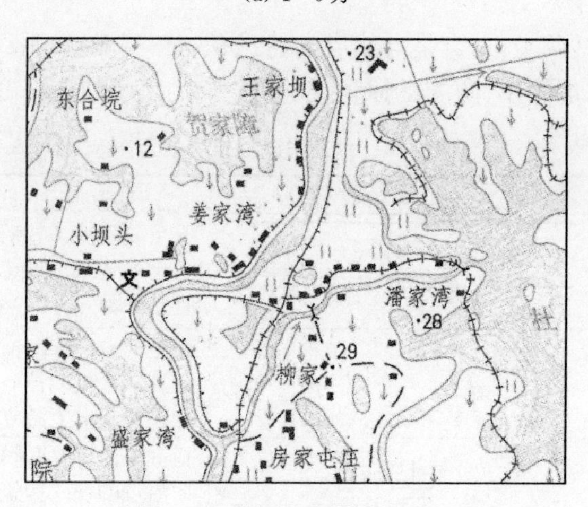

(b) 1∶10万

图 4-21　河、湖及堤岸的表示

资料来源：中华人民共和国国家质量监督检验检疫总局，中国国家标准化管理委员会. 国家基本比例尺地形图图式(第 3 部分：1∶25 000 1∶50 000 1∶100 000 地形图图式)[S]. 北京：中国标准出版社，2006.

第二节　居民地

居民地是人类由于社会生产和生活的需要而形成的居住和活动的中心场所。它不仅是很好的定向、定位目标，也是地形图和普通地理图的重要内容，而且还是自然地图和人文社会经济地图的基础底图的内容。社会历史的向前发展，使居民地的形式、结构、规模和分布等产生了巨大的变化。普通地图上应正确表示居民地及设施的位置、轮廓图形、基本结构、通行情况、行政意义及名称，反映居民地及设施的类型、分布特征以及与其他要素的关系。

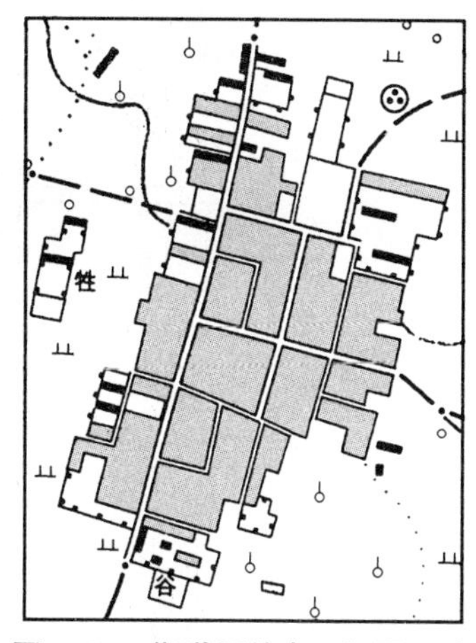

图 4-22　街道网的表示与居民地的内部结构

资料来源：编者绘

一、居民地的形状

居民地的形状包括内部结构和外部轮廓，在普通地图上都尽可能地按比例尺描绘出居民地的真实形状。

居民地的内部结构，主要依靠街道网图形、街区形状、水域、种植地、绿化地、空旷地等配合来显示。其中街道网图形是显示居民地内部结构的主要内容，主要表示方法是街道空白与道路间断相接（图 4-22）。

居民地的外部形状，也取决于街道网、街区和各种建筑物的分布范围（表 4-4）。随着地图比例尺的缩小，有些较大的居民地（特别是城市式居民地）往往还可用很概括的外围轮廓来表示其形状，而许多中小居民地就只能用圈形符号来表示了。

表 4-4　居民地内部结构和外部形状的表示

大比例尺地图上	中比例尺地图上	小比例尺地图上

资料来源：编者制。

二、居民地的建筑特征

在大比例尺地图上，由于地图比例尺大，可以详尽区分各种建筑物的质量特征。例如，可以区分表示出独立房屋、突出房屋、街区（主要指建筑物）、破坏的房屋及街区、棚房等。新图式规定原“独立房屋”改名为“普通房屋”，并且增加 10 层楼以上的高层建筑区的表示方法（图 4-23）。随着地图比例尺的缩小，表示建筑物质量特征的可能性随之减少。例如在 1∶10 万地形图上开始不区分街区的性质；在中小比例尺地图上，用套色或套网线等方法来表示居民地的轮廓图形或用圈形符号表示居民地，当然更无法区分居民地建筑物的质量特征。

街区中的非建筑区，都是填绘相应的符号来表示，例如各种种植地、绿化地等符号，表示地面覆盖性质，空旷地则留空（图 4-24）。随着地图比例尺的缩小，许多非建筑区在图上面积缩小至不能填绘相应的符号时，往往转成以空旷地来表示。

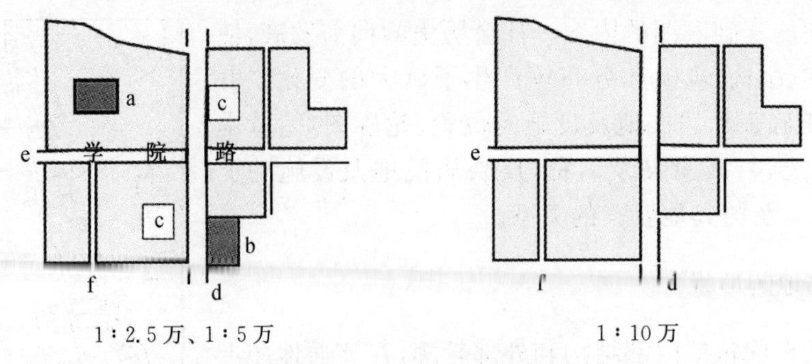

a. 突出房屋；b. 高层房屋区；c. 空地；d. 主干道；e. 次干道；f. 支线

图 4-23　普通地图上街区的表示

资料来源：编者绘。

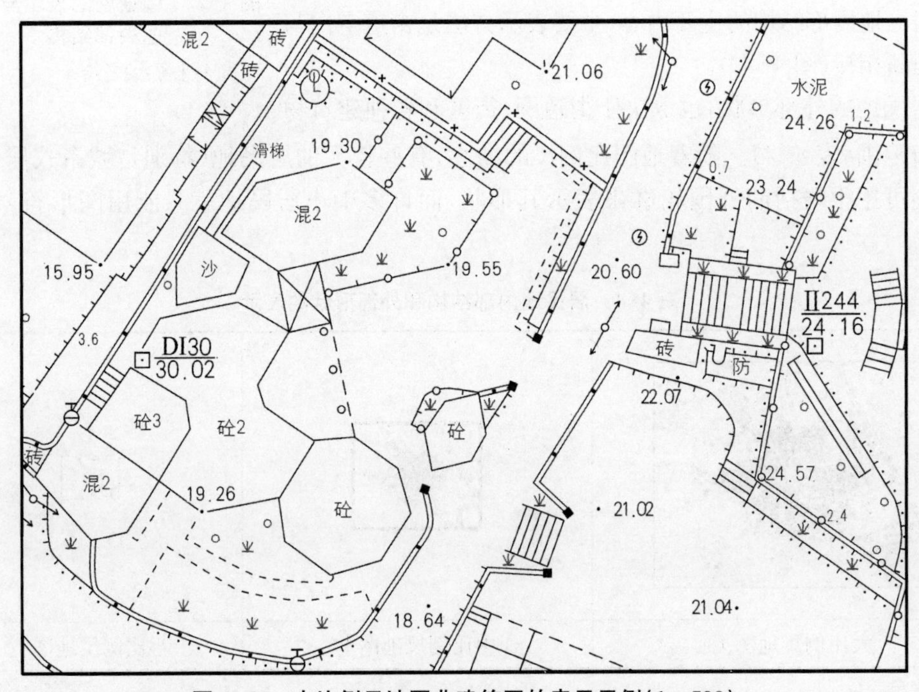

图 4-24　大比例尺地图非建筑区的表示示例(1∶500)

资料来源：编者绘。

部分居民地和建筑含有特殊含义，如窑洞、蒙古包、学校、医院等，在地形图上用特殊符号表示(图 4-25)。窑洞在地形图上的表示示例如图 4-26 所示。

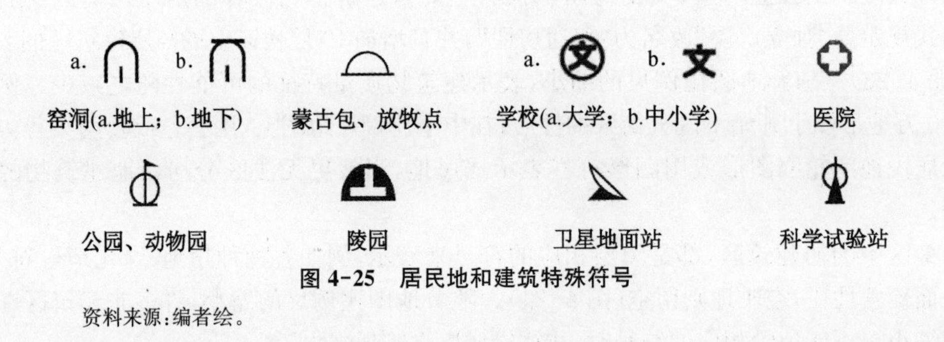

图 4-25　居民地和建筑特殊符号

资料来源：编者绘。

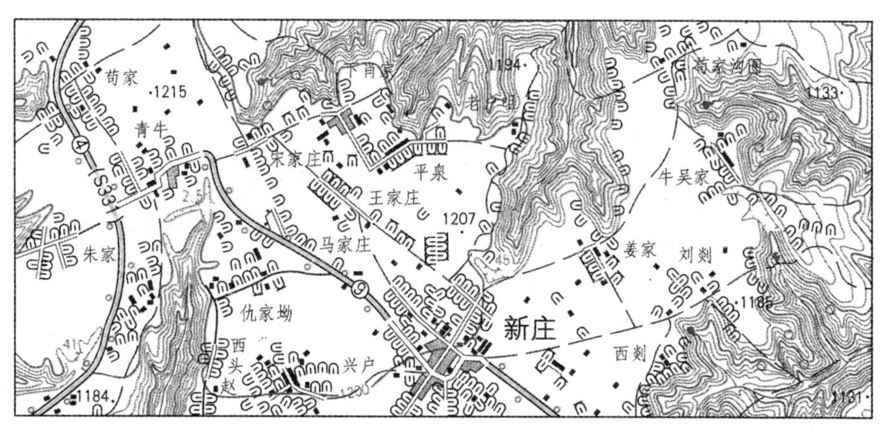

图 4-26　窑洞在地形图上的表示示例(1∶10 万)

资料来源:中华人民共和国国家质量监督检验检疫总局,中国国家标准化管理委员会. 国家基本比例尺地形图图式(第 3 部分:1∶25 000 1∶50 000 1∶100 000 地形图图式)[S]. 北京:中国标准出版社,2006.

三、行政等级和人口数量

(一) 行政等级

居民地的行政等级是国家规定的“法定”的标志,表示居民地驻有某一级行政机构。行政等级也是说明居民地质量特征的一个重要方面,它在一定程度上反映了居民地的政治、经济、文化等方面的意义。

我国居民地的行政等级分为:首都所在地,省、自治区、直辖市人民政府驻地,地级市、省辖市、自治州、盟人民政府驻地,县(市、区)、自治县、旗人民政府驻地,镇、乡人民政府驻地,村民委员会驻地 6 级。

我国编制地图时,对于外国领土范围,通常只区分出首都和一级行政中心。

地图上表示行政等级的方法很多,如用地名注记的字体、字号以及加粗、倾斜、下划线来区分,用居民地圈形符号的图形和尺寸的变化来区分等。

用注记的字体区分行政等级是一种较好的方法。例如,从高级到低级,采用粗等线—中等线—宋体—细等线,利用注记的黑度能够达到明显区分的目的,再配合注记字号的大小,则更加主次分明。这时,字号的上限根据地图的用途和容量确定,下限根据阅读的可能性来决定。

圈形符号的形状和尺寸的变化也常用来表示居民地的行政等级,这种方法适用于不需要表示人口数的地图或用其他方法表示人口数的地图上。当地图比例尺较大,有些居民地还可用平面轮廓图形来表示时,若居民地轮廓图形很大,可将圈形符号绘于行政机关所在位置;若居民地轮廓范围较小,可把圈形符号描绘在轮廓图形的中心位置或轮廓图形主要部分的中心位置上。

用圈形符号图形及大小的变化来区分某一内容的级差,较之其他方法更容易分辨,但不像用注记的字体及字号那样区分明显。所以,当居民地的几项内容(行政意义、人口数量等)同时表示时,往往第一重要的用注记来区分,第二重要的用圈形符号来区分。

用圈形符号来区分行政等级也存在某些不足。当两个行政中心位于同一居民地时,用圈形符号几乎无法表示。若以注记字体区分,虽然可以注出两个名称,但画两个圈形符号总会造成两个居民地的错觉。如果三个行政中心位于一个居民地就更复杂了,这时除了采用注记字体(及字号)区分外,还要采用加辅助线的方法。如过去湖北的襄阳,地区、地级市、县三级同在一个地方,这时除了采用注记字体和字大区分外,还需在“襄阳市”下面加辅助线表示它同时还是地区行署的所在地。辅助线有两种形式：一种是利用粗、细、实、虚的变化区分行政等级；另一种是在地名下加绘同级境界符号。

表4-5是我国地图上表示居民地行政等级的几种常用方法举例。

表4-5　表示行政等级的几种常用方法举例

	用注记(辅助线)区分		用符号及辅助线区分		
首都	□□□	粗等线	★(红)	★(红)	
省、自治区、直辖市	□□□	粗等线	●(省)	(省辖市) ◎ ◎	
自治州、地、盟	□□□	粗等线	●(地)	(辅助线)	⊙
市	□□□	粗等线			⊙
县、旗、自治县	□□□	中等线	●	⊙	
镇	□□□	中等线			
乡	□□□	宋体线			⊙
自然村	□□□	细等线	○	○	○

资料来源：编者制。

(二) 人口数量

居民地的人口数量(绝对值或间隔分级指标)，能够反映居民地的规模大小及经济发展状况。在小比例尺地图上居民地的人口数量通常是通过圈形符号形状和尺寸的变化来表示，在大比例尺地图上居民地的人口数量一般用字体和字大表示。表4-6是反映居民地人口数的几种常用方法举例。

为了制图上的需要，将实际上是"连续分布"的居民地人口数，人为地划分成若干个等级，常常使居民地大小的概念产生很大的歪曲。人口数接近的居民地很可能被划分在不同的等级之中，人口相差很多的两个居民地有时却被划分在同一级当中。

表4-6　反映居民地人口数的几种常用方法举例

用注记区分人口数				用符号区分人口数	
(城镇)		(农村)			
北京	100万以上	沟邦子	2 000以上	100万以上	100万以上
长春	50~100万	茅家埠		50~100万	30~100万
锦州	10~50万	南坪	2 000以下	10~50万	10~30万
通化	5~10万	成远		5~10万	2~10万
海城	1~5万			1~5万	5 000~2万
永陵	1万以下			1万以下	5 000以下

资料来源：编者制。

为了尽可能减小这种歪曲，就要认真研究居民地按人口分级的基本原则，其目的是使各方面条件接近的居民地能分配到同一个等级之中。居民地按人口分级时应遵循以下基本原则：第一，分级的数字要连续，分级要完整；第二，分级应能反映实地居民地人口数量的分布规律；第三，分级应顾及居民地类型、地图比例尺、地图用途和制图资料等因素的影响。

评价一个居民地的重要性，除了人口数量之外，还有行政、工业、交通、文化等方面的意义，这些方面相互之间有密切的联系。因此，按照人口数量进行分级时，要把各方面情况相近的居民地尽可能地划分到同一个等级中去。

分级的数量与地图的比例尺大小有很大的关系。随着地图比例尺的缩小，地图图解能力不断降低，表达的居民地总数大为减少，分级的数量也要随之减少。另外，地图用途、制图资料等因素对按人口数量分级也有很大影响。

第三节　交　通

交通，是往来通达的各种运输事业的总称。交通网是国民经济建设的脉络，是连接居民地的纽带，在国民经济建设中具有十分重大的意义。它把国家的原料、生产和消费联系起来，把工业和农业、城市与农村紧密地联系起来，把人类的各种活动联系起来，成为社会经济、文化生活中所不可缺少的重要因素。此外，交通网在军事上也具有重大意义。部队的集结、展开，大兵团的调动，诸兵种的联合作战，后勤运输，快速部队的行进，战役性的突击等，都对交通网的运输能力提出了具体的要求。

交通网包括陆地交通、水上交通、空中交通等类型，在地图上应正确表示交通网的类型和等级、位置和形状、通行程度和运输能力以及与其他要素的关系等。

一、陆地交通

陆地交通即通常所称的道路，它是交通网中的主要内容。陆地交通包括铁路、公路及其他道路。

（一）铁路

铁路是供火车等交通工具行驶的轨道，铁路运输是最有效的运送旅客或货物的陆上交通方式之一。

在大比例尺地图上，应区分单线铁路和复线铁路、普通铁路和窄轨铁路、普通牵引铁路和电气化铁路、现有铁路和建设中铁路等。而在小比例尺地图上，铁路只区分主要（干线）铁路和次要（支线）铁路两类。

我国大中比例尺地形图上，铁路都用传统的黑白相间的花线符号表示。其他的一些技术指标，如单、双轨用加辅助线来区分，标准轨和窄轨以符号的尺寸（主要是宽窄）来区分。如果是电气化铁路，还需在相应铁路符号上加注“电”字。小比例尺地图上，铁路多采用黑色实线来表示。1∶2.5 万～1∶10 万地形图上的铁路符号如表 4-7 所示（比例尺变化时，对符号宽度和线段单元长度的规定略有差异）。

表 4-7　铁路的类型与符号表示(1∶2.5 万～1∶10 万)

铁路类型	符号样式	备　注
单线标准轨铁路		双线宽度 0.6 mm 线段单元长 6 mm
复线标准轨铁路		
建设中的铁路		

续表 4-7

铁路类型	符号样式	备　注
单线窄轨铁路		双线宽度 0.5 mm 线段单元长 3 mm
复线窄轨铁路		

资料来源，编者制。

火车站是铁路上指挥调度车辆和人员、货物集散的场所。车站应注记名称，会让站有名称的也应注记。大中比例尺地图上，车站内的候车室、检车室、巡道房、机车库等均按实际情况以房屋符号表示，车站内的站台和货台不单独表示，但站台和货台上的房屋仍应表示，火车站及附属设施的表示如表 4-8、图 4-27 所示。

表 4-8　大中比例尺地图上火车站及其附属设施的表示

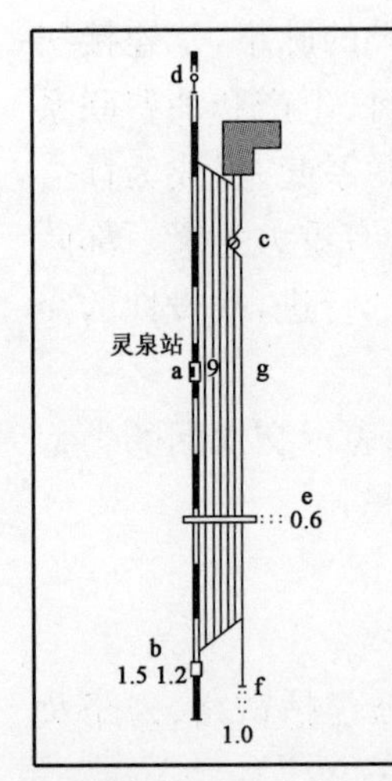	说明： a. 车站。应配置在主要站台的位置上，符号中的黑块应在站房一边，车站一般应标出名称，如“灵泉站”。 b. 会让站。供列车会让的车站用此符号表示。 c. 机车转盘。供机车转换方向的设备。 d. 信号灯、柱。铁路上用灯光或其他信号指示火车能否通行的设备。 e. 天桥。车站内横跨轨道供人行走的桥梁。图上按真实方向表示，符号两端为实地天桥两头的位置。 f. 车挡。铁路支线尽头的挡车设备。 g. 站线。即站区内分出的铁路岔线。图上能全部表示，则逐条表示；不能全部表示，外侧站线准确，中间站线均匀配置，但站线间距不应小于 0.3 mm

资料来源：中华人民共和国国家质量监督检验检疫总局，中国国家标准化管理委员会. 国家基本比例尺地形图图式（第3部分：1∶25 000 1∶50 000 1∶100 000 地形图图式）[S]. 北京：中国标准出版社，2006.

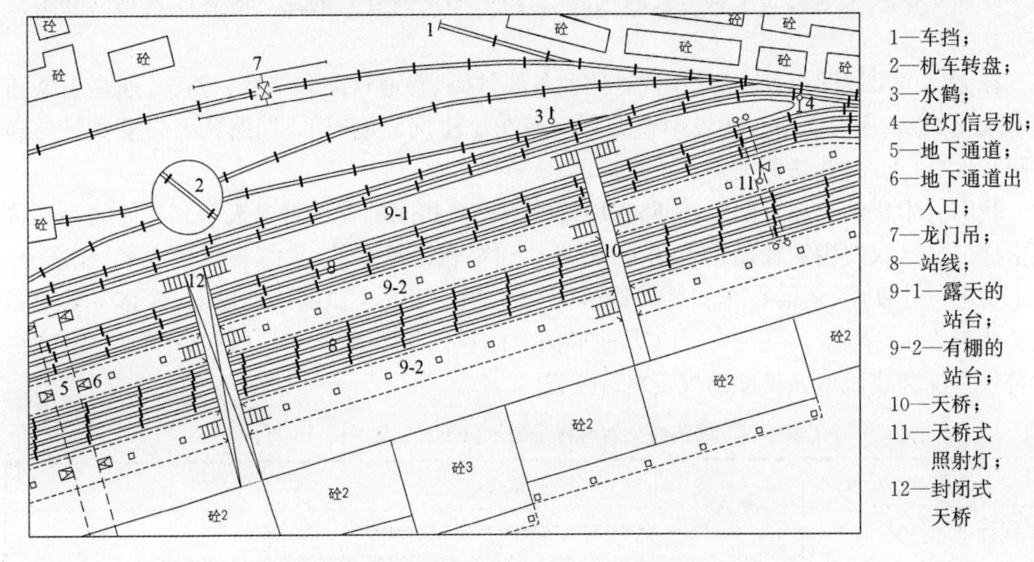

图 4-27　大比例尺地图上铁路及其附属设施的表示

资料来源：中华人民共和国国家质量监督检验检疫总局，中国国家标准化管理委员会. 国家基本比例尺地形图图式（第1部分：1∶500 1∶1 000 1∶2 000 地形图图式）[S]. 北京：中国标准出版社，2007.

（二）公路和其他道路

1. 公路

公路是指连接城市之间、城乡之间、乡村与乡村之间和工矿基地之间按照国家技术标准修建的，由公路主管部门验收认可的道路，主要供汽车行驶并具备一定技术标准和设施，不包括田间或农村自然形成的小道。

根据我国现行的《公路工程技术标准》，公路按使用任务、功能和适应的交通量分为高速公路、一级公路、二级公路、三级公路、四级公路五个等级；按行政等级可分为国家公路、省公路、县公路和乡公路（简称为国、省、乡道）以及专用公路五个等级。一般把国道和省道称为干线，县道和乡道称为支线。

高速公路指具有中央分隔带、多车道、立体交叉、出入口受控制的专供汽车高速度行驶的公路；国道指具有全国性的政治、经济、国防意义，并确定为国家级干线的公路；省道指具有全省政治、经济意义，连接省内中心城市和主要经济区的公路以及不属于国道的省际的重要公路；专用公路指专供特定用途服务的公路；县道、乡道及其他公路指连接县城和县内乡镇的，或国道、省道以外的县际、乡镇际的公路。

制图时要表示出公路的类型、等级、位置等。公路主要以双线表示，再配合符号的宽窄、线号的粗细、色彩的变化和说明注记等反映其他各项技术指标。1∶10 万地形图上在城市近郊公路过密地区，图上长度不足 1 cm 且平行间距不足 3 mm 的短小岔线可酌情舍去。公路应标出技术等级及行政等级代码和编号，每隔 15～20 cm 重复标出，长度不足 5 cm 的可以不标注。具有两个以上公路代码的路段，其道路编号按管理等级高的标出公路代码，管理等级相同的按道路编号小的标出公路代码。我国地形图上公路的表示形式如表 4-9 所示。

表 4-9　地形图上公路的表示

公路类型	符号表示	说　明
高速公路	1.1 a	a：建设中（已定型正在施工）的高速公路
国道	0.8 ② (G331) a	②：技术等级代码 (G331)：国道代码及编号 a：建设中（已定型正在施工）的国道
省道	0.8 ⑨ (S331) 进港公路 a	⑨：技术等级代码 (S331)：省道代码及编号 进港公路：公路名称 a：建设中（已定型正在施工）的省道
专用公路	0.8 ⑨ (Z331) a	⑨：技术等级代码 (Z331)：专用公路代码及编号 a：建设中（已定型正在施工）的专用公路
县道、乡道及其他公路	0.5 ⑨ (X331) a	⑨：技术等级代码 (X331)：县道代码及编号 a：建设中（已定型正在施工）的县道

资料来源：编者制。

2. 其他道路

其他道路是指公路以下的低等级道路，包括机耕路（大路）、乡村路、小路、时令路等。机耕路是路面经过简易铺修，但没有路基，一般能通行拖拉机、大车等的道路，某些地区也可通行汽车；乡村路是连接乡村之间且不能通行大车、拖拉机的道路，路面不宽，有的地区用石块或石板铺成；小路、栈道是供单人单骑行走的道路；时令路是指在一定季节才能通行的道路；无定路是海边、湖边、河流沿岸、草原、沙漠、戈壁滩等地只有走向而无固定路线的道路。山隘是道路通过鞍部、山口、隘口的重要交通口。

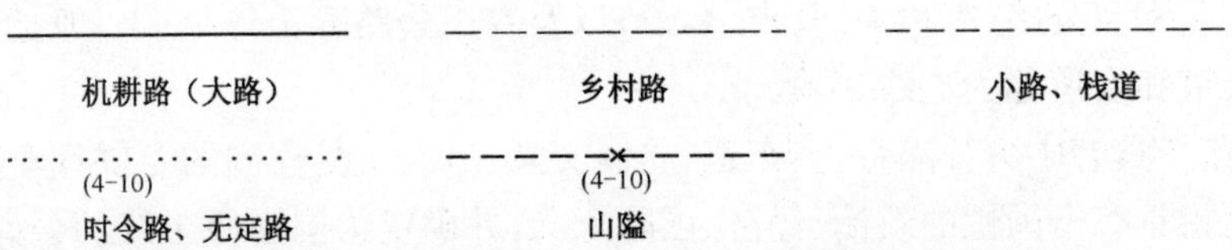

机耕路（大路）　　乡村路　　小路、栈道

(4-10)　　(4-10)

时令路、无定路　　山隘

图 4-28　其他道路的表示（4-10 表示通行月份）

资料来源：编者绘。

绘制中等比例尺地形图时，对公路级别以下的大车路、乡村路、小路、时令路等其他道路，在地形图上分别用黑色的粗实线、粗虚线、短虚线和点线表示（图 4-28）。1∶2.5 万地形图上的小路，1∶5 万地形图上的乡村路、小路及 1∶10 万地形图上的机耕路、乡村路、小路可适当取舍，在人烟稀少地区道路一般全部选取。选取道路时，按照由重要到次要、由高级到低级的原则进行选择，并注意保持道路网的密度差别和形状特征。1∶2.5 万、1∶5 万地形图上道路网格一般为 2～4 cm^2，最密不应小于 1 cm^2；1∶10 万地形图上道路网格一般不应小于 1 cm^2。时令路及无定路仅在交通不发达的地区用点线予以表示，密集时可取舍。山隘一般应表示出，并标注高程和名称。时令路和季节性通行的山隘应加注通行月份。在小比例尺地形图中，机耕路和乡村路作为居民地之间、居民地与公路之间相互联系的补充，对贯通山区、林区、沙漠、草地、沼泽和作为境界的乡村小路应优先选取。地形图上对陆地交通要素表示的实例如图 4-29 所示。

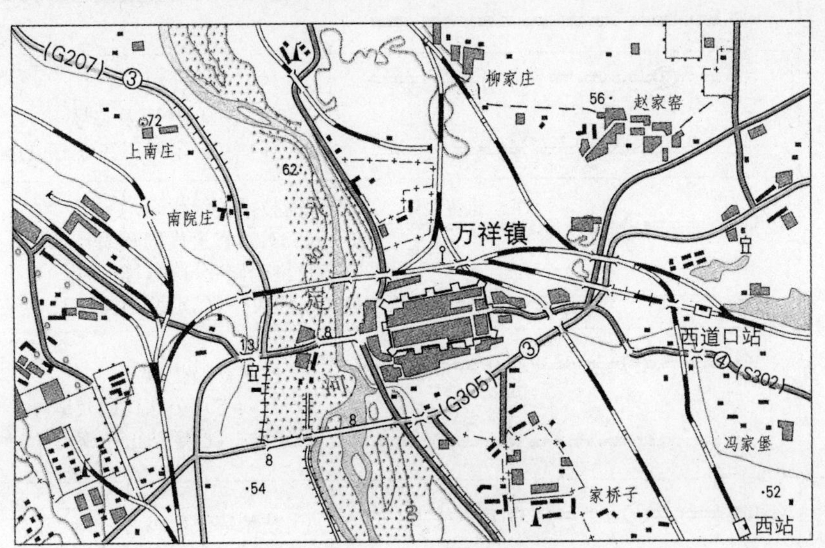

图 4-29　陆地交通要素表示样图

资料来源：中华人民共和国国家质量监督检验检疫总局，中国国家标准化管理委员会. 国家基本比例尺地形图图式（第 3 部分：1∶25 000 1∶50 000 1∶100 000 地形图图式）[S]. 北京：中国标准出版社，2006.

(三) 交通设施

1. 桥梁、隧道、道口

除了对铁路和公路本身进行表示外，有时还需在地图上表示桥梁、隧道、道口等要素。桥梁包括车行桥、漫水桥、浮桥、人行桥、铁索桥、过街天桥等，根据地图比例尺决定是否对其进行表示（表 4-10）。

表 4-10　桥梁、隧道、道口等的表示

地物类型	符号样式	说　明
车行桥 漫水桥 浮　桥	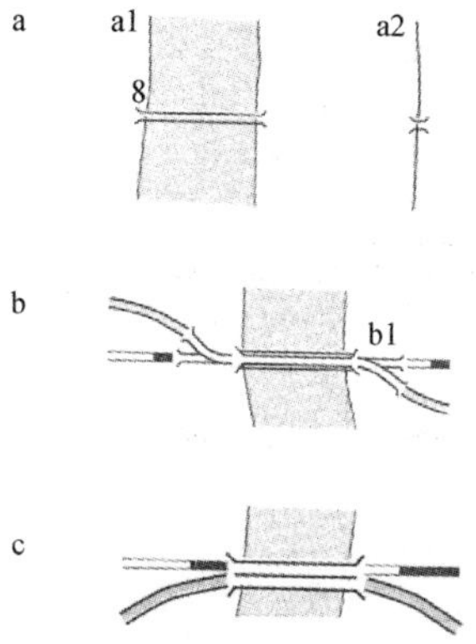 a　a1　8　a2 b　b1 c	a：单层桥（可通行车辆的漫水桥、浮桥分别加注“漫”“浮”） a1：依比例尺的 a2：不依比例尺的 8：载重吨数 b：双层桥 b1：引桥 c：并行桥
立交桥	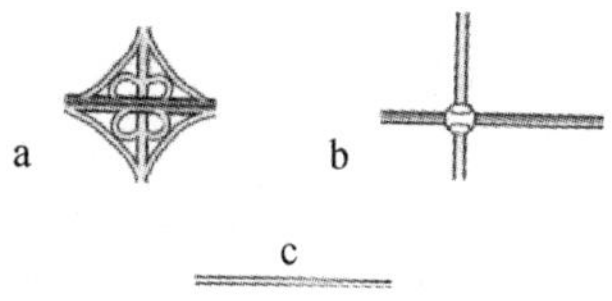 a　b c	a：依比例尺的（按投影原则下层被上层遮盖的部分断开，上层保持完整） b：不依比例尺的 c：匝道
人行桥、亭桥、廊桥、时令桥	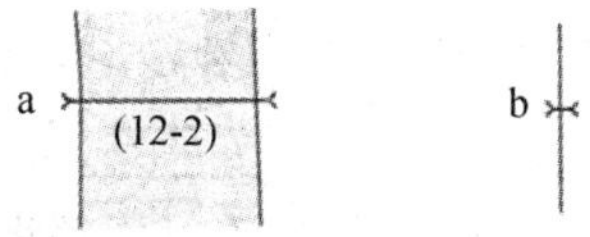 a (12-2)　b	a：依比例尺的 b：不依比例尺的 (12-2)：通行月份
铁索桥、溜索桥、缆桥、藤桥、绳桥	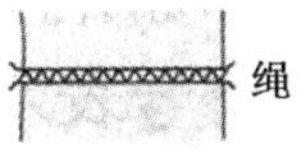 绳	绳：种类说明
级面桥、人行拱桥	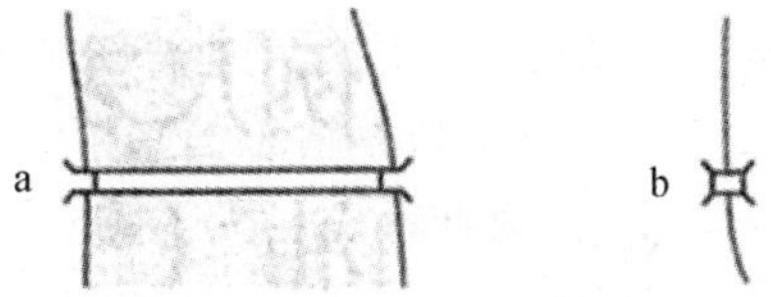 a　b	a：依比例尺的 b：不依比例尺的
过街天桥	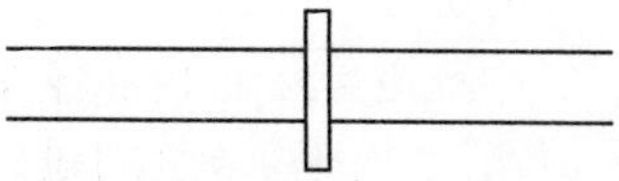	
栈桥	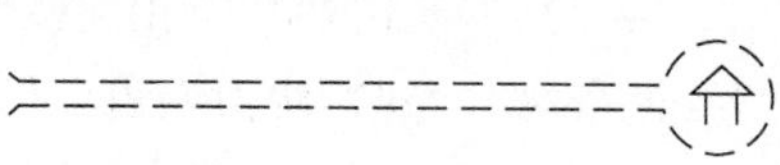	

续表 4-10

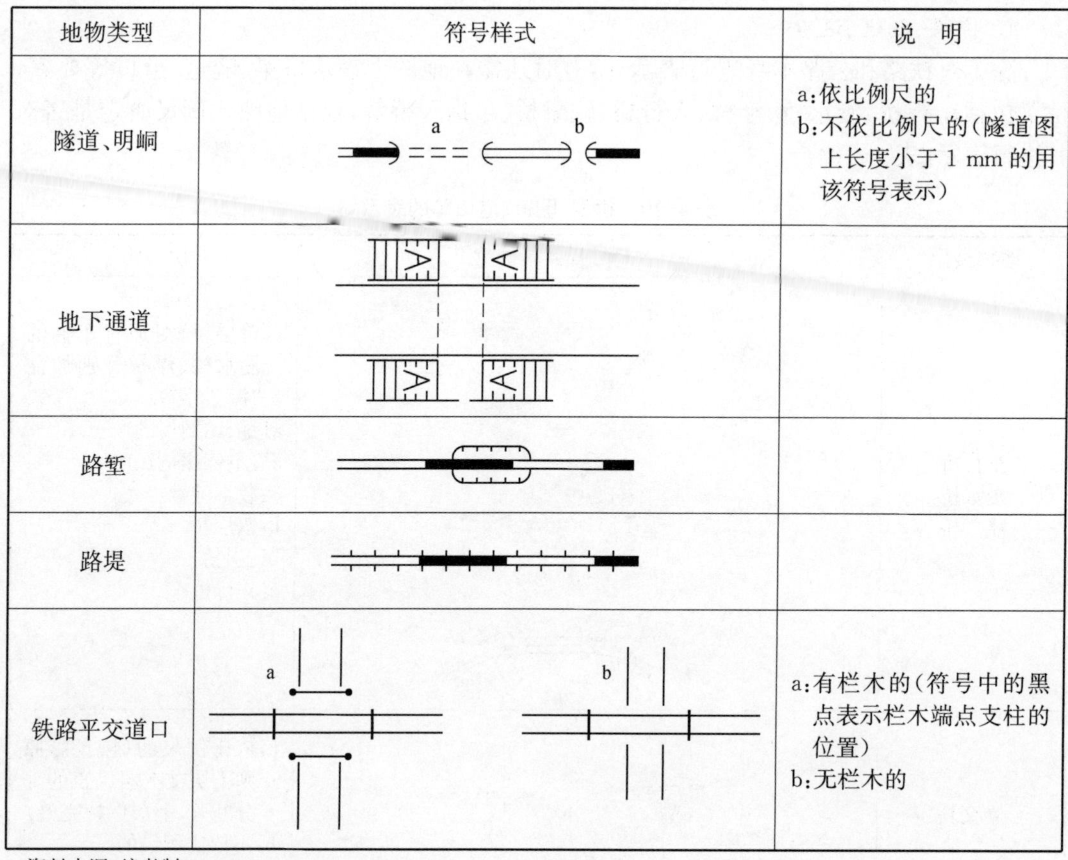

地物类型	符号样式	说　明
隧道、明峒	a　b	a:依比例尺的 b:不依比例尺的(隧道图上长度小于 1 mm 的用该符号表示)
地下通道		
路堑		
路堤		
铁路平交道口	a　b	a:有栏木的(符号中的黑点表示栏木端点支柱的位置) b:无栏木的

资料来源:编者制。

车行桥是跨越水面、沟壑或道路等,供车辆通行的架空通道,分单层的铁路桥或公路桥、铁路公路两用的双层桥和铁路公路并行的桥梁,桥长在图上小于 0.8 mm 的用不依比例尺符号表示。

漫水桥指桥面建在洪水位之下,洪水位时洪水漫过桥面的桥;浮桥指由船、筏、浮箱等作为桥墩或桥身的桥,必要时桥的一部分可以开启,以便上下游船只通过。二者均只在比例尺大于 1∶25 万的地图上表示。

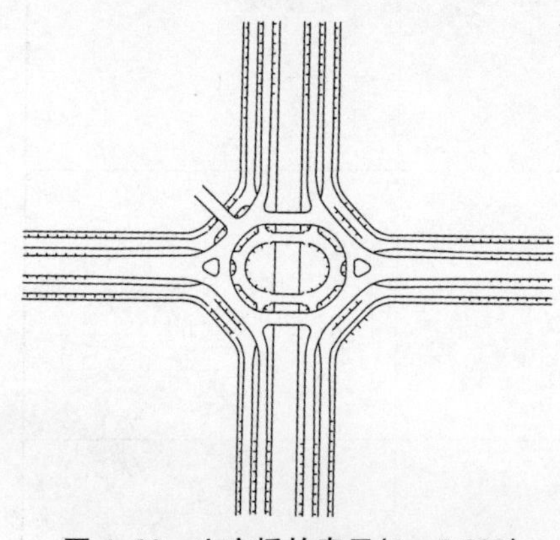

图 4-30　立交桥的表示(1∶5 000)

资料来源:中华人民共和国国家质量监督检验检疫总局,中国国家标准化管理委员会. 国家基本比例尺地形图图式(第 2 部分:1∶5 000 1∶10 000 地形图图式)[S]. 北京:中国标准出版社,2006.

引桥指连接双层桥和路堤的架空部分,只在比例尺大于 1∶25 万的地图上表示。

立交桥是道路与道路在不同高程上的空间立体交叉,只在比例尺大于 1∶25 万的地图上表示,其样图如图 4-30 所示。符号中桥的方向与主要通道或主要街道方向一致。

匝道是互通式立体交叉上下各层道路(公路、快速路、主次干道)之间供转弯车辆行驶的连接道。连接公路的匝道面色与相连接的公路面色一致;连接不同等级公路时,匝道面色取低等级的公路面色。匝道宽度大于 0.5 mm 的依比例尺表示。

人行桥是不能通行车辆，仅供人通行的桥梁，只在比例尺大于 1∶25 万的地图上表示。桥梁符号的长度略大于河流宽度，桥长在图上小于 0.8 mm 的用不依比例尺符号表示，大于 0.8 mm 的依比例尺表示。

路堑是人工开挖的低于地面的路段，图上一般仅表示比高在 2 m 以上的路堑，并加注比高；路堤是人工修筑的高于地面的路段，图上一般仅表示比高在 2 m 以上的路堤，并加注比高。

铁路平交道口是铁路与其他道路平面相交的路口，只在比例尺大于 1∶5 000 的地图上表示。

2. 交通服务设施

交通服务设施是指为人们提供乘车、停车、加油等服务的设施，主要包括长途汽车站(场)、加油站、加气站、停车场、收费站等，这些要素只在大中比例尺地图上进行表示(图 4-31)。

长途汽车站(场)是县级以上城市内的供长途旅客上下车的场所，符号配置在主要建筑物或候车大厅位置上。

加油站、加气站是机动车辆添加动力能源的场所，图上只表示街区外的加油(气)站，符号配置在数个加油(气)柜分布范围的中心上。加气站应加注"气"字，既是加油站又是加气站的应加注"油气"。

停车场是居民地外公路边有人值守的，用来停放各种机动车辆的场所。图上用相应符号表示停车场范围，其内配置符号；地下停车场不表示。

收费站是设置在公路上或桥头，向过往车辆收取通行费用的场所。收费站长度或宽度在图上小于符号尺寸的放宽到符号尺寸表示。

汽车停车站是城市以外无房屋建筑的客车车站，街道信号灯是控制车辆或行人通行的灯光信号设备，均只在比例尺大于 1∶5 000 的地图上表示。

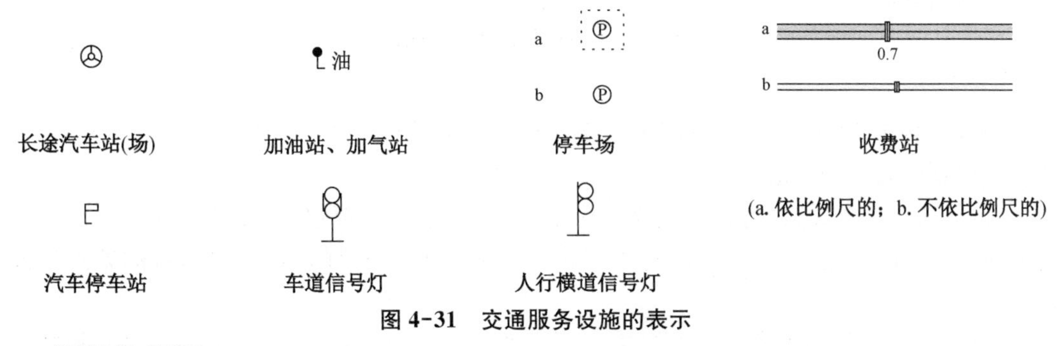

图 4-31　交通服务设施的表示

资料来源：编者绘。

3. 道路标志

道路标志是对道路情况进行说明的标志，包括中国公路零公里标志、路标和里程碑。中国公路零公里标志设在北京，作为中国公路北京至通达地距离的起始点(零公里)标志。道路标志一般在中小比例尺地图上进行表示，在 1∶2.5 万～1∶10 万的地形图上，要求中国及各省、市级公路零公里标志均应表示；公路上的有方位作用的路标应表示；在缺少方位物的地区，公路上的里程碑应选择表示，其间隔一般不大于 10 km，并注出公里数。道路标志的表示形式如图 4-32 所示，其中，公路零公里标志符号表示在标志中心处，省、市级公路零公里标志也用此符号表示；路标为道路边的指示道路通达情况的柱式标志；里程碑设置为道路边的表示距线路起点距离的里程标志，应注出公里数。

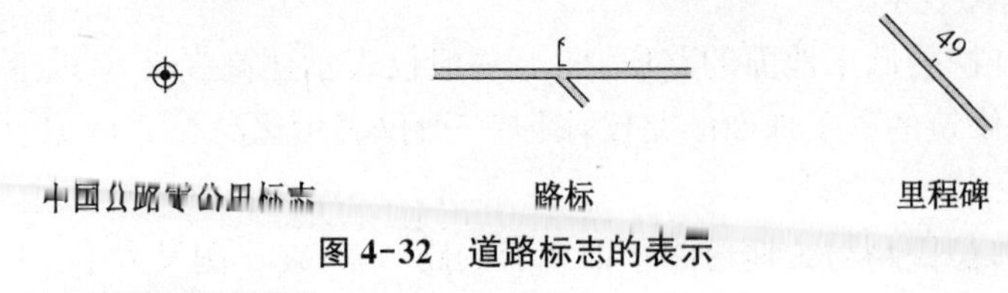

图 4-32　道路标志的表示

资料来源：编者绘。

（四）市内交通

市内交通是指连接城市各个组成部分的各类交通的总称，其构成复杂、交通工具种类多、变动性大，主要包括地铁、轻轨、快速路、高架路等交通要素，通常在 1∶1 万以上大比例尺地图上予以表示，表示样式如图 4-33 所示。

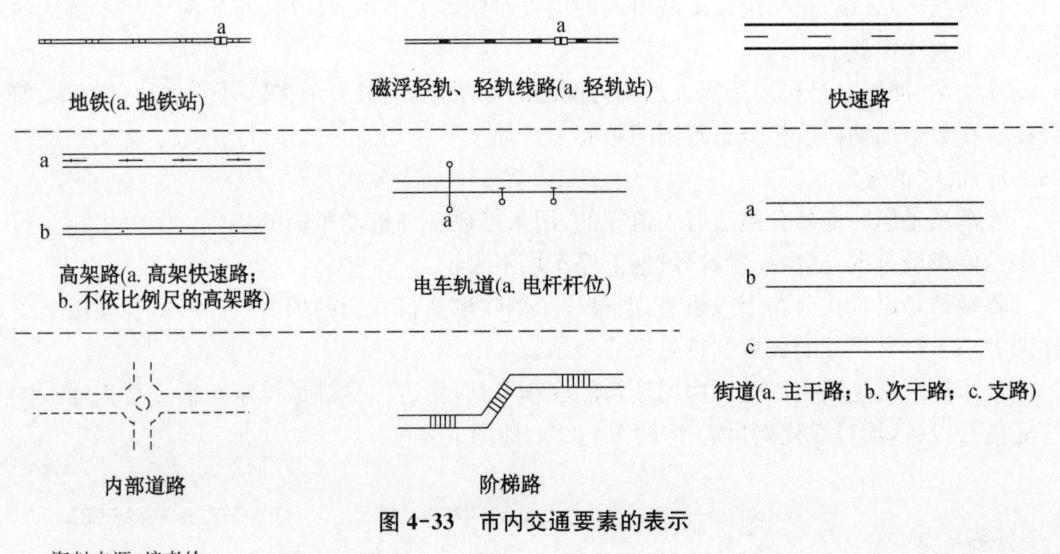

图 4-33　市内交通要素的表示

资料来源：编者绘。

地铁是城市中铺设在地下隧道中高速、大运量的用电力机车牵引的铁道，个别地段由地下连接到地面的线路也视为地铁。

磁浮轻轨、轻轨线路均为封闭运行的快速轨道交通。磁浮铁轨是专供采用磁浮原理的高速列车运行的铁路，需加“磁浮”简注；轻轨是指城市中修建的高速、中运量的轨道交通系统。

地铁站、轻轨站是列车停靠及乘客上下车的场所。地铁站、轻轨站上的建(构)筑物用相应地物符号表示，车站符号配置在站台位置处，并加注主要站点名称。

快速路是城市道路中设有中央分隔带、具有四条以上的车道、全部或部分采用立体交叉与控制出入、供车辆以较高速度行驶的道路。快速路实地宽度大于符号宽度时，依比例尺表示。

高架路是城市中架设在街道或建筑物上空的供汽车行驶的空中道路。图上宽度小于 1.2 mm 的按 1.2 mm 表示，大于 1.2 mm 的依比例尺表示。其符号为相应道路加点表示。

电车轨道是有导轨的电车道，在比例尺大于 1∶2 000 的地图上绘制，电杆杆位按实际位置表示。

街道指街区中比较宽阔的通道。街道按其路面宽度、通行情况等综合指标区分为主干路、次干路和支路。主干路指城市道路网中路面较宽、交通流量大、起骨架作用的通道。主干路边线用 0.35 mm 的线粗、按实地路宽依比例尺表示。次干路指城市道路网中的区域性干道,交通流量较大,与主干路相连接构成完整的城市干道系统。次干路边线用 0.25 mm 的线粗、按实地路宽依比例尺表示。支路指城市中联系主、次干道或供区域内部使用的街道、巷、胡同等。支路边线用 0.15 mm 的线粗、按实地路宽依比例尺表示。当街区中的街道边线与房屋或垣栅轮廓线的间距在图上小于 0.3 mm 时,街道边线可省略。

内部道路是公园、工矿、机关、学校、居民小区等内部有铺装材料的道路,在比例大于 1∶2 000 的地图上表示,宽度在图上大于 1 mm 的,依比例尺表示,小于 1 mm 的择要表示。

阶梯路是用水泥和砖、石砌成的阶梯式的人行路,在比例尺大于 1∶2 000 的地图上表示。图上宽度小于 1 mm 时用小路符号表示。

二、水上交通

水运是使用船舶运送客货的一种运输方式。水运主要承担大数量、长距离的运输,是在干线运输中起主力作用的运输形式。在内河及沿海,水运也常作为小型运输方式使用,担任补充及衔接大批量干线运输的任务。根据运输形式主要分为沿海运输、近海运输、远洋运输和内河运输。

水上交通航线主要分为内河航线和海洋航线两种,有的地形图上也表示大湖中的航路。

内河航线通常用带箭头的短线标明其起讫点,有的地图上还用数字标记标出通航船只的吨位。在小比例尺地图上,有时还要表示河流航线的性质,例如区分出定期通航和不定期通航的河段,以及适合通航但尚未开拓的河段等。在双线表示的河流中,码头(供船舶停靠、上下旅客及装卸货物的场所)、干船坞(供检修或建造船舰的池形建筑物)、停泊场(港口水域中,指定的专供船舶抛锚停泊、避风、检疫及船队进行编组的地方)一般应予以表示。其中,码头按其建筑形式用相应的符号表示,在图上大于符号尺寸的依比例尺表示;干船坞符号按真实方向表示,当图上面积大于符号尺寸时依比例尺表示;停泊场符号表示在其中心处。当河流宽度较窄难以表示时,可缩小符号尺寸或舍去。

海洋航线由港口和航线两种标志所组成,仅在小比例尺地图上表示。港口有时只用符号表示其所在地,有时还根据货物的吞吐量区分其等级。航线多用蓝色虚线绘出,常分为近海和远洋的定期航线两种。近海航线沿大陆边缘用虚线绘出;远洋航线通常是按两点(港口)间的大圆航线方向绘出,但注意绕过岛礁和危险区,相邻图幅的同一航线方向要一致,要注出航线起讫点的名称和距离,并尽可能在各航线的终点上注出一个航程所需的时间等。我国地形图上水上交通要素的符号表示如图 4-34 所示。

三、空中交通

空中交通是在具有航空线路和飞机场的条件下,用飞机、直升机或其他航空器作为载体运送人员、货物、邮件的一种运输方式。具有快速、机动的特点,是现代旅客运输,尤其是远程旅客运输的重要方式,也是国际贸易中贵重物品、鲜活货物和精密仪器运输所不可或缺的。

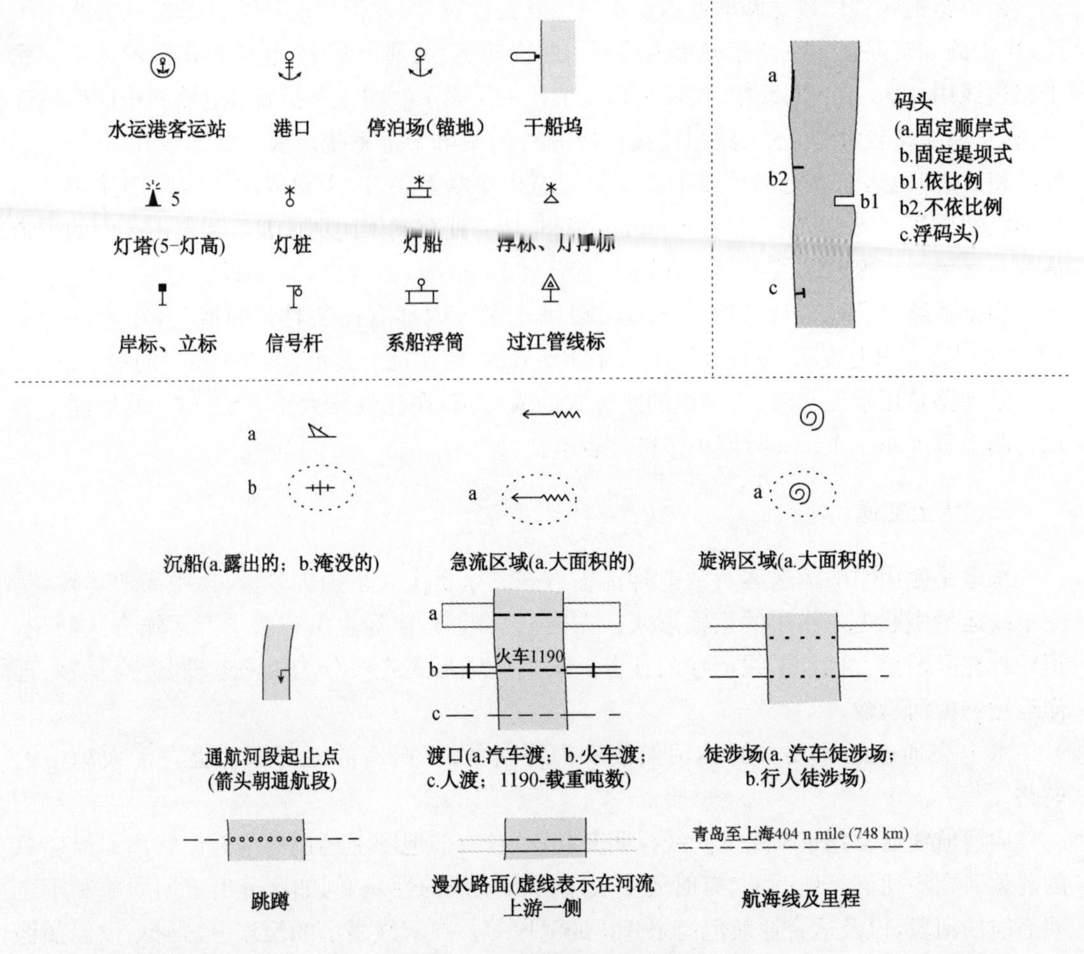

图 4-34　水上交通要素的表示

资料来源：编者绘。

在普通地图上，空中交通是由图上表示的航空站体现出来的，一般不表示航空线。我国大、中比例尺地形图上规定飞机场应表示，用符号配置在机场适中位置上。通往飞机场的道路如实表示，显示机场总范围内的房屋建筑和围墙、铁丝网等垣栅均用相应符号表示，其他设施一律不表示。民用机场应注记名称。在 1∶50 万、1∶100 万的中小比例尺地形图中，仅表示国外飞机场及国内对外开放的民用机场，并注记名称。

四、其他通行方式

其他通行方式主要是指除了上述交通方式外的一些特殊通行方式，包括缆车道、简易轨道、架空索道、滑道和过河缆。缆车道是在陡坡上铺设铁轨，利用钢缆带动车厢沿轨道上下行驶的车道；简易轨道是在工矿区供机动牵引车、手压机式手推车行驶的固定小型铁轨；架空索道是跨越河流、山谷和地面障碍物，用绞车牵引钢缆在支架上架空运输物资或人员的一种钢缆线；滑道是在山谷或山地斜坡上架设或挖凿的供滑行运输用的槽子，它直通山脚或河流，用以运送木材、矿石等；过河缆是在河流两岸间架设钢索，索上悬挂吊斗，可用来载人载物过河的设施。表示样式如图 4-35 所示，其中，缆车道、简易轨道、架空索道、滑道只在比例尺大于 1∶25 万的地图上表示，过河缆在比例尺大于1∶5 000的地图上表示。

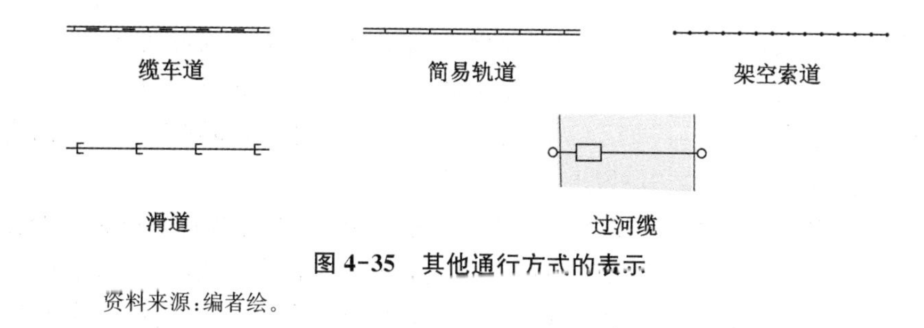

图 4-35　其他通行方式的表示

资料来源：编者绘。

第四节　管　线

管线是现代工业和信息社会发展的产物，地图上的管线主要包括运输管道、高压线路、通信线路三类，图上要求准确反映管线类别、实地点位和走向特征。

一、运输管道

管线运输具有运输量大、连续、迅速、经济、安全、可靠、平稳，以及投资少、占地少、费用低等特点，并可以实现自动控制，被广泛用于石油、天然气的长距离运输，乃至矿石、煤炭、建材、化学品和粮食等的运输。当前管线运输的发展趋势是：管道的口径不断增大，运输能力大幅度提高；管道的运距迅速增加；运输物资由石油、天然气、化工产品等流体逐渐发展到煤炭、矿石等非流体。

管线运输有地面和地下两种，我国地形图上目前只表示地面上的运输管道，一般用线状符号加说明注记来表示，其符号的中心线为实地物体的中心位置。

地图上的运输管道不但要区分运送的货物（石油、煤气或其他），还应表示管道的线数、管道直径、泵位和气体加压站等。运输管道用小圆加直线符号表示，用说明注记，如“水”“油”“气”表明其输送物质的性质。大比例尺地图上还要表示管道检修井孔和管道其他附属设施。管道检修井孔按实际位置表示，不区分井盖形状，只按检修类别用相应符号表示，重点表示主管和铺装路上的检修井。1∶2.5 万～1∶10 万地形图上，图上长 1.5 cm 以上的用于输送石油、煤气、蒸汽、天然气、水等的管道应表示，并加注相应的说明注记。地下管道只表示出入口，街区内的管道不表示。比例尺小于 1∶25 万的地形图上，仅表示矿区通往港口及大城市的输送石油、天然气、水等的大型管道。管道及附属设施的表示形式如图 4-36 所示。

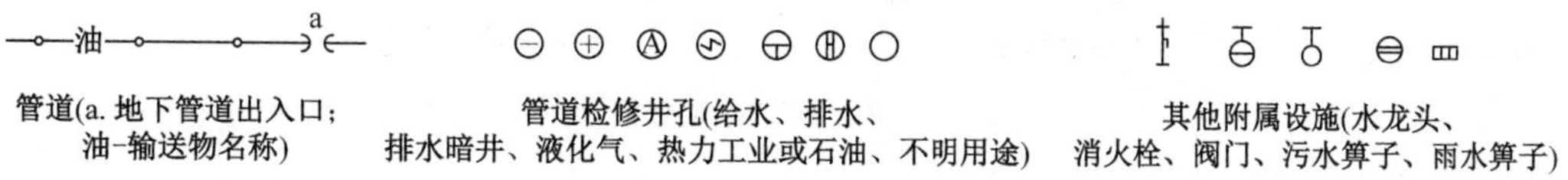

管道(a. 地下管道出入口；油-输送物名称)　　管道检修井孔(给水、排水、排水暗井、液化气、热力工业或石油、不明用途)　　其他附属设施(水龙头、消火栓、阀门、污水箅子、雨水箅子)

图 4-36　管道及附属设施

资料来源：编者绘。

二、高压线路

高压线路是作为专门的电力运输标志表示在地图上的。

现代地图上要求区分高压输电线的强度（等级），能源的类型，即热（火）电站、水电站、原子能电站、潮汐电站、地热电站、太阳能电站等，大比例尺地图上还需表示出有方位意义的电线杆。在地物密集以及电力较多的经济比较发达地区可以不表示输电线；在地物稀少地区可酌情表示 35 kV 以下的高压电线，地面下的不表示。街区内部表示高压输电线，其符号表示至街区边缘处中断，当其在图上距道路符号边线 3 mm 以内时可不表示，但在分岔、转折处和出图廓时在图内应表示一段符号以示走向。此外，地图上还需绘出变电站室(所)，其符号表示在大变压器的位置上。

1：2 000 及以上的大比例尺地形图上还要表示配电线、电力线附属设施和变压器。其中，配电线输送的是 0.6 kV 以下且固定的低压电，包括架空的和地面下的两种，其表示方法同输电线。电力线附属设施包括电杆、电线架、电线塔(铁塔)、电缆标、电缆交接箱和电力检修井孔。电杆不区分建筑材料、断面形状，均用同一个符号表示，电杆按实地位置表示。电线架和电线塔(铁塔)均按实地位置表示。电缆标符号垂直于电力线表示，其位置按实地表示，但在除拐弯处外，直线部分可取舍。电缆交接箱在地图上只表示室外的，并按实地位置表示。变压器可以是露天的或是安装在电线杆、架上的，图上按实地位置表示。变压器大于符号尺寸的，用轮廓线表示，其内配置符号。高压线路与设施的表示如图 4-37 所示。

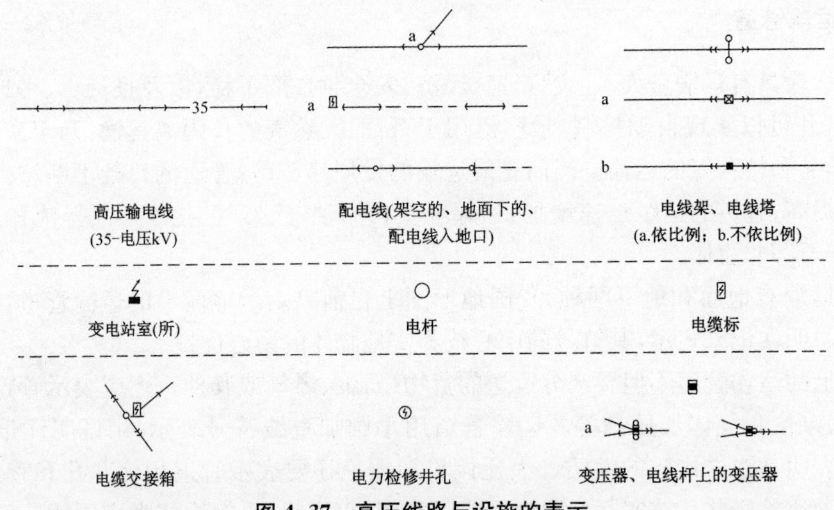

图 4-37　高压线路与设施的表示

资料来源：编者绘。

三、通信线路

通信线路包括陆地通信线和海底光缆、电缆(图 4-38)。

—光—

陆地通信线　　海底光缆、电缆

图 4-38　通信线路的表示

资料来源：编者绘。

陆地通信线在地物稀少地区且较固定的或有方位意义的一般应表示，多条线路并行的要有选择地表示。光缆应加注“光”字，较长时图上每隔 15 cm 重复标出。街区内不表示通信线路，其符号表示至街区边缘处中断。在大比例尺地形图上，通信线路用点和直线符号表示，一般仅绘出主要线路，还要表示有方位作用的电线杆。当通信线路在图上距离铁路、公路符号边线在 3 mm 以内时，只在分岔、转折处和出图廓时表示一段通信线路符号，以示走向。在小于 1：20 万的地图上，一般都不表示这些内容。

海底光缆、电缆是敷设于海底用于传输光、电通信信号的缆线，只在小比例尺地图上表示。光缆、电缆分别加注“光”“电”注记。

第五节　境　界

境界是区域的范围线，包括政区境界和其他区域界线。

政区是政治行政区划的简称，包括政治区划和行政区划两种。政治区划主要是指国家领土的划分，其界线即为国界（已定、未定）。行政区划是指国内行政区域的划分，其界线统称为行政区划界线。

我国地图上表示的境界有：国界（含未定国界），省、自治区、直辖市界，自治州、盟、省辖市界，县（含县级市）、自治县、旗界，地区界归入自治州这一级一并表示。其他地域界线包括自然保护区界、特区界及其他类似的界线。

在地图上应十分重视境界描绘的正确，以免引起各种领属的纠纷，尤其是国界线的描绘，更应慎重、精确，要按有关规定并经过有关部门的审批，才能出版发行。

一、地图上表示境界的一般方法

地图上所有的境界都是用不同结构、不同粗细及不同颜色的点、线符号来表示的。所绘境界应正确反映其等级、位置以及与其他要素的关系。

境界线大多采用对称性的线状符号，只有一些独立区域界线（如禁区界、园林界等）才使用不对称的方向性符号。

地图上政区境界要配合行政中心和注记才能正确反映政治和行政区划。在大比例尺地图上，因为每幅图包括的区域小，看不出政治、行政区划的整体范围；小比例尺地图上，包括的区域范围大，境界和行政中心、注记（或表面注记）配合，政治、行政区划的概念就明显突出。

为了增强区域范围的明显性，在小比例尺地图（甚至较大比例尺的地图）上，往往将重要的境界符号配合色带（晕边）来表示（图 4-39）。色带的颜色多以紫色或紫红色居多，多绘于主区界线的外侧。色带的宽度一般要根据地图内容、幅面、区域大小等来决定。色带有绘于区域外部、区域内部和跨境界符号三种形式。在陆地范围内，不管境界符号是否跳绘，色带均按实际中心线连续绘出。在海部范围，色带则配合境界符号绘出。

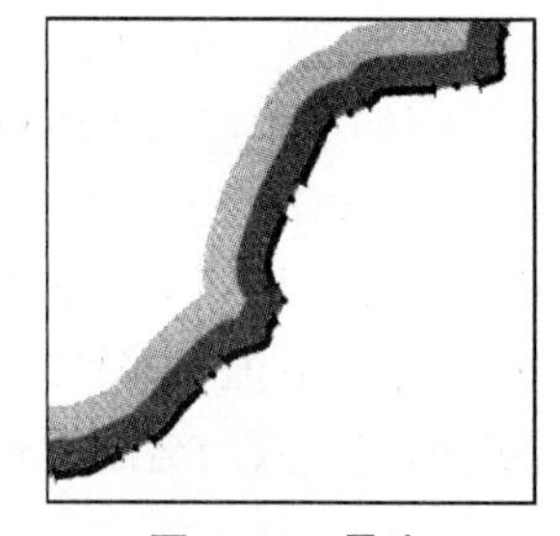

图 4-39　晕边

资料来源：编者绘。

描绘境界时，不同等级的境界重合时应表示高等级境界符号，与其他地物不重合的境界线应连续表示；境界的交汇处和转折处应以点或实线表示；境界符号两侧的地物符号及其注记不宜跨越境界线；应清楚表示岛屿、沙洲等的隶属关系。

二、国界的表示

国界是本国和邻国的领土之间的分界线，关系到国家的主权，应严肃对待。

国界线应以我国政府公布或承认的正式边界条约、协议、议定书及其附图为准。没有条约、协议和议定书时，按传统习惯画法描绘。国家测绘地理信息局发布的《1∶100 万中国国界线画法标准样图》《世界各国国界线画法样图》等是小比例尺地图上国界画法的依据，各地图编制单位均应严格按照该图来描绘相应比例尺地图上的国界。国界的表示如图4-40所示。其中，a 是界桩、界碑及其编号(6)，b 是未定国界，c 是同号三立的界桩、界碑及其序号（图中编号为(1)(2)(3)）。

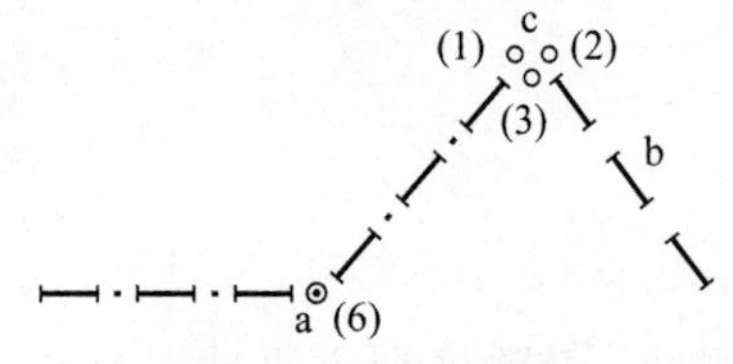

图 4-40　国界的表示

资料来源：根据 中华人民共和国国家质量监督检验检疫总局，中国国家标准化管理委员会. 国家基本比例尺地形图图式（第 2 部分：1∶5 000 1∶10 000地形图图式）[S]. 北京：中国标准出版社，2006. 等信息改绘。

表示国界时应注意以下几点：

（1）国界应连续不断并准确表示，在能表示清楚的情况下一般不应综合。国界的转折点、交叉点应用国界符号的点部或实线段表示。

（2）国界上的界标（界桩、界碑）应按坐标值定位，注明编号并尽量注出高程。同号双立或同号三立的界标在图上不能同时按实地位置表示时，应用空心小圆圈按实地的相对关系表示出，并注出各自的序号。单立界标如图 4-41(a)所示，双立界标如图 4-41(b)所示，三立界标如图 4-41(c)所示。

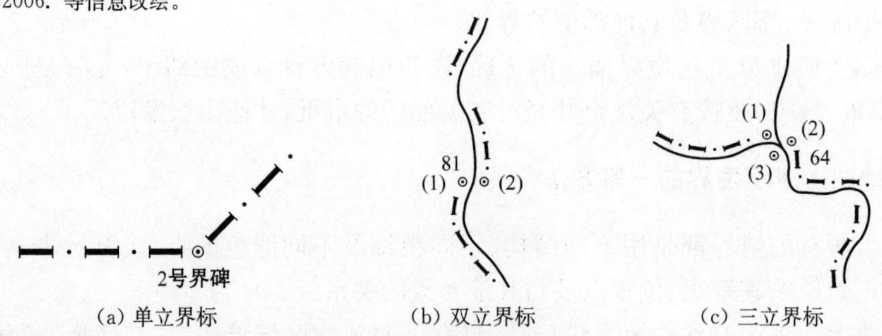

(a) 单立界标　　(b) 双立界标　　(c) 三立界标

图 4-41　国界界标的表示

资料来源：编者绘。

（3）位于国界线上和紧靠国界线的居民地、道路、山峰、山隘、河流、岛屿和沙洲等均应详细表示，并明确其领属关系。

（4）边界条约上提到的名称应严格按条约附图表示，各种注记不应压盖国界符号。

（5）当国界以山脊、分水岭或其他地形线分界时，国界符号位置必须与地形地势相协调。

（6）当国界某段以河流及线状地物为界时，应采用以下表示方法：

① 以河流中心线或主航道为界的国界，当河流用双线表示且其间能表示出国界符号时，国界符号应不间断表示出，并正确表示岛屿和沙洲的归属，如图 4-42(a)所示；河流符号内表示不下国界符号时，国界符号应在河流两侧不间断地交错表示出，岛屿、沙洲归属用说明注记括注（国名简注），如图 4-42(b)所示。

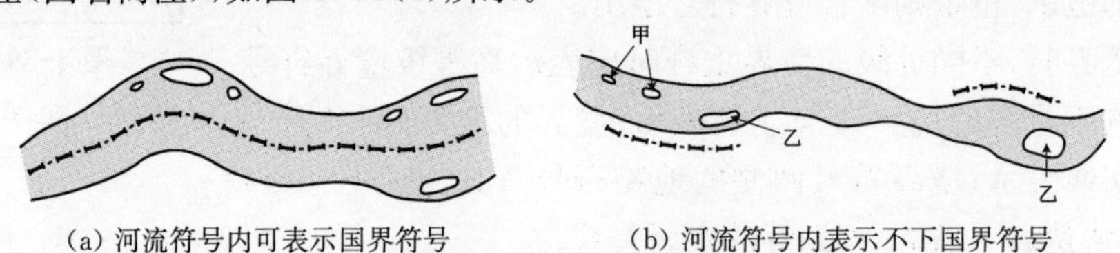

(a) 河流符号内可表示国界符号　　(b) 河流符号内表示不下国界符号

图 4-42　以河流中心线或主航道为界的国界符号配置

资料来源：编者绘。

② 以河流或线状地物一侧为界时，国界符号在相应的一侧不间断地表示出，如图 4-43 所示。

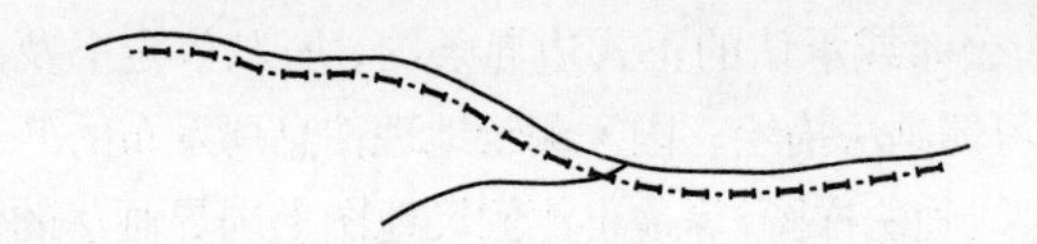

图 4-43　以河流或线状地物一侧为界的国界符号配置

资料来源：编者绘。

③ 以共有河流或线状地物为界时，国界符号应在其两侧每隔 3～5 cm 交错表示 3～4 节符号，岛、洲归属用说明注记括注(国名简注)，如图 4-44 所示。

图 4-44　以共有河流或线状地物为界的国界符号配置

资料来源：编者绘。

三、行政区划界线的表示

国内行政境界的画法应符合描绘境界线的一般原则。

国家测绘地理信息局发布的《1∶100 万中华人民共和国省级行政区域界线标准画法图集》《1∶400 万中华人民共和国省级行政区域界线标准画法图》是小比例尺地图上省级行政区域界线画法的标准。县级以上各级境界应用最新编绘出版的地图或最新勘界成果和行政区划变动资料进行校核。两级以上的境界重合时只表示高一级的境界。界桩、界标要准确表示，界标若为石碑，又有方位意义的则以纪念碑符号表示。

各级境界以线状地物为界时，能在其线状地物中心表示出符号的，在其中心每隔3～5 cm 表示 3～4 节符号；不能在其中心表示出符号的，可在线状地物两侧每隔 3～5 cm 交错表示 3～4 节符号。在明显转折点、境界交接点以及出图廓处应表示境界符号。应明确岛屿、沙洲等的隶属关系。各级行政区界线的表示方法如图 4-45 所示，省级、地级和县级行政区界线的表达效果如图 4-46 的普通地图样图所示。

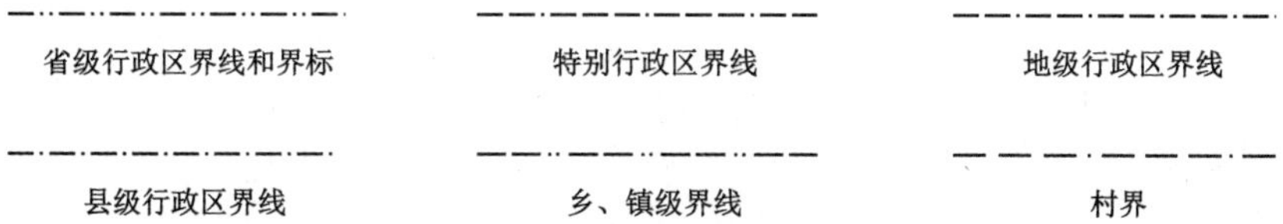

省级行政区界线和界标	特别行政区界线	地级行政区界线
县级行政区界线	乡、镇级界线	村界

图 4-45　行政区界线的表示

资料来源：编者绘。

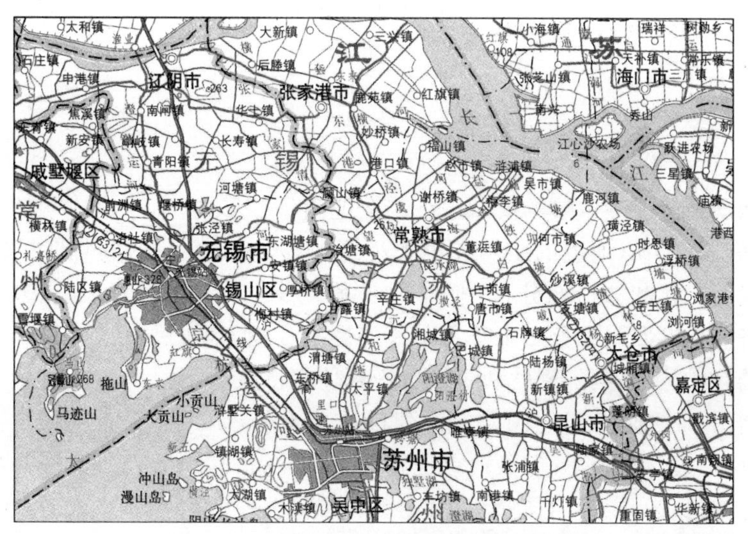

图 4-46　1∶100 万普通地图样图(局部)

资料来源：中华人民共和国国家质量监督检验检疫总局，中国国家标准化管理委员会. 国家基本比例尺地形图图式(第 4 部分：1∶250 000 1∶500 000 1∶1 000 000地形图图式)[S]. 北京：中国标准出版社，2007.

A县A村
A县B村
B县某村飞地

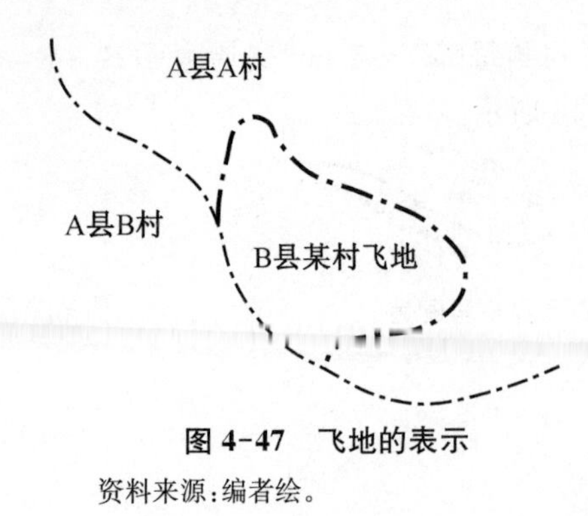

图 4-47　飞地的表示

资料来源：编者绘。

"飞地"是封闭于其他政区之内的某政区所属的地区，其界线用其所属的行政单位的境界符号表示，并加隶属说明注记，如"属××省××县"或"属××县"，注记大小根据飞地在图上的面积而定，如图4-47所示。飞地范围太小注不下说明注记时，可用带圈数字编号，图廓外加附注说明，"图内编号①：属××省××县(或属××县)"。飞地面积小于10 mm^2时可不表示界线，若其内有乡、镇级以上居民地时应在名称下方括注隶属说明。

四、其他区域界线的表示

3.3 mm
1.6 mm
0.8 mm
0.4 mm

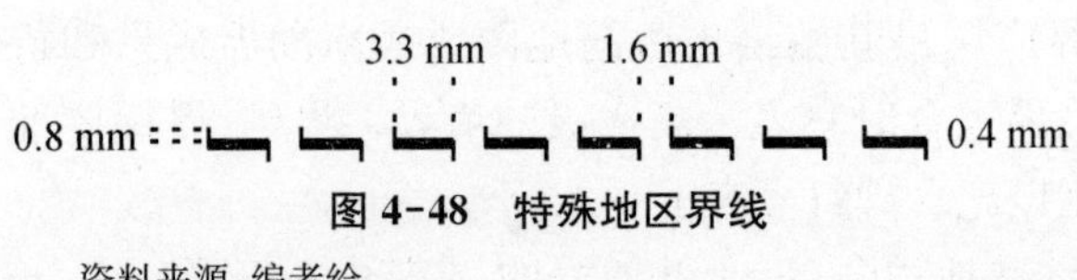

图 4-48　特殊地区界线

资料来源：编者绘。

其他区域界线包括特殊地区界线、开发区界线和自然保护区界线等，用单独设计的符号描绘，并在其区域范围内加表面注记，具体表示如下：

(一) 特殊地区界线

用于表示一些特殊地区(如领土争议地区)的界线，如图 4-48 所示。

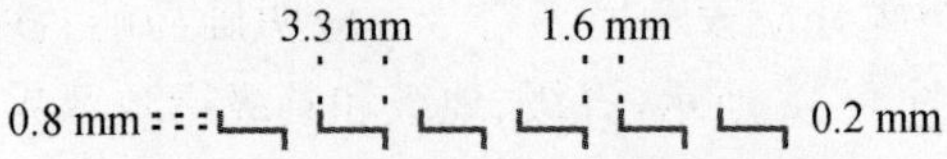

3.3 mm
1.6 mm
0.8 mm
0.2 mm

图 4-49　开发区、保税区界线(红线)

资料来源：编者绘。

(二) 开发区、保税区界线

国内如高新技术开发区、经济开发区、农业开发区、保税区等用此符号表示，并在其范围内注记名称注记，如图 4-49 所示。

2.0 mm
0.5 mm
0.15 mm
1.0 mm

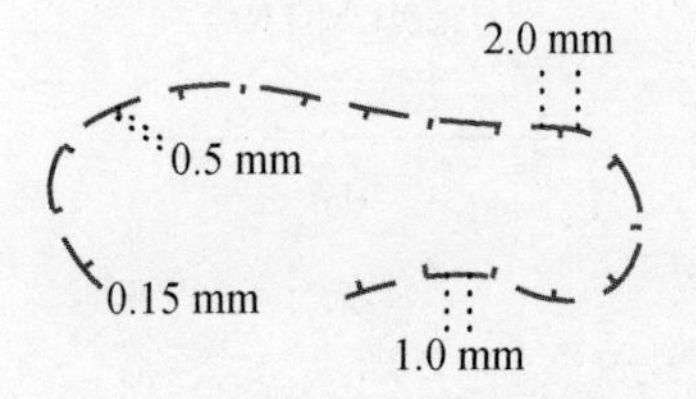

图 4-50　自然、文化保护区界线(红线)

资料来源：编者绘。

(三) 自然、文化保护区界线

经国家及省级人民政府公布的自然保护区、国家森林公园、风景旅游区以及世界自然或文化遗产等的范围界线，如图 4-50 所示。

第六节　地　貌

地貌是地理环境中最重要的要素之一。在地图各要素中，地貌构成了地图上其他要素的自然地理基础。例如，地貌的结构在很大程度上决定着水系的特点和发育，地貌的高度可以影响气候的变化和植物的分布，地貌对土壤的形成和分布也有很大影响。同时，地貌还对社会经济要素的发展和分布也有着明显的影响。例如，居民地的建筑和分布明显地受到地表形态的制约，道路网的密度和等级也受到地貌特点的制约。

地貌在地图上的显示，对于国民经济建设有着十分重要的意义。例如，铁路、公路、水库、运河等的勘测设计和施工，矿藏的寻找和开发等。另外，地貌是研究作战部署和战斗行动的重要条件，部队运动、阵地选择、工事构筑、隐蔽伪装等都受到地形的影响，地貌对于国防建设和军事行动也有极重要的意义。

通常地图上表示地貌的要求主要有：①反映地貌的形态特征，表示地貌不同类型、分布特点;②具有可量测性;③显示出地面立体感。所以,当设计地图和确定图上地貌要素的内容和表示方法的时候,应该根据用图者的意图,搞清楚对地图的基本要求是什么,在图上表示哪些内容才能满足用途的需要,使用什么方法和表示到什么详细程度。而要解决这些问题,就必须对地图上可能表达的地貌内容和各种表示方法的使用范围及优缺点有一个较深刻的理解,然后才能运用自如,选择和创造最适应用途需要的内容和形式。

对于具有三维空间的地貌,如何将它科学地表示在二维平面地图上,使之既富有立体感,又有一定的数学概念以便进行量测,人们经过了漫长的历程和多次尝试,发展了写景法、晕滃法、晕渲法、等高线法、分层设色法等多种地貌表示方法。

一、写景法

写景法是以绘画写景的形式概略地表示地貌形态和分布位置的方法(图 4-51),也称透视法。

图 4-51　用写景法表示的地貌(原图名"金沙江上下两游图(小河口滩至古析滩)")

资料来源:曹婉如,郑锡煌,黄盛璋,等. 中国古代地图集(清代)[M]. 北京:文物出版社,1997.

写景法是一种古老而质朴的地貌表示法。在 18 世纪以前,写景法为各国所广泛采用,我国马王堆三号墓出土的帛地图上,早有了这种写景法的最初的简单形式。15～18 世纪,西欧的许多地图上所采用的地貌显示法是比较完善的透视写景法。用此法描绘的地貌,有时还有远小近大的透视效果。用写景法描绘出的地形,好像是读者从地图图廓外上空某个角度看到的地形面貌,图形颇为逼真。

随着科学技术的进步和计算机在地图制图中的广泛应用,建立在高程数据基础上的现代地貌写景法有了很大的改进和发展。它已经脱离了过去的山景写意,而具备了一定的科学基础,有的还有严格的透视法则,表示的地貌形态、位置、大小、高程,甚至坡度都比较准确了。例如,数字高程模型(Digital Elevation Model, DEM)图,利用数字高程模型代表地貌透视图,不仅精度高,而且更能生动地体现出地貌的立体形态,可称其为现代地貌写景图(图 4-52)。但是,此法表示的地貌仍无法进行准确的量测,只不过是示意的准确度提高而已。

根据等高线绘制写景图有两种方法:一种最简便的方法是根据等高线用素描的手法塑造地貌形态,如图 4-53 所示;另一种方法是根据等高线图作密集而平行的地形剖面,

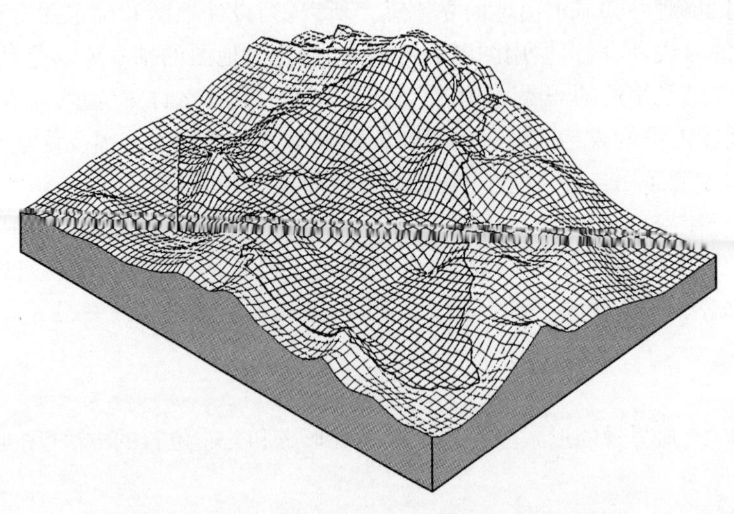

图 4-52　基于 DEM 与透视法则的现代地貌写景图

资料来源：编者绘。

然后按一定的方法叠加，获得由坡面线构成的写景图骨架，经艺术加工也可制成地貌写景图(图 4-54)。

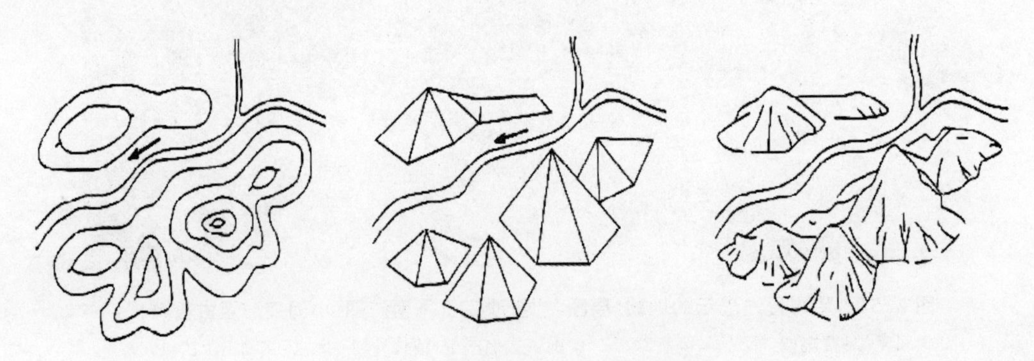

图 4-53　根据等高线绘制地貌写景图

资料来源：祝国瑞，尹贡白. 普通地图编制[M]. 北京：测绘出版社，1983.

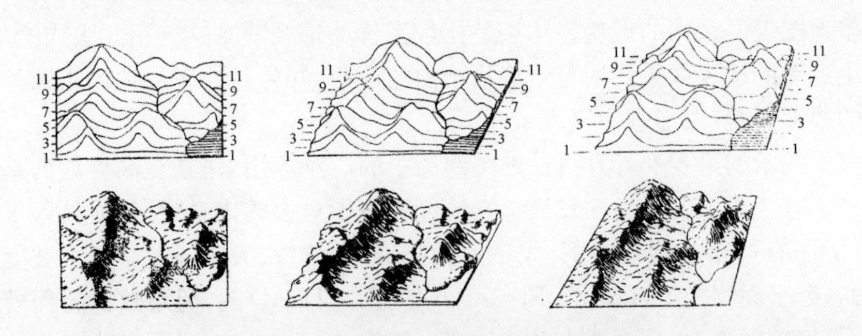

图 4-54　由剖面叠加绘制地貌写景图

资料来源：祝国瑞，尹贡白. 普通地图编制[M]. 北京：测绘出版社，1983.

自从电子计算机用于制图之后，为绘制立体写景图创造了有利的条件。自动绘制连续而密集的平行剖面简单而稳定，它排除了绘图员主观因素的影响，图形精度较高，且形态生动。

由于写景法立体感强，图形逼真，能把山脉、主要河流的大体走向及重要山峰的相对位置显示得很清楚，现在写景法常用于旅游图上景点的扩大图等。

二、晕滃法

晕滃法是以光线投射在地面上的强弱为依据，沿地面斜坡方向布置粗细、长短不同的晕线（点）以反映地貌起伏和分布范围的一种地貌表示方法，17 世纪已经在地图上开始使用（图 4-55）。晕滃法后来发展为用晕线的长度表示高地的高度、粗细代表斜坡的倾斜度。尽管如此，仍没有严格的数学基础，不可避免地会渗入绘图者的主观见解。

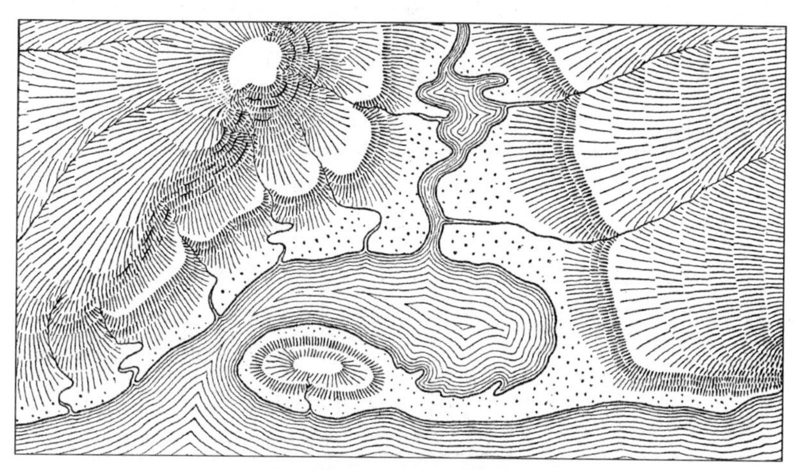

图 4-55　用晕滃法表示地貌

资料来源：http://etc. usf. edu/clipart/76800/76892/76892_shrlinshdng. htm

根据光源与地面的位置关系可以把晕滃法分成直照和斜照两种。

直照晕滃法是假定光源在地面的正上方，地面受光量的大小随地面坡度而变化，坡度越大，受光量越少。用不同粗细的线划组成的暗影来表示地面受光量的多少，可以在图面上显示出地面坡度的相对大小，且具有一定的立体感。所以，直照晕滃有时也叫坡度晕滃。

与直照晕滃法不同的斜照晕滃法，是假定光线由地平线上一定高度的固定光源射出，光线与地平面斜交，根据斜照条件按阳坡阴坡的实际情况，用晕线的粗细和疏密表达光影分布的地貌表达方法。由于其主要由背光部分暗影的大小、浓淡等来衬托地貌，所以又称暗影晕滃。

19 世纪国外的地形图几乎都是用坡度晕滃法来描绘地貌的，而暗影晕滃法则多用于小比例尺地图和地图集中。

晕滃法存在不能确定地面的高程、难以精确测定坡度、绘制工作量大、密集的晕滃线还将掩盖地图的其他内容等缺点，立体感不如晕渲法，现已被晕渲法、等高线法取代。

三、晕渲法

晕渲法是根据假定光源对地面照射所产生的明暗程度，用浓淡不同的墨色或彩色沿斜坡渲绘其阴影，造成明暗对比，以显示地貌的分布、起伏和形态特征。图 4-56 即是用晕渲法所显示的地貌示例，给人很强的立体感。

晕渲法和晕滃法的原理完全相同，只不过是将晕线的粗细疏密改成墨色（或其他颜色）的浓淡而已。将极其精细的晕线描绘改成大片墨色（或其他颜色）的渲染，大大缩短了地图

图 4-56　晕渲法表示的地貌

资料来源：施祖辉. 地貌晕渲法[S]. 北京：测绘出版社，1983.

的制作周期、降低了成本、减小了操作难度，所以它很快代替了晕滃法，在 18 世纪下半叶就开始广泛地普及。

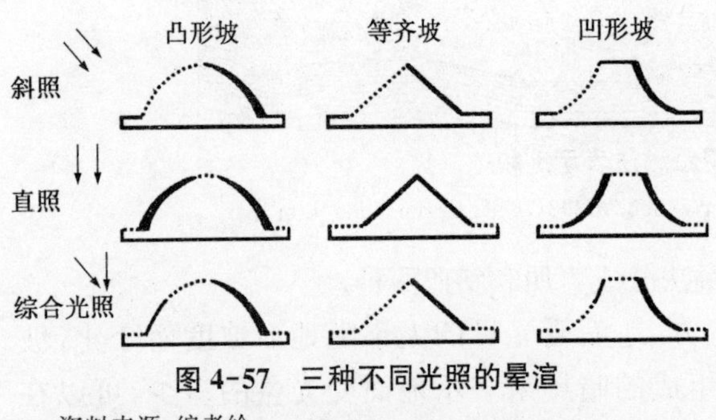

图 4-57　三种不同光照的晕渲

资料来源：编者绘。

晕渲法根据其光源位置的不同，可以分为直照晕渲、斜照晕渲和综合光照晕渲三种（图 4-57）。

直照晕渲：又称坡度晕渲。光线垂直照射地面，地表的明暗随坡度不同而改变。用墨色的浓淡显示地形的陡缓。

斜照晕渲：光线斜照地面，产生明暗对比的变化。地图上用这种明暗对比来表现地貌形态，立体效果较好，易为读者所接受。一般假设西北方 45°光线斜照地面。

综合光照晕渲：是采用斜照和直照晕渲相结合的方法来显示地貌。因为斜照晕渲的立体效果较好，所以通常以斜照晕渲为主要方法，对于某些局部（如受光部分中的深切河谷、陡坡、独立山体、微型地貌等），斜照晕渲不易表达，则采用直照晕渲来补充。有时也用直照晕渲为主、斜照晕渲为辅的综合光照晕渲。

根据着色方法和数量的不同，可将晕渲分成单色晕渲、双色晕渲和自然色晕渲等。

单色晕渲：是用一种颜色（色相）的浓淡变化来反映光影明暗的一种晕渲法（图 4-56），多用棕灰、棕、青灰、绿灰、紫灰等。

双色晕渲：主要指为加强地貌立体效果而采用明色（如黄色）渲染迎光面、用暗色（如青灰色）渲染背光面的晕渲。有时平原地区增加一种淡色（如灰色）为底来衬托山地的方法也属双色晕渲之列。

自然色晕渲：是指色谱规律与晕渲法光照规律相结合，用各种色相及它们的不同亮度表现地貌起伏的晕渲法。例如，平原以绿色色调为主，高原、荒漠以棕黄色色调为主，山区则有黄、棕、青、灰等色的变化，再加上明暗的区别，构成色彩丰富的画面。

自然色晕渲的图形同高空卫星摄影的地面彩色照片相似，但由于使用了概括的手段，所以地貌图形的结构更加突出，表达效果更好。

过去高水平的地貌晕渲都是手工绘制而成，这种高难技术只能是由精通地貌学而又具备熟练晕渲技能的制图专家来完成。随着信息技术的发展，目前计算机自动地貌晕渲已较为成熟。计算机软硬件的发展，特别是高分辨率扫描图像设备和大容量存储器的出现，为计算机自动绘制地貌晕渲图提供了有利条件。利用数字高程模型形式的高程数据(DEM)，包括高程点的规则格网(GRID)或三角形格网(TIN)数据，将地面立体模型的连续表面分解成许多小平面单元，对每个平面单元进行度量，规定出方位角和某一光源的天顶角，并计算出每个单元的反射值(灰度级)，最后将所得结果记录并输出到图形输出装置上，即可得到计算机自动绘制的地貌晕渲图(图 4-58)。

晕渲法由于具有较好的立体效果，应用比较广泛，归纳起来有两方面：第一，作为一种独立的地貌表示法，用于小比例尺地图和专题地图上，如教学挂图、区域形势图、旅游图等；第二，作为一种辅助方法配合其他地貌表示法，主要目的是为了加强地貌的立体效果，用于地形图、地势图、典型地貌区域图等多种类型的地图上，晕渲配合等高线、分层设色等方法，可以反映区域整体特征，加强立体效果。

图 4-58　数字高程模型晕渲效果图

资料来源：编者绘。

四、等高线法

等高线是地面上高程相等点的连线在水平面上的投影。等高线法的实质是用一组有一定间隔的等高线的组合来反映地面的起伏形态和切割程度。等高线之间的间隔在地图制图中称为等高距。等高距就是相邻两条等高线高程截面之间的垂直距离，即相邻两条等高线之间的高程差，可以是固定等高距(等距)，也可以是不固定等高距(变距)。由于小比例尺地图制图区域范围大，如果采用固定等高距，难以反映出各种地貌起伏变化情况，所以小比例尺地图上的等高线通常不固定等高距，而大比例尺地图上的等高线通常采用固定等高距。

等高线的基本特点是：

(1) 位于同一条等高线上的各点高程相等；

(2) 等高线是封闭、连续的曲线；

(3) 等高线图形与实地保持几何相似关系；

(4) 在等高距相同的情况下，坡度愈陡，等高线愈密；坡度愈缓，等高线愈稀。

在同一幅地图上，等高距越小，图上的等高线就越密，表示的地貌也就越详细。对于同一比例尺地图来说，如果制图区域地貌复杂，选择的等高距又过小，会因等高线过密而影响地图的清晰度。一般大中比例尺地形图上等高距是固定的(表 4-11)，而小比例尺地势图、地理图的等高距是分段变化的。

用等高线表示地貌，是用一组有一定间隔(高差)的等高线的组合来反映地面的起伏形态。从构成等高线的原理来看，这是一种很科学的方法。它可以反映地面高程、山体、谷地、坡形、坡度、山脉走向等地貌基本形态及其变化，为工程上的规划施工、地学方面的分析研究、经济方面的自然环境调查、军事上战场地形保障等提供了可靠的地形基础。

表 4-11　地形图的基本等高距　(单位:m)

地形类别	基本等高距		
	1∶25 000	1∶50 000	1∶100 000
平地 (地面坡度<2°，高差<80 m)	5(2.5)	10(5)	20(10)
丘陵地 (地面坡度 2°～6°，高差 80～300 m)	5	10	20
山地 (地面坡度 6°～25°，高差 300～600 m)	10	20	40
高山地 (地面坡度>25°，高差>600 m)	10	20	40

* 当地势十分平坦或用图需要时，基本等高距可选用括号内的数值。
资料来源：编者制。

为了制图和用图的需要，地形图上的等高线分为首曲线、计曲线、间曲线和助曲线四种类型(图 4-59)。

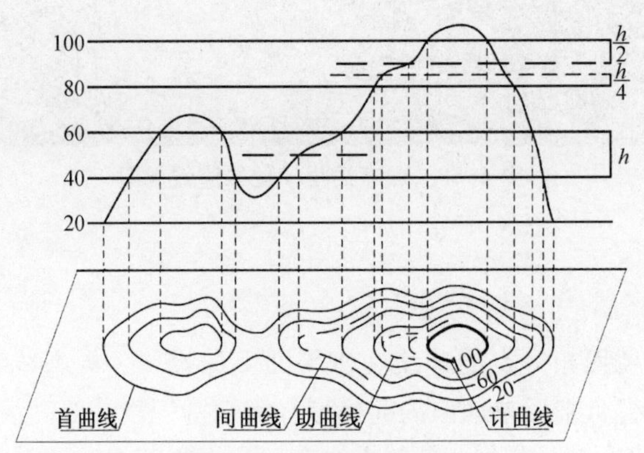

图 4-59　等高线的种类

资料来源：编者绘。

首曲线又叫基本等高线，是按基本等高距由零点起算而测绘的等高线，通常用 0.1 mm 的细实线来描绘。

计曲线又称加粗等高线，是为了计算高程的方便加粗描绘的等高线，通常是每隔四条基本等高线描绘一条计曲线，它在地形图上以 0.2 mm 的加粗线条描绘。

间曲线又称半距等高线，是相邻两条基本等高线之间补充测绘的等高线，用以表示基本等高线不能反映而又重要的局部形态，地形图上以 0.1 mm 粗的长虚线描绘。

助曲线又称辅助等高线，是在任意的高度上测绘的等高线，用于表示那些任何等高线都不能表示的重要微小形态。因为它是任意高度的，故也叫任意等高线，但实际上助曲线多绘在基本等高距 1/4 的位置上。地形图上的助曲线是 0.1 mm 粗用短虚线描绘的。

我们也常把间曲线和助曲线统称为补充等高线。在 1∶500～1∶2 000 的大比例尺地形图中,描绘各类等高线的线划分别由 0.1 mm、0.2 mm加粗至 0.15 mm、0.3 mm。

图 4-60 示坡线

资料来源:编者绘。

地形图上的等高线附以示坡线表示其坡向。一个封闭的等高线图形,示坡线在外的是山顶,示坡线在内的则是凹地(图 4-60)。

等高线表示地貌的不足之处,主要有两个方面:其一,缺乏视觉上的立体效果,立体感差;其二,等高线是不连续的地面截线,两个截面之间的地面碎部无法表示,因而需用地貌符号等方法予以配合和补充。为了增强等高线法的立体效果,人们经过长期的研究试验,提出了许多行之有效的方法,例如:粗细等高线法,即将背光面的等高线加粗,迎光面绘成细线,以增强立体效果(图 4-61);另外,还可使用高程注记、地貌符号、晕渲等其他辅助方法与之配合。

图 4-61 粗细等高线

资料来源:编者绘。

五、分层设色法

地貌分层设色法是以等高线为基础,根据地面高度划分的高程层(带),逐层设置不同的颜色,表示地貌起伏变化。其相应的图例称为色层表,用以判明各个色层的高度范围。借助于颜色色调和饱和度的视觉感受,建立地貌高低起伏的立体效果(图 4-62)。

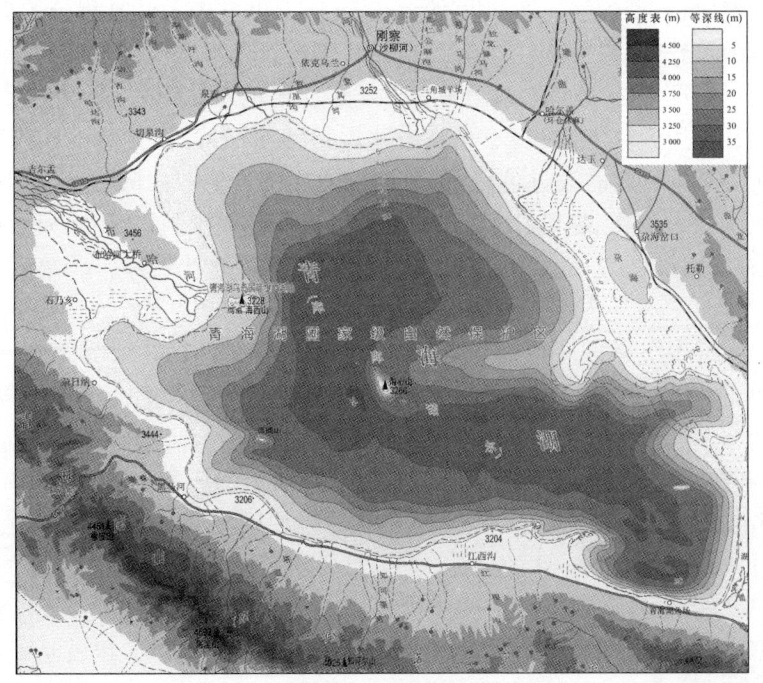

图 4-62 分层设色法

资料来源:中国科学院南京地理与湖泊研究所. 中国湖泊分布地图集[M]. 北京:科学出版社,2015.

这种方法加强了高程分布的直观印象，更容易判读地势状况，特别是有了色彩的正确配合，使地图增强了立体感。不难看出，构成分层设色的基本因素有两个：一是合理地选择限定高程带的等高线；二是正确利用色彩的立体特性，即设计出一个好的色层表（设了颜色的高度表）。

分层设色法在设色时要考虑地貌表示的直观性、连续性和自然感等原则。如以目前普遍采用的绿褐色系列为例，平原用绿色，丘陵用黄色，山地用褐色；在平原中又以深绿、绿、浅绿等三种浓淡不同的绿色调显示平原上的高度变化；高山（5 000 m以上）为白色或紫色；海洋部分采用浅蓝到深蓝，海水愈深，色调愈浓。这种设色系列把色相与色调结合起来，层次丰富，能引起对自然界色彩的联想，效果较好。常用的色层表有：适应自然环境色表、相似光谱色表和不同色值递变色表。

（一）适应自然环境色表

选用与自然环境相适应的色彩构成色表，这种设想是很自然的。很早以前人们就模仿自然景色来显示地图上的地貌立体感。这种色表曾在过去相当长的时间内，为许多国家的分层设色图所采用。但是，纯自然模仿型的色层表，颜色结构单调，缺乏立体感，而且随高度增加色调变暗，图画也缺少生气，所以现在很少采用。发展到后来，人们改进了传统的绿褐色表，在高层级上用饱和度增大的暖色系，如橙色、红色代替暗棕色，使高山部分偏棕红色，以增强立体感；绿色层级的过渡常采用黄色系；海洋以蓝色为基色。这就形成了当前普遍采用的分层设色色层表，如我国和世界各国的许多现代地图上，大多都采用这样的色层高度表。

（二）相似光谱色表

为了找到更合乎逻辑的颜色序列，人们提出了“光谱色表”。该色表完全按照光谱色序建成，用红、橙、黄、绿顺序分层表示陆高，用青、蓝表示海深，形成光谱色序的结构形式。由于该色表中没有暗色，且各色的饱和度都差不多，所以由它表示的高程带的分布和对比清楚明显，也能显示出一定的立体感。但是，这种色表的设色却未能广泛应用，这是因为光谱的排列与颜色的亮度不是等价的，黄色最亮并居于光谱色系的中间，显得不太协调。此外，在地貌色层的顶部用大红的颜色，也与高山冰雪特征不相符，而且给人以刺眼的烦躁感。但以光谱原则为基础所做的改进色表，仍有很多应用的价值。如低平地区用绿或灰绿色，然后依次用米黄、橙、红橙、橙红色表示，或者是另一些色表形式。这是一种近似光谱色序的色表，现今在分层设色图上采用的比较多，其显示的效果也比较好。

（三）不同色值递变色表

分层设色色层表中，除采用不同的色相构成外，颜色的饱和度、明度也可以塑造立体感，由此，提出了利用颜色的这两种属性排列颜色次序的建表原则。通常用“愈高愈暗”和“愈高愈亮”两种。

根据“愈高愈暗”设色原则所建立的色层表，分为简单和多色相两种。简单色层通常由3～4种颜色组成，适用于地面高度变化不大的地区或用以显示局部地貌。多色相色层表用在高度表划分较多的地图上，但用色不宜过多，且要注意过渡色的自然。

“愈高愈亮”色表，是设想由空中俯瞰地面，对各种颜色产生不同生理视觉为基础的。低地视远觉其灰暗，设以暗色调；高地视近觉其明亮，设以亮色调。也就是说，色表随高程的增加颜色愈明亮。由于色彩亮度的变化与高程变化相适应，又产生远近的视觉差别，因此以该色表制作的分层设色图也就有了立体感。

分层设色法的主要优点是使地图在一览之下立刻获得地貌高程分布及其相互对比的印象，其次是它使等高线地图略微有一些立体感。这种方法常用于以表示地貌为主的中小比例尺地势图上，常辅以晕渲法强调地势的立体感。但由于分层设色法使地图图面上普染了底色，因此底色上某些要素的色彩会发生变化或不够清晰，深色层面上的名称注记不易阅读。

六、地貌符号与注记

普通地图上有一些特殊地貌现象，如冰川、沙地、火山、石灰岩等，必须借助地貌符号和注记来表示。地貌符号和地貌注记作为等高线显示地貌的辅助方法而广泛地应用于普通地图上。

（一）地貌符号

地表是个连续的完整表面。等高线法是一种不连续的分级法，用等高线表示地貌时，尽管有时还可以加绘补充等高线使分级的间距减小，但仍有许多小地貌无法表示，需用地貌符号予以补充表示。这些微小地貌形态可归纳为独立微地貌、激变地貌和区域微地貌等。

独立微地貌是指微小且独立分布的地貌形态，如坑穴、土堆、溶斗、独立峰、隘口、火山口、山洞等。由于它们形态微小且独立分布，图上大部分是采用不依比例尺符号来表示，符号中心要与实地上位置一致，有时还要注出比高或其他的说明性注记。有些形态（如溶斗）还要显示其分布范围与分布特征。

激变地貌是指在较小范围内产生急剧变化的地貌形态，如冲沟、陡崖、冰陡崖、陡石山、崩崖、滑坡等。它们大多能依比例尺表示其分布范围、长度和上下边缘线的位置，当其不能依比例尺表示时，要力求表示上边缘线的正确位置，还要求显示表面的性质（石质或土质）、陡缓程度和高度等。

区域微地貌是指实地上高差较小但成片分布的地貌形态，如小草丘地、残丘地等；或仅表明地表性质和状况的地貌形态，如沙地、石块地、龟裂地等。前者高度虽小，但总是起伏不平的；后者往往起伏甚微，只是表明土质的类型，许多地方又将其划入“土质”之内。这两种现象都呈区域分布，符号不是按实地位置配置的，而是在其分布范围内示意性地配置相应符号，资料许可时还可用符号的分散与集中反映实地上的相对密度。

普通地图上常用的地貌符号如图 4-63 所示。

随着用图要求的提高，地面实测资料更详细、精确，很多重要的地形碎部都有可能在地图上确定其位置和性质。这些碎部又大多数是难以用等高线表达出来的，所以中外地图上都有加强地貌符号的趋势。

加强地貌符号的重点是增加数量和定位、定性。由于需要用符号表达的地貌要素的数量增加，有限度地增加地貌符号的数量是必须的。我国早期的地形图对于冰雪地形表示很简略，待到冰川考察进一步深入之后，发现许多冰川微地形（冰裂隙、冰陡崖、冰碛、冰塔等）极其生动多样，形成特殊的地理景观，在后来的地形图上增加了冰雪微地形的表示（图 4-64）。同时，国内外的小比例尺地图上地貌符号的使用也日益增多，在一定程度上弥补了由于等高距的增大而无法详细表示的不足。

过去地貌符号较多地注意描绘的艺术效果，而对于所表达内容的范围和位置却只是示意性的，现在，不但要加强符号的艺术性，而且更强调其准确定位（如不能以等高线表示的山头定位、隘口定位、沙垄定位等）和定性（如沙地中沙丘的形状、类型等）。图 4-65 是多种地貌形态在地形图上表示的示例。

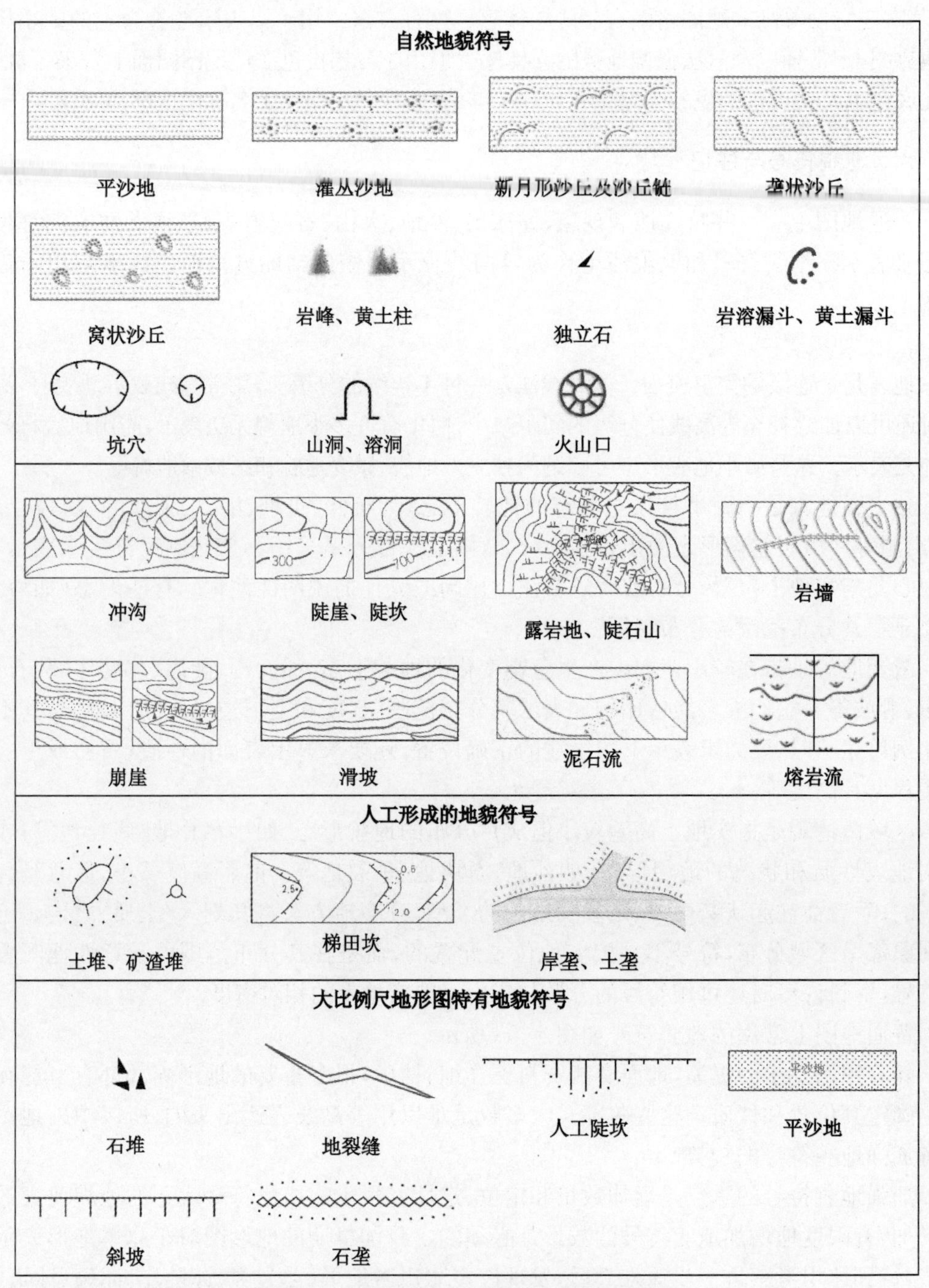

图 4-63　普通地图上常用的地貌符号示例

资料来源：编者根据以下四本地图图式重新编排改绘。

中华人民共和国国家质量监督检验检疫总局，中国国家标准化管理委员会. 国家基本比例尺地形图图式(第 1 部分：1∶500 1∶1 000 1∶2 000 地形图图式)[S]. 北京：中国标准出版社，2006.

中华人民共和国国家质量监督检验检疫总局，中国国家标准化管理委员会. 国家基本比例尺地形图图式(第 2 部分：1∶5 000 1∶10 000 地形图图式)[S]. 北京：中国标准出版社，2006.

中华人民共和国国家质量监督检验检疫总局，中国国家标准化管理委员会. 国家基本比例尺地形图图式(第 3 部分：1∶25 000 1∶50 000 1∶100 000 地形图图式)[S]. 北京：中国标准出版社，2006.

中华人民共和国国家质量监督检验检疫总局，中国国家标准化管理委员会. 国家基本比例尺地形图图式(第 4 部分：1∶250 000 1∶500 000 1∶1 000 000 地形图图式)[S]. 北京：中国标准出版社，2006.

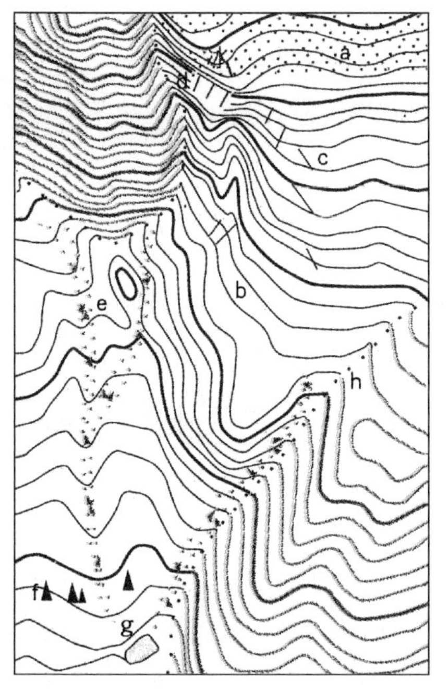

(a. 粒雪原；b. 冰川；c. 冰裂隙；d. 冰陡崖；e. 冰碛；f. 冰塔、冰塔丛；g. 冰斗湖；h. 雪山范围线)

图 4-64　冰雪地貌的表示

资料来源：中华人民共和国国家质量监督检验检疫总局，中国国家标准化管理委员会. 国家基本比例尺地形图图式(第 3 部分：1：25 000 1：50 000 1：100 000地形图图式)[S]. 北京：中国标准出版社，2006.

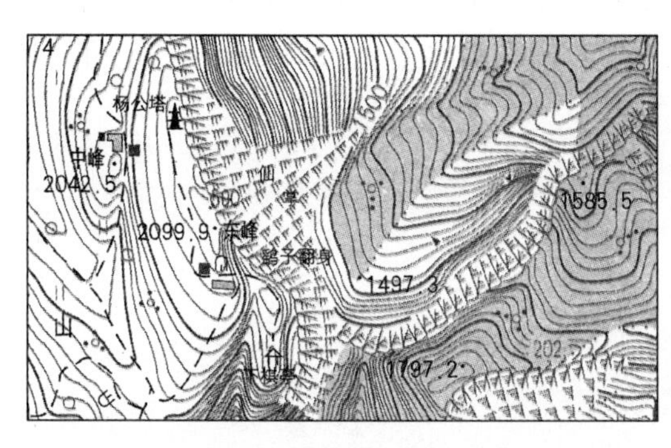

(a) 山地地貌(原图为 1：1 万)

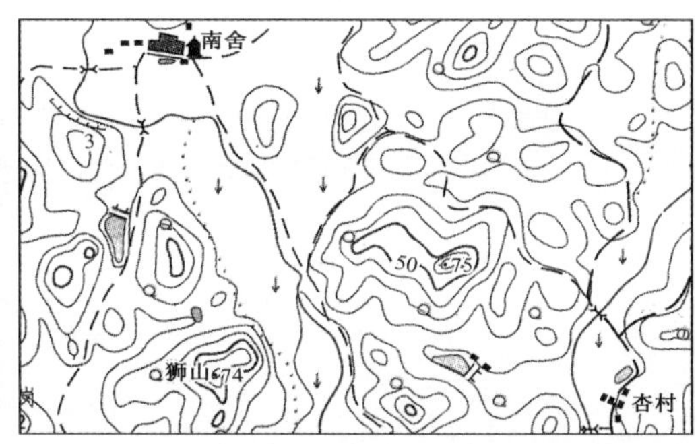

(b) 丘陵地貌(原图为 1：5 万)

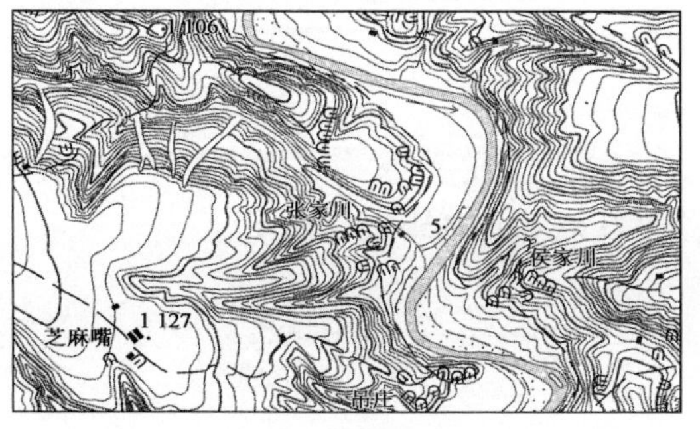

(c) 黄土地貌(原图为 1：5 万)

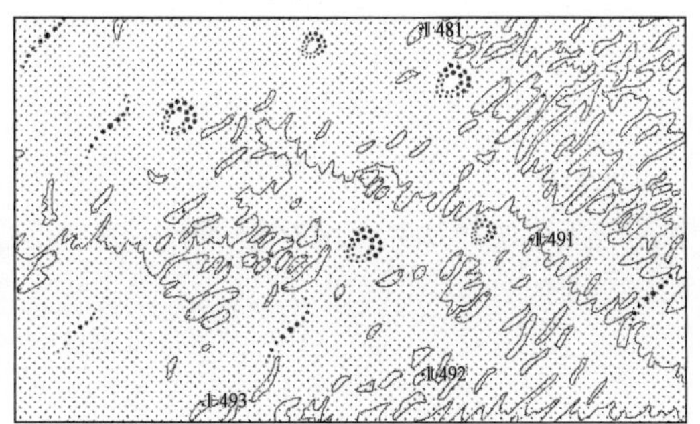

(d) 沙地地貌(原图为 1：5 万)

(e) 岩溶地貌(原图 1∶5 万)

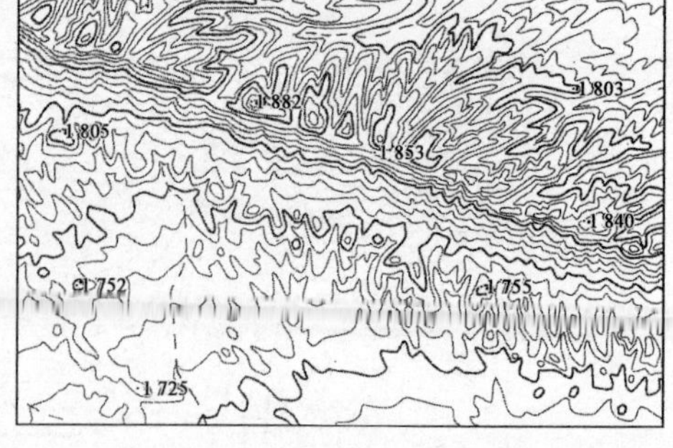

(f) 干燥地貌(原图 1∶5 万)

图 4-65　地貌在地形图上的表示

资料来源:根据 中华人民共和国国家质量监督检验检疫总局,中国国家标准化管理委员会. 国家基本比例尺地形图图式(第 3 部分:1∶25 000 1∶50 000 1∶100 000 地形图图式)[S]. 北京:中国标准出版社,2006. 部分图例改绘。

(二) 地貌注记

地貌注记分为高程注记、说明注记和地貌名称注记。

高程注记是指高程点注记和等高线高程注记(图 4-66)。高程点注记可以作为等高线的一种辅助手段,用来表示等高线不能显示的山头、凹地等。地形图上高程点注记密度视地区情况而定,平原、丘陵地区一般每 100 cm^2 选 10～20 个,山地、高山地一般每 100 cm^2 选 8～15 个。高程注记应优先选取测量控制点、水位点、图幅内最高点、凹地最低点、区域最高点、河流交汇处、主要湖泊岸线旁、道路交叉处及有名称的山峰、山隘等处的高程点,并注意协调处理高程点与等高线、测量控制点等要素的矛盾。等高线高程注记则是为了迅速判明等高线高程而加注的,其数量以迅速判明等高线的高程为准,通常在 100 cm^2 范围内选注 5～10 个。等高线注记一般以斜坡的上方为正方向,选择在平直斜坡,以便于阅读的方位注出。

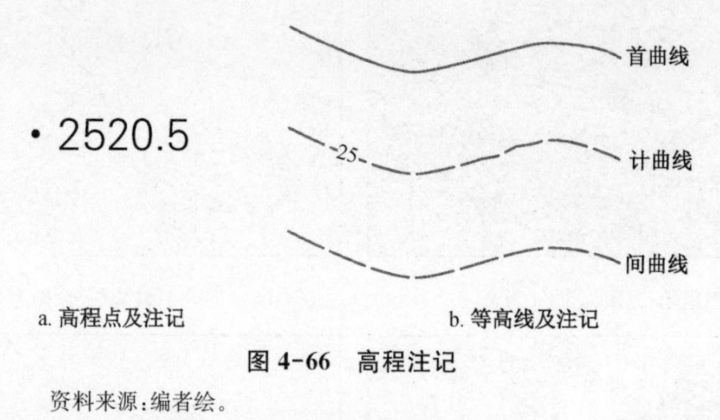

图 4-66　高程注记

资料来源:编者绘。

说明注记是为了说明符号所代表物体的比高、宽度、性质等,按图式规定与符号配合使用。比高是地物顶部至地物基部的高差,比高点及注记表示如图 4-67 所示。

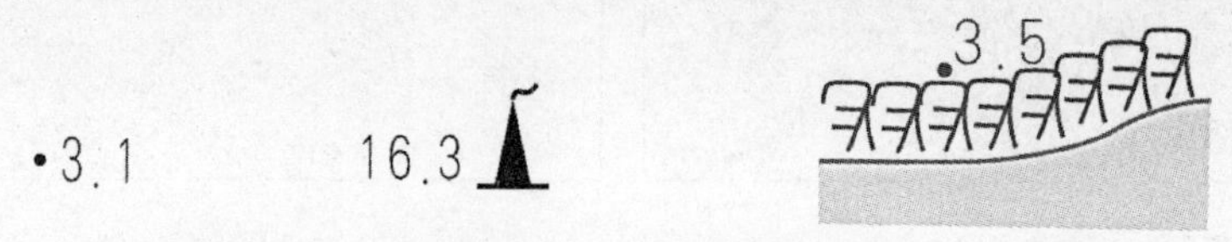

图 4-67　比高点及注记

资料来源:编者绘。

地貌名称注记包括山峰、山脉注记等。图幅内一切重要的山顶和独立山峰的名称都应尽量选注在地图上，并根据其意义和绝对、相对高度选择不同的字号。山峰名称多和高程注记配合注出，一般情况下分两边注出。山脉名称是指绵延数百公里或数十公里的大、中、小山脉和支脉的地理名称，地图上山脉名称沿山脊中心线采用有间隔的屈曲字列注出，过长的山脉应重复注出其名称。

第七节　植被、土质

土质、植被是自然景观中的基本要素之一。植被是地表各种植物的总称；土质是泛指地表覆盖层的表面性质。它们是两个迥然不同的概念，但因其同是地表的覆盖层，在地图上的表示方法有很多相似的地方，通常把它们放到一起研究。

土质、植被是面状分布的，在地图上通常用地类界、底色、说明符号、简要的说明注记等的相互配合来表示(图 4-68)。地类界是地表覆盖物的界线，用黑色点线表示，在小比例尺地图或没有明显界限时，也可不绘制地类界。说明符号指在土质、植被分布范围内用符号说明其种类和性质，如稻田、竹林等。底色是指在森林、幼林等植被分布范围套印绿色底色。说明注记是指在大面积土质和植被范围内加注文字和数字注记以说明其质量和数量特征。

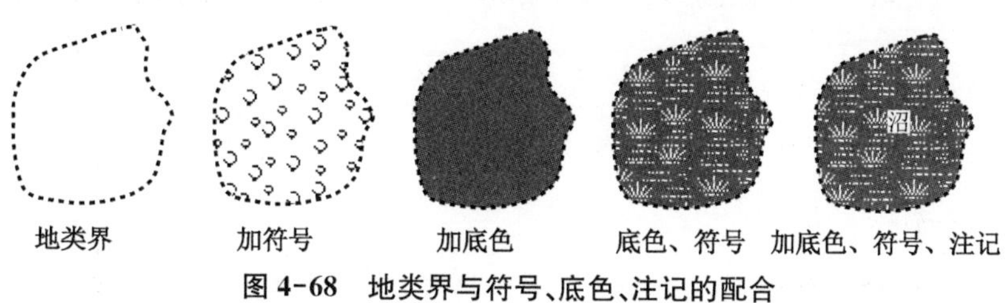

图 4-68　地类界与符号、底色、注记的配合

资料来源：编者绘。

植被在普通地图上可分为天然的和人工的两大类。天然植被包括成林、幼林、疏林、竹林、灌木林、天然草地等。人工植被包括经济林(果园、桑园等)、经济作物(中草药等)、水生经济作物、菜地、耕地等。天然植被与人工植被在普通地图上的表示如图 4-69 所示。其中水生植物地水域背景填蓝色，非常年积水的水生作物地(如藕田)，在图上用不固定水涯线(虚线)加符号表示。迹地指林地采伐后或火烧后 5 年内未变化的土地。

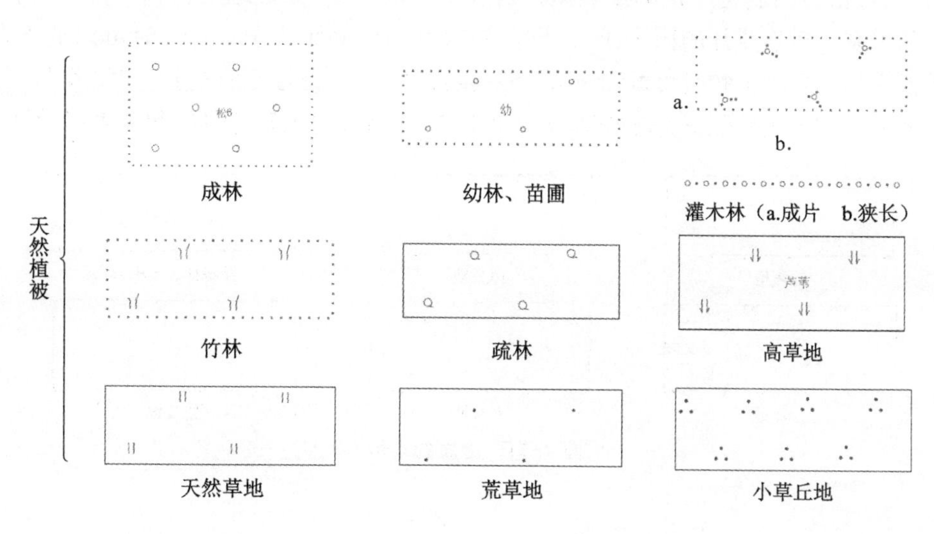

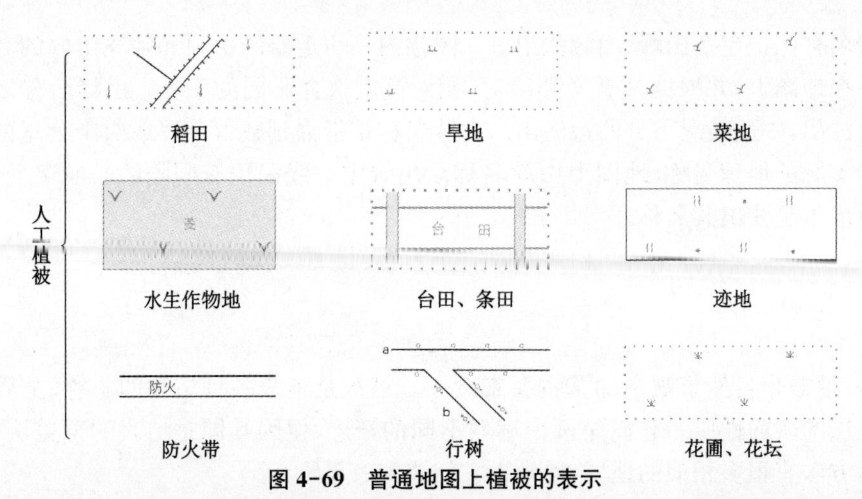

图 4-69　普通地图上植被的表示

资料来源：中华人民共和国国家质量监督检验检疫总局，中国国家标准化管理委员会．国家基本比例尺地形图图式（第2部分：1∶5 000 1∶10 000 地形图图式）[S]．北京：中国标准出版社，2006.

不同种类的经济林与独立树符号如图 4-70 所示。经济林指以生产果品、食用油料、饮料、调料、工业原料和药材为主要目的的树木林。经济林的表示方法为在其范围内整列式配置符号，如有需要则加注树种名称，如"苹""梨""漆"等。独立树指有良好方位意义的或著名的单棵树。针叶、阔叶、棕榈、果树等用相应的符号表示，著名的应加注名称。

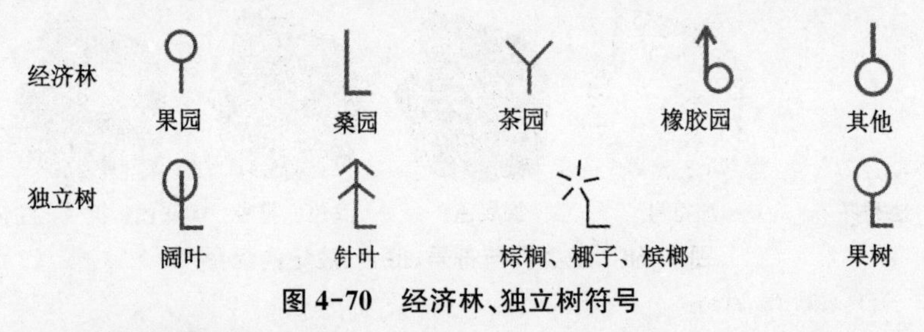

图 4-70　经济林、独立树符号

资料来源：编者绘。

根据地表覆盖层表面性质，结合植被的情况和通行程度等，土质可以分为沼泽地、沙地、沙砾地、戈壁滩、裸岩、盐碱地、小草丘地、残丘地、龟裂地、冰川等（图 4-71），其中常将裸岩、冰川、沙地划归到地貌的表示内容，而沼泽由于通常生长有喜水植物而被划归到植被的表示中。

对土质、植被的表达应正确反映出植被和土质的类型、分布范围、轮廓特征，以及与其他要素的关系。毗连成片的同类土质、同类植被其图上间距小于 1 mm 时可以适当合并。同一地段生长有多种植物时可配合表示，但植被连同土质符号不宜超过三种，符号的配置应与实地植被的主次和疏密情况相适应。图 4-72 是植被与土质符号的配合表示示例。

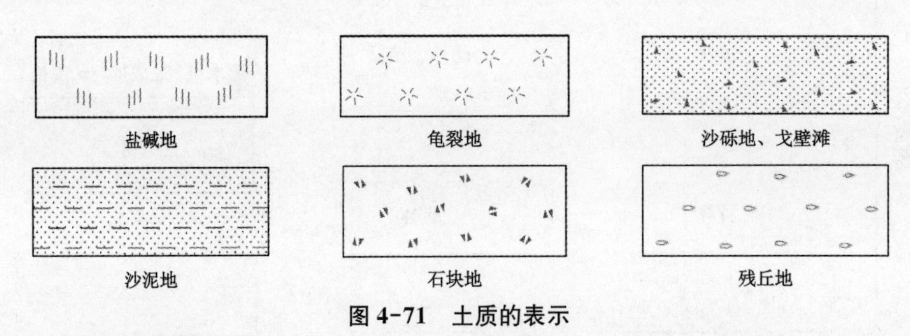

图 4-71　土质的表示

资料来源：编者绘。

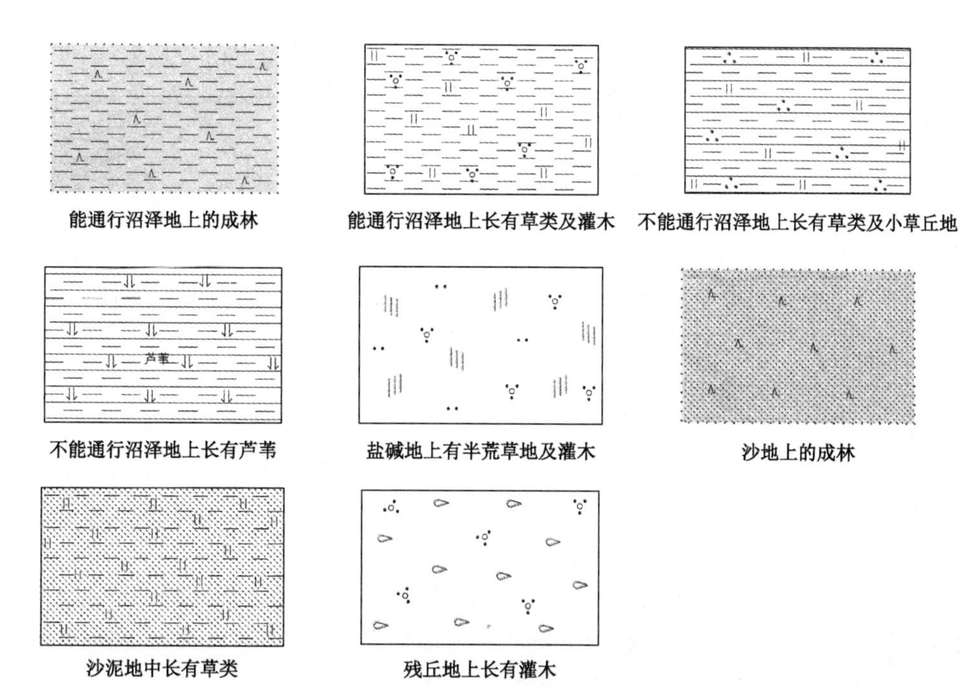

图 4-72　植被与土质符号的配合表示

资料来源：中华人民共和国国家质量监督检验检疫总局，中国国家标准化管理委员会. 国家基本比例尺地形图图式(第 2 部分：1∶5 000 1∶10 000 地形图图式)[S]. 北京：中国标准出版社，2006.

随着地图比例尺的缩小，地图上表示的土质、植被种类迅速减少。在小比例尺地图上一般只能表示出森林(用绿色)、沙漠(用棕色沙点)等大的类别，在表示方法上没有发生实质性的变化，只不过更简化而已。

第五章　专题现象的表示

普通地图仅仅反映制图区域的自然和社会经济的一般概貌，与之相比，专题地图的应用领域则极为广泛，凡具有空间属性的信息都可用其来表示。其内容、形式多种多样，能够广泛应用于国民经济建设、教学和科学研究、国防建设等行业部门。专题地图着重描述各类专题内容，一般具有空间、时间、数量和质量等特征。

从各种现象的空间分布情况看，通常归纳为以下类型：①点状分布。有的可以精确定位，如居民地、矿井、古塔等具有确切定位坐标的地物；有的不能精确定位，如代表某一区域特征的观测点位或中心点位(气象站、环境监测站等)的观测资料。②线状分布。有的具有确定的分布位置，如道路、河流、境界线等；有的仅有模糊的路径，如台风、寒潮等自然现象的路径和人口迁移、进出口贸易等社会经济现象移动路径。③面状分布。有的是连续而布满整个制图区域，如气温、地貌类型等；有的是在大面积上分散分布，如人口分布；有的则是间断而成片分布于广大面积上，如湖泊、森林、保护区。

从现象的时间特征看，可划分为四种情形：反映某一现象特定时刻的状况，如截至某一日期的行政区划、人口数量；反映现象的变迁过程，如人口迁移、战线移动；反映某一时间段内的变化，如两个时段的经济指标对比；反映现象的周期变化，如气候现象、水文现象等。

从现象的数量特征和质量特征看，不论哪一种专题内容，它都可以有一个或多个质量和数量特征。对这些特征的反映都可以归结为两种空间分布，即实在的测量空间和抽象的概念空间。测量空间如居民点的定位、河流的延伸、政区的范围等；概念空间如用符号面积反映人口数量，符号大小和结构反映企业数量、规模及构成等。

根据所表达的现象特征，专题地图制图中需选择适宜的表达方法。经过长期制图实践，形成了种类繁多的专题现象表示方法，较为常用的有定点符号法、线状符号法、质底法、等值线法、定位图表法、范围法、点值法、分级统计图法、分区统计图表法和运动线法。

第一节　定点符号法

定点符号法是用各种不同形状、颜色、大小和结构的点状符号，表示点状要素空间分布及其数量和质量特征的方法。由于表示具有固定位置的点状个体现象，又叫个体符号法。每个符号代表一个独立的地物或现象，是一种不依比例尺表示的符号。

定点符号法通常以符号的位置表示专题要素的空间分布，形状和颜色表示质量类别，大小表示数量差异，结构表示内部组成，符号的扩张表示现象的动态发展变化。

一、符号形状和颜色

个体符号按形状可将其划分为几何符号、象形符号和文字符号(图 5-1)。

几何符号，是由基本几何图形及其组合形成的符号，如圆形、三角形、方形符号等。其优点是绘制方便，易于确定符号中心点位和定位点，占用图面面积小；缺点是符号本身意义不够明确，不易辨认和记忆。

几何符号　　象形符号　　文字符号

图 5-1　个体符号按图形特征分类

资料来源：编者绘。

象形符号，包括示意性符号和艺术性符号两种。前者为较简单的图案符号，后者为实物素描或影像。其优点是形象直观，通俗易懂，图形构成可使读者联想到制图对象的形状特征，适用于教学地图或宣传普及地图；缺点是绘制复杂，定位概略，不易精确地表示数量特征。

文字符号，采用字母或简单文字作符号，它易于辨认和记忆，但符号中心点位不易确定，然而能用汉字和外文字母表示的事物相对较少，其应用也受到一定限制。

随着地理信息服务的发展和电子地图的普及应用，需要在图上表达和区分不同类型的公共服务设施，而几何符号的表达能力有限，对这些设施的表达越来越多地采用象形符号和文字符号，如图 5-2 所示的部分公共地理信息通用地图符号。

北京、北京	上海、石家庄	烟台市	河内	阿拉木图
首都	省级行政中心	地级市行政中心	外国首都	外国主要城市
南海、南海	天山山脉　天山山脉	长城饭店、全聚德烤鸭店、西苑饭店	石景山游乐场、石景山游乐场、石景山游乐场	颐和园、颐和园、颐和园
海洋	山脉	餐饮住宿	娱乐场所	观光旅游
首都	省级行政中心	地级市行政中心	外国首都和首府	外国主要城市
已定国界	未定国界	省级行政区划界线	铁路	高速公路
机场	港口	铁路车站	长途汽车站	公共汽车站
餐馆	人民团体	宗教团体	娱乐场所	游泳馆

图 5-2　部分公共地理信息通用符号

资料来源：编者绘。

形状、色彩等视觉变量可以区分专题要素的质量差别，表示其定性或分类的情况。符号面积较小时，符号的色彩（色相）差别比形状差别更明显。因此，在设计时最好用不同的颜色来表示专题地图要素最主要、最本质的差别，而用符号的形状来表示次要的差别。

二、符号的大小

点状符号的尺寸大小可以表示专题要素的数量特征和分级特征。若符号的尺寸与它所表示的专题要素的数量指标有一定的比率关系，则可称为比率符号，否则是非比率符号。

非比率符号可以表示非常模糊的数量关系，例如用大小不同的符号表示企业规模的大、中、小，粮食产量的高、中、低，而不显示其具体的数量关系和对比。

为了表达数量差异，在专题地图中经常使用比率符号。按符号大小和所代表数量的比率关系，可将其分为绝对比率和条件比率两种；无论是绝对比率还是条件比率，又都可以是连续的或分级的。因此，比率关系可以分为绝对连续比率、条件连续比率、绝对分级比率、条件分级比率四种，如表 5-1 所示。

表 5-1　比率符号的分类

划分方式	绝对比率	条件比率
连续比率	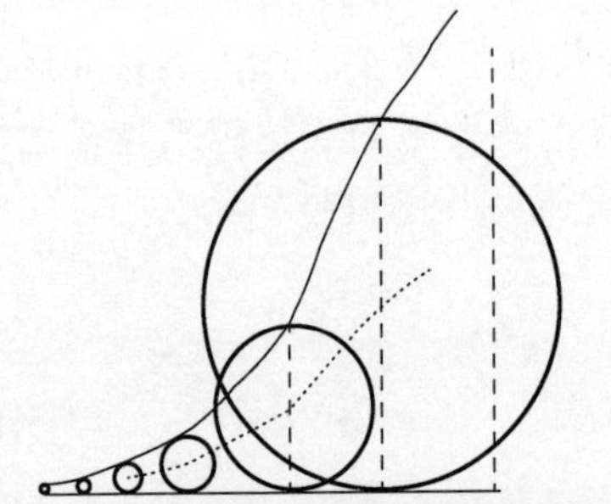 25 100 500 1 000 10 000 50 000 100 000	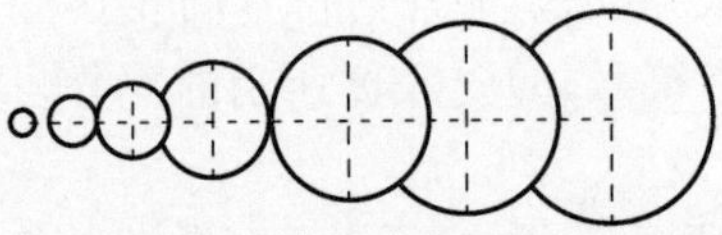 25 100 500 1 000 10 000 50 000 100 000
	绝对连续比率符号	条件连续比率符号
分级比率	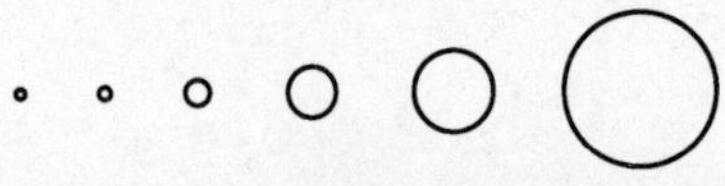 1~3 3~10 10~30 30~100 100~300 300~1 000	 1~3 3~10 10~30 30~100 100~300 300~1 000
	绝对分级比率符号	条件分级比率符号

资料来源：编者制。

（一）绝对连续比率符号

绝对连续比率符号是指符号的大小（如面积）与所代表的专题要素的数量指标成绝对正比关系。在采用绝对连续比率符号表示专题要素时，需要精确计算每个数量指标对应的符号面积。通常首先规定符号的基准线，如圆的直径、正方形的边长、正三角形的边长；然后规定最小符号的大小和它所代表的数量，据此计算出“比率基数”或单位面积所代表的要素数量；根据比率基数即可方便地计算出各个体符号的大小。

（二）条件连续比率符号

按照绝对比率关系，可计算出不同数量对应的符号面积。可是当专题要素的两个极端数量指标相差极为悬殊时，最大符号与最小符号的差别也极其悬殊。要最小符号保持一定大小、清晰可辨，则最大符号必然过大，以致影响其他要素；如果要缩小最大符号，最小符号也必须相应地缩小，这就会产生最小符号难以描绘和不易阅读的弊病。对此，可对计算的基准线长度附加一个函数条件，例如对其开方，缩小符号间的大小差距。相反地，当专题要素数量指标差别不大时，可对计算的基准线长度乘方，以扩大符号间的差距。

这种对基准线长度附以函数条件用以改变符号大小，且符号大小与其所代表的数值也一一对应的符号，称为条件连续比率符号。

（三）绝对分级比率符号

连续比率符号存在绘制困难、不同大小的符号数量众多而影响读图等问题。为了克服这些缺点，有时在表达专题要素数量指标时，不是直接采用物体连续的真实的数值，而是采用对其分级后的数值，如 0～20，20～40，…，对每一个数值区间设计一个符号，处于这个等级中的各个物体，尽管其真实数值不同，但由于它们处于同一个等级中，仍用代表这个等级的同等大小的符号来表现它们。这种用分级平均值（或极限值）按绝对比率关系建立的符号称为绝对分级比率符号。

（四）条件分级比率符号

假若表达的是分级数据，符号大小又是根据分级平均值（或极限值）附加一定的函数条件计算出来的，这种符号称为条件分级比率符号。

采用分级比率符号大大减轻传统制图方法中确定符号大小的工作量，简化了图例，方便了读者；在分级区之内不因某些数值的变化而改变符号的大小，能较好地保持地图的现势性。因此，分级比率符号在编图工作中广为应用。它的主要缺点是不能表示出同一级别内专题要素在数量指标上的差别，如在 30～100 这一级中，31 和 99 这两个数量指标相差甚大，但恰好在同一级别内，由于属同级，故用面积相同的符号表示，掩盖了差别；相反，29 和 31 两个数量指标相差甚小，但却处于不同的级别内，所用符号的面积相差甚大。为此，在采用分级比率符号时，需科学合理地进行级别划分。

图 5-3 为定点符号法表达城镇人口数量的一个实例，该图采用两个系列的条件分级比率符号，分别表示城市和城镇的人口数量。同时利用颜色差异，反映城市等级或城镇类型的差异。

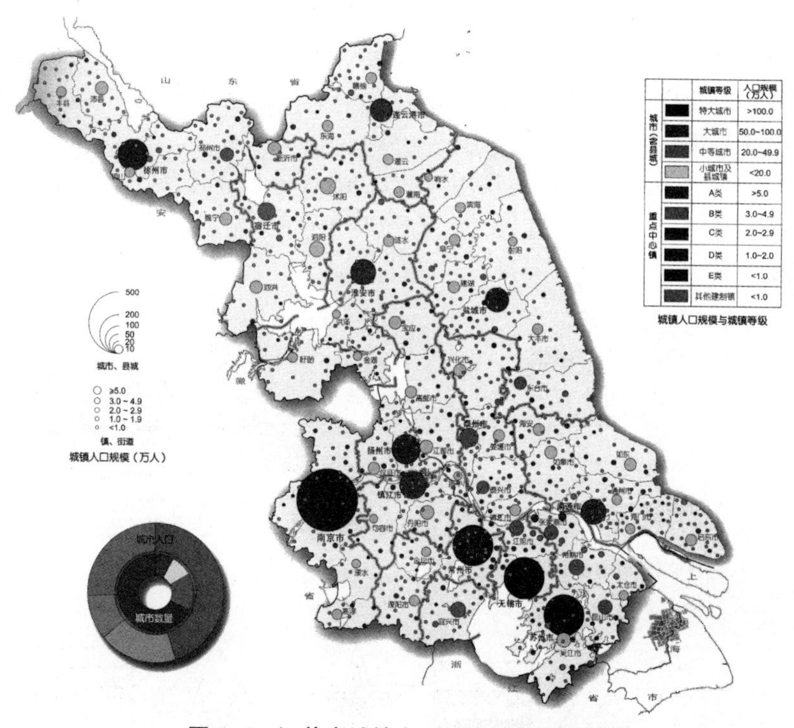

图 5-3　江苏省城镇人口规模与城镇等级

资料来源：中国科学院南京地理与湖泊研究所. 江苏省资源环境与发展地图集[M]. 北京：科学出版社，2009.

三、符号的定位

在专题地图中采用定点符号法时，应该注意符号的定位。

第一，必须准确地表示出重要的地理基础要素，如河流、道路、居民点等。这些地理要素不仅有助于符号的定位，而且有助于反映专题要素的地理分布特征。

第二，运用几何符号可以把所示物体的位置准确地定位于图上。当反映的目标比较集中时，可能出现符号的重叠，这会破坏符号的可读性。为此，在重叠度不大时，可用小压大的方法，避免小符号被完全遮挡；若重叠较大，可以采用透明度、冷暖色调等方法处理，或者在主图内使符号相互重叠表示，同时在地图空白处用扩大图（附图）的形式将专题现象的分布状况详细显示出来。

第三，当几种性质不同的现象都定位于同一点，产生不易定位及符号重叠时，可保持定位点的位置，将各个符号组织成一个组合结构符号。此时尽管它们同位于一点，但仍可相互独立地表达。

第四，当一些现象由于指标不一而难于合并表达时，可将各现象的符号置于相应定位点周围。

四、符号的扩展

除了利用图形和颜色表示现象的数量、质量特征外，定点符号法还可借助符号结构和形态等的变化，表达多种数量指标或现象的结构与发展动态。

组合结构符号把简单图形（如圆、正方形、立方体）划分为几个部分，以反映专题现象的结构，简单图形的大小表示指标的总量，图形的分割状况反映现象内部的构成比例。常见的组合结构符号如图 5-4 所示。利用外接圆、同心圆和其他同心符号，并配以不同的颜色或纹理，可用来表示现象不同时期的数量指标，反映制图要素的发展动态，这类符号称为扩张符号（图 5-5）。

如图 5-6 所示为江苏省城市建设用地构成图，图中以正方形的大小表示建设用地总量，正方形内部划分为 3 个部分并以黄色、绿色、棕色区分，分别表示居住用地、绿地、城市建设用地的构成情况。

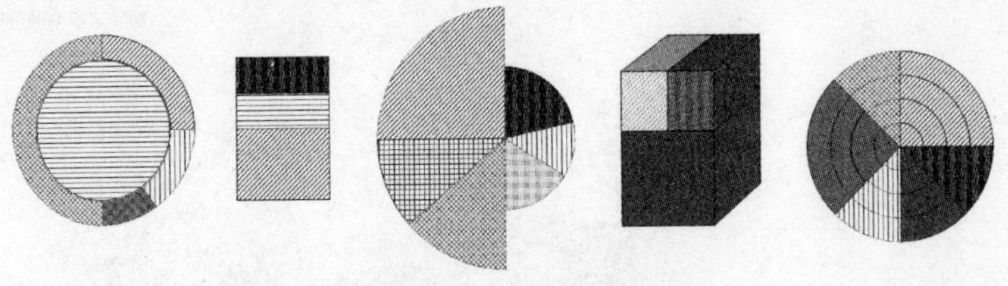

图 5-4　组合结构符号

资料来源：编者绘。

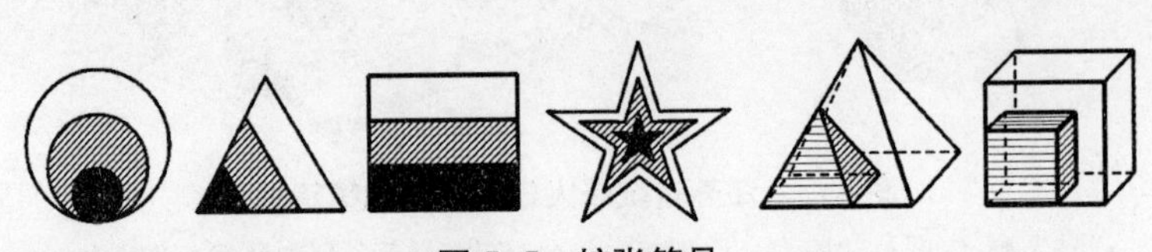

图 5-5　扩张符号

资料来源：编者绘。

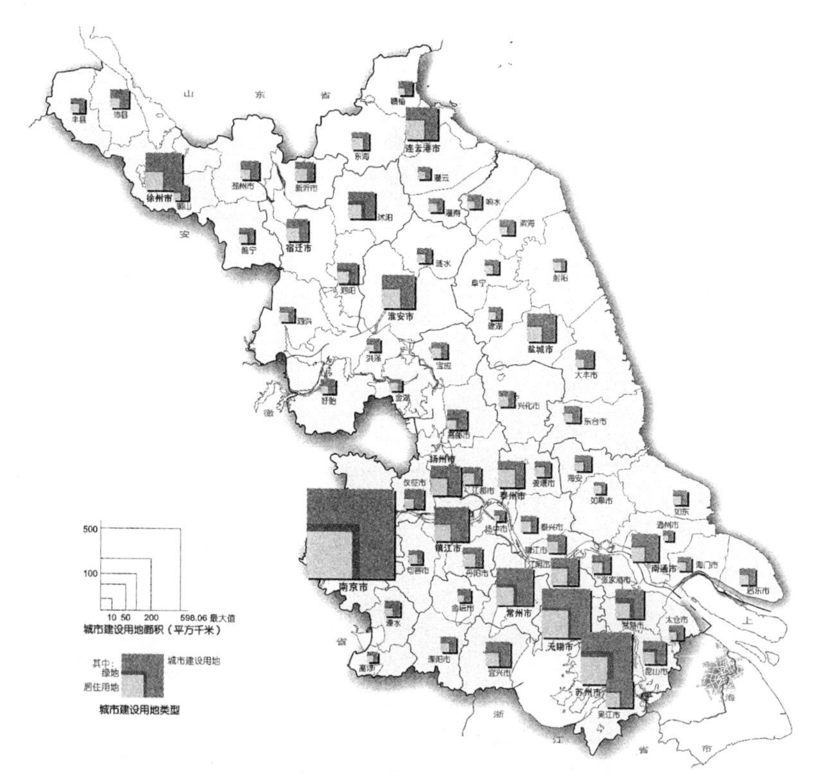

图 5-6　江苏省城市建设用地构成图

资料来源：中国科学院南京地理与湖泊研究所. 江苏省资源环境与发展地图集[M]. 北京：科学出版社，2009.

第二节　线状符号法

线状符号法是以线形符号表示呈固定线状（或带状）分布的制图对象质量与数量特征的表示方法。线状符号在普通地图上的应用是常见的，如用线状符号表示水系、道路、境界线等。在专题地图上，线状符号除了表示这些要素外，还表示各种有特定地理含义的线划，如分水线、合水线、坡麓线、构造线、锋线等；可以表示用线划描述的运动物体的轨迹线、位置线，如航空线、航海线；能显示目标之间的联系，如商品产销地，以及物体或现象相互作用的地带。这些线划都有其自身的地理意义、定位要求和形状特征。

线状符号法通常用颜色和图形形状表示线状要素的质量特征，如区分海岸类型、地质构造线类型、不同时期的河床位置。图 5-7 中，以不同的线型分别表示古岸线、古堤防和古河道，以符号的颜色差异表示不同时期古堤防的变迁。在线型选择时，稳定性强的地物或现象一般用实线（如图中的古堤防），稳定性差的或次要的地物用虚线（如图中的古岸线）。

线状符号法一般不表示数量指标，符号的粗细只代表质量等级的差异，如主要和次要的区分，图 5-8 中，用粗线表示主要断层、细线表示次要断层。

在专题图上的线状符号常有一定的宽度，在描绘时与普通地图不完全一样。在普通地图上，线状符号往往描绘于被表示物体的中心线上；而在专题地图上，有的描绘于被表示物体的中心线上，如变迁的岸线（图 5-7）、断层线（图 5-8）；有的描绘于线状物体的某一侧，形成一定宽度的颜色带或晕线带，如海岸类型、沿海潮汐类型（图 5-9）。

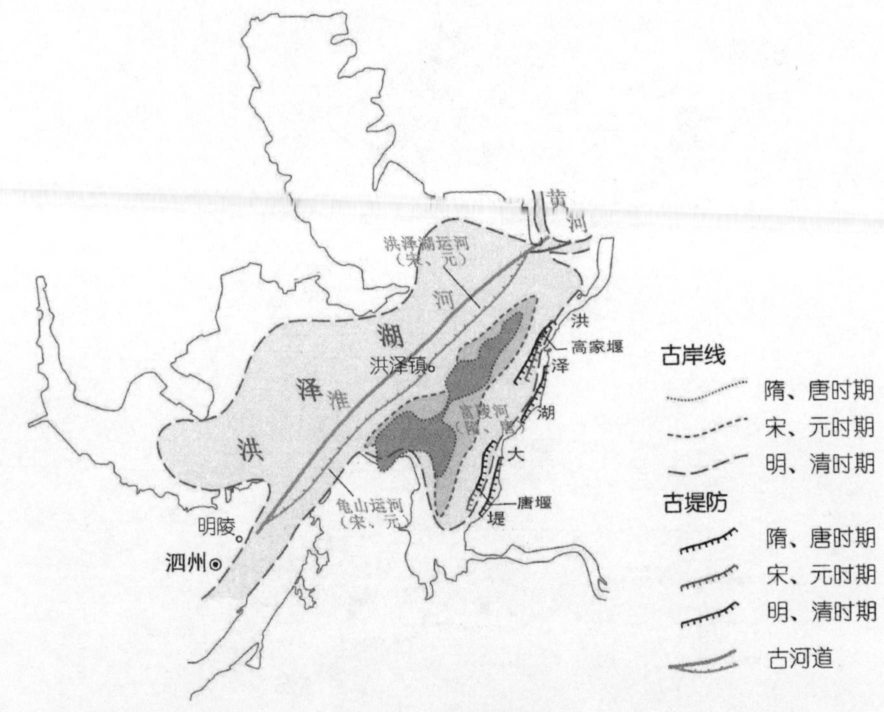

图 5-7　洪泽湖的形成

资料来源：中国科学院南京地理与湖泊研究所. 江苏省资源环境与发展地图集[M]. 北京：科学出版社，2009.

图 5-8　斜向湖盆带构造示意图

资料来源：中国科学院南京地理与湖泊研究所. 中国湖泊分布地图集[M]. 北京：科学出版社，2015.

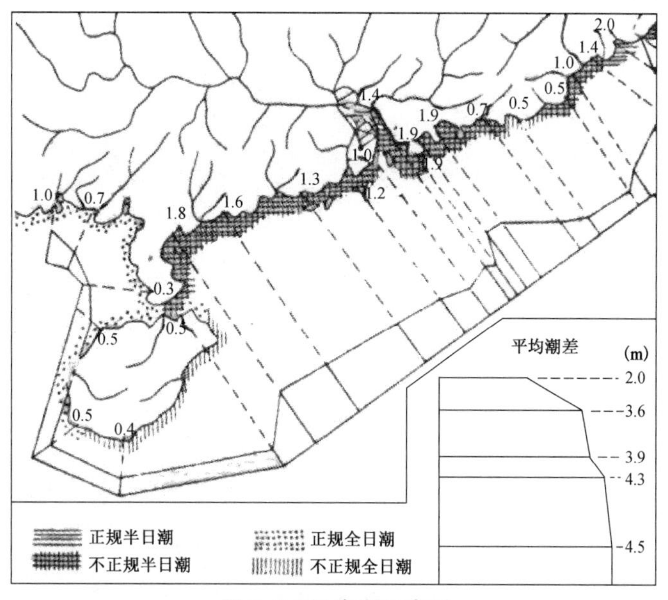

图 5-9 沿海潮汐类型

资料来源：张克权，黄仁涛. 专题地图编制[M]. 北京：测绘出版社，1991.

第三节 质底法、等值线法、定位图表法

对于连续而布满整个制图区域的现象，如气温、地貌类型等，主要表示方法有质底法、等值线法和定位图表法。质底法偏重于表现现象的质量特征，等值线法偏重于表现现象的数量特征，定位图表法可反映现象多方面的数量特征及其变化。

一、质底法

质底法是把全制图区域按照专题现象的某种指标划分区域或各类型的分布范围，在各界线范围内涂以颜色或填绘晕线、花纹（乃至注以注记），以显示连续而布满全制图区域的现象的质的差别。这种方法重于表示质的差别，一般不直接表示数量的特征，也称为质别法。由于常用底色或其他整饰方法来表示各分区间质的差别，故称质量底色法，简称质底法。质底法是自然地图中应用较广的一种表示方法，如地质图、地貌图、土壤图、植被图等，政治行政区划图、经济区划图、土地利用现状图等人文地图中也常常采用此法（图 5-10、图 5-11）。

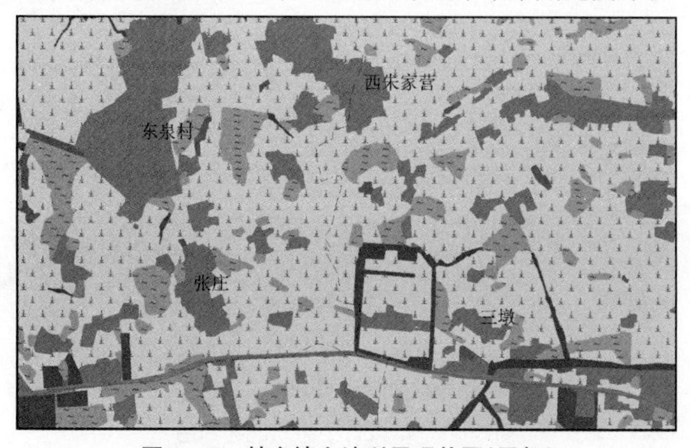

图 5-10 某乡镇土地利用现状图（局部）

资料来源：编者绘。

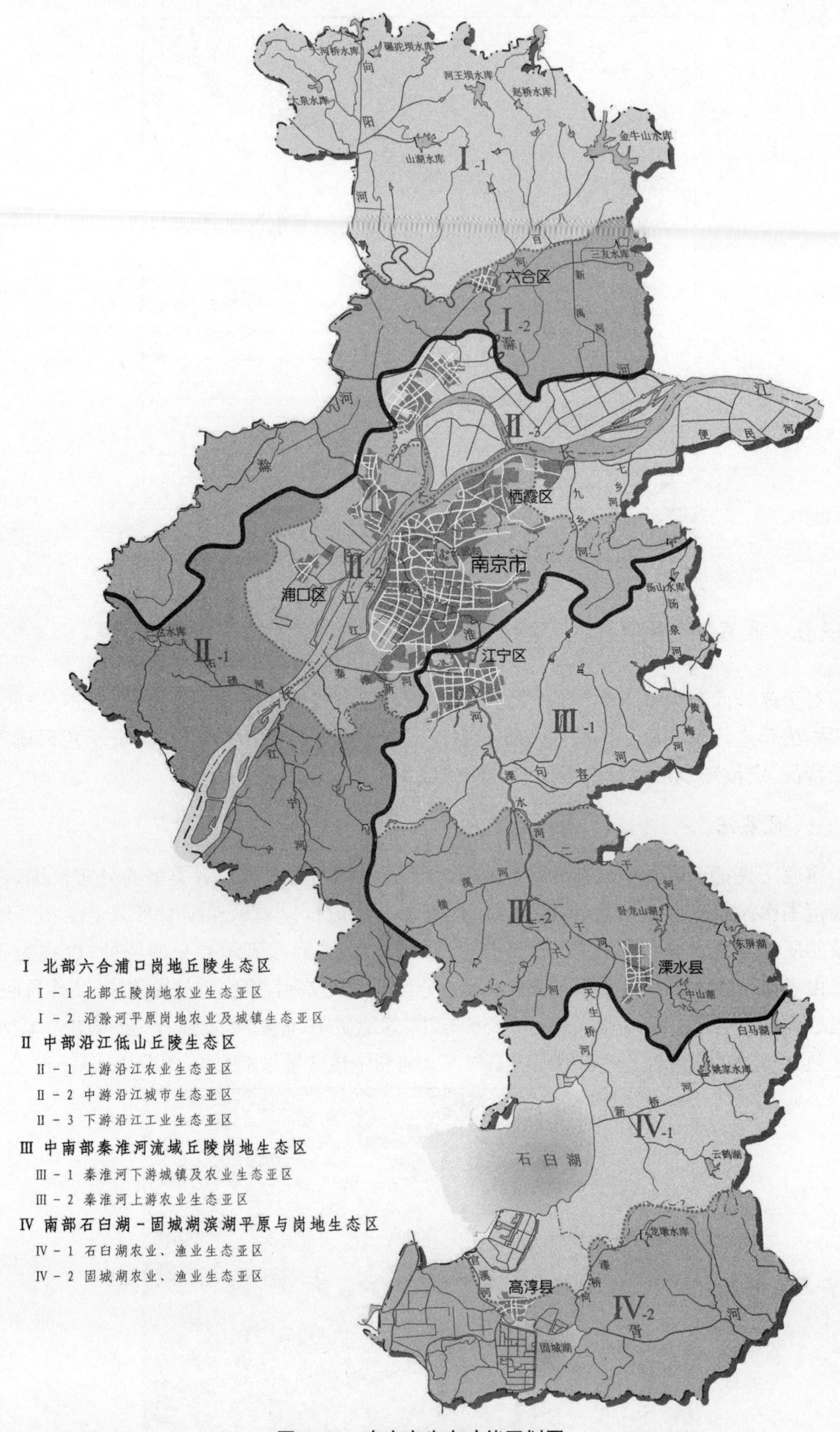

图 5-11　南京市生态功能区划图

资料来源：南京市环境保护局. 南京市生态市建设规划图集[Z]. 2006.

采用质底法时，首先应按专题内容性质决定要素的分类、分级（分区），勾勒出分区界线，并根据拟定的图例，用特定的颜色、晕线等表示各种类型（或区划）的分布。

类型的划分是在一定的科学分类基础上进行的，可以根据要素的某一属性（如地质图中按年代或岩相），也可以按组合指标，如中国气候区划中主要依据日平均气温稳定≥10 ℃的日数、1月平均气温、7月平均气温、日平均气温稳定≥10 ℃期间的积温、年干燥指数、年降水量等指标，采用分类处理的数学方法进行确定。

按区划界线的准确程度，质底法又可分为精确分区和概略分区两种。用格网法分区，即是概略分区的一种（图5-12）。这种图只能表示现象的概略分布范围，其现象的分布范围呈现有棱角状的轮廓，在计数方面比较方便。凡现象分布的界线不十分精确的，可用此种概略分区。对有较精确界线范围的现象分布图，如地质图、土壤图、植被图，则一般不采用概略的格网分区，而用精确分区的质底法。

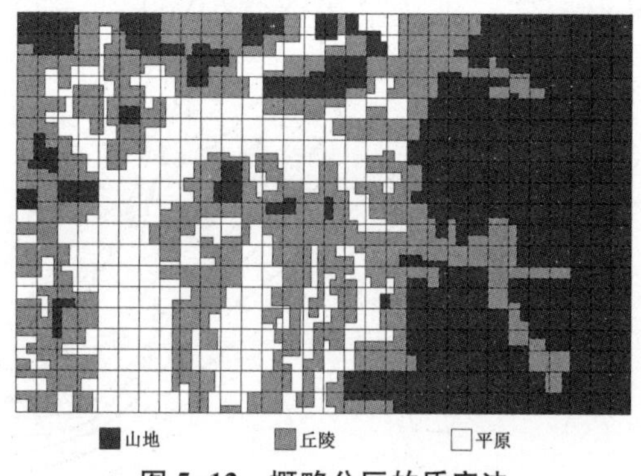

图5-12 概略分区的质底法

资料来源：根据张克权，黄仁涛. 专题地图编制[M]. 北京：测绘出版社，1991. 改绘。

质底法的效果，在很大程度上取决于图例符号的设计水平。如果分类和图例科学，色彩、晕线或花纹符号选择合适，就能很直观地反映制图现象的分布规律和区域差别。图例说明要尽可能详细地反映出分类的指标、类型的等级及其标志，并注意分类标志的次序和完整性。选用颜色时，力求使在质量方面类型接近的制图现象采用相近的颜色，如在气候区划图中，对类型较为接近的寒带和亚寒带、热带和亚热带，采用相近的颜色表示。

当显示两种性质的现象时，通常用颜色表示现象的主要系统，而用晕线或花纹表示现象的补充系统。如在普通地貌图上，用颜色表示各种地貌类型的分布、用晕线表示地貌的切割程度。

质底法具有鲜明、美观、清晰的优点，但在不同现象之间，显示其渐进性和渗透性较为困难。同时，当分类数量较多时，图例比较复杂，必须详细阅读图例才能读图。在一般情况下，图上某界线范围内的现象必须是同属某一类型的或某一区划的，以便用一种颜色（或晕线）表示。特殊情况下，对个别范围内确实存在重复现象而又不能分类分区时，可用“复域”表示。

二、等值线法

等值线法又称等量线法，表示在相当范围内连续分布且数量逐渐变化的现象的数量特征，用连接各等值点的平滑曲线来表示制图对象的数量差异。地图上等值线法的应用相当广泛,除常见的等高线、等温线以外,还可表示制图现象在一定时间内数值变化的等数值变化线(如年磁偏角变化线、地下水位变化线)、等速度变化线,表示现象位置移动的等位移线(如气团位移、海底抬升或下降),表示现象起止时间的等时间线(如霜期、植物开花期)等(图 5-13)。

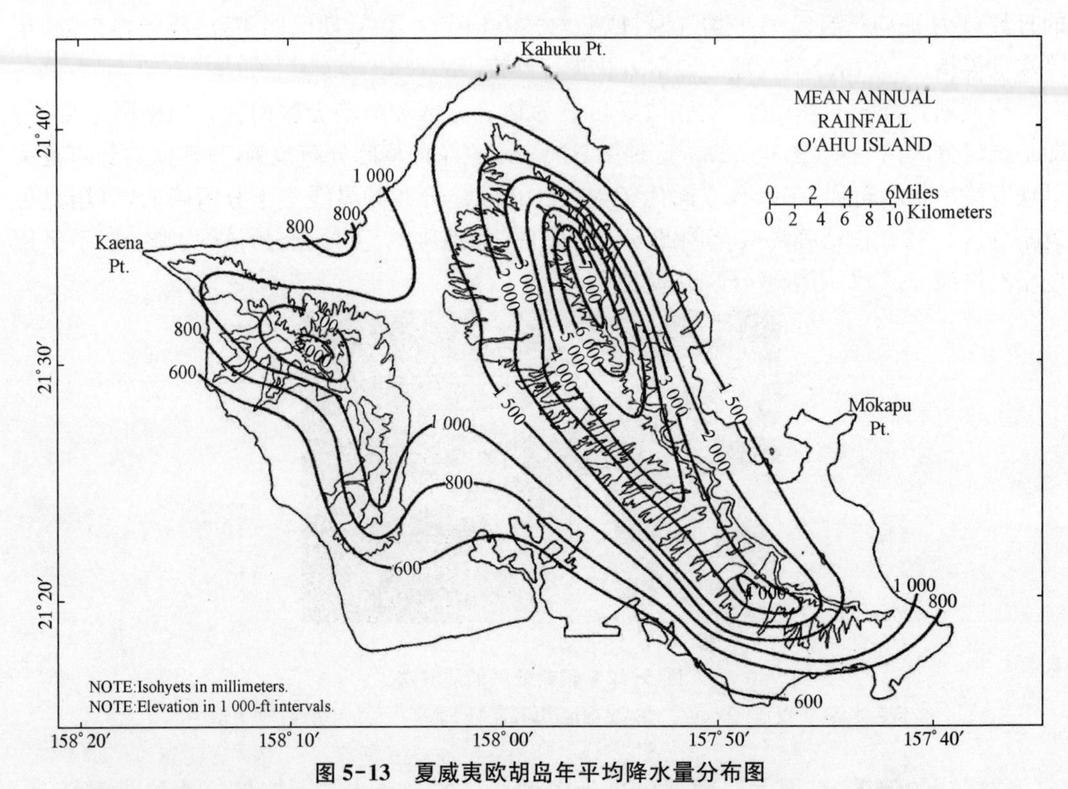

图 5-13　夏威夷欧胡岛年平均降水量分布图

资料来源:http://rainfall.geography.hawaii.edu/assets/images/giambelluca_s.jpg

等值线的特点是:

(1) 等值线法用来表示连续分布于整个制图区域而又逐渐变化的现象,此时等值线间的任何点都可用插值法求得其数值。如自然现象中的地形、气候、地壳变动等现象。对于离散分布而逐渐变化的现象,通过统计处理,也可用等值线法表示。

(2) 在采用这种方法时,每个点所具有的数量指标必须完全是同一性质的。如根据各地同一时间的记录,以代表当时区域内的气候情况(某年某月某日的气温),或者取较长时间记录的平均数(如多年观测的某月全月气温,取平均数而得该月的平均气温)来代表。等高线必须根据同精度测量和化为同高程起算基准的成果,才能正确反映客观实际情况。

(3) 等值线的间隔最好保持一定的常数,这样有利于依据等值线的疏密程度判断现象的变化程度。但这也不是绝对的,例如在小比例尺地图上,用等高线表示地貌时,多数是采用随高度、坡度而变化的等高距。

在选择等值线的间隔时,现象本身的特点(如数值变动范围的大小)、观测点的多少、地图比例尺和用途等都影响等值线间隔的选择。一般来说,观测点多,等值线间隔就小;比例尺小,间隔则大;科研和设计用图,等值线间隔宜小,一般参考图可大一些。但是,反映现象分布特征的典型等值线应予以表示。

(4) 等值线法通常与分层设色相配合，以直观显示现象的分布。各层的颜色随现象数值的变化改变其饱和度、冷暖和亮度等，以表示现象质量和数量的变化特征。例如在气温图上，用由冷到暖渐变的颜色反映气温的高低。

(5) 编制几幅用等值线法表示不同时期的现象变化情况图，便可比较现象的发展动态。如果在同一幅图上用两三种不同颜色的等值线系统，以显示现象的发展，效果会更直观。同样的，用两三种等值线系统可以显示几种现象的相互联系，如同时表示 7 月的等温线和等降雨量线(图 5-14)。但这种图的易读性相应降低，因此常用分层设色辅助表示其中一种等值线系统。

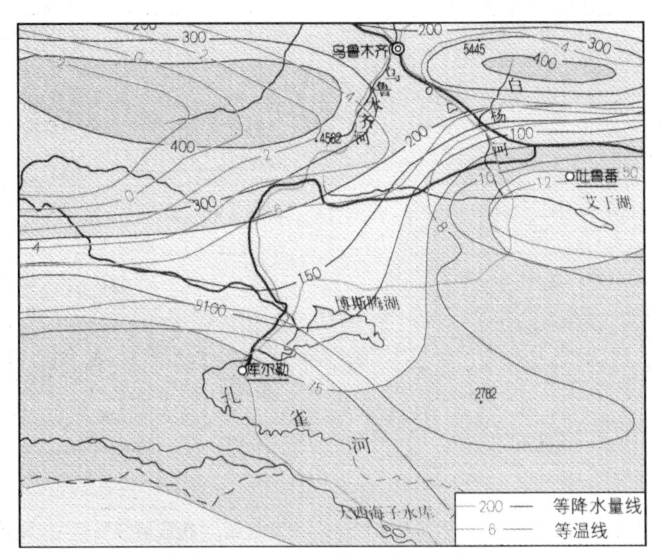

图 5-14　年降水量与年平均气温

资料来源：编者绘。

三、定位图表法

定位图表法是一种用定位于现象分布范围内某些地点或均匀配置于区域内的一些相同类型的统计图表，反映定位于制图区域某些点上季节性或周期性现象的数量特征和变化的方法，有时也被称为定点统计图表法、定位统计图表法。常见的定位图表有风向频率图表、风向和风速图表、温度与降水量的年变化图表、河流沿线上各水文站的水文图表等。定位图表一般描绘于地图内相应的点上，也有的被描绘于地图之外，而用名称注记说明所代表的地点(图 5-15)。

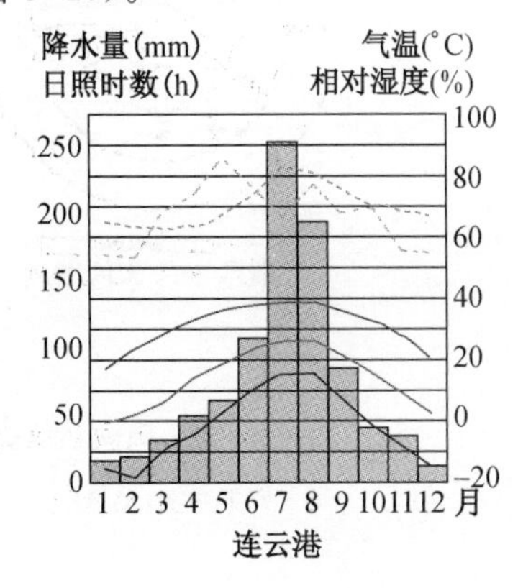

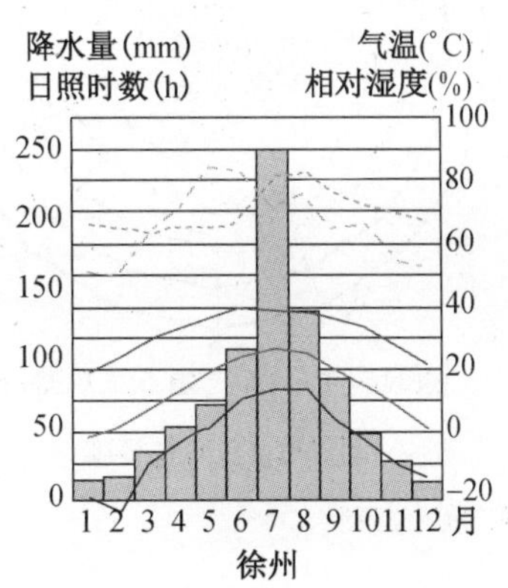

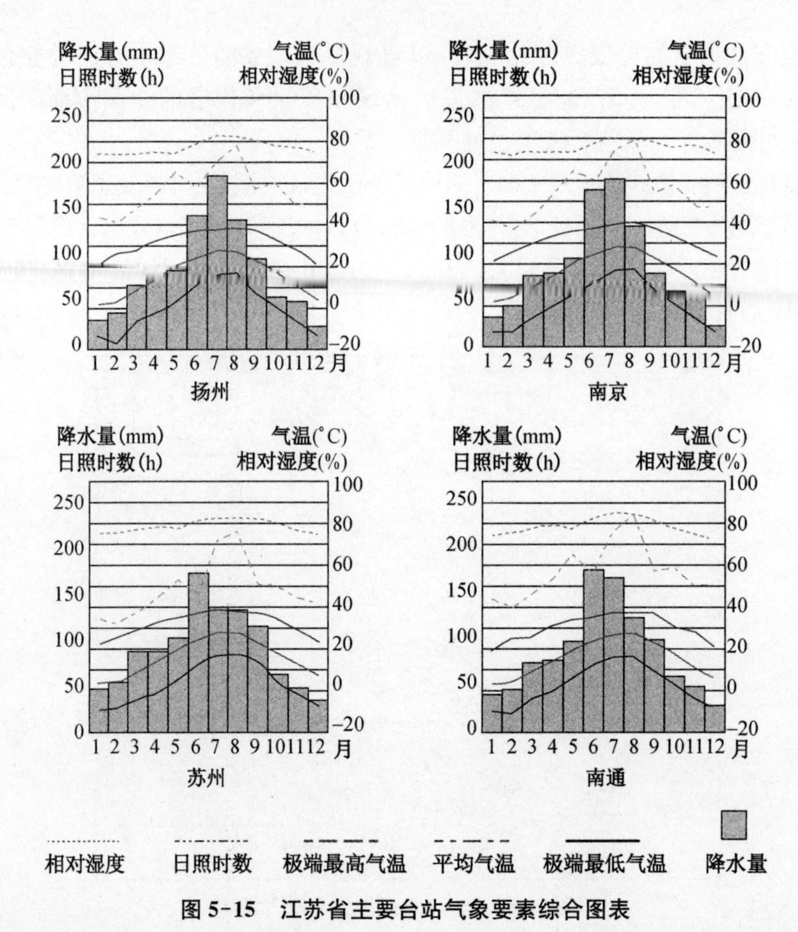

图 5-15 江苏省主要台站气象要素综合图表

资料来源:根据中国科学院南京地理与湖泊研究所. 江苏省资源环境与发展地图集[M]. 北京:科学出版社,2009. 相关内容改绘。

定位图表法中常见的“玫瑰花”图形(图 5-16、图 5-17)是具有方向频率与速度大小分布状况的定位图表,它广泛应用于说明现象的或然率,例如表示各方向风的频率与风速、无风率与平均风速、洋流的速度与频率等。例如,图 5-17 是某点上的风向和风速的玫瑰型图

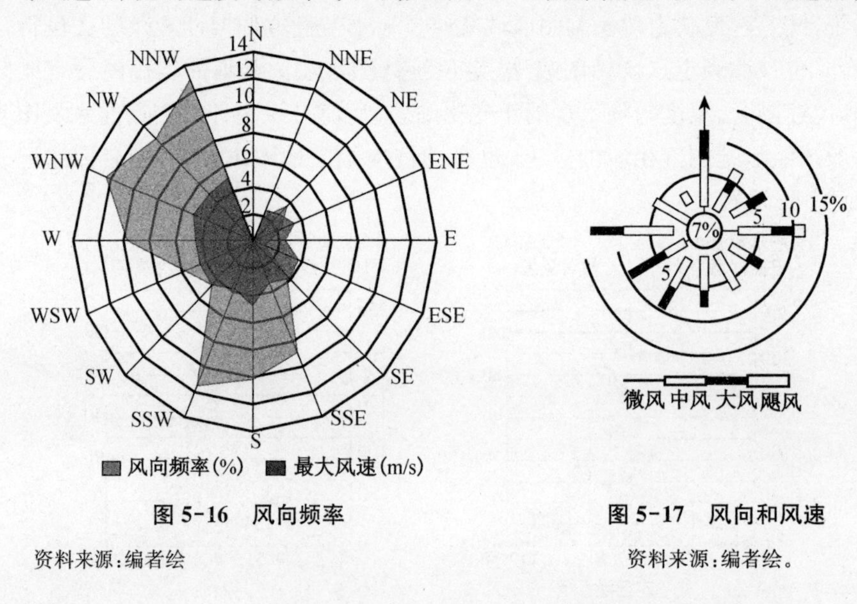

图 5-16 风向频率

资料来源:编者绘

图 5-17 风向和风速

资料来源:编者绘。

表，表明该点(台站)上无风日占 7%，标注在中心，其余的 93%是有风的，其方向用 12 个方向划分；每个方向的风发生的频率用柱长表示，每毫米代表 1%；构成柱子的四种形式——细实线、空白柱、实心柱、加宽柱分别代表微风、中风、大风和飓风。

定位图表表示的周期视地图的用途和资料而定，有的以“月”为单位，有的以“季”为单位，也有用半年乃至一年为单位的。如风向频率、相对湿度，可依“月”或“季”为单位，气温和降水则常以“月”为单位。在海洋上，表示风向(和洋流)频率和风力的定位图表往往是均匀、等间隔配置的。从形式看，定位图表法反映的虽然只是在某些点上观测的数据，但它反映的却是面上的现象。因此，分布在制图区域中的若干定位图表，就可以反映该区域面状分布现象的空间变化。

第四节　范围法

范围法，亦称区域法或面积法，是用轮廓线或在轮廓线内使用颜色、晕线或注记等整饰方法，在地图上表示某专题要素在制图区域内间断而成片的分布范围。例如煤田的分布、森林的分布、棉花或某种农作物的分布、文化圈的分布等，如图 5-18 所示。该要素必须分布在较大的面积上，才能按地图比例尺充分地显示出来。

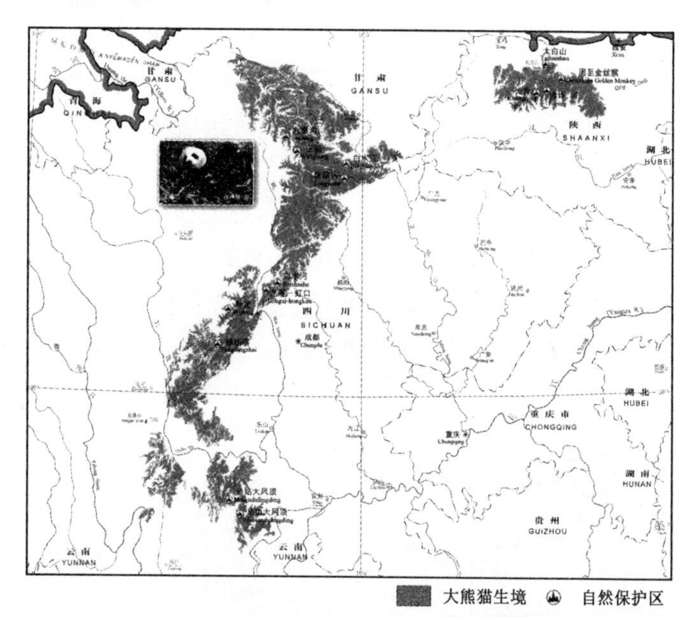

图 5-18　大熊猫生境的分布示意图

资料来源：中国科学院生态环境研究中心，世界自然基金会. 长江流域生物多样性格局与保护图集[M]. 北京：科学出版社，2011.

范围法实质上也是进行面状符号的设计，其轮廓线以及面的色彩、图案、注记是主要的视觉变量。

范围法表示的范围有绝对和相对之分，绝对区域范围是指所示的要素仅仅分布在所标明的地区范围内，在此范围以外便没有这种要素了。相对区域范围是指地图上勾绘出的范围仅仅是所示要素的集中地区，在范围以外还有同类要素，不过是太零星而无法表示而已。

区域范围界线有精确的，也有概略的。精确的区域范围是尽可能准确地勾绘出要素分布的轮廓线。概略范围是仅仅大致地表示出现象的分布范围，没有精确的轮廓线，这种范围经常不绘出轮廓线,用散列的符号或仅用文字、单个符号表示现象的分布范围,如图 5-19 所示。

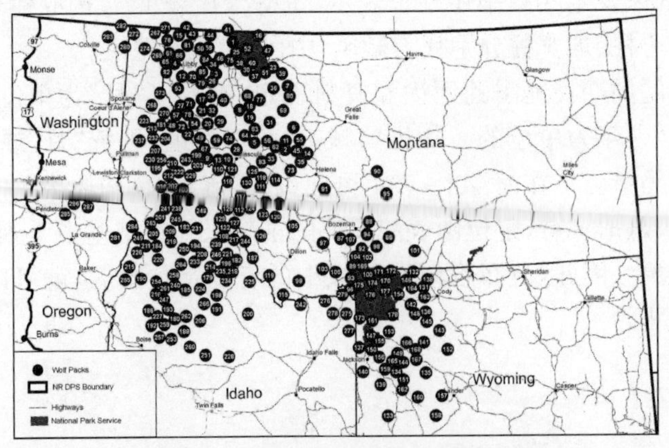

图 5-19　北落基山地区灰狼狼群分布

资料来源:http://fwp.mt.gov/fwpDoc.html? id=42232

当用散列的符号图形表示要素分布的概略范围时,该类符号仅仅是概略地指明要素的分布范围,完全没有定点意义。不过这种范围一般较小,比较分散。而定点符号法的符号是说明"点"上分布的对象,因此,不应将概略范围法与符号法混为一谈。

图上究竟用精确的还是概略的区域范围,主要取决于编图的目的、用途、地图比例尺、资料的完备和详细程度,尤其是要素的分布特征。如图 5-19 中野生保护动物的分布,由于动物分布的界线往往难以确定,所以不画其范围线,而采用概略范围法。

由于范围法仅需区分出各自独立的范围,而无需顾及它们本身范围以外的要素的分布,因此,在同一幅图上以范围法表示不同的要素时,各要素可能产生重叠。对此,可用不同的颜色或晕线来解决,以图形的相互重叠表示制图对象的重合性、渐进性和相互渗透性。

范围法通常用于表示要素的质量特征和渐进性,一般不强调表示数量的指标。若要反映其数量差异,可借助于色彩的饱和度、晕线的密度、不同大小的符号(或字体),或用符号的个数,或直接注出其数量指标等方法来体现(图 5-20)。

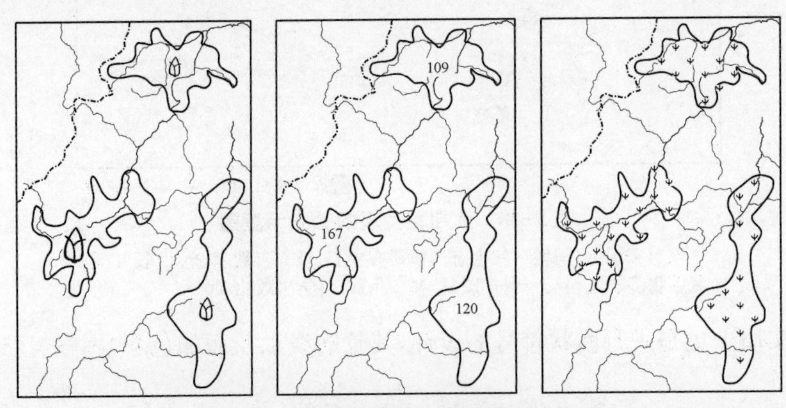

图 5-20　用范围法表示数量指标的方法

资料来源:编者绘。

不同时期现象范围的重叠和变化,可显示现象的发展变化,如图 5-21 中以不同颜色表示不同时期洪涝灾害的分布范围,相互重叠即可反映洪涝灾害的发展变化。

范围法具有简单、明确的优点,在编制专题地图时,可作为独立的表示方法,也常常与

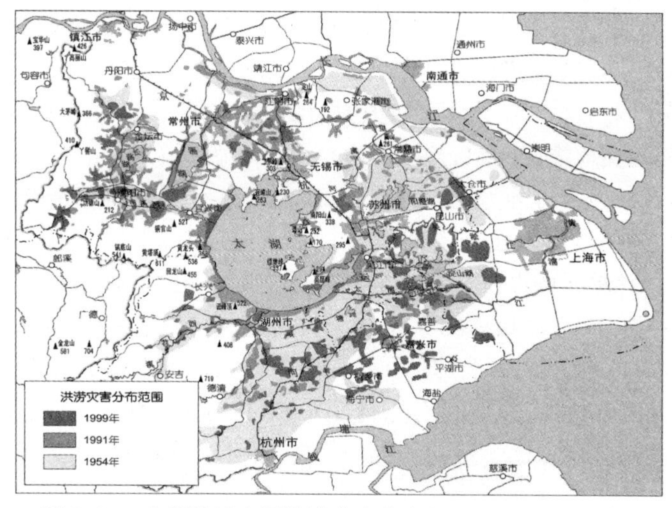

图 5-21　太湖流域主要洪涝灾害分布(1954、1999、1999 年)

资料来源:中国科学院南京地理与湖泊研究所. 江苏省资源环境与发展地图集[M]. 北京:科学出版社,2009.

其他方法配合使用。如在质底法表示的农业分区图上,加用范围法(晕线)表示某些粮食作物的分布;或用范围法表示某工业的原料产区,而用符号法表示该工业企业所在地等。

第五节　点值法、分级统计图法、分区统计图表法

对于大面积上分散分布的现象,如人口分布、某种农作物播种、公共服务设施分布等,常采用点值法、分级统计图法、分区统计图表法等表示现象的分布范围、数量、密度或构成等特征。

一、点值法

点值法是用代表一定数值的大小相等、形状相同的点子,表示现象的分布范围、数量特征和密度变化的方法,又称点数法、点描法、点子法或点法,通常用来表示大面积离散现象的空间分布,如图 5-22 所示的人口分布密度图。

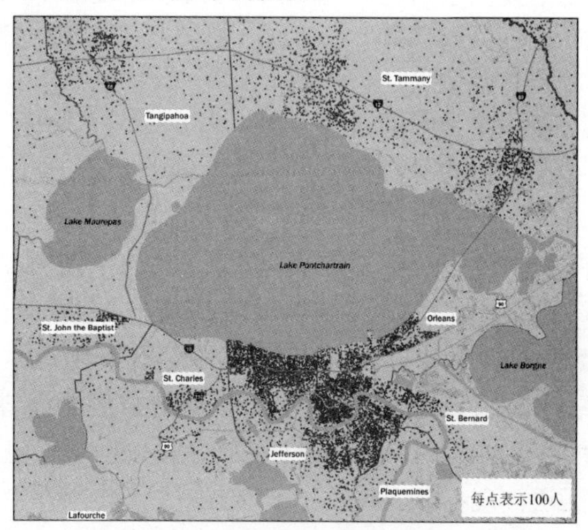

图 5-22　人口分布密度图

资料来源:改绘自:http://www.datacenterresearch.org/a/wp-content/uploads/2014/02/2010-Population-dot-density.png

点值法是范围法的进一步发展。单独的范围法只反映专题现象的分布区域范围及其质量特征，而难以反映其数量差异。如果我们在范围内均匀地分布点子，借助于点子的分布可表示区域的范围；当这种点子具有点值时，用点子的数目可表示现象的数量特征。如果能把点子布置得与实地情况一致，这样就由范围法过渡到了点值法。

在点值法中，点的分布可分为均匀布点法、定位布点法两种（图 5-23）。均匀布点法是在相应的统计区域内将点均匀分配，统计区域内没有密度差别。为了克服均匀布点法的缺点，可以采取缩小统计单元的办法。在小区划单元内仍采用均匀布点，但区划单元越小，点子的位置误差相对地减小，最后移除界线，点子在较大区域内显示出明显的分布差异。例如，在表示一个省人口密度的地图上，根据统计资料在乡、村范围内布点，即可达到上述目的。总之，定位布点是按照专题要素的实际分布情况布点，其与实际情况的吻合程度，主要取决于地图比例尺，在大比例尺地图上，只要有详细的资料，就可较精确地反映现象的空间分布。

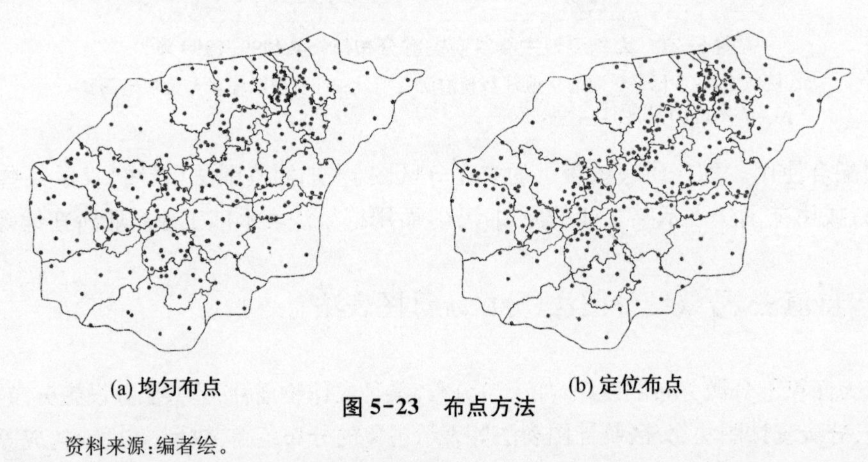

(a) 均匀布点　　(b) 定位布点

图 5-23　布点方法

资料来源：编者绘。

合理确定点值和点的大小是点值法的关键。点值的确定与地图比例尺以及点子的大小都有关系。若点子大小一定，地图比例尺越大，相应的图面范围也越大，可绘制的点数量多，点值就小；比例尺一定时，点子图形越大，点值也需相应增大。但点值确定得过大或过小都是不合适的，点值过大，图上点子过少，不能反映要素的实际分布情况；点值过小，在要素分布较稠密的地区，点子会发生重叠，现象分布的集中程度得不到真实反映。点值的大小应该以制图范围内点子密度最大的区域，平铺出全部点子而没有重叠为最高限，可依据下式计算并确定点值：

$$\text{点值(凑整数)} = \frac{\text{数量总值}}{\text{能安置的点子数}}\text{(指密度最大区)}$$

确定能安置的点子数，首先要确定点子的大小。点子大小依地图比例尺、用途等条件而有所不同，可先通过草图试验而定，也可根据假设点的直径做简单估算，但需考虑为保持点的清晰性而保留必要的间隔（如每点四周各留 0.1 mm 的空白）。

如果在同一幅地图上，所表示的现象特别集中于部分地区之内，其他地区又极为稀少，此时采用某种固定点值可能使最稠密地区点子相互紧接，而其他地区点子极为稀疏，甚至只能绘出少数几个点，无法体现各密度区的分布特点。为了在地图上反映出现象的实际分布实况，必要时采用两种点值的形式，相应地用不同尺寸的点子代表不同的点值，对特别密集区也可采用扩大图的形式。

在用点数法表示的地图中，也可以用不同颜色的点来区分现象的质量特征，如在人口分布图上用不同颜色表示城市人口和农村人口，或不同民族、种族(图 5-24)；或用不同颜色的点反映事物的发展变化，如用蓝色和红色分别表示原有的和新增的水稻种植面积。对于在地理分布上有明显的区域性或地带性(即各有自己的分布区域)的要素，由于互相干扰少，用多种颜色的点子分别表示多类要素的分布，可以获得很好的效果。对于地理分布错综复杂的要素，用这种方法会使图上的各色点子互相混杂，难以辨认，从而影响图件的易读性。

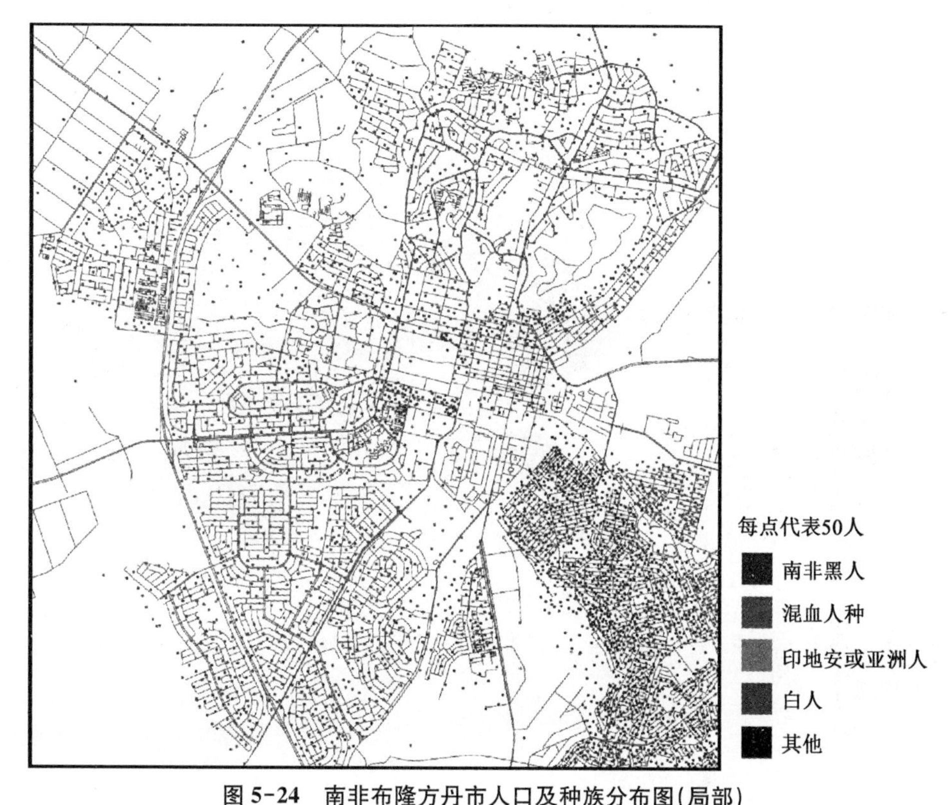

图 5-24　南非布隆方丹市人口及种族分布图(局部)

资料来源：改绘自 https://adrianfrith.com/images/dotmaps/Bloemfontein-2011.png

二、分级统计图法

呈面状分布的地理数据中，用以表达统计分区整体的均匀特征或相对数量指标如密度、人均量值等，一般以顺序量表或比率量表表示数据，并采用颜色或网纹变量产生分区间的数量差异感受，这种面状符号的组合方法，称为分级统计图法，又称等值区域法、分区分级统计图法。此法因常用色级表示，亦称色级统计图法。分级统计图法可反映布满整个区域的现象(如地貌切割密度)，呈点状分布的现象(如居民点密度)或线状分布的现象(如道路网密度、河网密度，图 5-25)，但较多的是反映呈面状但属分散分布的现象，如反映人口密度、农作物产量、人均收入等(图 5-26)。

分级统计图法一般用于表示现象的相对指标(如密度、比例)，如果采用绝对指标(如总量)，各区域的比较可能被歪曲，但也有用绝对指标分级的，如茶园、果园等非全局性作物的种植面积，某类行业就业人口数量，此时绝对指标的意义更明确，更利于用图。在计算相对

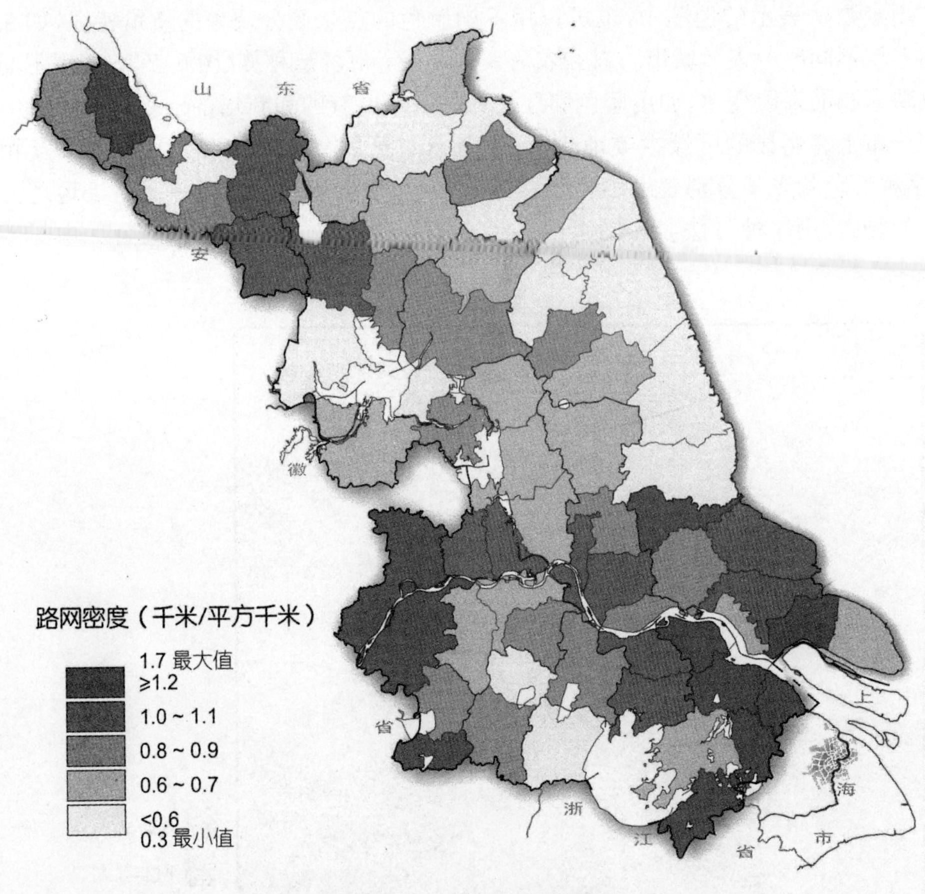

图 5-25　江苏省路网密度图

资料来源：中国科学院南京地理与湖泊研究所. 江苏省资源环境与发展地图集[M]. 北京：科学出版社，2009.

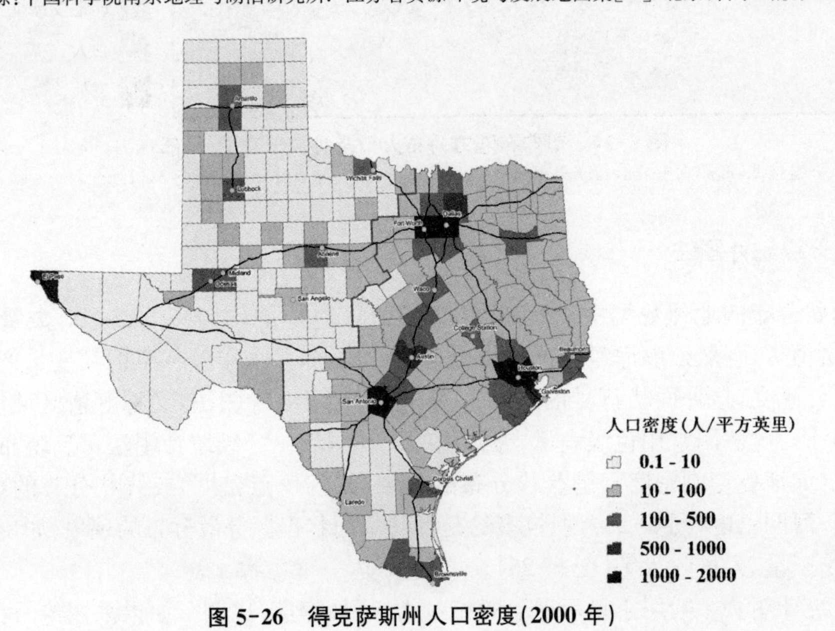

图 5-26　得克萨斯州人口密度(2000 年)

https://ttu-ir. tdl. org/ttu-ir/bitstream/handle/2346/1660/Texas%20Population%20Density%20By%20County. jpg? sequence=47&isAllowed=y

指标时，必须注意分子和分母的绝对指标必须属于同一区划单位（如县、乡）。同时对作为分母的区划数据计算时，应根据现象相对指标的特性来确定，如表示农业人口密度，最好采用农业用地面积，而不以全部土地为区划单位；表示地区人口密度时，区划单位应用后者。分级统计图法也可以按同一主题、同一分级标准以及同一色级，编绘多幅不同年份的分级统计地图，借以反映现象的发展动态。

分级统计图法中分级的数量和分级方法视制图现象数量差异的变化规律和区域分布特征而定。分级方法的选择与分级比率符号相似，如果数量呈直线均匀变化，可采用等差分级；如果呈几何倍数变化，可采用等比分级。不管采用哪种分级法，都应注意使各级所包括的区划单位个数大致相等，并能突出相对指标较高的区划单位。分级数量的多少应适当，分级过多会产生错综复杂的界线，使现象的程度差别显示不清；分级过少，则容易掩盖某些地区疏密程度的具体差异。

分级统计图法中的不同等级以色彩的浓淡或晕线的疏密表示，并与数量变化相适应。用颜色表示不同级别时，通常首先使用颜色的饱和度（亮度）构成不同级别的层次感，层级较多时可辅以色相的变化。

分级统计图所用的资料，只需要有单元的区域界线和统计总值，就能显示出制图区域中各单元间的排序对比关系，对资料要求不高，易于制图应用。但分级统计图只能显示各区划单元（行政区划、自然区划、网格单元等）内制图对象的平均数量特征和各区划单位之间的差别，不能表示区划单位内部的差别。所以，分级统计图的区划单位愈大，区内情况愈复杂，反映现象分布的详细程度也就愈概括；反之，区划单位愈小，反映的现象也愈接近于实际情况。由于采用阶梯状的分级，有时差别不大的两个数值被分在两个级别中，人为拉大了它们的差别；也可能将两个差别较大的数值分在同一级别内，掩盖了它们之间的差别。虽然可以用缩小区划单元和增加分级数目的办法弥补这些缺陷，但这样又会影响地图的易读性。

三、分区统计图表法

分区统计图表法是一种以一定区划为单位，用统计图表表示各区划单位内地图要素的数量及结构的方法。统计图表通常描绘在地图上各相应的分区内，一般以图表面积或体积表示区域单元内现象的数量总和，而以图表的不同结构或颜色表示各部门或类型的绝对数量或相对比例，例如工业总产值和各工业部门的产值比例（图 5-27）、土地总面积和各用地类型的面积比例、在校学生总人数和各教育程度的人数比例等。

分区统计图表法和分级统计图法一样，只表示各个区划内现象的总和，无法反映各区划单元内部的地理分布，属统计制图的一种。制图单元愈大，各区划内情况愈复杂，则对现象的反映愈概略。然而分区也不能太小，否则会因分区面积较小而难以描绘统计图表及其内部结构。一般选择的制图单元为行政区划单元，也可采用其他分区单元，如林业分区、流域划分等。区划界线是重要的地理基础之一，必须清楚绘出，而其他要素如水系、道路、居民地和地貌等应尽量删减，使图面既不单调也不影响主题表示，让地图清晰易读。

在地图中采用的统计图表有圆、正方形等很多形式，这些统计图形也可以是结构图形，即按其内部的分类表示其组成。表示结构的统计图形还可以有很多其他样式，如多方向辐射图形（表示多种现象）、星状统计图形（表示三种现象）、平面与立方柱（表示两种现象及其关系，图 5-28）等，这些图形的长度、面积、体积应与制图对象的数值成正比。此外，分区统

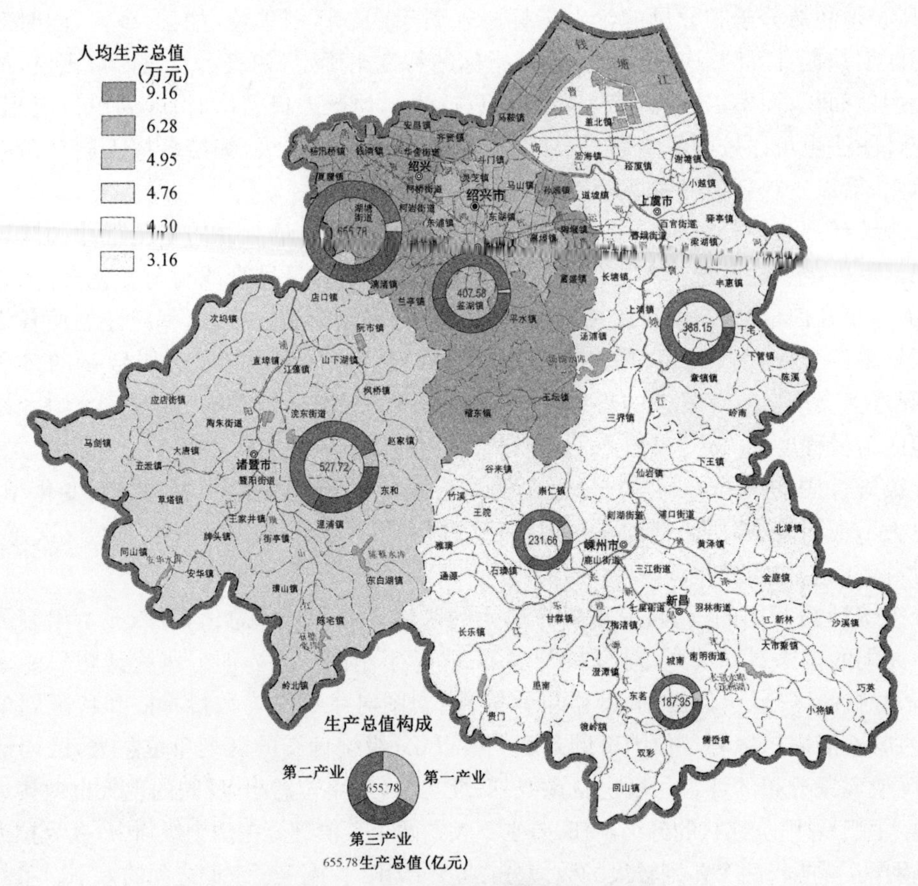

图 5-27　绍兴市生产总值及构成(2009)

资料来源:绍兴市土地勘测规划院,浙江省第一测绘院. 绍兴市地图集[M].北京:中国地图出版社,2011.

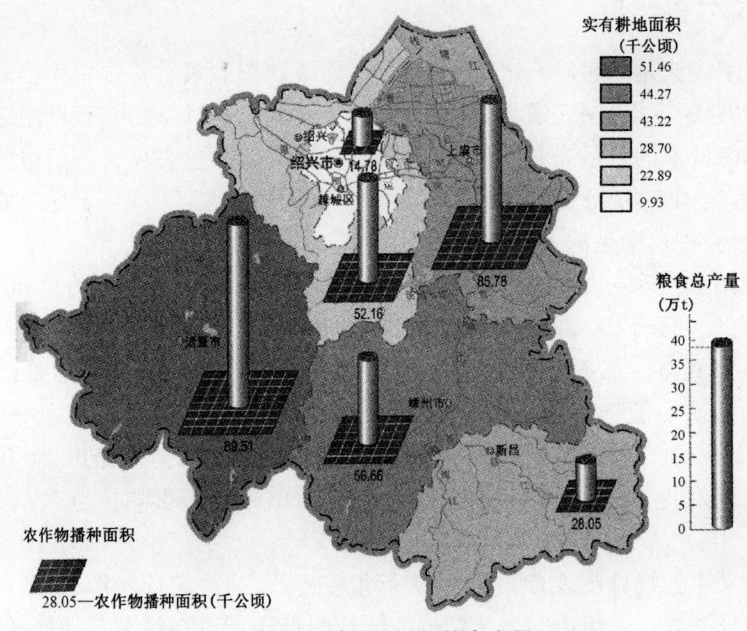

图 5-28　绍兴市耕地面积与粮食产量(2009)

资料来源:绍兴市土地勘测规划院,浙江省第一测绘院. 绍兴市地图集[M].北京:中国地图出版社,2011.

计图表法还可以采用由大到小的渐变图形或图表反映不同时期内现象的发展动态，如图5-29所示。

统计图表设计中的一个重要问题是使读者能迅速判断数量关系，这可借助于附加的标尺来实现。在各类图表中，线状统计图表的线长与数量成正比，故最易判断，但这种图形的尺寸不经济，常常超出区域界线。面积统计图形和体积统计图形占的位置较小，但图形大小的差别不显著。为便于获得数量概念，有的用一组等值图形（圆、正方形、矩形、象形符号均可）表示，其中每一个图形代表一定的数量，很易阅读，称为"维也纳法"；有的采用几组不同数值的图形，通过累加获得数量值，称为"零钱法"；还有的采用立方体、组合柱状符号等（图5-30）。

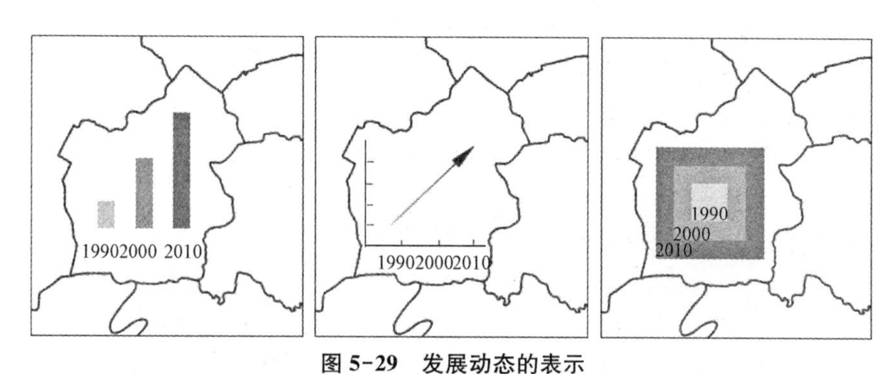

图5-29 发展动态的表示

资料来源：编者绘。

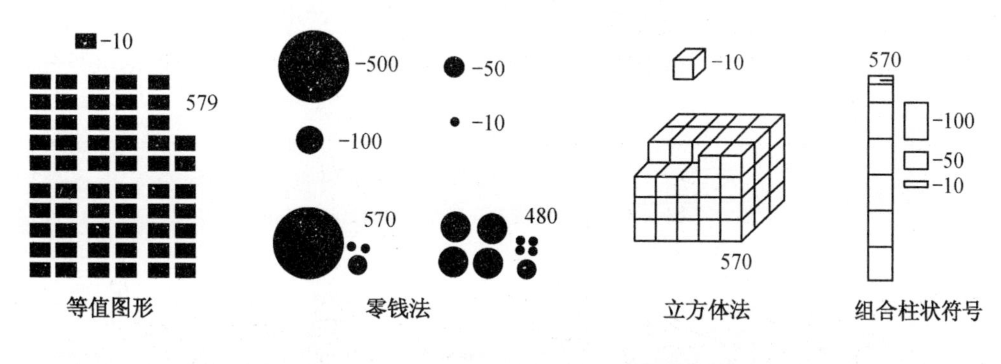

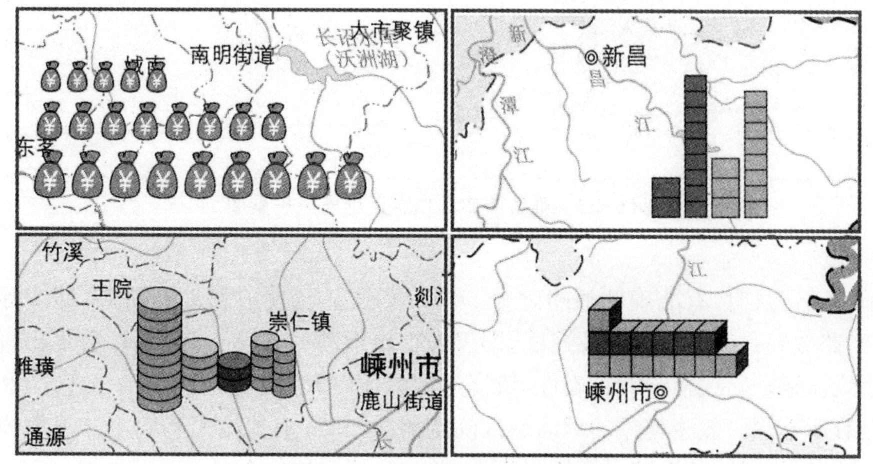

图5-30 表达数量的图表样式

资料来源：编者绘。

第六节　运动线法

运动线法简称动线法，它是用运动符号（箭头）和不同宽度、颜色的条带，在地图上表示现象的移动方向、路线及其数量和质量特征。它既可以反映点状物体的运动路线（如船舶航行）、线状物体或现象的移动（如战线的移动，图 5-31），也可表达分散成群分布现象的移动（如居民的迁移）、整片分布现象的运动（如自然现象中的洋流、风向，图 5-32）等。

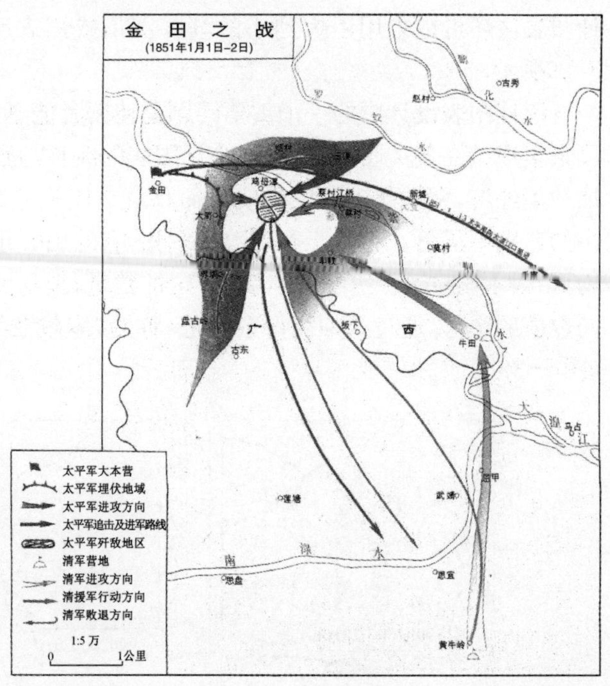

图 5-31　金田之战

资料来源：郭毅生. 太平天国历史地图集[M]. 北京：中国地图出版社，1989.

运动线法通常以运动符号（或称向量符号）箭头的方向表示运动的方向，如洋流、风向或货运的方向；符号的颜色、形状表示现象的类别或性质，如图 5-31 中红色和绿色箭头分别表示太平军和清军；符号的长度或宽度表示现象的数量或等级特征，如图 5-32 中以箭头长短表示风速大小；整个运动符号的位置表示运动的轨迹。

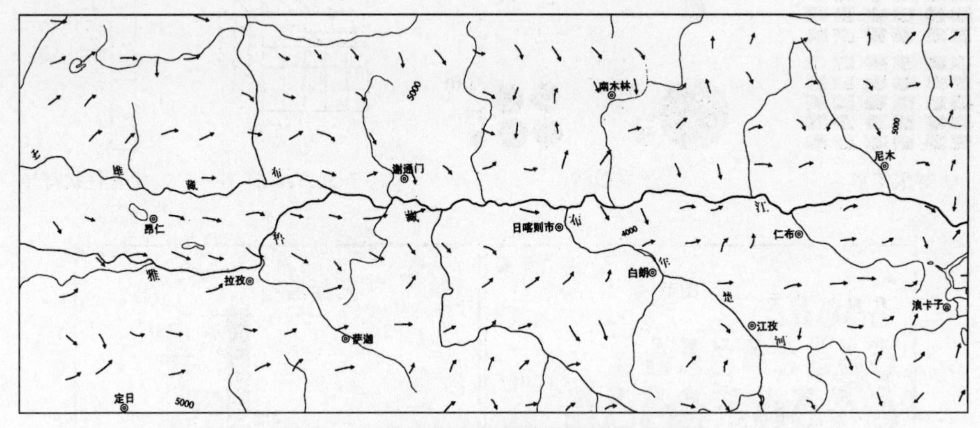

图 5-32　雅鲁藏布江中游近地表风矢量图

资料来源：编者绘。

表示运动路线时，有准确和概略之分。精确路线显示现象移动的轨迹，即实际移动的途径；概略路线则是起讫点的任意连线，即仅表现出运动的起讫点和方向，看不出现象移动的具体路线。运动路线描绘的精确性，依据地图的比例尺、用途、现象表示的性质和资料详细程度而有所不同。有些现象的运动难以确定路线（如资本的输入和输出），只能概略地表示出出发地和目的地，其轨迹只能概略表示，并无精确定位的含义。

另一种表示运动现象分布的图解手段是条带，“带”的颜色或形状表示现象的质量特征，“带”的宽度则表示其数量特征。“带”的宽度一般是有比率的，其比率关系有绝对比率和条件比率，也可再分为连续比率和分级比率。如表示河流的流量，可采用绝对连续比率方式(图5-33)；表示货流强度、输送旅客量可用绝对的或条件的分级比率。

运动线法也可用来表示发展动态，一般可采用下列两种形式：①按同样的比率关系，对不同时期现象，采用不同颜色或形状的符号表示；②按同样的比率关系，同时编绘出不同时期的地图，各地图相互比较即可看出发展动态。

用运动线表示现象的结构相对困难、复杂。一种值得注意的方法是，把往返货物按相应的颜色或图案划分成与各类货物数量成比率的组合带，往返各置于道路的一侧。欲使货流结构和各货物的数量指标能清楚地被显示，只有带的宽度较大时才有可能。由于货流带较宽，所以这种方法只能概略表示路线，其负载量较大，使得图面拥挤而影响易读性。改进方法是取条带一段横剖面，再沿路线平放，剖面前头加上箭形以示流向，如图5-34所示。

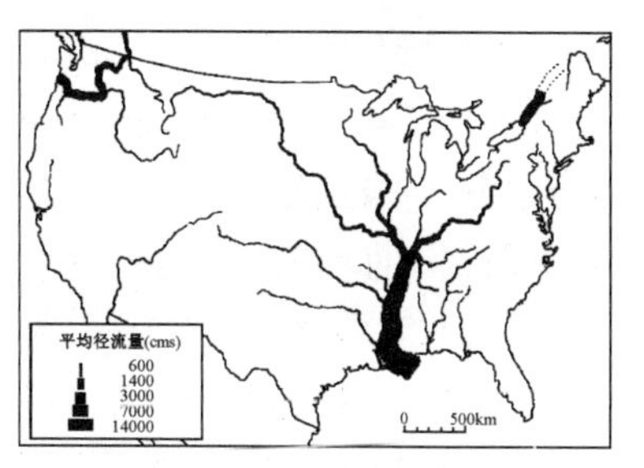

图 5-33 “条带式”运动线

资料来源：编者绘。

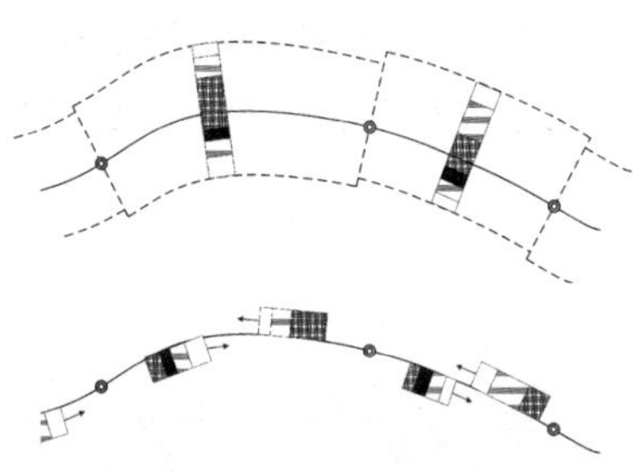

图 5-34 运动线法表示现象结构示意图

资料来源：编者绘。

第七节 其他表示方法

一、三角形图表法

三角形图表法是一种在做法和表示上都非常特殊的表示方法。它是根据各个区划单元(一般是行政区划单元)某现象内部构成的不同比例，通过图例区分出不同的类别，然后用类似质底法的形式在地图上表现出来。由于它表示内部构成的指标只允许归成三类，因此能用三角形图表来表示它们。

(一) 基本原理

如图 5-35 所示，在任一正三角形中，若有已知点 A 和 B，即可求得 A、B 两点到各边的三条垂线段的长。反之，如果知道了某点到各边的三条垂线段的长，即可在正三角形中求得该点的位置。不管哪一点，它的三条垂线段的长之和总等于正三角形的高，这是个定值。

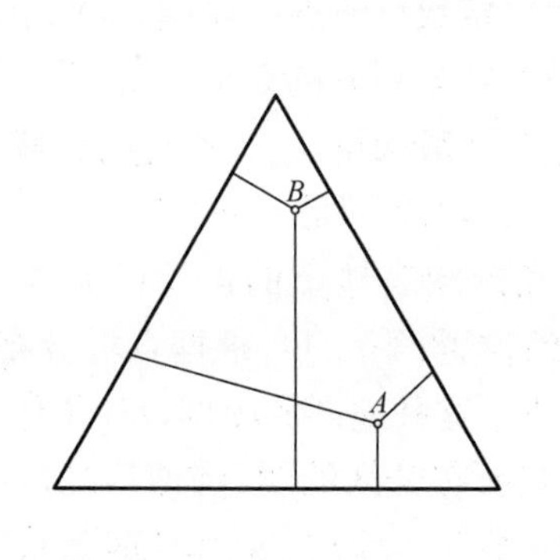

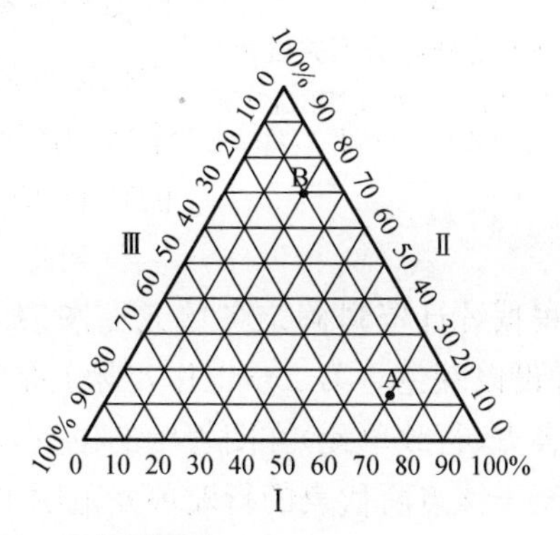

图 5-35 三角形图表

资料来源：编者绘。

为了度量方便，将正三角形各边均匀地划分为10等份，使三角形形成格网，这就可以比较容易地读出三条垂线段的长度(百分比)。百分比值可以按一定规则(顺时针或逆时针方向)划分，这样，从图中可以读出，点 A(Ⅰ=68%、Ⅱ=14%、Ⅲ=18%)，点 B(Ⅰ=19%、Ⅱ=72%、Ⅲ=9%)。

(二) 制图过程

为便于理解这种方法的内容实质，这里以“江苏各市县产业结构类型图”的制图过程为例进行说明。假设在三角形图表中Ⅰ代表农、林、牧、渔、狩猎业等第一产业所占比重，Ⅱ代表矿业、制造业、建筑业、加工业等第二产业所占比重，Ⅲ代表交通、通信、公益企业、服务业和其他第三产业所占比重。各行政单元内三类产业产值比重总和为100%。

第一步，按各行政单元(各市市区、各县级市、各县)的三项指标值，用点表示于三角形图表内。在图表内，每个点代表一个行政单元(图5-36)。

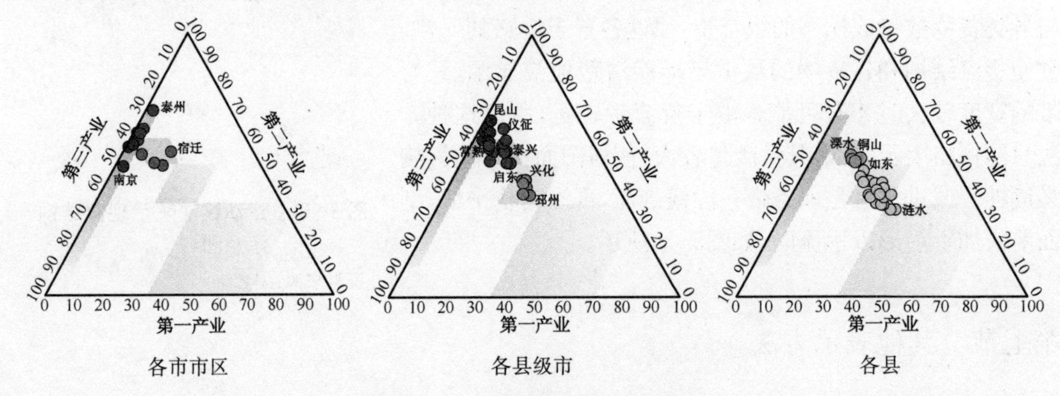

图5-36　江苏各市县的产业结构

资料来源：中国科学院南京地理与湖泊研究所. 江苏省资源环境与发展地图集[M]. 北京：科学出版社，2009.

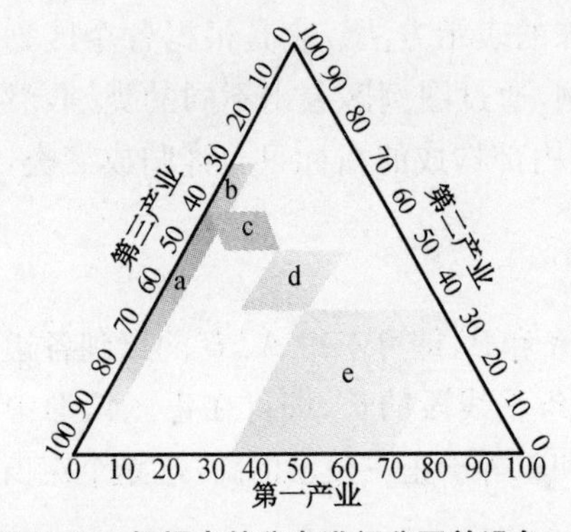

图5-37　根据点的分布进行分区并设色

资料来源：中国科学院南京地理与湖泊研究所. 江苏省资源环境与发展地图集[M]. 北京：科学出版社，2009.

第二步，由于图表内点的分布是不均匀的，这样可按点子的分布情况对三角形图表进行分区(实质上是分类型)。一般来说，对图表中点子分布稠密的区域，分区可分得细一点(即分区小一点)，点子分布稀疏的区域，分区可粗一点(分区大一点)，目的是尽可能将点群(各行政单元)的特征差异显示得更细致些。这种分区方法，类似于分级统计地图的分级，性质相近的点(代表相应的行政单元)划为同一区(类)，每个区内都包含有一定数目的点(行政单元)。图5-37即为根据点群分布特征划分的5个区域，进一步设置每个区域的颜色。一般来讲，位置相近的区域有着相似的特征，应设置为相近(过渡)的颜色。

至此，三角形图表地图的设计已完成了两步工作。即第一步：根据统计资料确定各单元在图表中的位置；第二步：根据点群分布情况，对图表进行分区并设以颜色。第二步工作实际上是完成了这种地图的图例设计工作。

第三步，按各点(行政单元)在图表中的位置，以其所在分区的颜色(即第二步中设计的图例的颜色)填绘于该点所代表的行政单元范围中去(图5-38)。实际作业时是将各点的三项指标值与图表中各分区的三项指标值相对照，从而确定某点应在什么分区，用什么颜色。

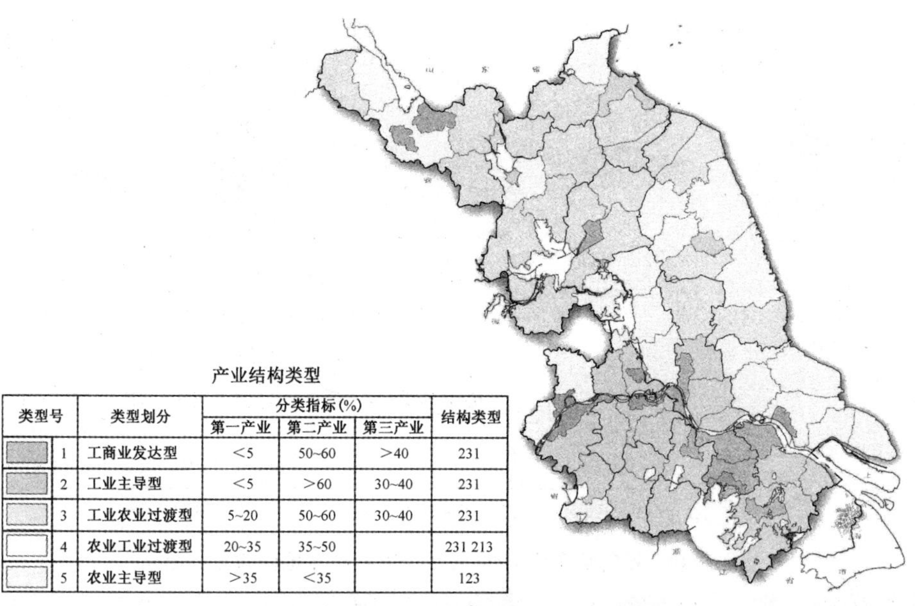

产业结构类型

类型号		类型划分	分类指标(%)			结构类型
			第一产业	第二产业	第三产业	
[图例]	1	工商业发达型	<5	50~60	>40	231
[图例]	2	工业主导型	<5	>60	30~40	231
[图例]	3	工业农业过渡型	5~20	50~60	30~40	231
[图例]	4	农业工业过渡型	20~35	35~50		231 213
[图例]	5	农业主导型	>35	<35		123

图 5-38 江苏各市县产业结构类型(2000 年)

资料来源:中国科学院南京地理与湖泊研究所. 江苏省资源环境与发展地图集[M]. 北京:科学出版社,2009.

这种方法对社会经济现象的结构和发展剖析较为深刻,从图 5-36 可以看出,不同行政级别的市县其三次产业结构类型在三角形图表中的集聚区域呈明显不同,比如各市市区的产业集中在第二、第三产业,而各县级市和各县的第一产业比重相对较高。

在三角形图表中,如果将任一行政单元按其不同时期的三项指标值,用不同的点位标注其中,从点位的移动即可反映出现象的发展趋势(图 5-39),据此可以编制成分区统计图表型地图;如果用三角形图表表示各城市的指标,则成为符号法地图。

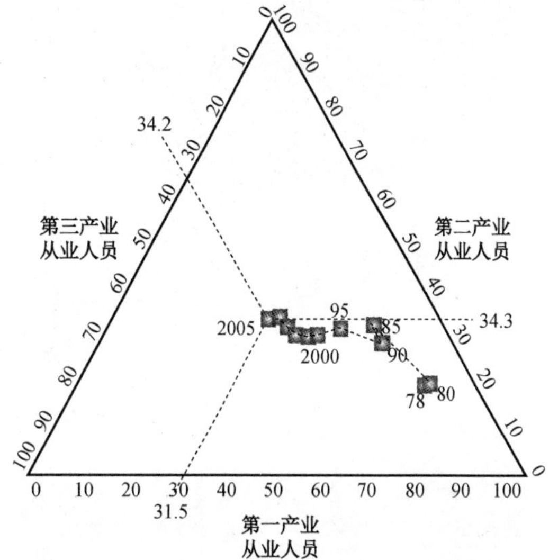

图 5-39 三角形图表法表示现象的发展趋势

资料来源:编者绘。

二、剖面图

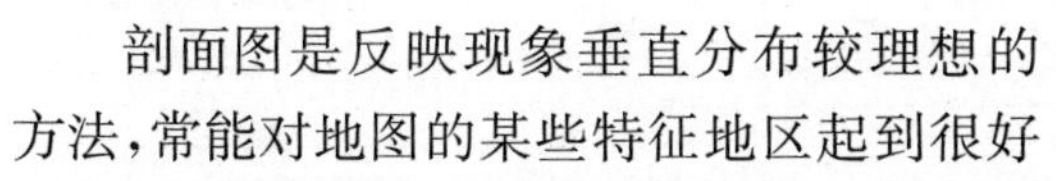

剖面图是反映现象垂直分布较理想的方法,常能对地图的某些特征地区起到很好的补充作用。常见的剖面图有地形剖面、地质剖面、地貌剖面(图 5-40)、河流纵剖面、土壤剖面和表示植被垂直分布的地带谱等。一般的,地表垂直起伏的高差比其水平方向的尺度小得多,为了明显起见,常常将垂直比例尺扩大,一般超过水平比例尺的 5 倍乃至 10 倍。

剖面的选择常常是通过对现象的分析、研究,定出最能反映该现象特征、最有代表性的剖面。有时选择地形剖面是沿着某一条纬线或经线;有时将区域按经度或纬度分为许多一定间隔的带,每一条带上做一个剖面图,这对表现区域内的地形起伏有很好的效果(如图 5-41)。

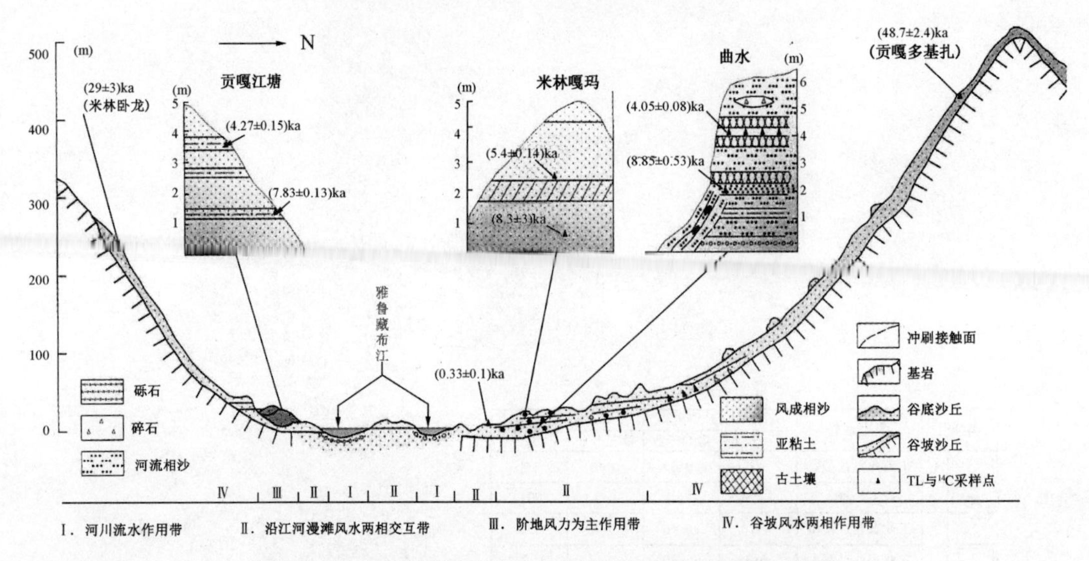

图 5-40　雅鲁藏布江米林、山南等宽谷风沙地貌综合剖面

资料来源：改绘自：杨萍，李森，魏兴琥，董玉祥. 西藏综合自然与沙漠化地图集[M]. 北京：科学出版社，2013.

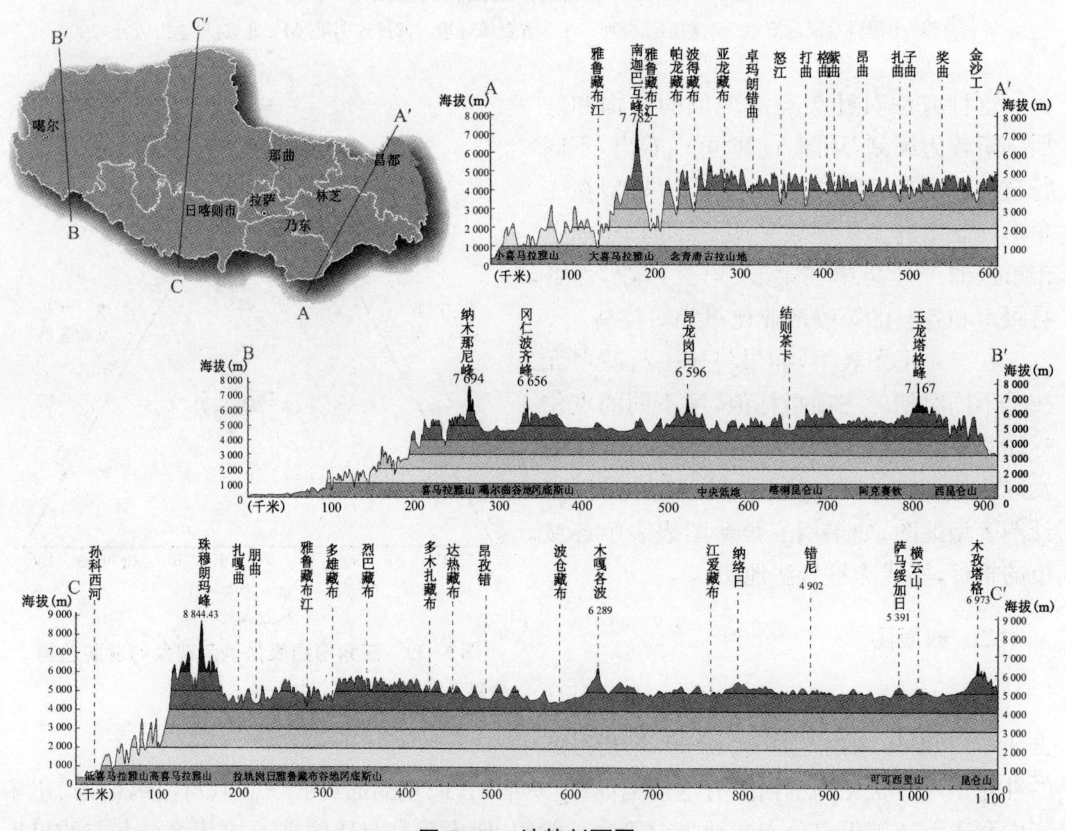

图 5-41　地势剖面图

资料来源：改绘自杨萍，李森，魏兴琥，等. 西藏综合自然与沙漠化地图集[M]. 北京：科学出版社，2013.

三、统计图表

地图中采用的统计图表有很多形式，有些在定位图表法、分区统计图表法中直接运用，定位于所表达现象的位置或范围内；有些以附图附表的形式，说明区域对外联系，或区域之间相互比较，或区域与总体的联系，以及区域本身情况等不便在区域内表示的内容。图表运用得当，对丰富地图内容、提高地图的表达效果、增强地图的可读性等都有重要作用。

（一）线状图表

线状图表通常有两条成直角的坐标轴，即横坐标轴和纵坐标轴。它们分别表示两个变量，横轴多用于表示自变量如时间，纵轴多用于表示因变量即现象随时间变化的各种指标。线状图表可以分为简单线状图表、复合线状图表和结构线状图表。简单线状图表只有一个自变量和一个因变量（图 5-42），复合线状图表的一个自变量对应多个因变量（图 5-43），结构线状图表的因变量为反映现象构成的结构图表（图 5-44）。

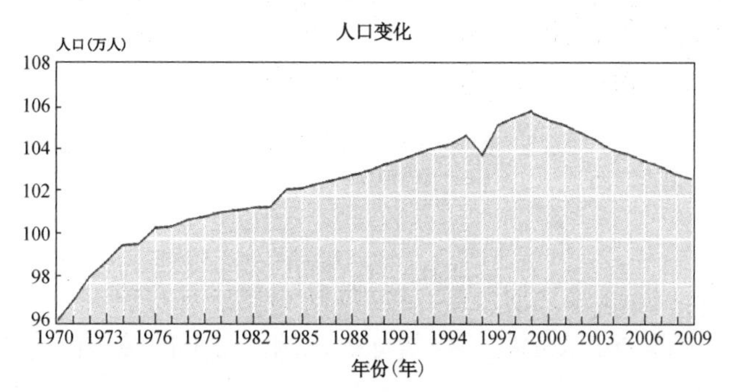

图 5-42　简单线状图表

资料来源：编者绘。

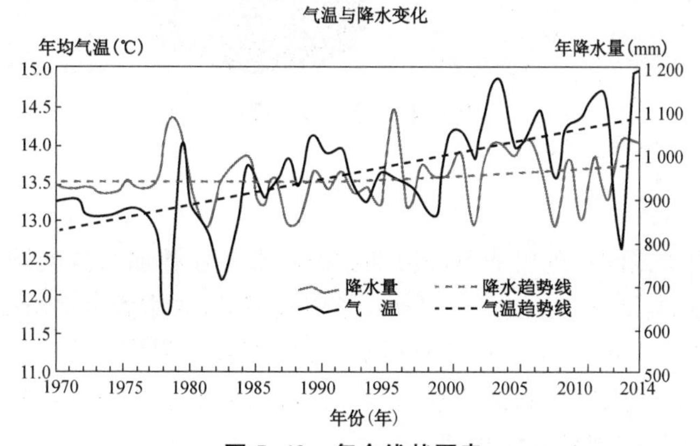

图 5-43　复合线状图表

资料来源：编者绘。

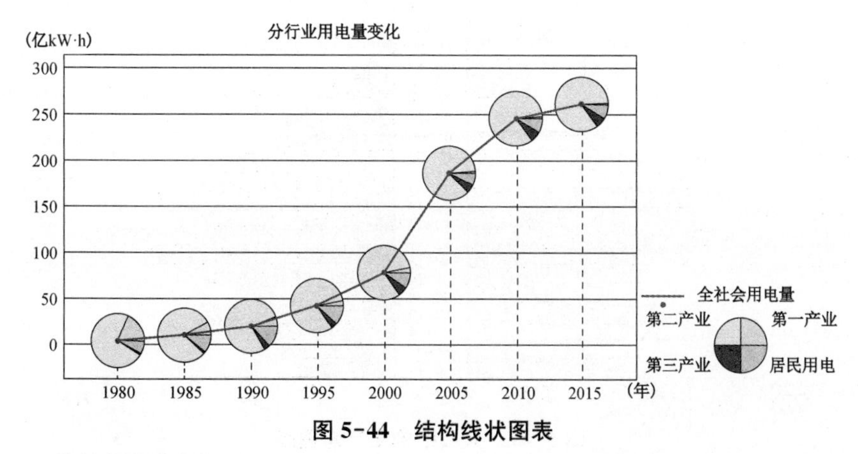

图 5-44　结构线状图表

资料来源：编者绘。

（二）放射线图表

放射线图表是指由一点向四周辐射的线束构成的图形。这种图表可利用的图形变量有中心、射线和射线方向角，如图 5-45 所示。

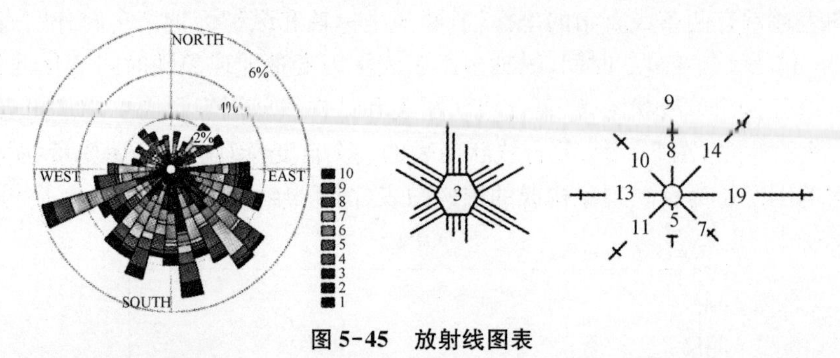

图 5-45　放射线图表

资料来源：编者绘。

（三）结构图表

结构图表是由简单图形（如圆形、正方形）及其部分分割组成的图形。简单图形的大小表示指标总的规模，内部分割表示各部分指标的比例。常见的结构图表如 5-46 所示。

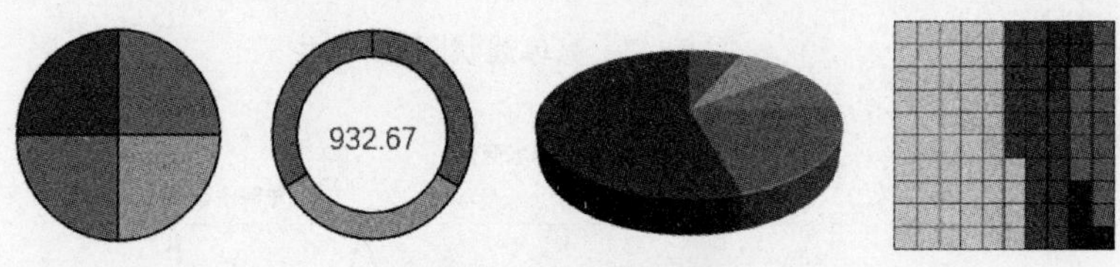

图 5-46　常见结构图表

资料来源：编者绘。

（四）金字塔图表

由表示不同现象或同一现象的不同级别数值的水平柱叠加组成的图表，常用于表示不同年龄段的人口数，其形状一般呈下大上小，形似金字塔，故称为金字塔图表，如图 5-47 所示。金字塔图表还可适用于表示人口的婚姻状况、受教育程度，不同产业部门的产值、利税，不同部门的职工人数、收入和消费水平等。它可以用水平柱长表示数量特征，颜色表示质量（类别）差异，并反映现象的结构特征。

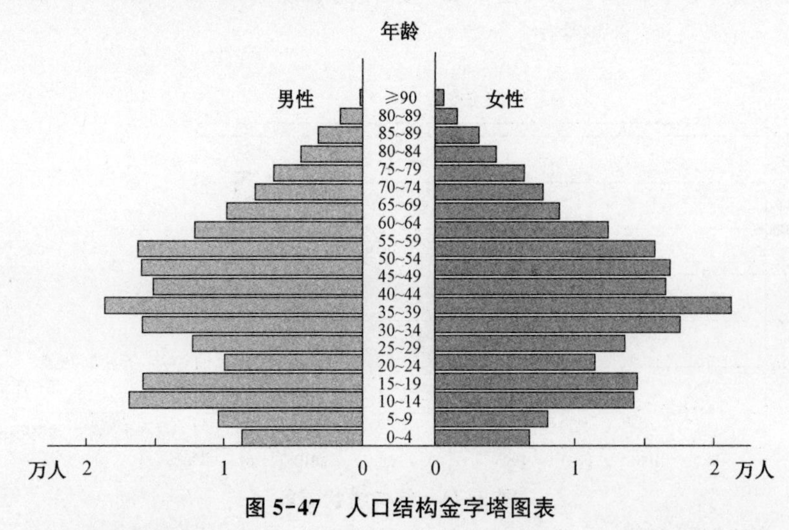

图 5-47　人口结构金字塔图表

资料来源：编者绘。

具体做法是：将现象按一定的指标分类（如国家经济结构按部门分类）或分级（如人口以年龄分级），每一类（或每一级）由于其数量指标不同而绘出了长短不同的水平柱，将这些水平柱叠加就构成了金字塔图表。金字塔图表可以反映现象的结构、数量和质量特征。如学校可分为普通高校、中等职校、高中、初中、小学、幼儿园，每一类的学校数、在校学生数、毕业生数、教职工总数、专任教师数都可按其相应数量画出不同的水平柱（图 5-48）。在人口地图中，用它可表示受教育的程度、婚姻、收入状况等，这时一般以年龄为分级依据，在同一梯级中还可以不同颜色表示男女的差别。这种图表对剖析社会经济现象的结构、数量和质量对比都比圆形或方形的结构图形要深入得多，所以在专题地图中被广泛采用。

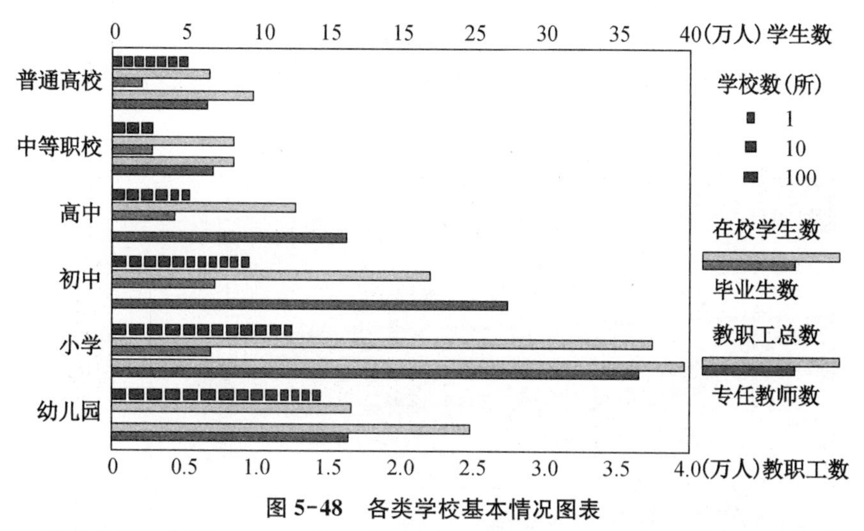

图 5-48　各类学校基本情况图表

资料来源：编者绘。

金字塔图表较常见于分区统计图表法表示的地图（图 5-49），它也可以描绘于制图区域之外，并注明其代表的区域。如果代表点上的现象，那就是符号法的一种。

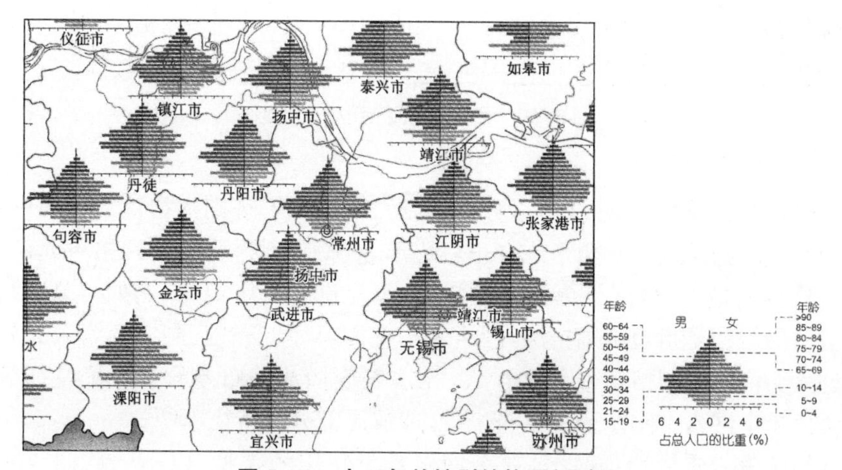

图 5-49　人口年龄性别结构图(局部)

资料来源：编者绘。

四、专题内容表示方法的一些发展

20 世纪 90 年代以来，互联网时代的来临带来了信息爆炸，3S 技术的发展使得空间数据的获取手段愈加丰富，信息的传播速度和应用广度都得到空前提高。面对今非昔比的海量数据和信息，传统的制图方法并不能完全满足专题信息表达的需要，且随着计算机软件硬件性能的提高，空间信息的可视化表达手段迎来了巨大的变革，从平面到三维，从静态到动态，出现了如三维地图、热点地图、夜景地图、变形地图等新型表达手段，更加顺应用户的认知和思维方式。有些表达方法曾较早出现(如网格法)，但以往由于技术条件限制而未能普遍应用，一旦计算机制图技术成熟，其应用即迅速普及。部分新型表达方法简介如下：

(一) 网格法

网格法，是以网格为制图单元，表示制图对象的质量特征或数量差异，如图 5-50 所示。

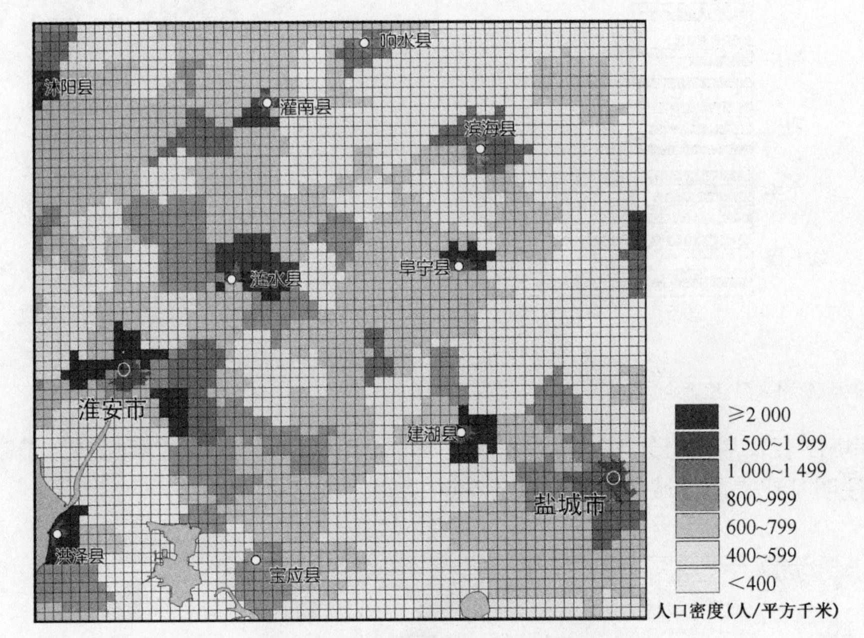

图 5-50　用网格法表示人口密度

资料来源：编者绘。

根据网格单元的属性，网格法可以分为规则网格法和不规则网格法。在规则网格地图中，网格单元一般为方形、正三角形或者正六边形等规则形状，且每个网格单元的大小形状相同。不规则网格地图中，网格单元在形状、大小上没有一定规律，比如行政区划界限等。通常意义上的网格法是指规则网格法，网格大小视资料详细程度、制图要素分布特征而定。网格单元过大会使单个网格覆盖范围过大，无法表现局部分布差异及集聚特征等；网格单元过小则会使单个网格中制图要素分布过少，造成局部分布特征不明显。

当用网格法表示质量特征时，每一个网格具有特定的类型，以不同色调或晕线区分。当表示数量特征时，可将数据合理分级，以色彩的浓淡或晕线的疏密区分，如人口密度图中以不同浓淡的色彩表示不同的人口密度等级。

由于位置服务数据的普及应用，网格法也被广泛用于服务设施、地理事件等的密度制图或热点制图。空间上的任何位置都有可能出现各类地理事件，且事件发生在不同位置上的密度和概率不尽相同，这种反映某事件在不同区域发生的概率和密度高低差异的地图表现形式称为热点地图，目前已越来越多地应用于犯罪、交通事故、流行病、商服设施分布（如超市、银行、宾馆饭店等）等信息的表达。

热点地图通常需借助热点分析、核密度分析等空间分析方法计算统计指标。热点分析，也称作 Getis-Ord Gi* 统计，可探测属性值中高值或低值的集中性，通过对统计值进行标准化处理，可用于对事件在空间上分布的冷、热点区域进行表达。核密度法也称为核密度估计，基本思想是地理事件在空间点密度大的区域发生的概率大，在空间点密度低的区域则相反。核密度法是测度局部密度变化、探测事件热点区域的有效方法（图 5-51）。考虑到现实世界中道路网络的影响，在平面核密度热点地图的基础上，结合道路网络线性性质，可进一步实现基于道路网络的核密度分析和制图（图 5-52）。

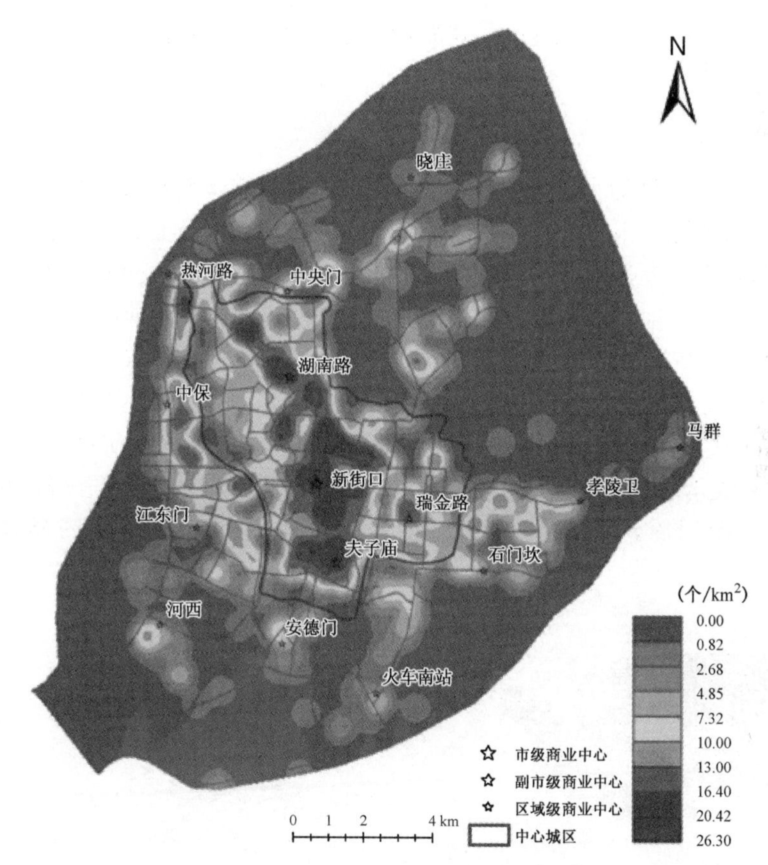

图 5-51　南京市主城区 ATM 分布热点分析图

资料来源：编者绘。

网格法可以人为设定网格的大小，将空间的不确定因素控制在指定的尺度范围内，从而实现空间信息定位精度和统计信息分类等级的统一。将网格法应用到空间信息管理与分析中，可以打破行政单元的约束，易于与遥感图像像元匹配，有助于数据融合与空间分析，应用广泛、方便高效。网格法还可与柱状图等表达方法结合，制作成三维网格柱状图，以立体效果直观呈现平面的网格数据。

图 5-52　城市犯罪事件分布网络热点图

资料来源：编者绘。

(二) 变形地图法

传统地图上，区域的大小与其实际面积相关，导致实际面积较大的区域在地图上更引人注目，而某些实际面积较小但重要程度更高的区域在地图上难以凸显其重要地位。为解决这一矛盾，许多学者尝试将一定数学规则应用到地图上，使地图显示出产生投影变换般的变形效果，由此产生的地图称为变形地图，又称夸张地图、扭曲地图。

变形地图在变形的同时也注重对区域真实地理形状的转换，保留了各区域地理位置的相关性。变形地图一般用于显示一些传统地图上不易表达的属性空间分布模式。学者 Gastner 和 Newman 提出的基于扩散的均匀密度地图是目前最常用的变形地图之一，常被用来表示较为专一的专题信息，如人口数量、候选人得票数量、国民生产总值等主题，配合使用简约的地图风格和独特的色彩方案可使得地图易读性大大增强(图 5-53)。

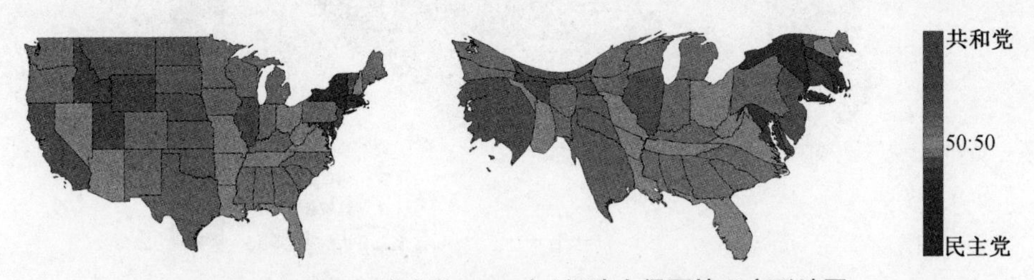

图 5-53　美国总统选举(2000 年)候选人得票情况变形地图

资料来源：Michael T. Gastner，M. E. J. Newman. From the Cover：Diffusion-based method for producing density-equalizing maps[J]. Proceedings of the National Academy of Sciences of the United States of America，2004，101(20)：7499-7504.

(三) 三维表达方法

将普通二维专题地图进行三维显示，立体化表达专题信息，不仅能提升地图的视觉效果，而且能传递更多维度的空间信息，同时还有助于减弱专题地图中对色彩的依赖。三维专题图又可细分为三维表面图、柱状网格图、动态柱状图等，可表示各区域(或栅格)

专题现象数量特征，如人口密度、经济总量等。相对于平面地图而言，三维表面图形似三维地表，更形象、直观，也更符合人们日常观察事物的习惯。将每个区域平面以一组特定的属性值为高度进行拉伸，可生成柱状的三维地图。拉伸高度的不同反映该属性值的差异，而各柱状块体颜色的区别则可用以展现另一组属性。对于非连续分布的要素（如商服设施的分布及其数量），为了实现三维拉伸效果，表达要素集聚特点，可以结合网格地图方法。

（四）夜景地图

最初夜景地图是应用于表达区域内夜间灯光分布的专题表达方式，即利用暗夜背景下的耀眼灯光效果直观地展现区域内的夜间景象。夜间灯光可反映地区经济发达程度和人口稠密程度，NASA 的夜景图自发布后便成为人们评价地区经济发达程度的重要参考。此后，夜景图的特殊表达效果使得它逐渐被应用到其他现象的表示。如腾讯公司发布的 QQ 同时在线人数的“灯光”地图，用地图上的“亮点”展示中国地区 QQ 同时在线用户的数量及分布情况；全球最大的社交网站 Facebook 也发布过使用夜景图表现方式的 Facebook 社交峰值地图，地图上越亮之处表示使用用户越多。

夜景地图利用电子屏幕的特点，使用光照物理模型引入点光源并以专题要素的数量表示“光照强度”，形成多个“灯光源”，叠加后形成综合的灯光效果，并采用暗色背景，以模拟出夜间灯光效果，可以反映整个区域内专题要素的集聚特点，且保留了各个离散点的个体信息。

第八节　各种表示方法的比较分析与综合运用

一、表示方法的选择

专题要素表示方法，是以各种类型的地图符号为基础的。然而，符号作为专题信息的载体，除了它们各自所含有的信息外，当它们以一定的集合形式表现在专题地图上时还可能包含着超过符号总量的潜在信息量。这在很大程度上取决于是否通过比较、试验后选用了最合适的表示方法。

表示方法的选择是专题地图可视化的重要环节，它是由多种因素决定的，这些因素主要有：表示现象的分布性质、专题要素表示的量化程度和数量特征、专题要素类型及其组合形式、地图用途、制图区域特点和地图比例尺等。表示方法选择的规则总结如表 5-2 所示。

表 5-2　选择表示方法的一般规律

专题要素类型	专题要素表示等级	指标数量及组合	采用的表示方法
精确点状分布	定性表示、分类表示、分级表示	单一指标或多种指标组合	定点符号法
精确线状分布	定性表示、分类表示	单一指标	线状符号法
模糊线状分布	定性表示、分类表示、分级表示	单一指标或多种指标组合	动线法
零星面状分布	定性表示、数值表示	单一指标或多种指标组合	范围法

续表 5-2

专题要素类型	专题要素表示等级	指标数量及组合	采用的表示方法
断续面状分布	定性表示、数值表示	单一指标	范围法、点值法
连续面状分布	分类表示、数值表示	单一指标	质底法、等值线法
统计面状分布	分级表示、数值表示	单一指标或多种指标组合	分级统计图法、分区统计图表法

资料来源:编者制。

从表 5-2 可以看出,对表示方法的选择主要取决于制图现象的分布特点。但是由于制图现象的表示等级、指标的多少等,以及地图比例尺和用途的不同,可能有一种或几种表示方法可供选择。虽然表示方法可以互换,但在许多情况下,如果制图人员不能正确理解表示方法的实质,也会做出错误的选择。例如,对非连续分布的现象,采用等值线法是不合适的。如人口的分布属非连续分布,使用等值线法进行插值计算的结果就会与人口实际分布情况不符。

二、表示方法比较分析

有的专题要素表示方法从图形特点能一目了然地识别,如动线法,然而许多表示方法之间存在着相似性,必须认真比较才能予以区分。为了针对不同的专题现象正确选择相应的表示方法,尽可能准确、全面地反映现象的特征,需要对有关表示方法的特点进行分析比较。

(一) 定点符号法与分区统计图表法

符号法与分区统计图表法所采用的图形可以完全一样,但这两种图形在意义上却有本质的差别。定点符号法中的每个符号在地图上的位置代表具体物体的实地位置,它的大小表示该现象在该点的数量指标,因此制图时需要知道符号相应的准确位置和统计资料的数量指标;分区统计图表中的每个图形并不代表某一具体物体,而是代表区划单位内某全部现象的总和,它可以配置在区域内的任一适当位置,制图时只需要各区划单位的统计资料。因此,分区统计图表法不宜与符号法或其他精确定位的表示方法配合使用。

(二) 线状符号法与运动线法

线状符号法与运动线法均可用线状的符号表示定位于线(或两点间)的专题现象,有些图上这两种方法形式上也颇为相似,但它们之间有本质的区别。其区别是:第一,线状符号法是表示实地呈线状分布的现象,反映静态的现象;运动线法则反映各种分布特征的现象的发展运动状况,反映动态的现象。第二,线状符号法一般只以其形状、粗细反映现象的质量特征,如海岸类型、道路种类等;运动线法通常要在一端用箭形表示运动方向,用复杂的带表示现象的数量与质量特征。第三,线状符号的结构一般比较简单,定位比较精确;运动线法的结构有时很复杂,定位亦不够精确,有时仅表示两点的联系或概略的移动路线,在表示面状现象时,符号只表示运动的趋向,并无定位意义。

(三) 范围法与质底法

范围法与质底法都是反映面状分布现象的方法,这两种方法都是在图斑范围内用颜色、网纹、符号等手段显示其质量特征,但它们也有着本质的区别。

(1) 范围法表示的是某一种或几种专题现象分布的具体范围,几种现象的分布范围可能会重叠，在范围外无此现象的地区成为空白。质底法表示的是全制图区域内按现象的质量指标进行的分区，分区不可能重叠，全区也无空白。因此，范围法能表示现象的渐进性和渗透性，而质底法一般不能表示现象的渐进性。

(2) 范围法往往是根据各具体现象的各自分布状况描绘它们的范围轮廓，而质底法中各区域则是在统一的原则和要求下，经过科学概括而划分的。所以，范围法中各区域范围是各自独立、互不依存的，不同现象的范围轮廓的概括程度也不一定是同等的。质底法中的分区单位间却有着密切的联系，它们彼此毗连，有着同等的概括程度，如果这一分区范围扩大，必然使另一区域缩小，不等的概括程度则会改变原来对分区指标的正确反映。

(3) 用范围法表示的图上，同一种颜色或晕线(花纹)只代表一种具体的现象范围，如红色表示棉花、蓝色表示水稻。质底法中同一种颜色有时固定代表某一类现象，如土地利用图中的各用地类型；有时则不一定固定代表某种现象，而仅仅用以表示区域单元的差别，如政区图中的各行政区。

(四) 分级统计图法与点值法

这两种方法都可用来表示分散分布现象的集中程度和发展水平，如人口分布图或农业地图中专题现象的表示等。同时，用这两种方法编制专题地图时，统计的数量指标资料必须与所统计的单位区划相一致，当统计单元区划发生改变后，这一数量指标也不能采用。但这两种方法各自有优缺点，要针对不同的情况选择使用。

分级统计图法能简单而鲜明地反映地区间的差别，尤其是反映各区域经济现象的不同发展水平，能得到各地区简单的相对数量指标的概念。同时，能与符号法、分区统计图表法等配合使用。但是，这种方法不能反映各区域内部现象的真实分布情况。

点值法能较好地反映现象分布的地理特征，它能反映现象的绝对指标。但是，它仅能反映数量指标的相互比较，很难根据点子数来进行计算。因此，对于分布均匀而疏密程度近似的现象，用点值法表示就不如分级统计图法那样分区明确，易于获得数量指标概念。当现象分布的疏密程度差别太大时，点值法亦不适用，因为难以选择统一而合适的点值。

(五) 分级统计图法与分区统计图表法

分区统计图表法与分级统计图法均是以统计资料为基础的表示方法。它们都能反映各区划单位之间的数量差别，但不能反映每个区划单位内部的具体差异。

这两种方法的不同之处在于区域划分的概念。分区统计图表法的分区比较固定，如以某一级行政区划为划分依据。分级统计图法则不然，它是以相对数量指标的分级为划分依据的(各级所包含的分区的数目不一定同等且不固定)。当分级改变后，各色级的范围也随之改变。

从这两种方法的优缺点比较来看，首先，当各个区划单位的数量指标的数值很接近时，从分区统计图表上很难看出它们的差别，而在分级统计地图上，只要适当地选择分级，就可清楚地表现出其微小的差别。其次，分区统计图表法可以明显地反映出现象的几种指标的结构，分级统计图法则很困难。但表示单个指标时，色级要比统计图表明显得多。第三，分区统计图表法较难配合，特别是与符号法不宜一起出现；分级统计图法可与其他精确制图方法配合使用。如在一幅用分级统计图法编制的人口密度图(图 5-54)上，可用定点符号法表示城市人口；在反映地区经济增长情况的图(图 5-55)中，将分级统计图法与分区统计图表法配合使用，用分级统计图作为背景，在图上每一分区内描绘统计图表反映地区生产总值的年际变化。

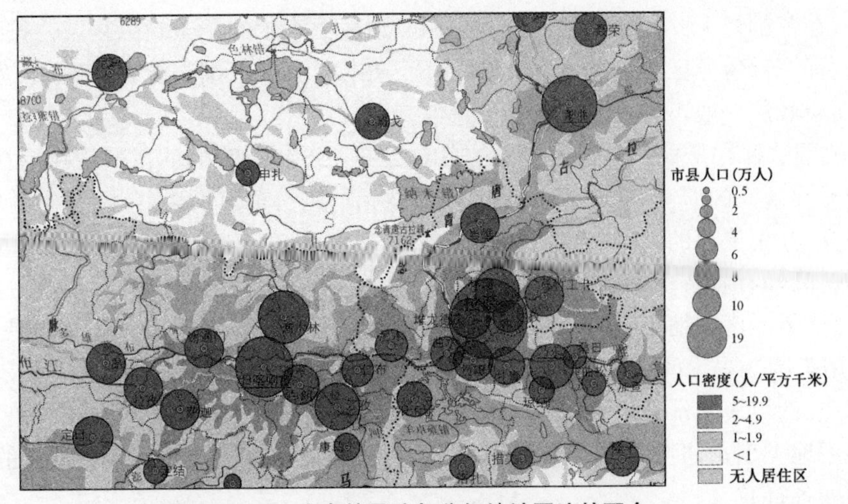

图 5-54　定点符号法与分级统计图法的配合

资料来源:编者绘。

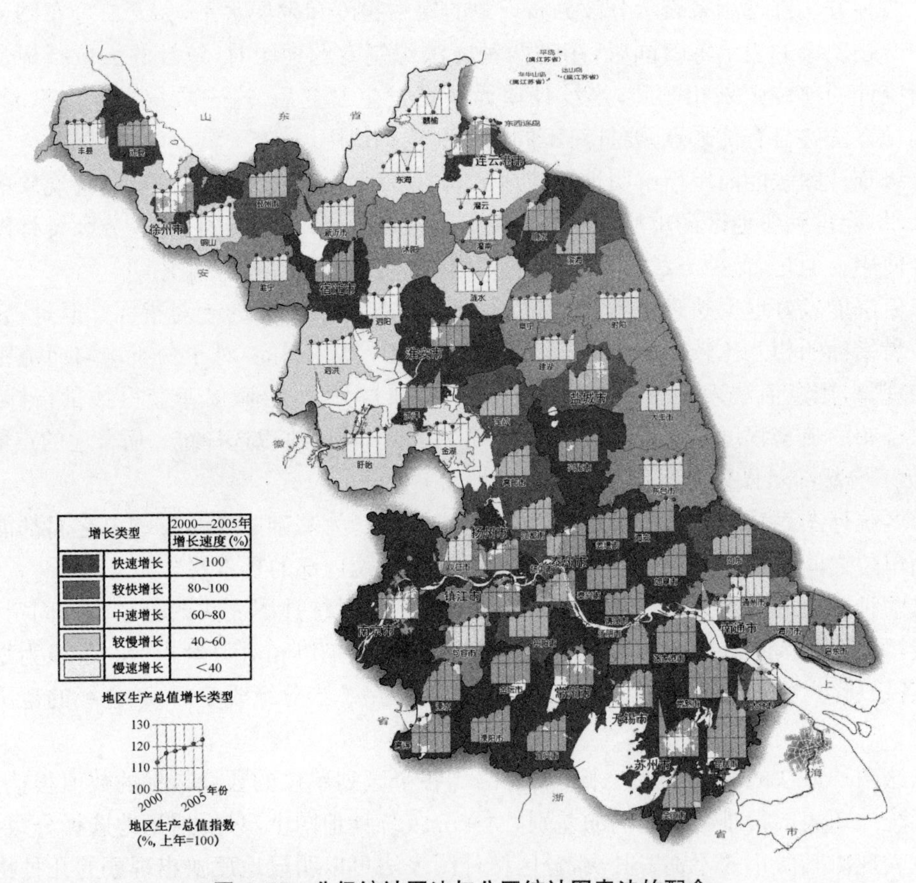

图 5-55　分级统计图法与分区统计图表法的配合

资料来源:中国科学院南京地理与湖泊研究所. 江苏省资源环境与发展地图集[M]. 北京:科学出版社,2009.

三、表示方法的综合运用

如前所述,为了反映某专题要素多方面的特征,往往在一幅地图上同时采用几种表示方法来反映它们。几种方法配合运用可充分发挥各种表示方法的优点，但必须以一种或两种表示方法为主，其他几种表示方法为辅。为了更好地运用表示方法，通常应遵循下列原则：①应采用恰当的表示方法和整饰方法，明显突出地反映地图主题内容；②表示方法的选择应与地图内容的概括程度相适应；③应充分利用点状、线状和面状符号的配合（图 5-56）。

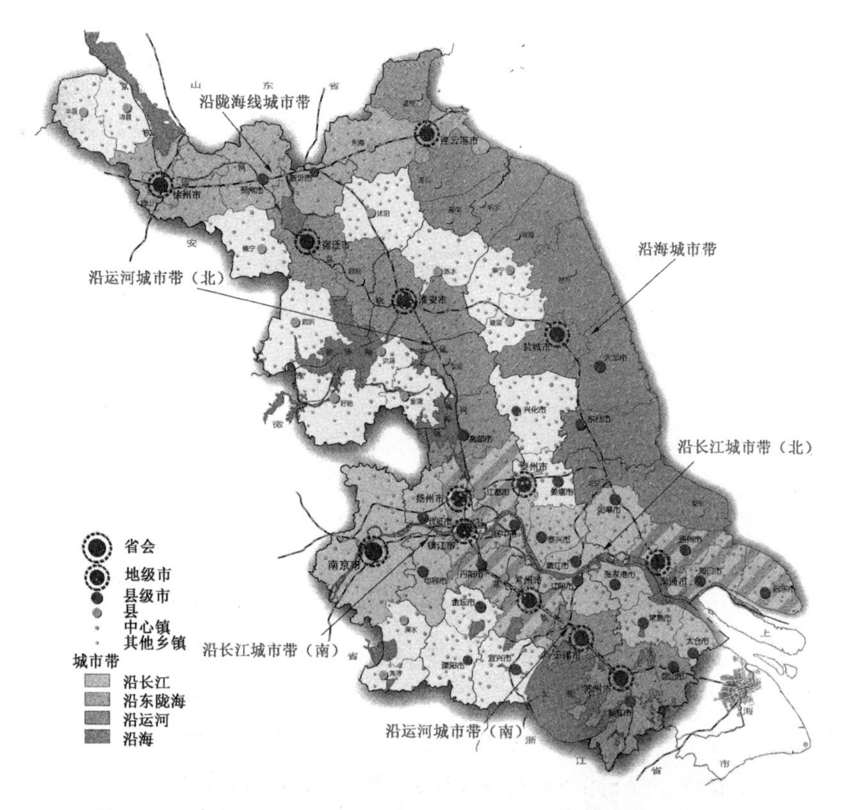

图 5-56　点状、线状、面状符号的配合运用（江苏省城市带格局图）

资料来源：中国科学院南京地理与湖泊研究所. 江苏省资源环境与发展地图集[M]. 北京：科学出版社，2009.

第六章　制图综合

第一节　制图综合及其作用

一、制图综合的概念

制图工作者在对客观存在的特征和变化规律进行科学抽象的过程中通常采用两种方法：一是运用思维能力对客观存在进行简化和概括（地图模型化）；二是采用专门的地图符号和图形，按一定形式组合起来描述客观存在（地图符号化）。它们都包含着作者的主观因素，因为任何地图都是在人对客观环境认识的基础上制作的。任何客体都有数不清的特征，有无数个层次，许多因素交织在一起，大量的表面现象掩盖着必然性的规律和本质。地图作者必须进行思维加工，抽取地面要素和现象的内在的、本质的特征与联系并符号化，这是制作地图不可缺少的思维过程。地图是客观世界的模型而不是其本身，其本身就是经过对客观现实的抽象、概括和模型化后才产生的。这种对客观存在进行抽象概括，并以简化数据或地图符号表达实地的模型化过程，就是地图的制图综合。

用制图综合方法解决缩小、简化了的地图模型与实地复杂的现实之间的矛盾，实现资料地图内容到新编地图内容之间的转换，就是要实现地图内容的详细性与清晰性的对立统一和几何精确性与地理适应性的对立统一。

既详细又清晰，是我们对地图的基本要求之一。详细性与清晰性是矛盾的两个方面，但详细性与清晰性都不是绝对的，而是相对的。我们所要求的详细性，是在比例尺允许的条件下，尽可能多地表示一些内容；而我们所要求的清晰性，则是在满足用途要求的前提下，做到层次分明、清晰易读。详细性与清晰性统一的条件就是地图用途和比例尺，统一的方法就是制图综合。地图综合主要是对地图图形和内容进行选取、化简与合并，目的是为了解决实地要素（现象）与缩小的地图表达之间存在的空间矛盾，保证地图内容的清晰性和要素空间关系的准确性，使地图阅读者快速准确地接收到他所关心的信息，达到地图信息传输的目的。制图综合不仅仅表现在将实地复杂的客观存在抽象概括为缩小、简化了的地图模型的过程中，而且还表现在将较大比例尺地图转换为较小比例尺地图的过程中。这就是说，利用较大比例尺地图编绘较小比例尺地图时，必须从资料图上选取一部分与地图用途有关的内容，以概括的分类分级代替资料图上详细的分类分级，并化简被选取的物体的图形。

几何精确性与地理适应性的对立统一，也是对地图的基本要求之一。地图的几何精确性，指地图上要素的点位坐标的准确程度，随着地图比例尺的缩小，地图的几何精确性相对降低。地理适应性，指地图上用图形符号所反映的地面要素（现象）空间分布及其相互关系与实地的相似程度，即地图模型与实地之间的相似程度。在大比例尺地图上，地图要素位置的高精度，准确地保持了地理适应性；随着比例尺的缩小，图形符号之间的间隔越来越小，甚至互相压盖，要素间的相互关系不清楚，这时就必须采用制图综合特别是其中的位移方法，来保持要素间相互关系的正确性，即地理适应性。所以，在大比例尺地图上，强调的是几何精确性，保持了几何精确性，就保持了地理适应性；在小比例尺地图上，强调的是地理适应性，保持主要地物的几何精确性而移动次要地物的位置，才能保持地理适应性。

关于什么是制图综合，不同时期有不同的说法，代表性的有《地图制图学概论》(萨里谢夫，1976)，其认为，制图综合是为了在地图上只保持实际或理论上的重要现象，集中注意力于较重要的有决定意义的特点和典型特征的表达，以便能在地图上区别主次，找出同一类地物的共性等，也就是说制图综合是抽象和认识的工具，制图综合能赋予地图以新的质量。《制图综合》(费·特普费尔，1982)认为，在地图制图中，图形和内容的化简、合并与选取强调主要内容，舍去和压缩次要内容，均可理解为制图综合，利用综合措施可将有差别、详细的地面情况概括地表示到地图上，制图综合措施的种类和适用范围，视地图的用途和比例尺而定。《中国大百科全书(测绘学分册)》(1985)认为，制图综合是在编制地图过程中，根据编图的目的，对编图资料和制图对象进行选取和概括，用以反映制图对象的基本特征、典型特点及其内在联系的方法。

从这些有关制图综合的说法中不难看出，制图综合是地图制图的一种科学方法，是一项创造性的劳动。它的科学性在于制图综合具有科学的认识论和方法论特点，它要求制图人员对制图对象的认识和在地图上再现它们的方法都必须是正确的。只有这样，地图才能起到揭示区域地理环境各要素的地理分布及其相互联系与制约的规律性的作用。它的创造性在于，编制任何一幅地图都并非各种制图资料的堆积，也不是照相式的机械取舍，它需要制图人员的智慧、经验和判断力，运用有关科学知识进行抽象思维活动。根据制图综合的内容和特征，可以给制图综合下这样的定义："制图综合是在地图用途、比例尺和制图区域地理特点等条件下，通过对地图内容的选取、化简、概括和关系协调，建立能反映区域地理规律和特点的新的地图模型的一种制图方法。"(王家耀，1993)

二、制图综合的作用

无论是编制普通地图还是专题地图，都不可避免地存在着制图综合，它贯穿于编图资料的选择、地图内容的取舍、制图对象的分类分级、表示方法的确定以及地图符号的设计等一系列过程，在地图制图中占有重要的地位。制图综合对成图质量的好坏及其在科学上和实用上的价值有重要影响，其作用主要体现在以下几个方面。

(1) 对地图内容进行选取过滤等加工处理，使得地图表示的目标更明确。人类对客观存在的认识是多尺度、分层次的，当地图的细节信息过量，超过人们的视觉分辨和理解能力时，这些与特定层次需求分析和决策无关的细节就会变成干扰信息而掩盖了主要信息，反而影响了使用。因此，不论是纸质地图还是数字地图，不论是制作地图还是应用地图，总要面对综合问题。地图综合主要是对地图图形和内容进行选取、化简与合并，目的是为了解决缩小、简化了的地图模型与复杂的现实之间的矛盾，实现资料地图内容到新编地图内容之间的转换，即实现地图内容的详细性与清晰性的对立统一，以及几何精确性与地理适应性的对立统一，使地图阅读者快速准确地接收到他所关心的信息，达到地图信息传输的目的。

(2) 决定了符号系统的选取以及处理符号冲突关系，完善了地图形式的表达。随着地图比例尺的缩小，以符号表示的各个物体之间相互压盖，模糊了相互间的关系(甚至无法正确表达)，使人难以判断，需要采用图解的方法加以正确处理。通过制图综合方法来科学地组织和表达地表信息，反映制图区域的基本特征和本质规律，显示地表主要的、重要的物体信息,舍去次要的、非本质的信息,使地图具有清晰性和完整性,实现地图在形式和内容上的和谐统一。

(3) 对地图容量进行适宜性处理,使得地图的载负量符合视觉认知规律。制图综合中地图载负量是制定地图选取指标的重要因素之一。地图载负量受制图综合程度的影响,它是衡量地图内容多少的标志。当地图符号确定以后,载负量越大,地图上单元面积可容纳的制图对象多,地图内容详细,综合程度越小;反之,载负量越小,可容纳的制图对象就越少,许多将要被舍去,地图内容必然简略,制图综合程度大。因人们视觉能力的限制,地图载负量是有限度的,超过这一限度地图将难以阅读。

(4) 处理地图的冗余信息,保证了地图存贮、传输、显示的高效性。地表的事物数量繁多,而地图幅面大小十分有限,在有限的图面内难以容纳下这些数量巨大的地物信息,也不可能直接将这些信息全部照搬到地图上。堆砌在一起的杂乱无章、无主次轻重的信息并不是地图。因此,无论是内容的选取、图形的化简以及数据的综合,都会减少地图信息容量,造成地图内容的详细性和客观实体的几何精确性的降低,而且随着比例尺的缩小,这一特性越来越明显。然而,为了满足地图快速查询显示、准确解译、实时传输的要求,减少多余的干扰信息和碎部特征,保持研究对象最实质的特征,这又是必然的,也是制图综合的本质所在。

三、影响制图综合的基本因素

制图综合作为编图时处理地图内容的一种科学方法,它的应用不是随意的,而是有条件的。地图内容的制图综合受地图用途、地图比例尺、制图区域特点、图解限制、地图资料质量、地图表示方法等许多因素的制约。

(一) 地图的用途

每张地图内容的选择和表达,都是从它的用途出发的。这是因为一张地图的表达能力有限,它不可能达到社会上所有方面提出来的要求,而只能满足它们的某一方面或某几方面。因此每张地图都有一定的用途,它直接决定着地图内容及其取舍和概括的程度,选择物体的标准及其分类的详细程度。比如以 1∶25 万地形图和 1∶25 万区域地质图为例,前者为国家基本比例尺地形图之一,供科学研究等方面的参考分析用,这类地图上,要反映一般的自然地理和社会经济方面的基本内容,其详细程度是相对平衡的,不应当偏重某一方面。后者 1∶25 万区域地质图,第一层平面主要反映地质要素,而水系、地貌、居民地、交通网等要素是作为地质底图陪衬的,其中与地质要素密切相关的水系和地貌可以表示详细些,社会经济要素则可作较大的综合。政区图为了突出反映各个地区行政区划的分布范围界限,所以重点表示境界和行政区划,一般采用分区设色的方法(质别底色法)强调区划的概念,其他要素基本不表示;而地势图为了突出反映地形的起伏状态,在等高线或 DEM 数据的基础上采用分层设色加晕渲的方法强调表示地貌要素,其他要素概略或基本不表示。

由于地图的用途不一样,同样比例尺的两幅地图所表示的地图内容的详细程度有着很大的差异。1∶400 万教学参考挂图和 1∶400 万《中国地势图》它们的比例尺和地区条件都相同,但由于用途不同,地图内容表示的详细程度就有着很大的差别。前者是教学地图,符号、注记都要求比较粗大,清晰易读,内容表示得比较概略;后者是参考性挂图,一般不要求远距离阅读,符号和注记都小一些,地图内容也就表示得详细一些。

地图用途对制图综合的影响不仅表现在不同用途的地图上,有时还表现在同一幅地图上，由于我们关心的主题和重点不一样，制图综合的程度也不一样。例如在《中国全图》上，主体区域(国内部分)的居民地和道路表示得非常详细，而非主体区域(国外部分)则表示得非常概略。

(二) 地图比例尺

地图比例尺标志着地图对地面的缩小程度，直接影响着地图内容表示的可能性，即选取、化简和概括地图内容的详细程度；它决定着地图表示的空间范围，影响着对制图物体(现象)重要性的评价；它决定着地图的几何精度，影响着各要素相互关系处理的难度。

1. 地图比例尺影响地图的制图综合程度

地图比例尺决定着实地面积转移到地图上相应面积的大小，随着地图比例尺的缩小，同一制图区域的图上面积不断缩小，因此，它必然影响到制图综合的程度。例如，在实地上 1 km^2 的面积在 1∶1 万、1∶2.5 万、1∶5 万、1∶10 万地图上的面积分别为 100 cm^2、16 cm^2、4 cm^2 和 1 cm^2，想在不同比例尺地图上表达同样详细的内容是不可能的，因此，在比例尺较小的地图上只能表示实地上的主要内容。以城镇式居民地表示为例，在 1∶5 万比例尺地形图上，能详细而准确地表示居民地内部的主、次街道及其与外围道路的联系，着重表示建筑物的轮廓图形特征，详细反映经济、文化标志和突出建筑物；在 1∶10 万比例尺地图上，能着重表示街区规划特点和街道网的平面图形特征，保持主要道路及其交叉口的准确位置，反映居民地内部通行状况，主要街道过密时可以降级表示，选取居民地内部的主要方位物；在1∶25 万比例尺地图上，着重进行街区的合并，显示街道网平面图形的主要结构特征，选取突出的、重要的方位物；在 1∶50 万比例尺地图上，街区大量合并，只能表示极少量的主要街道；而在 1∶100 万比例尺地图上，则只能显示其总的外围轮廓。

2. 地图比例尺影响对制图物体(现象)重要性的评价

不同比例尺的地图所包括的制图区域是不同的。一幅大比例尺的地图只能包括一个较小的区域，而一幅小比例尺的地图则能包括比较广大的区域。同样一个物体，在不同大小的区域内其价值是不同的，在一小块面积内是十分重要的物体，在大面积内就可能变成次要的，甚至失去在地图上显示的意义。以道路来讲，在很小的范围内，乡村路、机耕路(大路)都可以认为是很重要的，而在一个很大的范围内，它们就变得次要了，甚至在图上不予表示。

3. 地图比例尺影响着各要素相互关系的处理

地图的几何精确性同地图内容的地理适应性要求之间的矛盾是制图综合过程中客观存在的问题，而且比例尺越小，这个矛盾越尖锐。地图的几何精确性，要求保证地图上所表示的每个物体位置准确，即保持其实际的平面轮廓和尺寸，并且使地物符号之间的距离满足地图比例尺的要求。地图内容的地理适应性，要求表达制图区域的主要的、典型的特征，保持制图物体(现象)空间关系的正确。为了实现这一要求，在制图综合过程中，一些按地图比例尺不能表示或难于表示但又具有重要意义的微小地物和碎部，在地图上必须表示出来。这样，就要采用不依比例尺的符号，或夸大表示有重要特征的碎部。由于采用不依比例尺的符号或夸大表示某些碎部，致使图上表示的各个物体的图形之间相互靠近，甚至相互压盖，使相互关系变得模糊不清，甚至无法正确表示。这就提出了处理各要素相互关系的问题，而且地图比例尺越小，处理各要素相互关系的问题越复杂，难度也越大。

(三) 制图区域特点

制图综合的主要目的，就是要在地图上反映制图区域的地理特点。

制图区域特点，指区域地理要素的组成、地理分布(分布密度、分布特点——定位特点)

及其相互联系与制约的规律性。制图区域的特点是客观存在的，由于各种条件的差异，不同制图区域其地面要素的组成、地理分布及其相互联系与制约的规律性是有差别的。例如：我国江浙水网地区，地面要素主要是纵横交错而密集的河流、沟渠和分散式居民地，且后者沿前者分布排列，在总体上有明显的方向性。而在西北干旱地区，组成地面要素的基础是沙漠、戈壁滩，居民地循水源分布的规律十分明显，水的存在及其利用在很大程度上制约着居民地的分布，居民地通常沿水源丰富的洪积扇边缘，河流、沟渠、湖泊沿岸，或沿井、泉周围分布。

制图区域特点作为制图综合的条件之一，意味着制图综合原则和方法都必须和具体的地理特点结合起来，是决定制图综合的客观依据，这种综合也称为景观综合。一切选取、化简和概括方法的运用，制图综合各种数字指标的确定，对制图物体（现象）重要性的评价等，都必须受到制图区域地理特点的制约。在地图编绘中，不宜固守单一的制图综合标准（质量标准或数量标准），而要根据不同的区域特点制定不同的综合标准。例如：综合以正向形态（山脊）为主的地貌和以负向形态（谷地）为主的地貌，应采用不同的"删除"原则和方法，以突出正向或负向地貌形态；对流水地貌、喀斯特地貌、砂岩地貌、风成地貌和冰川地貌地区的等高线形状进行综合时，要使用不同的综合手法甚至不同的综合原则；在江南水网地区，由于河网过密，势必影响其他要素的显示，因此在制图规范中对这些地区需要限定河网密度，一般不表示水井、涵洞；在西北干旱区，河流、井、泉附近成为人们生活和生产的主要基地，制图规范针对这些地区规定必须表示全部河流、季节河和泉水出露的地点。居民地也是如此，一些小的农村式居民地，在人口稠密地区并没有多大的意义，在较小比例尺地图上可以不表示它们，而在人口稀少的地区，甚至连帐篷和独立的小屋也需要在地图上表示出来。小路在高山或丛林中是部队的重要通道，要表示在地图上，而在交通发达的城市郊区就没有必要表示，甚至连乡村路、简易公路也要大量舍去。

总之，一幅地图可能是"全面"也可能是从某个"侧面"反映制图区域地理特点，但它总是某个特定制图区域的地理特点。从这个意义上讲，显示制图区域地理特点，既是一切制图综合方法的基本出发点，也是一切制图综合方法的基本归宿。制图者必须认真研究制图区域的地理特点，只有这样，才能针对不同区域地理特点的差异，正确运用制图综合方法。

(四) 符号图形的图解限度

传统的地图是一种目视图形，它是由符号构成的。制图综合的结果，最终也要用地图符号表示出来。地图符号的形状和大小，直接影响地图载负量的大小，从而也影响着制图综合的程度，即表示图形的可能详细程度。

在一定的条件下，即地图用途、比例尺、制图区域地理特点和地图负载量相同的条件下，符号线划越精细，地图内容就表示得越详细和越精确；线划越粗，地图内容就表示得越概略和越粗糙。但是，线划的精细程度是有限度的，它不应该越过人的视力、制图技术和印刷工艺允许的范围。在决定地图符号的最小尺寸时，必须考虑读图时人的视觉观察和分辨符号的能力、制图技术和印刷工艺的可能性。

符号图形的最小尺寸为符号能反映的极限尺寸，最小尺寸指标是实现综合的重要参数，它主要受物理因素、生理因素和心理因素的影响。物理因素指的是制图时使用的设备、材料和制图者的技能。例如，纸张和印刷机的规格、方便描绘的线划宽度、注记的字体和大小、网线规格等，不论对人还是对机器，这些因素都有所限制。材料对人和机器的限制没有多大区别，但就绘图的技艺讲，机器要超出人许多倍，这不但反映到机器绘图的可重复性方面，还表现在绘图可能达到的精度和精细程度。生理因素和心理因素往往是共同起作用的，主要指读者对图形要素的感受和对它们的调节能力，它反映在人们辨别符号、图形、色彩规格的能力上，正常情况下，人的视力能辨认 0.03～0.05 mm 的线划。三种因素共同作用的结果，决定了地图上常常采用的图形尺寸、规格、色彩的亮度差以及地图的适宜容量，这对制图者成功地掌握制图综合的数量和程度是极其重要的。

符号图形的最小尺寸也与图形的结构和复杂程度有关。一般情况下，实心矩形的最小边长、复杂图形轮廓的突出部分和小圆的最小直径尺寸均为 0.3～0.4 mm，就可以保持轮廓图形的清晰性。空心矩形的最小边长为 0.4～0.5 mm，相邻实心图形的最小间隔和两条粗线最小间隔基本相同，通常为 0.2 mm。轮廓符号的最小尺寸也受到轮廓线的形式、内部颜色和背景等因素的影响，用实线表示岛屿、湖泊等，因其轮廓线明显，其内部若涂以深色，最小面积可为 0.5～0.8 mm^2；若涂以浅色，则最小面积就要扩大到 1 mm^2。如果用点虚线（假设点距为 0.8 mm）表示，则湖泊、沼泽、森林等最小轮廓面积至少要达到 2.5～3.2 mm^2，才能清晰可辨。制图时部分基本图形的最小尺寸如图 6-1 所示。

图 6-1　制图时部分基本图形的最小尺寸(单位：mm)

资料来源：编者绘。

（五）其他因素

1. 制图资料（数据）的质量

数据质量指的是制图资料对制图综合的影响。制图资料内容的完备性、现实性和精确性，直接影响到地图内容分类分级的详细程度和准确程度，影响内容表达的概括程度等。高质量的资料数据本身具有较大的详细程度和较多的细部，给制图综合提供了可靠基础和综合余地。如果资料数据本身的质量不高，仅仅使用制图技巧使其看起来像是一幅高质量的地图，会对读者产生误导。此外要特别注意的是，在使用地图数据库数据用计算机编图时，必须要辨清比例尺信息和资料真实程度的信息，以便正确地掌握综合程度。

2. 地图的表现形式

地图的表现形式（包括地图的色彩、表示方法等）对制图综合的影响表现在许多方面。例如，多色地图的内容载负量，一般要大于幅面相等的单色地图，这就是说，在选取与概括地图内容的程度上，多色地图要低于单色地图。再如，单纯以等高线表示地貌时，等高线表示得非常详细；以等高线加分层设色表示地貌时，等高线就要进行化简；以等高线加分层设色加晕渲表示地貌时，等高线表示得更概略；再到只用晕渲表示地貌时，等高线就不用表示了。

3. 制图者的专业素养

由于制图综合的各项具体措施都是通过制图者来完成的，所以制图工作者对客观现象的理解程度及所采取的措施，最终会影响到制图综合的质量，如果制图工作者对地理现象缺乏比较深刻的认识和一定的编图素养，要在地图上进行正确的综合是非常困难的。制图综合的过程就是制图者将科学的理论付诸实践的过程，制图者的创造能力、科学知识及编图技巧、艺术素养等都在制图综合中得到体现。

第二节　制图综合的基本方法

制图综合的方法，是由它所需要解决的基本矛盾决定的。制图综合所要解决的基本矛盾，是缩小、简化了的地图模型与实地复杂的现实之间的矛盾。实现这一目的的方法主要有地图内容要素的选取、图形化简、数量和质量特征的概括和空间关系的处理。

一、制图物体的选取

选取，是制图综合最基本和最重要的方法。所谓选取，就是从大量的、多样的制图物体（现象）中选取一部分，而舍去另一部分。选取可以是针对地图内容而言，如选取某一项或某几项内容，而舍去某几项或某一项内容；选取也可以是针对同类制图物体（现象）而言，如从大量的居民地中选取一部分居民地。前者称为类别选取，后者称为级别选取。类别选取受地图用途的制约，是地图内容设计的任务；制图综合中的选取主要指级别选取，即在同类物体中选取那些主要的、等级高的对象，舍去次要的、等级较低的那部分对象。

（一）选取的方法

为了确保同类地图所表达的内容得到基本统一，使地图具有适宜的载负量，需要拟订出定量化的选取标准，通常用资格法和定额法来实现这样的标准。

1. 资格法

资格法是以一定的数量或质量标志（如长度、间隔距离、面积等）作为选取的尺度标准（资格）而进行选取的方法。例如，把1 cm长度作为河流的选取标准，长度大于1 cm的河流全部选取，长度小于1 cm的河流舍去。表6-1列出了地形图上部分线状地物的选取指标。

表6-1　地形图上部分线状地物的选取指标

地物名称	分界尺度/mm 长(l)宽(d)深(t)	说　明
河流	$l=10$ $d=2$	选取图上长10 mm以上的河流，同时考虑相邻平行河流之间的间隔，当其小于2 mm时舍去
冲沟	$l=3$ $d=2$	选取图上长3 mm以上的冲沟，并保持最小间隔不小于2 mm
干沟	$l=15$ $d=2$	选取图上长15 mm以上的干沟，并保持最小间隔不小于3 mm
弯曲	$d=0.5\sim0.6$ $t=0.4$	选取宽0.5～0.6 mm和深0.4 mm以上的小弯曲
陡岸	$l=3$	在1∶10万比例尺地形图上，长3 mm以上的陡岸均应表示
消失河段（伏流）	$l=2$	在1∶10万比例尺地形图上，岩溶地区的伏流河、干旱地区和沼泽地区的消失河段，图上长2 mm以上的一般应选取
沟渠	$l=10$	在1∶10万比例尺地形图上，凡长度不足10 mm的一般可以舍去
密集沟渠	$d=2\sim3$	沟渠密集时，在保持密度差别的情况下进行取舍，相邻沟渠间的距离不得小于2～3 mm

资料来源：编者制。

制图物体的质量指标和数量指标都可以作为确定选取资格的标志。质量指标通常包括：控制点的等级、居民点的行政等级、河流的通航或不通航、道路的技术等级、境界等级等；数量指标包括：河流的长度、居民地的人口数、地貌谷地要素密度、地物的轮廓面积等。

资格法的优点是标准明确，容易掌握，并且各图幅之间能协调一致，所以，在编图生产中得到了广泛的应用。其缺点是具有一定的片面性，也就是说用一个指标来衡量制图对象的取舍是不全面的。如一条小河，在水网发达的地区和干旱地区其意义是不一样的。此外，资格法很难掌握各地区的图面载负量，也难以控制要素分布的密度对比关系。

为了弥补资格法的不足，常常在不同的区域确定不同的选取标准或对选取标准规定一个活动的范围(临界标准)。例如，甲地区和乙地区具有不同的河网密度和河系类型，对于不同密度的地区规定不同的选取标准，如甲地区为 8 mm，乙地区为 10 mm，用以保持不同地区河网密度的正确对比。同等密度的地区，由于河系类型不同，其长短河流的分布也会不同，这就需要给出一个活动范围，即临界标准，如甲地区为 6～10 mm，乙地区为 8～12 mm，用来照顾各地区内部的局部特点。至于上述资格法的其他缺点，其自身是很难克服的，需要用定额法作为补充或配合使用。

2. 定额法

定额法亦称定额指标法，是规定出单位面积内应选取的制图物体数量的制图方法，这种方法可以保证地图具有相当丰富的内容，又不致使地图上内容过多而失去易读性。按定额指标选取方法主要用于居民地、湖泊群、岛屿群、建筑物符号群等的选取。定额法的优点是标准明确、易于操作，但也有明显的缺点，它无法保证在不同地区保留相同的质量资格，例如各地区都应当全部保留乡镇级的居民地，实用上这一点往往是非常重要的。为了确定合理的定额指标，人们尝试使用各种各样的数学方法，包括数理统计法、开方根规律法、图解计算法、等比数列法、信息论方法、图论方法、模糊数学方法、灰色聚类方法和分形学的方法等，这里仅简介其中部分方法。

(1) 回归分析法

回归分析是以统计数据为基础的，原则上，制图综合中凡具有相关关系的变量，都可以用此法建立它们之间的数学表达式。

在地图制图学中，统计是以现有地图为依据的。以大比例尺地形图进行统计，所得数据代表实地密度值；在中小比例尺图上对相应地区进行统计，所得数据代表图上选取数量。然后，用相关分析的方法，检验实地值与选取值是否密切相关。若相关，则利用回归分析的方法建立回归方程，从而得到计算选取指标的数学模型。

例如，通过回归分析，得到 1∶10 万地图上居民地选取回归方程

$$y = ax^b \tag{6-1}$$

式中，x 为实地某一区域居民地数量；y 为 1∶10 万地图上该相应区域内应选取的数量；a、b 为利用图上量算的观测值通过回归分析计算所得的系数。此公式适用于那些介于基本全取和饱和选取之间的那些居民地的选取。这里基本全取指实地密度不超过某一最低选取指标时有多少取多少；饱和选取指的是实地密度超过某一最高选取指标时，选取数不再增加，即为一个常数。例如，对于 1∶10 万纸质地形图来说，基本全取线定为 110 个/100 km^2，饱和选取线定为 400 个/100 km^2 为宜，介于两者之间的选取规律，用公式(6-1)计算。

(2) 开方根规律法

开方根规律法是德国地图学家特普费尔提出的一种地图内容选取数量的确定方法。他认为,资料图上的载负量与新编图上的载负量同其比例尺之间有一定的比例关系,可用公式表示为

$$N_T = N_S \times \sqrt{\frac{S_S}{S_T}} \tag{6-2}$$

式中,S_T 和 S_S 分别是新编图和资料图的比例尺分母;N_S 和 N_T 分别是资料图和新编图上符号的数量。但考虑到易于应用,特普费尔又将公式加以简化为

$$N_T = N_S \times \sqrt{\left(\frac{S_S}{S_T}\right)^x} \tag{6-3}$$

式中,x 为模型参数,取值为 0, 1, 2, 3, 4,分别对应不同的选取级别。

应用开方根规律模型的关键在于确定模型参数 x 的数值。对此,可根据物体的重要程度确定相应的选取级公式,从表示实地(或资料图上)全部物体(零选取级)过渡到按相等的地图密度选取(第四选取级),选取级有规律地互相衔接,形成一个选取等级系统,即:$x=0$ 为零级选取,$N_T = N_S$,为重要的等实地密度选取;$x=1\sim4$,为第一至第四级选取,重要性越来越一般。

该模型的特点是计算简单,直观地显示了制图综合时从重要到一般的选取标准。但它有两个明显的缺点:一是模型参数 x 的取值不好准确选取,二是模型未顾及地理景观的差异,尤其是物体密度的变化。

(3) 适宜面积载负量法

地图的面积载负量是地图图廓内地物符号和注记所占面积与图幅总面积之比。地图的面积载负量超过一定的限度,人们就很难看到清晰的图形,这一限度就是能保持图形清晰的极限面积载负量。但是地图的极限面积载负量不是一个固定的数值,对于不同的读者、不同的地图用途,在不同类型、不同比例尺、不同地区的地图上地图面积载负量的数值也不同。另外,看得清和看不清标准也不完全一样,一般认为,地形图的极限面积载负量为 30 mm^2/cm^2。

根据地图的用途、比例尺和景观条件等多种因素确定的较合理的载负量为地图的适宜载负量,适宜载负量常用于居民地选取指标的确定。其主要工作步骤是:统计居民地密度;计算居民地面积载负量;研究确定各密度区适宜面积载负量的分配;求得各密度区居民地选取指标。

统计居民地的密度状况,可用大比例尺地形图,如 1∶2.5 万、1∶5 万等。根据居民地的分布情况,可目测分区,统计各密度区的居民地密度。

居民地的面积载负量通常由两部分组成:居民地符号的面积和居民地注记的面积。各级居民地的两者之和即为居民地的面积载负量。居民地的适宜面积载负量是根据人的视觉感受效果来确定的,要通过大量的量测和测试工作才能完成。一方面要对已出版的地图进行抽样量测,得到各密度区面积载负量数据,经过分析比较,确定适宜面积载负量;另一方面,还要通过制作样图,以检验其视觉效果。

确定居民地选取指标,主要是将适宜面积载负量转换为居民地的选取定额指标(图上单位面积内居民地的个数)。

地图的数值载负量是图上单位面积内制图物体的个数或长度，如图上单位面积内居民地的个数，河流、沟渠的图上密度系数。数值载负量可直接作为制图综合的容量指标。例如，规定某一区域居民地容量指标为图上 120 个/dm^2。

同一幅地图在纸质载体与电子屏幕载体上表现的精细程度是不同的，电子屏幕的分辨率要低于纸张的分辨率。在电子屏幕环境下，由于屏幕的闪烁和环境的刺激，电子地图上符号的最小尺寸要大于纸质地图上的才能清晰显示，因此在屏幕载体环境下确定要素选取指标时所依据的长度指标、面积指标与纸质地图是有一定差距的。实验证明，当制图区域总面积不变时，纸质地图比例尺分母乘以 0.8 后得到的比例尺为屏幕地图显示的最佳比例尺，因此屏幕地图的载负量也可通过纸质地图载负量换算得到。通过屏幕地图载负量公式，可以计算出任意比例尺条件下各要素的载负量，能够为实现空间数据的多尺度表达提供很好的选取数量指标依据。

(二) 选取的顺序

制图物体选取的正确与否对地图质量有很大影响，而选取的顺序是保证实施正确取舍的重要条件，它旨在解决"怎样选"的问题。没有正确的选取顺序，就会使制图综合的工作处于盲目和混乱的状态，这样就不可能编绘出质量优良的地图。选取制图物体时，一般按下列顺序进行：

1. 从整体到局部

进行制图物体的选取时，首先要有一个整体概念，也就是说，要从全局着眼，局部入手，然后又从局部回到整体，使物体的整体和局部都能得到正确表示。例如，编绘河系时，先要看到河系的结构和密度对比状况，而具体选取时则从一条条河流做起，使各部分选取小河的数量适当，最后再回到整个河系，检查河系结构和密度对比关系是否得到正确的反映。

2. 从主要到次要

在实施选取时要遵照从主要到次要的顺序，如先选主要街道再选次要街道，先选主要公路再选次要公路，先选干渠再选支渠等。需要注意次要和主要是相对的，随着地图用途、比例尺和制图目的的不同而异。

3. 从高级到低级，从大到小

对于每一种要素，要遵循从高级到低级、从大到小的顺序进行选取，只有这样才能主次分明，关系恰当。例如，居民地要先选大的、等级高的，再选小的、等级低的；河流按主流、一级支流、二级支流……的次序逐级选取；湖泊、岛屿按面积大小依次选取；水库先选大型的，再选中型、小型的。

总之，编图时应该首先选取等级高的、大型的、重要的，对其他要素有制约作用的物体；然后依次选取其他等级的物体。这样才能够保证地图上既具有相当丰富的内容又能显示其主次关系，使地图具有适宜的载负量，保障必要的清晰易读性。否则，如果先选取次要的物体，而又没有从整体考虑，再加上表示重要物体，其结果就会使地图载负量过大，或使重要特征淹没在次要碎部之中。

二、制图物体的形状概括

制图物体的形状可以看成是实地物体的平面结构缩小在地图上的图形。形状概括就是根据制图对象的图形特征，删除图形中不重要的碎部，保持和适当夸大重要特征，以尽量保持与地图的表示能力相适应的基本地理特征。制图物体的形状概括可以通过删除、合并、夸大、分割等方法实现图形化简，随着地图比例尺的缩小，概括的程度愈来愈大。

（一）删除

制图物体图形中的某些碎部，在比例尺缩小后无法清晰表示时（小于图解尺寸）应予以删除，如对河流（图 6-2）、等高线（图 6-3）、街区（图 6-4）和其他轮廓图形上的小弯曲进行裁弯取直。手工作业时删除靠直观感觉，它主要根据碎部图形的大小、位置（同周围的关联）和形状特征等条件来判断其是否重要，这种直观感觉只有在积累了丰富的经验后才能较客观地建立。计算机制图中删除表现为对制图数据的删除和修改，如通过某种平滑算法来减少相邻节点坐标值的差别，就可以达到删除和修改数据、去掉次要碎部的目的。

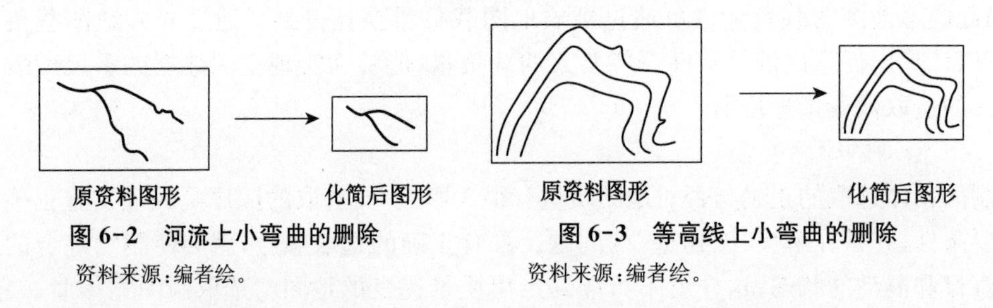

图 6-2　河流上小弯曲的删除

资料来源：编者绘。

图 6-3　等高线上小弯曲的删除

资料来源：编者绘。

（二）合并

随着地图比例尺的缩小，制图物体的图形及其间隔小到不能详细区分时，可以采用合并同类物体细部的方法，以反映地物的基本结构特征（图 6-5）。例如，概括居民地平面图形时舍去次要街巷，合并街区，以反映居民地的主要特征；两块森林轮廓在地图上的间隔很小时，联合成一个大的轮廓范围。

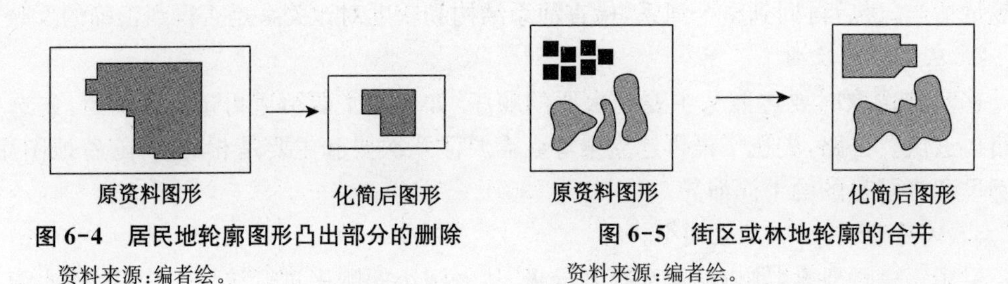

图 6-4　居民地轮廓图形凸出部分的删除

资料来源：编者绘。

图 6-5　街区或林地轮廓的合并

资料来源：编者绘。

（三）夸大

地图概括就是突出需要的信息，减少冗余的信息。从图解形式看，是在图形上减少一些多余的碎部，夸大表示一些有重要意义的细部。按正常的图形简化指标，一些细小的弯曲和凸凹部分会被删除，为了保存这些有典型特征或重要意义的细小弯曲和凹凸部分，必须采取放大表示的方法。例如，一条微弯曲的河流，若机械地按指标进行概括，微小弯曲可能全部被舍弃，河流将变成平直的河段，失去原有的特征。这时，就必须在删除大量细小弯曲的同时，适当夸大其中的一部分。图 6-6、图 6-7 显示了需要夸大表示的位于海岸、等高线上的一些特殊弯曲。

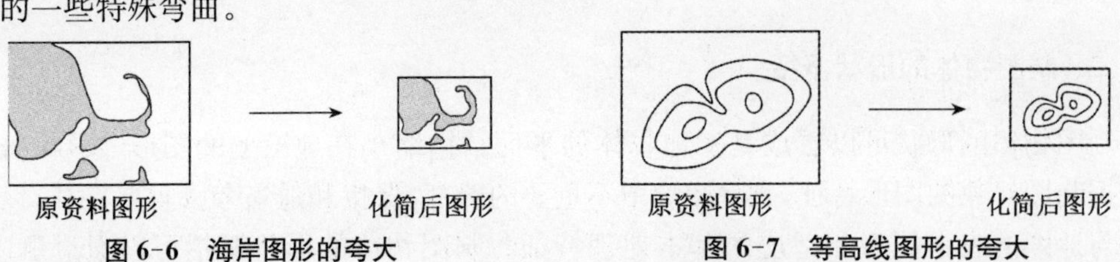

图 6-6　海岸图形的夸大

资料来源：编者绘。

图 6-7　等高线图形的夸大

资料来源：编者绘。

（四）分割

对于外廓十分规整而内部分布又较为零碎、间隔又小的地物图形，为反映其特征常采用分割的方法予以化简。假如只采用合并的方法，必然造成大块图形而歪曲了制图物体内部分布零碎的特点，这就要用分割的办法来概括图形。分割是以牺牲局部图形的真实性来换取主要特征的保持，主要用于不太重要的面状图形的拆分。例如鱼塘群的堤埂、林间的防火道等，当比例尺缩小较多时，堤埂和防火道都只具有示意性质，不再表示具体某一堤埂和防火道；概括城镇式居民地的平面图形时合并街区是主要的，但常常辅助以分割的方法，使街道方向和街区面积保持对比关系，不致因为合并过大或合并的不当，使其失去原来街区的方向以及改变不同方向街道的数量的对比（图 6-8）。

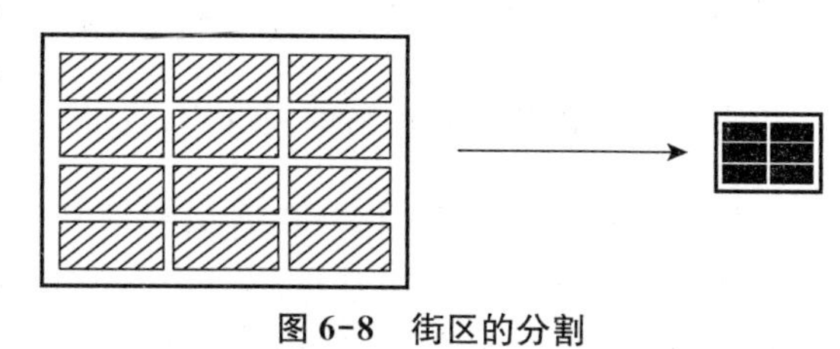
图 6-8　街区的分割

资料来源：编者绘。

三、制图物体数量和质量特征的概括

（一）数量特征的概括

制图物体的数量特征指的是物体的长度、面积、高度、深度、坡度、密度等可以用数量表达的标志的特征。数量特征概括是隐含在选取和形状概括之中的结果，一般表现为数量标志的改变并且常常是变得比较概略。数量特征概括的方法主要有：

(1) 增大分级间距，紧缩分类项目。即以扩大级差的方法来减少分级的级数，以概括的数量分级代替详细的数量分级。例如，在 1∶2.5 万地形图上基本等高距确定为 5～10 m（平地、丘陵地采用较小的等高距，山地和高山地采用较大的等高距），1∶5 万地形图上采用 10～20 m，1∶10 万采用 20～40 m；在小比例尺普通地图上表示地形要素时，则运用间距较大的高度表形式，如 0～50 m，50～100 m，100～200 m，200～500 m，500～1 000 m，1 000～2 000 m，2 000～3 000 m，3 000～5 000 m，5 000 m 以上。

(2) 提高资格：规定某级以下的制图物体不予表示，或把在图上表示出某种地物的尺寸提高。例如，规定某种比例尺地图上多少人口以下的居民地不予表示；在 1∶1 万的地图上，宽度大于 5 m 的河流即用双线表示，而在 1∶10 万的地图上，宽度在 40 m 以上的河流方能使用双线，此时 40 m 以下的河流实际上无法区别其实地上的宽度。

（二）质量特征的概括

制图物体的质量特征是指存在于物体内部而且可以决定其性质的特征。质量特征的概括表现在以概括的分类分级代替详细的分类分级以减少物体中的质量差别。

分类比分级的概念要广一些。对于性质上有重要差别的物体用分类的概念，例如河流和居民地属于不同的类。同一类物体由于其质量或数量标志的某种差别，又可以区分出不同的等级，其分级数据可以是定名量表的（如居民地按行政意义分级），也可以是顺序量表的（如居民地按大、中、小分级）或按间隔量表的（如居民地按人口数分级）。

分级的标志可能不同，但区分出的每一个级别都代表一定的质量概念。随着地图比例尺的缩小，图面上能够表达出来的制图物体的数量越来越少，这也需要相应地减少它们的类别和等级。制图物体的质量概括就是用合并或删除的办法来达到减少分类和分级的目的。

由于地图比例尺缩小或地图用途的改变，在地图上整个删除某类标志的情况是常有的。例如，不表示河流的通航性质，也就减少了河流之间的质量差别；在大中比例尺地图上，沼泽分为可通行和不能通行的，而小于1∶100万的地图上只用一种沼泽符号表示；在较大比例尺的地图上表示森林时，常常按品种分为针叶林、阔叶林和混合林，并且还要显示出树种、高度、密度和粗细，而在较小比例尺的地图上则用一种概括性的森林符号表示。减少分级则常常是通过对原来级别的合并来实现的，例如，把人口数1万～2万和2万～5万的居民地合并为1万～5万的居民地。

质量特征概括的结果，常常表现为制图物体间质量差别的减少，以概括的分类分级代替详细的分类分级，以总体概念代替局部概念。

四、制图物体空间关系的处理

随着地图比例尺的缩小，地图上的符号会发生占位性矛盾。比例尺越小，这种矛盾就越突出。编图时通常采用舍弃、移位和压盖的手段来处理。遇到这种情况时，应舍弃谁，谁该移位，往哪个方向移，移多少，什么时候可以压盖等，长期的制图实践中形成了一些约定的规则。对于这些规则的执行，是靠编图者的直观感觉进行的，这需要积累相当丰富的经验并对制图对象有理性的认识才能有好的结果。

（一）占位矛盾的处理方法

编图时大致采用三种方式来处理符号的占位矛盾：

1. 舍弃

当符号发生矛盾时，特别是当同类符号碰到一起时，一般会采用舍弃的方式，舍弃其中等级较低的一个。即便是不同类的，如果周围有密集的图形，也会产生舍弃的问题。

2. 移位

不同类别的符号发生矛盾时，如果不采用舍弃其中一个的方法，就要采用移位的方式，这种移位又分为：

双方移位：当两者同等重要时，采用相对移位的方法，使符号间保持必要的间隔。

单方移位：当两者重要性不同时，表现为次要点位对重要点位，点状符号对有固定位置或相对位置的线等，应单方移位，使符号之间保持正确的拓扑关系。

3. 压盖

有时当符号发生矛盾时，采用压盖的方法进行处理。这主要指点状符号或线状符号对面状符号，如街区中有方位意义的独立地物或河流，它们可以采用破坏（压盖）街区的办法完整地绘出点线符号。

（二）符号的定位优先级

地图上的符号可归纳成点、线、面三类。面的表达主要是通过边界线，也可以用阵列符号或颜色来填充轮廓的范围。所以，从定位的角度只有点和线两类（包括面状符号的边界线和填充范围的离散符号和线网）。

1. 点状符号

（1）有坐标位置的点：这些点具有平面直角坐标，如地图上的平面控制点、国界上的界碑符号等，它们的位置是不容许移动的。

（2）有固定位置的点：地图上的大多数点状符号属于这一类，它们有自己的固定位置，如居民点、独立地物点等，它们以符号的主点定位于地图上。这些点在编图时一般不得移动，当它们之间发生矛盾时，根据彼此的重要程度确定其位置。

（3）只具有相对位置的点：这些点依附于其他图形而存在，如路标、水位点等，当它的被依附目标发生变化时,点位也随之变化。

(4) 定位于区域范围的点:这些符号多数是说明符号,本身没有固定的位置,如森林里的树种符号、冰碛石、分区统计图表等,它们只需定位于一定的区域范围。编图时,人们通常把它们放在区域内的空白位置,避免压盖重要目标,当然,如有可能应尽量把符号放在区域的中央。

(5) 阵列符号:严格说来它不是点状符号,只是由离散符号组成的图案,表示某种现象分布的空间范围。单个符号没有位置概念,只有排列的要求。

处理点状符号的关系时,基本上可按上述次序定位,发生矛盾时移动次级的符号。

2. 线状符号

(1) 具有固定位置的线:地图上大多数的线属于这一类,如铁路、公路、河流等,这些线有自己的固定位置,它们以符号的中心线在地图上定位。当它们的符号发生矛盾时,根据其固定程度确定移位次序,如道路与河流并行时,需要保证河流的位置正确,而移动道路的位置。

这类线状符号中有一部分具有标准的几何图形,最常见的是直线,如直线路段、渠道、某些境界、通信线、电力线、经纬线等,也有些是其他的几何形状,如道路立交桥、街心花园、体育场符号等。这些局部线段在地图上并不一定是重要的,但保留其规则形状却是十分必需的,为此,常常不惜牺牲其他较重要的点线位置。

(2) 表达三维特征的线:这是指各类等值线,对于这些线,除了要注意它们的平面位置和形状特征外,还需要把它们集合起来成组地研究,保持它们的图形特征和彼此的协调关系。

从定位的角度看,它们常被作为地理背景存在,地图上其他要素的图形需要同它们协调,所以处于较重要的位置。

(3) 具有相对位置的线:这些线依附于其他制图对象存在,大多数的境界属于这一类,如依附于山脊线、河流的境界线,依附于道路、通信线、水涯线的地类界等,编图时需要保持原有的协调关系。

(4) 面状符号的边界线:这一类主要指那些面积不大的面状物体的边界,如小湖泊的岸线、地类图斑的界线等。这些线独立存在,也常常适应相应的地理环境,具有特定的类型特征,保留这些特征是需要认真考虑的。

(5) 组成某种网线图形的线:这类线没有位置概念,严格来讲它们不是线状符号,仅仅是用线状符号以某种规则排列构成需要的图案,它们多用来表达面域。

线状符号定位时也具有大致如上的序列关系,但不像点状符号那样严格。

第三节 海洋要素的制图综合

地图上表示的海洋要素包括海岸、海底地貌和其他海洋要素,综合时应注意正确反映海岸的类型及其特征,显示出海底地貌的基本形态和岛礁分布,表示海洋底质和其他水文特征。

一、海岸的综合

(一) 海岸线图形概括

1. 海岸线图形概括的方法

进行海岸线图形概括前,先要研究海岸的类型及其图形特征,以便保持海岸线固有的形状特征。

描绘海岸线图形时，首先要找出岸线弯曲的主要转折点(图 6-9)，确定它们的准确位置，由此构成岸线的基本骨架，随后在主要转折点之间确定次要转折点，以此为依据完成对海岸线图形的概括。采用删除和夸大相结合的方法进行转折点之间基本岸段的化简，图上小于规定尺度 0.5 mm×0.6 mm 的弯曲可适当化简，特征弯曲应夸大到 0.5 mm×0.6 mm 表示。

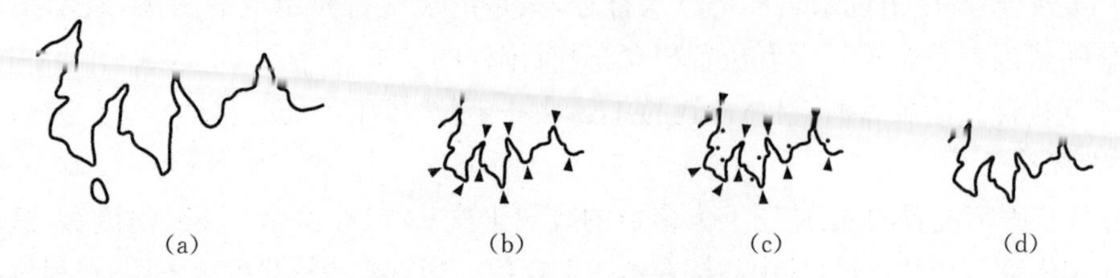

图 6-9　海岸线图形概括的方法

资料来源：祝国瑞，郭礼珍，尹贡白，等. 地图设计与编绘[M]. 武汉：武汉大学出版社，2001.

2. *海岸线图形概括的基本原则*

综合海岸线图形时，应正确反映岸线的形态特征，注意保持岸线主要转折点位置正确、岸线弯曲程度的对比以及水陆面积的对比。

(1) 保持海岸线平面图形的类型特征

随着地图比例尺的缩小，表达海岸线图形细部的可能性愈来愈小，这时应分别针对各类海岸线的特点，在图形概括时尽可能保留各类岸线独有的特点。

根据海岸的成因、形态和地形图上表示海岸的要求和方法，将海岸类型归纳为以侵蚀作用为主的岩质海岸和以堆积作用为主的泥沙质海岸两种基本的形态类型。

岩质海岸的特点是具有高起的有滩或无滩岩质后滨，包括岬湾海岸和断层海岸。由于在海角地区波浪汇合，能量集中于崖壁，侵蚀破坏作用强烈，造成岩岬突兀，岸线曲折，多港湾、岛屿、岛礁；在海湾地区波浪散开，能量扩散，形成堆积区。迎海面的岩质海岸，风浪大，侵蚀强烈；背海面部分风浪小，堆积活动旺盛。侵蚀区和堆积区是相互联系的，堆积区物质主要来源于侵蚀区(有时有河流携带)，显示它们的分布状况和空间联系，有利于判断海流的方向。进行岩质海岸综合时，岸线应用带棱角转折的曲线反映其岸线生硬、曲折的图形特点，保持尖窄岩岬呈尖角形。如图 6-10 所示为小比例尺地图上侵蚀海岸岸线的概括示例。

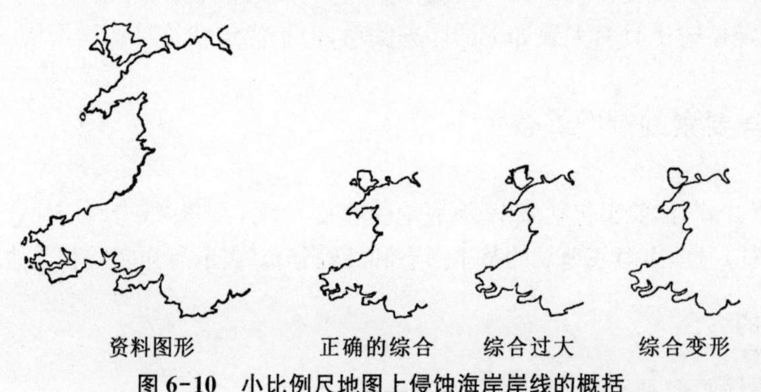

图 6-10　小比例尺地图上侵蚀海岸岸线的概括

资料来源：祝国瑞，尹贡白. 普通地图编制[M]. 北京：测绘出版社，1983.

泥沙质海岸的特点是具有低平的后滨，岸坡平缓，岸线较平直，以堆积作用为主。后滨地带常常有沙丘、沼泽、盐碱地或岸垄分布，并有宽窄不一的干出滩。岸线平滑，少港湾。

在湾口或河口处，常有沙嘴、沙堤或潟湖，堆积条件好，常形成三角洲。进行泥质海岸综合时，主要采用拐弯柔和的手法反映平缓圆滑的图形特点，用保持沙嘴、沙坝内侧小弯曲及其延伸方向，反映堆积物的形状和发展趋势(图 6-11)。

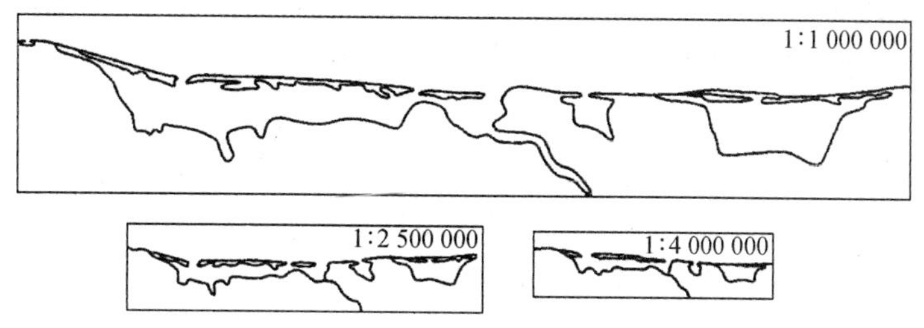

图 6-11　以堆积为主的海岸图形概括

资料来源：祝国瑞，郭礼珍，尹贡白，等. 地图设计与编绘[M]. 武汉：武汉大学出版社，2001.

(2) 保持各段岸线间的曲折对比

海岸线的不同岸段(即使是在同一类型的海岸中)，弯曲程度有大有小，弯曲个数也有多有少，经过图形概括之后，各岸线的曲折程度肯定会逐渐减小，曲折对比有逐渐拉平的趋势，但仍要保持各段岸线间弯曲程度的对比关系，尤其不能使曲折对比关系倒置。

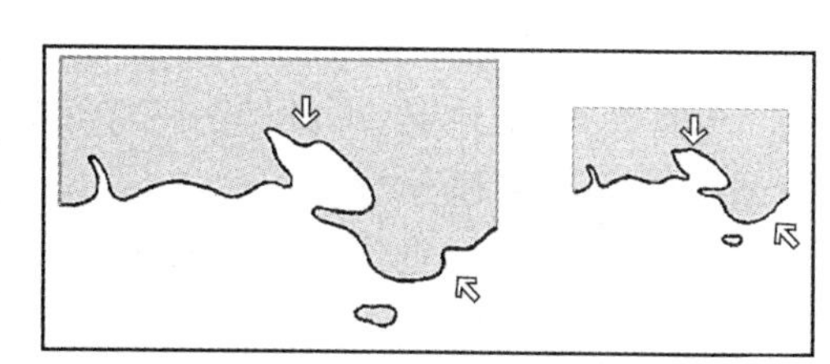

图 6-12　保持海陆面积对比的概括

资料来源：编者绘

(3) 保持海陆面积的对比

在概括海岸线的弯曲时，会遇到究竟应当删除海部弯曲还是陆地弯曲的问题。实际作业时，凸向海域的岸线一般夸大陆地、舍去海域碎部；凹入陆地的岸线则应夸大海域、舍去陆地碎部。要尽量使删去小海湾和小海角的面积大体相当，保持海陆面积的正确对比(图 6-12)。

海岸线与等高线紧靠时，应注意与等高线图形协调一致(图 6-13)；岸线与防护堤相重时，岸线可省略不表示。

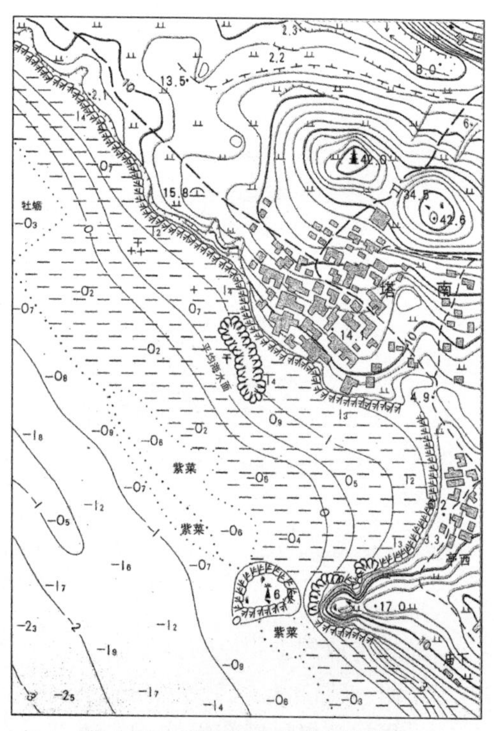

图 6-13　保持岸线与等高线协调

资料来源：中华人民共和国国家质量监督检验检疫总局，中国国家标准化管理委员会. 国家基本比例尺地形图图式(第 2 部分：1∶5 000 1∶10 000 地形图图式)[M]. 北京：中国标准出版社，2006.

(二) 海岸性质的概括

海岸性质的概括指海岸地段质量特征的概括，包括：

1. 类别的概括

随着比例尺的缩小，海岸表示详细程度逐渐降低，这反映在岸滩类型的分类数逐渐减少。例如，1∶2.5 万～1∶10 万地形图上干出滩分为 8 类(沙滩、沙砾滩/砾石滩、沙泥滩、淤泥滩、岩石滩、珊瑚滩、红树林滩、贝类养殖滩)；在中华人民共和国自然地图集中海岸只区分为沙岸、泥岸、沙泥岸等 3 类。

2. 合并类似岸段

当海岸的性质有明显的倾向性时，夹杂在其间的一小段具有类似性质的岸段，可以改用一致的符号表示。例如，将岩石陡岸中的一小段不属于陡岸的石质岸段改用岩石陡岸来表示，将沙泥滩为主的一小段沙砾滩改为沙泥滩符号表示。但是，这种概括一定是指性质比较接近的两种岸段，而且被合并掉的一段在图上很短。

3. 除去细小岸段

当某种性质的岸段在图上比较短，其长度小于编辑文件指定的标准时，可除去该岸段性质的符号，以普通岸线来表示。例如，一段红树林海滩在图上长度很小时（具体指标根据地图的用途而定），可删去其符号，只以普通的岸线表示。

二、岛屿的综合

岛屿的综合包括选取和形状概括。形状概括同海岸线图形概括的方法一致，应注意保持岛屿的位置精确和基本轮廓特征，对较小的岛屿主要应突出其形态特征。在岛屿选取方面，岛屿图形只能选取或舍去，任何时候都不能把几个小岛合并成一个大的岛屿。岛屿的综合示例如图 6-14 所示。

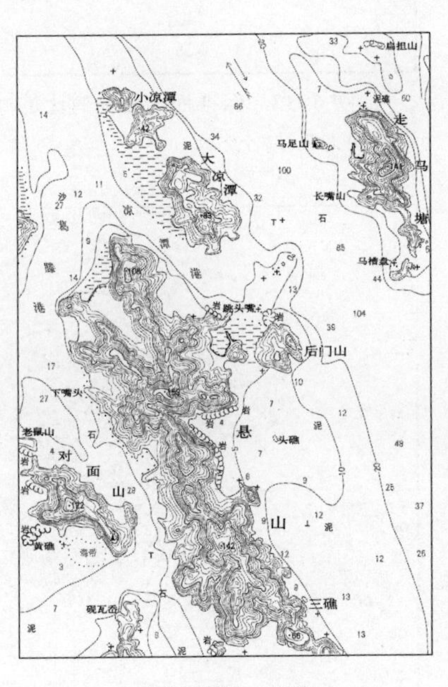

(a) 原图 1∶5 万

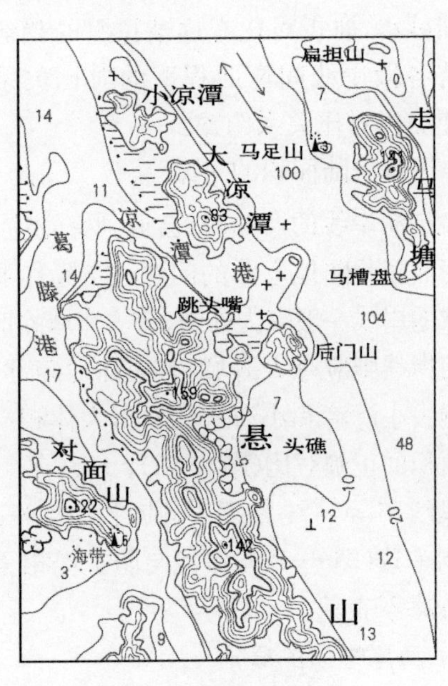

(b) 原图 1∶10 万

图 6-14　岛屿的综合示例

资料来源：根据中华人民共和国国家质量监督检验检疫总局，中国国家标准化管理委员会. 国家基本比例尺地图编绘规范(第 1 部分：1∶25 000 1∶50 000 1∶100 000 地形图编绘规范)[M]. 北京：中国标准出版社，2008 改绘.

岛屿选取的主要原则包括：

(一) 根据选取标准进行选取

采用按分界尺度有条件选取法和组合选取方法选取海岛。制图规范中常规定有岛屿的选取标准，例如，1∶2.5 万～1∶10 万地形图上规定为 0.5 mm^2，1∶25 万～1∶100 万地形图上规定为 0.35 mm^2，大于此标准的岛屿地图上都应选取并依比例尺表示，小于此面积时用不依比例尺的点状岛屿符号表示。

（二）根据重要意义进行选取

岛屿的重要性除根据大小判定外，还同其所处的位置有关。有的岛屿很小，但有重要意义，则要夸大表示。例如，位于重要航道上或标志国家领土主权范围的岛屿，如南海诸岛岛屿以及钓鱼岛、赤尾屿等重要岛屿，在比例尺很小的地图上甚至示意图上都要表示出来。

（三）根据分布范围和密度进行选取

对于成群分布的岛屿，要把它们当成一个整体来看待，在实施取舍前要先研究岛屿群的分布范围、排列规律以及内部各地段的分布密度等。选取时，首先选取图上面积在选取标准以上的岛屿，构成群岛的“骨架”；然后选取最外围能反映群岛分布范围的岛屿；最后选取一些有助于表达各地段密度对比及排列结构的岛屿（图 6-15）。但要注意不要由于放大岛屿的图形而影响海上通道的明显性。

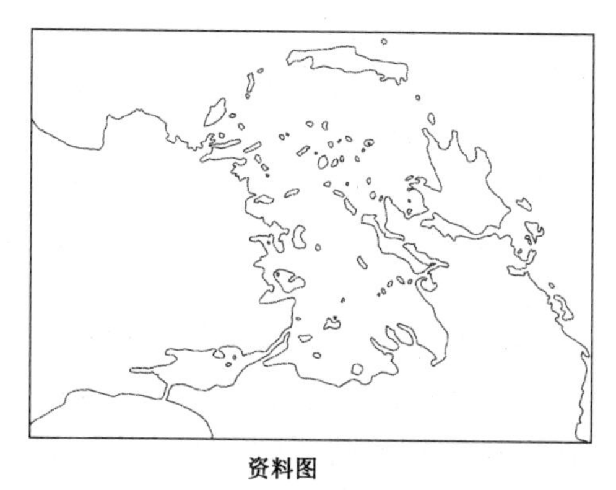

资料图

综合图

图 6-15　群岛中岛屿的选取

资料来源：编者绘。

（四）根据其与大陆的联系进行选取

在选取岛屿时，应反映岛屿与陆地沿岸地貌结构的延伸方向关系。如海洋淹没陆地后，由山丘变成的岛屿，其分布范围应同山体结构相适应，一般靠近海岸附近范围宽，距离越远宽度越小。

三、海底地貌的综合

海底地貌的制图综合主要包括水深注记的选取、等深线的勾绘和等深线的综合。

（一）水深注记的选取

根据制图资料和显示海底地貌的需要，确定水深注记选取密度，通常在浅海地带水深注记的选取指标为 50～100 个/dm^2，近海区域的选取指标为 10～30 个/dm^2。一般海区，水深注记自近岸向外海呈现逐渐由密到稀（图 6-16）的变化。在海底地貌起伏较大、岛礁和浅滩较多的海区，水深注记应多选取些；海底起伏小、比较平坦的海区，水深注记可少选取些。

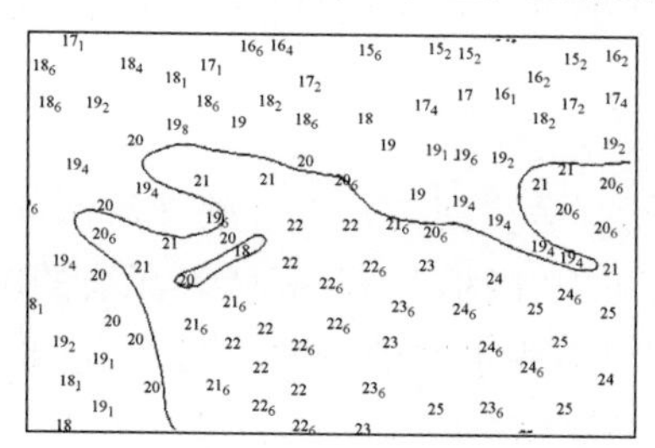

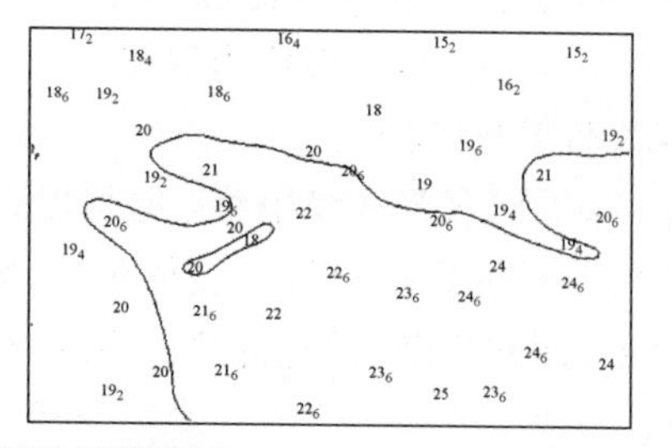

图 6-16　水深注记的选取

资料来源：编者绘。

水深注记的选取顺序：首先选取图幅内最浅和最深的水深注记，然后选取浅滩、标志航道特征或航道中危险物的浅水深注记，再选取显示海底坡度变化较大、深水航道和凹地的水深注记，最后选取其他水深，并按海底地貌分布规律统一协调和增补水深注记。浅海区、海底复杂的海区、近海区、有固定航线的航道区都应多选取一些水深注记，其他地区可相对少选一些。图上不能全部用等深线表示或等深线需略绘的海底地貌，如海丘、海山、海潭和深槽等，应在其位置上引注水深注记。

（二）等深线的勾绘

首先要分析海底地质构造。影响海底地貌发育的外力因素有很多，如入海河流的堆积，沿岸流和海流对沉积物的搬运，潮汐及海洋生物作用等。在绘制等深线时要分析海底地貌的类型，掌握其分布规律，以确保等深线形态与实际的海底地貌类型一致。

勾绘等深线的方法，一般是根据水深注记按比例目测内插等深线位置。首先勾绘岛礁复杂的地区，绘最浅的等深线和最深的等深线；其次勾绘加粗等深线，内插其余等深线；最后根据海底地貌类型及其分布规律，统一协调整个海域等深线的图形。

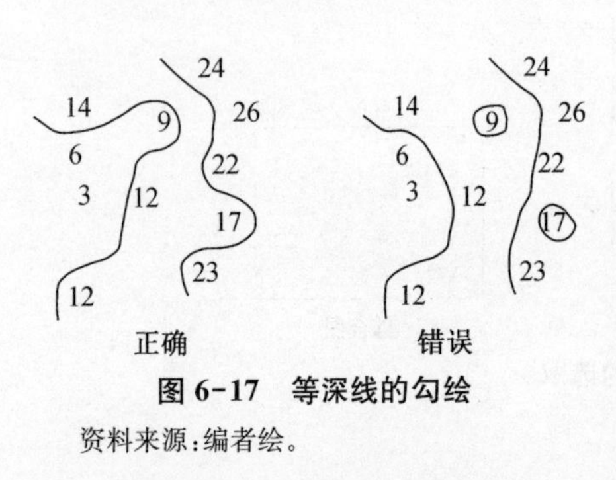

图 6-17　等深线的勾绘

资料来源：编者绘。

勾绘等深线和勾绘等高线有很多相同的地方，都应先判断地形的基本结构和走向，然后用内插法实施。陆地测图时有实物或图像模型作参考，而海底则经常没有什么作参考。根据水深注记勾绘等深线，要判明水深注记之间等深线的位置，应遵循“判浅不判深”的原则，即依水深点之间的差值勾绘等深线，必要时可有意稍向深水处偏移，实际上就是扩大浅水区的范围(图 6-17)。因此，图上有时出现等深线把同名水深点包括在内的现象。

在坡度变化剧烈的地方，会出现无法按照规定的深度间隔在有限的图面上绘制等深线的情况，如：在基岩海岸的近海、岛缘陆架狭窄的群岛及海底高原上岛礁的周围，因水深变化很大，图上不能表示全部等深线时，可酌情选择适当的等深线为岛屿的起始等深线，并加注等深线的深度注记；海山、深潭、深海槽的底部在图上面积很小时，等深线绘在适当深度后引注水深。

（三）等深线的综合

1. 等深线的选择

等深线的选择是根据深度表进行的。深度表上往往浅海区的等深距间隔小一些，水下地形表示得详细些，深海区则表示得比较概略。另外，对表示海底分界线的等深线，如对海洋航行安全很重要的－20 m，表达大陆架界限的－200 m 等深线往往是不可缺少的。

对于封闭的等深线，位于浅海区小的海底洼地可以舍去，但位于深水区的小的浅部，特别是其深度小于 20 m 时，一般应当保留。

2. 等深线的图形概括

反映浅水区的同名等深线相邻近时可以合并(舍去海沟)，但反映深海区的相邻同名等深线是不可以合并的，即不可以舍去浅海区之间的“门槛”。在概括等深线的图形弯曲时，也要遵从扩浅舍深的原则，只允许舍去深水区突向浅水区的弯曲。当然，也要注意等深线间的协调性。

第四节　陆地水系的制图综合

一、河流的综合

（一）河流选取

1. 河流的选取标准

在编绘地图时，河流的选取通常按事先规定的标准进行。为了准确确定制图区域河流的选取标准，应先量算该区的河网密度，根据河网密度进行分级分区，才能确定其选取标准。

河网密度可用河网密度系数度量，它是单位面积内的河流长度，以实地 km/km^2 或地图上 cm/cm^2 两种形式表示。实际应用中常将实地河网按密度进行分级，然后在不同密度区中确定选取标准。表 6-2 是我国地图上河流选取标准的参考数值，有规范的地图应以规范的规定为准。

表 6-2　我国地图上河流选取标准参考表

河网密度分区	密度系数（km/km^2）	河流选取标准（cm）	
		平均值	临界标准
极稀区	<0.1	基本上全部选取	
较稀区	0.1～0.3	1.4	1.3～1.5
中等密度区	0.3～0.5	1.2	1.0～1.4
	0.5～0.7	1.0	0.8～1.2
	0.7～1.0	0.8	0.6～1.0
稠密区	1.0～2.0	0.6	0.5～0.8
极密区	>2.0	不超过 0.5	

资料来源：编者制。

在地图设计文件中，规定的河流选取标准通常不是一个固定值，而是一个范围值。这是为了适应不同的河系类型或不同密度区域间的平稳过渡而采取的措施。在不同类型的河系中，小河流出现的频率不一致，例如，对于同样密度级的区域，羽毛状河系、格网状河系可采用“低标准”，平行状河系、辐射状河系可取“高标准”。为了不使各不同密度区之间形成明显的阶梯，通常在交错地段高密度区采用“高标准”、低密度区采用“低标准”。

2. 河流选取要求

河流的选取采用按分界尺度有条件选取的方法。取舍河流的分界尺度，一是由取舍标准确定的河流长度，二是相邻河流的间隔。1∶2.5 万、1∶5 万地形图上河流、运河一般均应表示，河网密集地区，图上长度不足 1 cm 的可酌情舍去，特别密集区不足 1.5 cm 的支流可舍去；1∶10 万地形图上长度大于 1 cm 的一般均应表示。对构成网络系统的河、渠，应根据河渠网平面图形特征进行取舍。密集河渠的间距一般不应小于 2～3 mm，老年河床河漫滩地带的岔流以及沟渠密集地区，间距可适当缩小。选取河流、运河时，应着重显示其结构特征，并按从大到小、由主及次的顺序进行。此外，选取河流时还要考虑以下因素：

(1) 河网密度差别

即使是在一个较小的区域内，不同地段的河网密度也是有差别的。河网密度大的地段，应选取一些小于分界尺度的小河；相反，河网密度小的地段，一些长度大于分界尺度的河流也可能舍去，目的是保持各不同密度区间的密度对比关系。

（2）河流的重要性

有些河流所处位置特殊，具有重要的军事、政治或地理意义，即使长度小于分界尺度，也应注意选取。例如，作为国界的小河，荒漠缺水地区的小河，石灰岩地区的断头河与断尾河，湖泊的进水河、排水河，作为连通湖泊通道的小河，高山地区作为区别冰斗湖和冰蚀湖性质的河流，小河上唯一的或少有的几条小河，独流入海（或大湖泊）的小河等。

3. 河系中的河流选取

流域内的河流往往不是孤立的，而是相互连通交织形成各种形态的河系。河系的类型，主要取决于流域的地表形态、岩性、地质构造、气候等多种因素。根据河系所构成的平面图形，可区分为树枝状河系、格状河系、羽毛状河系、平行状河系、扇形河系、辐射状河系等。对河系进行综合时，需要保持河系的类型特征、河流的主次和交汇关系，以及河源、河口的特征等，河系类型的不同对按分界尺度有条件选取河流是有影响的。

以格状河系为例，这类河系多形成于以褶皱构造为基础的山区，如我国川东平行岭谷、天山山地和闽浙丘陵等地区。河流多近于直角相交，构成格网状的平面图形。综合时，优先选取反映构成格状特征的支流（包括选取一部分小于选取标准的小河），保持主支流近于直角相交的特点（图 6-18）。

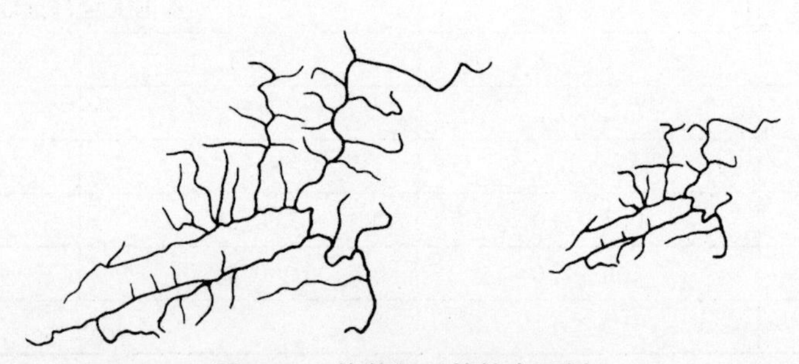

图 6-18　格状河系的综合示例

资料来源：王家耀，孙群，王光霞，等. 地图学原理与方法[M]. 北京：科学出版社，2009.

（二）河流的图形概括

自然界中的河流，有着形状和大小不同的弯曲。随着地图比例尺的缩小，对这些弯曲必须进行概括，舍弃小的弯曲，突出弯曲的典型特征，并注意保持各河段的曲折对比关系。

河流的平面图形受地质构造、地貌结构、坡度大小、岩石性质、水源等自然条件的影响，还与河流的发育阶段密切相关，不同的河段具有特定的弯曲形状。弯曲可分为简单弯曲和复杂弯曲，简单弯曲包括微弯曲、钝角形弯曲、近于半圆形的弯曲、套形弯曲、菌形弯曲等，复杂弯曲是在简单弯曲如套形或菌形弯曲基础上发育成的。进行河流的图形概括时，首先要找出河流的主要转折点（拐点），这些点起着图形的骨架作用，化简形状时应保留这些特征点（图 6-19），之后依据最小弯曲尺寸进行弯曲的图形概括。

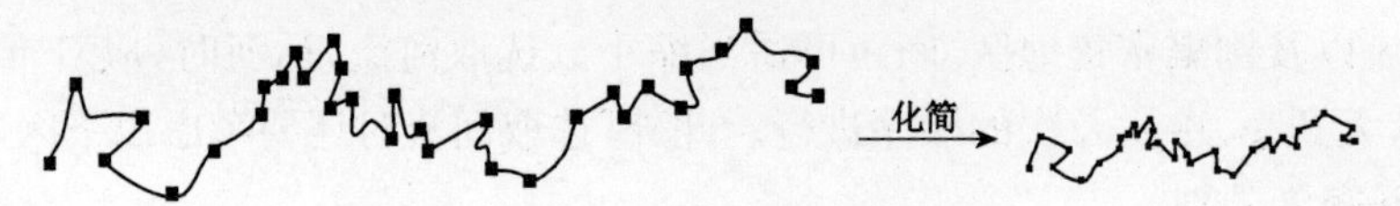

图 6-19　河流特征转折点的保留

资料来源：王光霞. 地图设计与编绘[M]. 北京：测绘出版社，2011.

在概括河流弯曲时，应注意遵循下列基本原则：

1. 保持弯曲的基本形状特征

形状化简就是要删除或合并那些小于分界尺度(最小尺寸)的弯曲，使河流形状的基本特征更加明显，并保持综合前后邻近弯曲大小对比，避免出现几个小弯曲合并后比邻近大弯曲还大的情况。

2. 保持不同河段弯曲程度的对比

区域地质地貌条件的差异及河流发育的不同阶段，决定了河段的弯曲程度，通常用曲率系数(河段两点间的曲线长与直线长之比)衡量河流的弯曲程度。概括河流图形时并不需要逐段量测其曲率系数，只要正确反映了各河段的弯曲类型特征，就能正确保持各河段弯曲程度的对比。综合时多用目测方法把弯曲数目多的与弯曲数目少的地段分别划分为不同河段(图 6-20)，采用开方根模型等方法确定不同河段的弯曲选取数，以便对弯曲多的河段多保留一些弯曲，达到保持不同河段弯曲程度对比的目的。

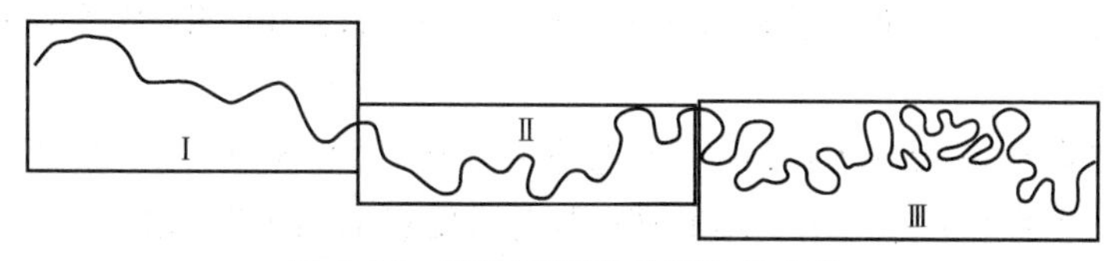

图 6-20　河流不同弯曲程度的分段

资料来源：编者绘。

3. 保持河流长度不过分缩短

化简河流弯曲形状时，要删除一些小弯曲同时夸大那些有显著特征的小弯曲。这种图形简化操作缩短或增加了河流的图上长度，从整条河流长度来看，这种增、减相互之间可以得到一些补偿。但随着地图比例尺的缩小，图上河流的总长将不断缩短。为此，只允许概括掉那些临界尺度以下的小弯曲，并且概括后的图形应尽量按照弯曲的外缘部位进行，使图形概括损失的河流长度尽可能地少(图 6-21)。

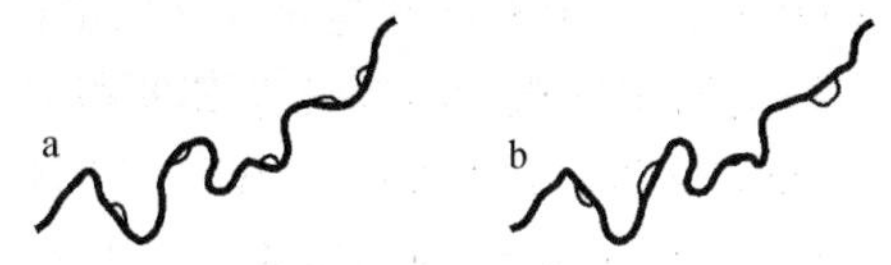

图 6-21　河流弯曲化简(a. 正确；b. 错误)

资料来源：编者绘。

对于复杂的真形河流图形，如复杂的辫状河网、人工沟渠网及河漫滩等，它们的图形结构比较复杂，综合难度比较大，应特别注意。图 6-22 是复杂辫状河网图形化简的示例，河

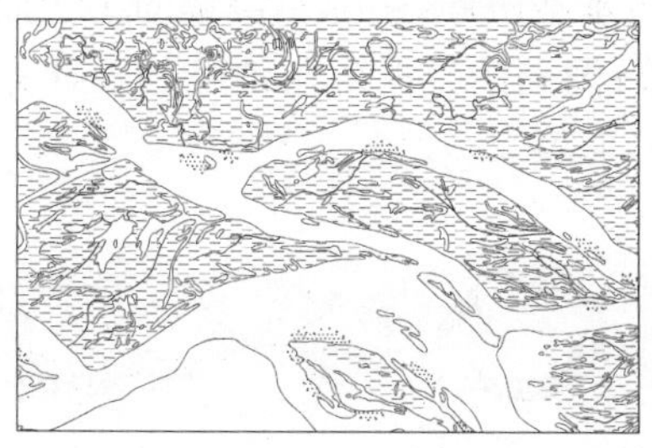

(a) 原图 1∶10 万

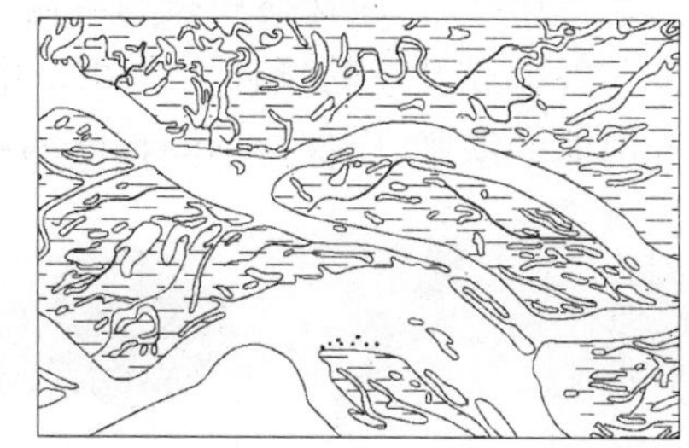

(b) 原图 1∶25 万

图 6-22　复杂辫状河系的化简

资料来源：中华人民共和国国家质量监督检验检疫总局，中国国家标准化管理委员会. 国家基本比例尺地图编绘规范(第 2 部分：1∶250 000 地形图编绘规范)[M]. 北京：中国标准出版社，2008.

流为辫状水系，河流宽阔，河中多浅滩，岔流、支流极多，支流多蛇曲，湖泊岛屿密布，多牛轭湖，河漫滩范围大且多沼化。综合时，应用圆、缓的弯曲绘水涯线，保持河流弯曲特征，小于0.5 mm×0.6 mm的弯曲应予以化简，选取大于1 mm^2 以上的湖泊及0.5 mm^2 以上的岛屿，适当夸大成条状的湖泊及牛轭湖。

二、湖泊、水库的综合

湖泊和水库都是陆地表面较大范围的水体，前者是自然形成的积水洼地，后者是人工在河流上筑坝蓄水而成，又称人工湖。两者的综合有许多共同点，也有其固有的特征。

（一）湖泊的综合

湖泊的综合主要表现为岸线概括和选取。

1. 湖泊的选取

湖泊通常只取舍，不合并。选取表示湖泊时应着重反映其面积、轮廓形状的基本特征、水质和分布特点。

湖泊的选取采用"按分界尺度"的条件选取法。在1∶2.5万～1∶25万地形图上，图上面积大于1 mm^2 的湖泊应表示，不足此面积但有重要意义的小湖，如位于国界附近的小湖、作为河源的小湖、有经济价值的小湖(矿泉湖)、风景区的喀斯特湖、孤立分布的小湖、缺水地区的淡水湖等即使小于0.5 mm^2 也应夸大到0.5 mm^2 表示。在小湖成群分布的地区，当其不能依比例尺表示时，改用点符号表示；相邻水涯线间隔在图上小于0.2 mm时可共线表示。

湖泊的选取同海洋中的岛屿选取有许多相似之处。独立的湖泊按选取标准进行选取，成群分布的湖泊，要注意其分布范围、形状及各局部地段的密度对比关系。

2. 湖泊岸线概括

湖泊岸线的概括同海岸线化简有许多相同之处，都需要确定主要转折点，采用化简与夸张相结合的方法。然而，化简湖岸线还有一些不同的特点：

(1) 保持湖泊与陆地的面积对比。删去湖汊弯曲会缩小湖泊面积，删去突入湖泊的陆地部分又会增加湖泊面积，实施湖泊图形概括时要注意其面积的动态平衡。

(2) 保持湖泊的固有形状及同周围环境的联系。湖泊的形状往往反映湖泊的成因及同周围地理环境的联系，图6-23为一些典型的湖泊形态。干旱地区在风蚀洼地中形成的湖泊，多呈浑圆形或沿风向伸长；平坦的沼泽地区积水成湖时，湖泊常成群分布，形状多呈简单的圆形或沿流水方向的长条形；早期大陆冰川作用过的地区，湖泊往往有着强烈切割的复杂桨叶状岸线。化简时应保留湖泊的形状特征，同时顾及后续等高线的概括。对于火口湖、山谷水库，概括岸线时，应保持岸线与等高线基本协调，删除不协调的小弯曲；构造湖的形状和方向应与谷地或盆地的延伸方向相一致；潟湖的方向应与沙嘴的延伸方向相适应；牛轭湖是废弃河曲的遗迹，应保持不同程度的弓形等。

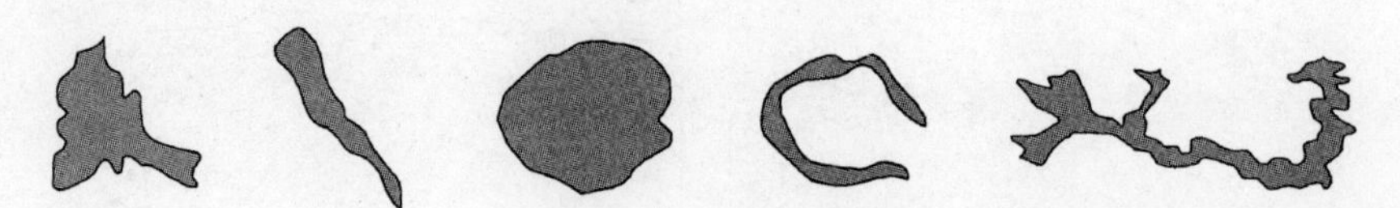

图6-23 湖泊的形状

资料来源：编者绘。

对图6-24所示的岛陆湖荡区，大小湖泊星罗棋布，岸线曲折，渠网密集，湖泊相互连通将陆地分割成岛状。综合时，注意保持湖泊轮廓形状特征，小于 0.5 mm×0.6 mm 的岸线弯曲可以化简；优先选出连通湖泊的渠道；适当合并小块陆地，但仍应保持岛状陆地的特征。

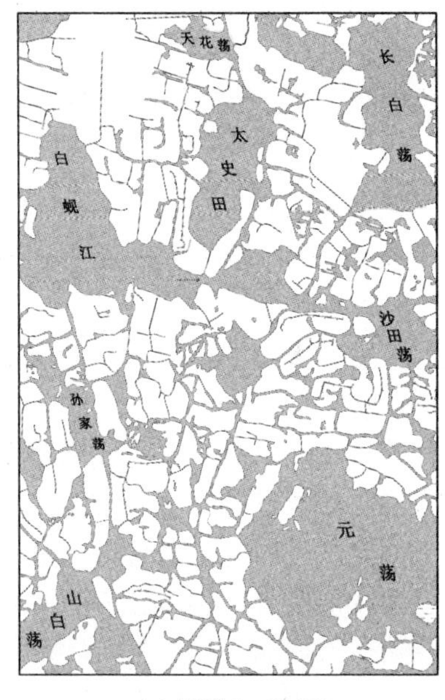

(a) 原图 1∶10 万

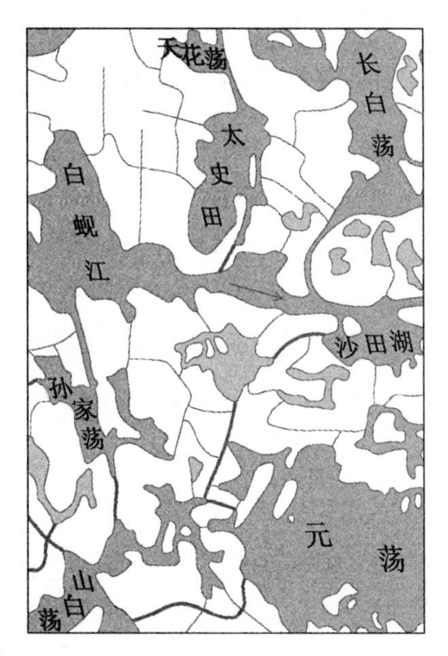

(b) 原图 1∶25 万

图 6-24　岛陆湖荡区综合

资料来源：中华人民共和国国家质量监督检验检疫总局，中国国家标准化管理委员会. 国家基本比例尺地图编绘规范（第 2 部分：1∶250 000 地形图编绘规范）[M]. 北京：中国标准出版社，2008.

（二）水库的综合

地图上表示的水库有真形和记号性的两种。真形水库有形状概括的问题，有时也有取舍的问题；记号性的水库则只有取舍的问题。

水库岸线图形概括的方法与湖泊岸线基本相同，尤其要注意水库岸线与等高线协调。

水库的取舍主要取决于它的等级，库容量超过 1 亿 m^3 的为大型水库；1 千万～1 亿 m^3 的为中型水库；小于 1 千万 m^3 的为小型水库。编图时应根据地图比例尺和用途选取，在我国 1∶50 万～1∶100 万地形图上，水库的选取标准如表 6-3 所示。

表 6-3　1∶50 万～1∶100 万地形图上水库的选取与表示

分类	库容量/m^3	图上面积	水库的选取与表示
大型	≥1 亿		全部选取并依比例尺表示
中型	1 千万～1 亿	≥2 mm^2	全部选取并依比例尺表示
		<2 mm^2	部分选取并用不依比例尺的中型水库符号表示
小型	<1 千万	≥2 mm^2	根据地区情况，部分选取并依比例尺表示
		<2 mm^2	根据地区情况，部分选取并用不依比例尺的小型水库符号表示

资料来源：编者制。

第五节　居民地的制图综合

我国地图上的居民地分为城镇式和农村式两大类，根据居民地的平面图形特征又可分为街区式结构和非街区式结构。城镇式居民地为街区式结构;农村式居民地根据不同的制图区域、地形特点,其图形结构可分为街区式、散列式、分散式和特殊形式等四种。不同类型居民地的综合都有概括和选取问题,其中数量和质量特征的概括在分级和符号化中体现,所以居民地制图综合的主要问题是讨论形状概括和选取的问题。

一、城镇式居民地的形状概括

城镇式居民地的特点是人口多、人口密度大,建筑面积高达15%～70%,内部结构非常复杂。其形状概括的目的在于保持居民地平面图形的特征,一般从内部结构、外部轮廓及外围联系两个方面进行。

内部结构指街道网的结构,即街道网的几何形状,主次街道的配置和密度,街区建筑密度和重要方位物等。

街道是城市的骨架,街道相互结合构成不同的平面特征,如放射状、矩形格状、不规则状、混合型等。在街道网中有主要街道和次要街道,它们的数量和密度决定了街区的形状。在街区内部又有建筑面积和空旷地,它们决定街区的类型——建筑密集街区或稀疏街区。在街区之外,还会有独立建筑物、广场、空地、绿地、水域、沟壑等。在大比例尺地图上,还要表示重要的方位物等。所有这些,构成城市内部的特征。

外部轮廓指街区的外缘图形,常以围墙、河流、湖(海)岸、道路、陡坡、冲沟等作为标志。研究外部轮廓除研究其轮廓形状外,还要研究居民地的进出通道及同周围其他要素的联系。

(一) 概括要求

综合时应注意保持城市街区图形总的形态特征(如矩形、辐射状、不规则形),保持房屋建筑密度对比及街区单元(指图上被街道分割的街区块)大小对比,并正确显示街区内部的通行情况。

街区单元面积综合指标可参考表6-4的规定,最小图斑一般不小于图上1 mm^2。小于上述尺寸的或改用普通房屋符号表示或舍去。

表6-4 街区单元面积综合指标

比例尺	房屋密集区	城市外围房屋稀疏区
1∶2.5万	16～50 mm^2	4～16 mm^2
1∶5万、1∶10万	8～25 mm^2	2～8 mm^2
1∶25万	1～12 mm^2	4 mm^2
1∶50万、1∶100万	2～20 mm^2	4 mm^2

资料来源:编者制。

应清晰反映居民地外围轮廓,保持轮廓的明显拐角、弧线或折线等形状,街区凸凹拐角在图上小于0.5～1.0 mm的可综合。街区外轮廓附近的小居住区,图上距离小于0.3 mm的可并入街区图形。街区外街区外缘的普通房屋一般不应并入街区,优先选取与居民地外围轮廓形状有关的普通房屋,其他可作较大的舍弃。

选取街道时,宜选取与公路相接的街道,选取与火车站、飞机场、码头、桥梁、广场、工矿企业等相联系的街道,并注意反映其矩形、放射形或不规则形等街区类型。比如对于构成矩形街区的街道网,宜选取相互垂直的两组街道。河流、铁路、高速公路可通过街区,其他道路不直接通过街区图形,道路应对准街道线中心表示出,并保持0.2 mm的距离。

(二) 一般程序

在地形图的编绘中，对于用平面图形表示的城镇式居民地，通常可按图 6-25 所示的程序进行概括。

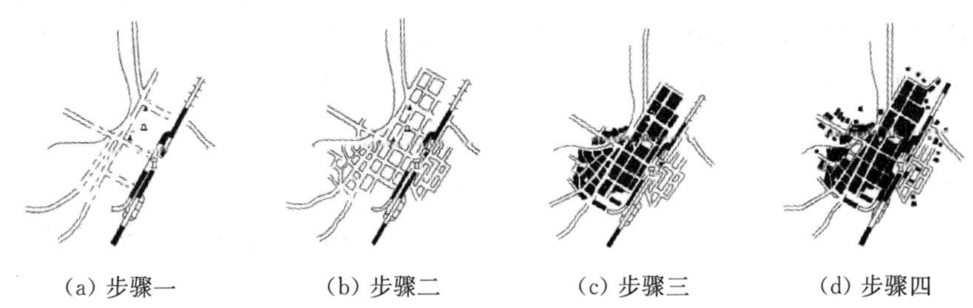

(a) 步骤一　(b) 步骤二　(c) 步骤三　(d) 步骤四

图 6-25　城镇式居民地图形概括的一般程序

资料来源：王光霞. 地图设计与编绘[M]. 北京：测绘出版社，2011.

1. 选取方位物、铁路等重要地物

选取水系、控制点、方位物、桥梁、隧涵、车站、铁路及其附属物体。选取并描绘这些物体，主要保证它们的位置准确，便于处理同街区图形发生矛盾时的避让关系。根据重要程度对密集的方位物进行取舍，避免过密的方位物破坏街区与街道的完整性。由于铁路、桥梁等是非依比例尺符号，它们占据了超出实际位置的图上空间。为了不使铁路等两旁的街区过分缩小，以致引起居民地图形产生显著变形，应将由于铁路等加宽引起的街区移动量均匀地配赋到较大范围的街区中。

2. 选取主要街道和次要街道

选取主、次街道的基本原则是正确反映街道的通行情况和街区形状的基本特征，图 6-26为某城市居民地综合时街道的选取示例。

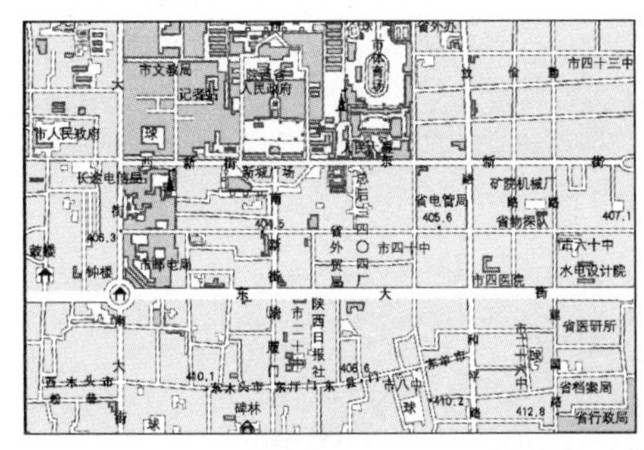

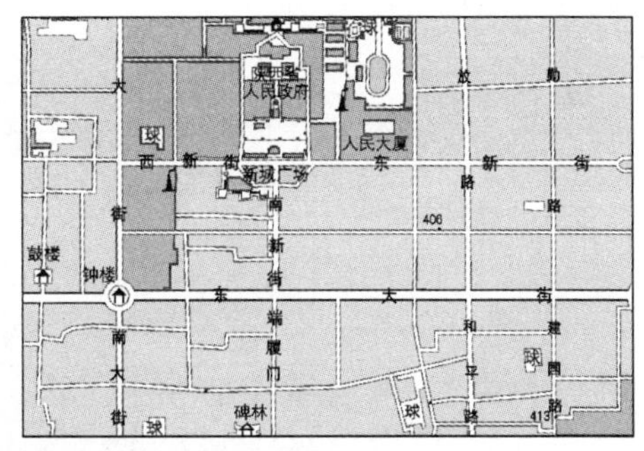

图 6-26　街道选取示例

资料来源：编者根据中华人民共和国国家质量监督检验检疫总局，中国国家标准化管理委员会. 国家基本比例尺地图编绘规范(第 1 部分：1∶25 000 1∶50 000 1∶100 000 地形图编绘规范)[M]. 北京：中国标准出版社，2008 改绘.

选取主要街道，应根据基本资料上街道的宽度和进出道路的等级，也可参考其他专门资料(如城市交通图)。在主要街道太密的地方(如彼此间隔仅一两个街区)，可以将短小的主要街道降级表示。描绘主要街道，应保持宽度一致，中心线及拐弯处的形状和位置准确。只是在与相邻铁路、江河、海岸等位置发生矛盾时，才允许位移主要街道。

选取主要街道后，进而选取以下次要街道：贯穿整个居民地或大部分居住区的次要街道；连接码头、车站、广场、公园、外围道路及重要方位物的次要街道；有利于保持街区形状和方向的次要街道；有利于反映街网密度对比的次要街道。

选取主要街道和重要的次要街道后，就应转向顾及街区形状特征来取舍短小的次要街道。对于呈格网状和放射状的街网，应保持街道呈连续的直线或弧(折)线，不能人为地改成曲(折)线。相反，对于不规则的街网，则不能任意拉直街道，避免使图形规则化。

舍去街道的同时，也就合并了街区。合并后的街区，应尽量不改变原来的纵、横方向，还应保持不同地段街网密度的对比，即街区数量或街区黑块大小的对比(图 6-27)。就街网数量的选取比例而言，街网由密到稀，选取比例逐渐增大，在街网稀疏区，选取比例甚至可达 100%。对于图形大小不相同的各个居民地来说，图形大的，合并后街区黑块较大，如大城市的街区黑块可达 6 mm^2，中小城市的街区黑块可达 4 mm^2；图形小的，街区黑块可小于 4 mm^2。对于不同比例尺地图来说，大比例尺图上街区黑块可大一些，小比例尺图上街区黑块应小一些。

3. 概括街区内部结构

基本原则是正确反映街区内建筑与非建筑状况。依次绘出建筑地段的图形，用相应的符号表示其质量特征，再绘出不依比例尺表示的独立房屋，如图 6-28 所示。

选取街道后，构成了新的街区。对于房屋密集的街区，应涂黑表示；对于面积大于分界尺度的空地、绿化地带、广场、高地等，均需保留；对于房屋稀疏的街区，应保持其规划特征(依比例尺表示的建筑物可合并；小独立房符号与所依附的街道同时取舍，一般选取位于路口或拐角的建筑，并保持分布特点和数量对比；突出的大型建筑在所依附的街道舍去后，仍可保留)、建筑与空地面积的对比。

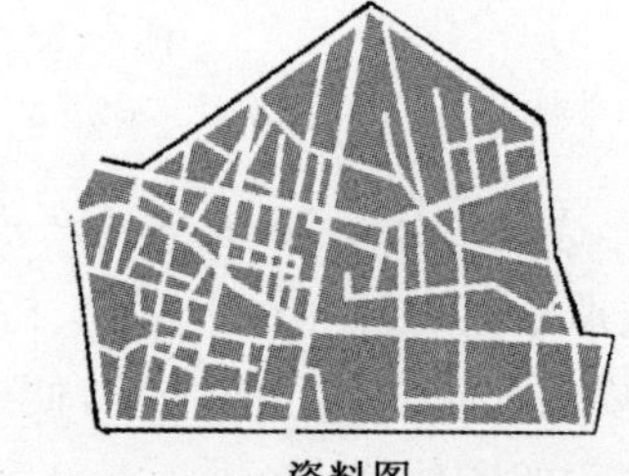

资料图

正确概括

错误概括

图 6-27　保持街网密度对比

资料来源：祝国瑞，尹贡白．普通地图编制[M]．北京：测绘出版社，1983 改绘．

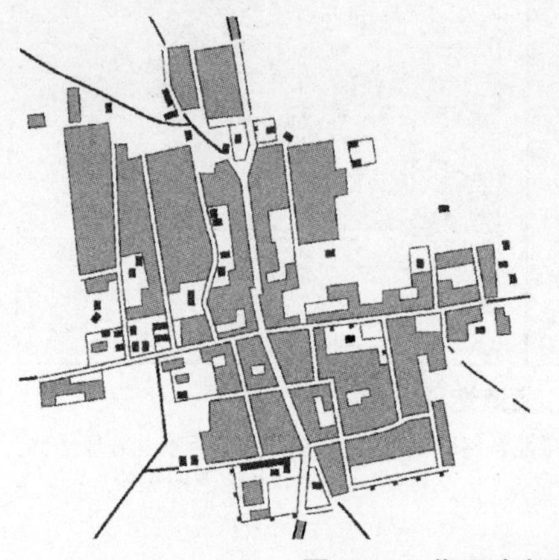

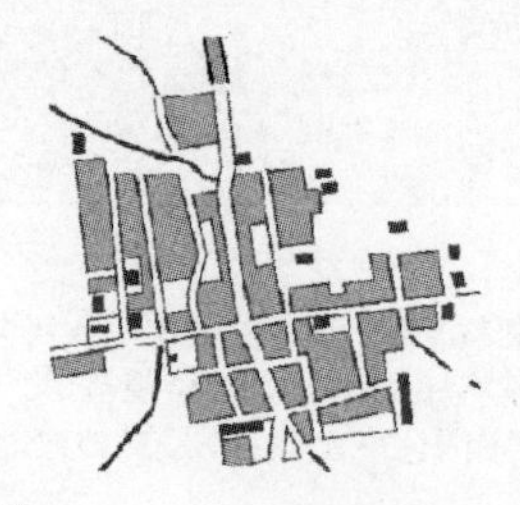

图 6-28　街区内部结构概括示例

资料来源：编者绘。

4. 化简外围轮廓及其他

外围轮廓直接反映居民地的总形状。概括居民地的外部轮廓图形时，应保持外围轮廓的明显拐角、弧形或折线状；保持其外部轮廓图形与河流、道路、地形等要素的相互关系。城镇式居民地周围，尤其是大中城市的周围，通常是由房屋稀疏的街区、居住区和独立房屋所组成，并夹杂有种植地和农村居民地等，它们影响着整个居民地的外围轮廓形状。正确地显示这些特点，保持居民地外围自然过渡的城郊特征也很重要。

二、农村居民地的图形概括

我国的农村居民地分街区式、散列式、分散式和特殊形式四大类。街区式农村居民地的图形概括与城镇式居民地概括方法较为类似，这里仅讨论后几种情形。

(一) 散列式农村居民地的概括

散列式农村居民地主要由不依比例尺的独立房屋构成，有时也有少量依比例尺的建筑物或街区建筑，但通常没有明显的街道，房屋稀疏且方向各异，分布为团状或列状。散列式农村居民地的概括主要体现在对独立房屋的选取，概括示例如图 6-29 所示。概括时应注意以下几点：

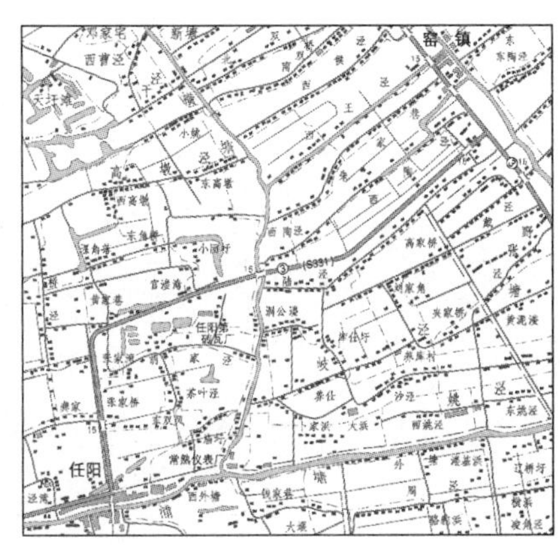

(a) 原图 1∶5 万　　(b) 原图 1∶10 万

图 6-29　沿沟渠分布的散列式居民地综合示例

资料来源：编者根据中华人民共和国国家质量监督检验检疫总局，中国国家标准化管理委员会. 国家基本比例尺地图编绘规范(第 1 部分：1∶25 000 1∶50 000 1∶100 000 地形图编绘规范)[M]. 北京：中国标准出版社，2008 改绘.

1. 选取位于重要位置的独立房屋

应注意保持依比例尺表示的房屋或重要位置的独立房屋的位置和方向的准确。对形状和方向有明显联系的依比例尺的房屋可以合并表示，也可以改为记号性房屋符号。但依比例尺的房屋处于重要位置时，可夸大仍以依比例尺房屋符号表示。对不依比例尺的独立房屋，只能取舍，不能合并。取舍时，应优先选取位于居民地中心部位、道路交叉口、道路拐弯处、河流汇合处等位置的独立房屋符号。

2. 选取反映居民地范围和形状特征的独立房屋

散列式农村居民地不管是团状或列状，都有其分布范围，它们形成某种平面轮廓。化简时，应根据散列式居民地分布的形状特征予以化简。对呈团状分布的散列式农村居民地，应特别注意反映其分布范围和形状，选取外围轮廓特征转折位置上的独立房屋；对呈列状分布的散列式农村居民地，一般应首先选取两端的房屋，中间适当选取或配置房屋符号。

3. 选取反映居民地内部分布密度对比的独立房屋

选取散列式居民地内部的房屋应注意不同地段的密度对比和房屋符号的排列方向。为了保持其方向和相互间的拓扑关系，所选取的房屋可作适当移位处理。

(二) 分散式农村居民地的概括

分散式农村居民地房屋更加分散，各建筑物都依势而建，散乱分布，没有规划，看上去往往村与村之间的界线不清。但实际上分散式农村居民地是散而有界、小而有名的。就是说,它们看上去是散的,但大多数居民地是有界线的,只是往往距离较近,难以辨认。每一个小居民地都有自己的名称,甚至附近的几个小居民地还有一个总的名称。

在实施概括时,也是主要采取取舍的方法,表示它们散而有界和小而有名的特点。房屋的舍弃和相应的名称舍弃同步进行,分清它们彼此的界线。如图 6-30 所示为分散式农村居民地综合示例。

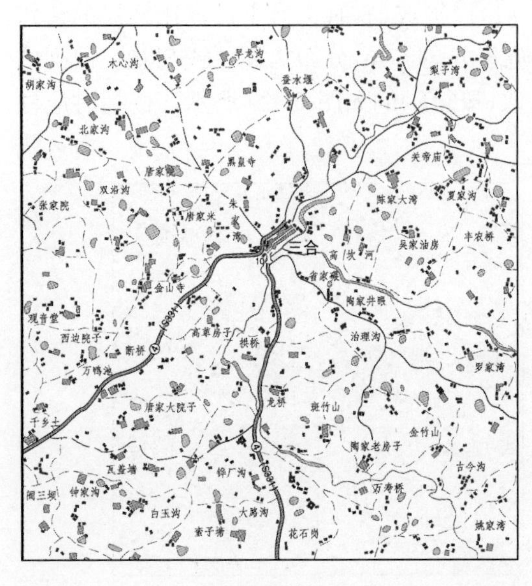

(a) 原图 1∶5 万

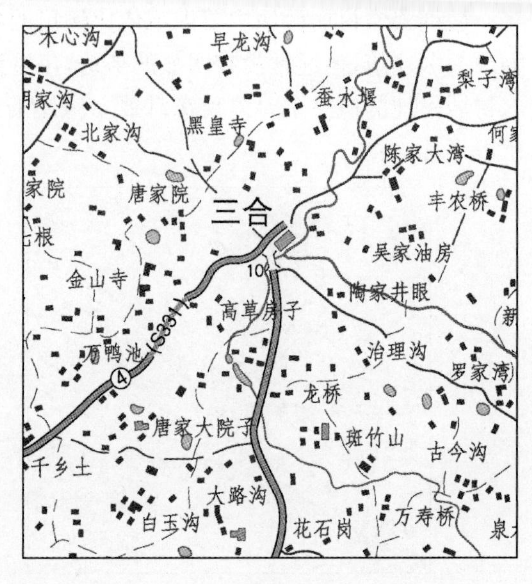

(b) 原图 1∶10 万

图 6-30 分散式农村居民地的综合示例

资料来源:编者根据中华人民共和国国家质量监督检验检疫总局,中国国家标准化管理委员会. 国家基本比例尺地图编绘规范(第 1 部分:1∶25 000 1∶50 000 1∶100 000 地形图编绘规范)[M]. 北京:中国标准出版社,2008 改绘.

(三) 特殊形式农村居民地的概括

窑洞、帐篷(蒙古包)是两种主要形式的特殊居民地,对它们的概括应遵守散列式和分散式农村居民地的概括方法。除此之外,还要注意:沿沟谷自然形状分布的分散式窑洞居民地,应尽量保持窑洞与谷地取舍的一致性,不使窑洞朝向山顶或山脊,并与等高线协调一致;成排分布的窑洞不能逐个表示时,应保持两端窑洞位置准确,中间内插表示,并反映出连续的和间断排列的不同情况;多层分布的窑洞应保持上下层位置准确,中间层次内插表示;窑洞与房屋混合组成的居民地,应保持窑洞与房屋符号的密度对比;应优先选取位于水源附近和道路出入口处的窑洞,无方位意义的窑洞或废弃窑洞可不表示。窑洞式农村居民地综合示例如图 6-31 所示。

三、用圈形符号表示居民地

随着地图比例尺的缩小,居民地的平面图形越来越小,以致不再能清楚地表示其平面图形。例如,在 1∶25 万比例尺地形图上,就有一部分居民地改用圈形符号(图6-32)。由于圈形符号明显易读,在有些地图上,即使是平面图形很大,也改用圈形符号表示。

由平面图形过渡到用圈形符号表示时,主要问题有两个:一是圈形符号的配置,二是与其他要素关系的处理。

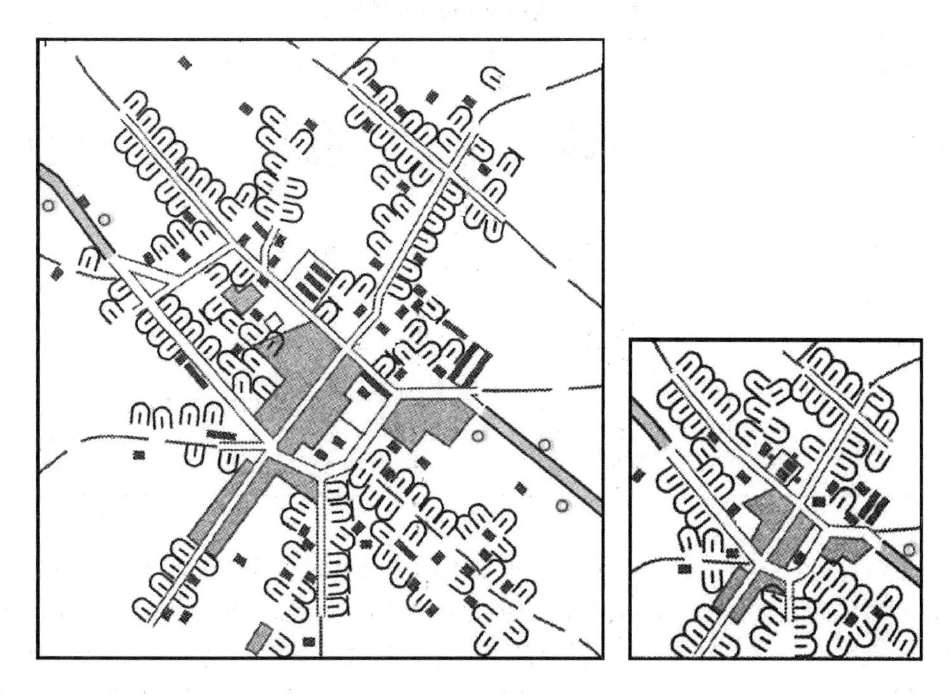

图 6-31　窑洞式农村居民地的综合示例

资料来源:编者绘。

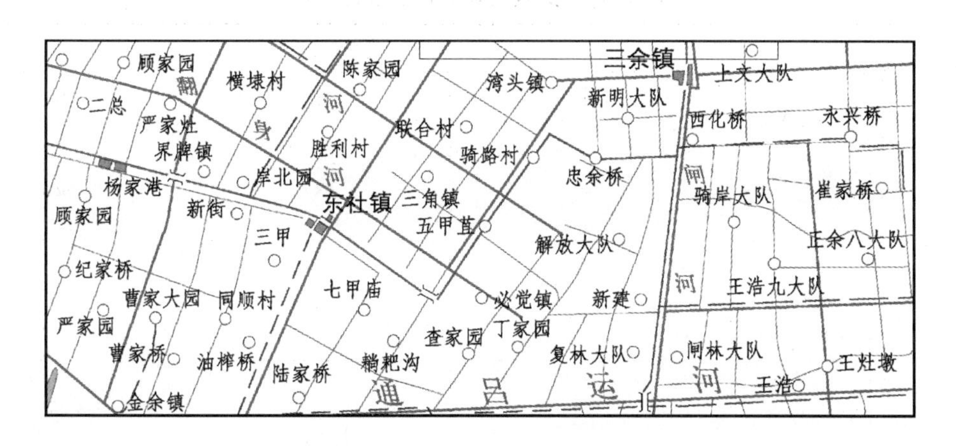

图 6-32　用圈形符号表示居民地

资料来源:编者绘.

圈形符号的配置,实质上是圈形符号的定位,即确定居民地平面图形在什么地方代表居民地的位置的问题。圈形符号的定位主要可以分为下面几种情况:①平面图形结构呈面状均匀分布时,圈形符号定位于图形的中心(表 6-5);②居民地由街区和外围的独立房屋混合组成时,圈形符号配置在街区图形上;③居民地由有街道和部分无街道结构图形混合组成时,符号应配置在有街道结构部分;④散列式居民地圈形符号配置在房屋较为集中的区域;⑤对于分散式居民地,应首先判明其范围,然后将圈形符号配置在注记所指的主体位置。

表 6-5　居民地圈形符号的定位

定位部分	图形及圈形符号的定位
a. 以平面图中心定位	
b. 以街区部分定位	
c. 以有街道部分定位	
d. 以较密集部分定位	

资料来源：编者制。

居民地改用圈形符号表示后，它与其他要素的关系变得更为简单明了，即表现为与线状、面状和点状要素的相接、相切、相离三种关系，其中，同线状要素的关系最具代表性：①相接（线状要素通过居民地），圈形符号的中心定位于线符号中心线上；②相切（居民地紧靠在线状要素的一侧），圈形符号切于线状符号的一侧；③相离（居民地实际图形与线状物体相距一段距离），两种符号在表示时需要相距 0.2 mm 以上（表 6-6）。

表 6-6　圈形符号与其他要素的关系

要素		关系处理		
		相接	相切	相离
水系	资料图			
	概括图			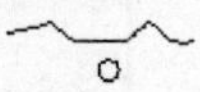
道路	资料图			
	概括图	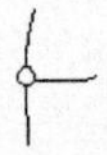	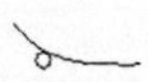	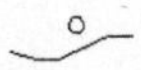

资料来源：编者制。

四、居民地的选取

居民地的选取，主要是要解决选取数量和选取对象两个问题，一般可采用按定额指标和地物等级的组合选取方法，即按选取公式计算居民地的选取数量，按居民地等级确定选取对象，并尽量做到最密区清晰性和详细性的统一，同时保持不同密度区的对比关系。

（一）居民地的选取指标

居民地的选取指标是按不同密度分区确定的。衡量居民地密度通常用百平方千米中的个数（个/100 km^2），在地图上则用平方分米中的个数（个/dm^2）表示居民地密度或选取标准。在1∶2.5万、1∶5万的地形图上居民地基本上全部表示，在居民地稠密地区，可适当舍弃个别小居民地；1∶10万地形图上乡、镇以上各级行政中心及集、街、圩、场、坝和主要村庄应全部表示，其他以普通房屋为主体的居民地选择表示；1∶25万地形图上乡、镇级以上居民地全部表示，乡、镇级以下居民地视各地区密度状况根据规定的选取指标选取；1∶50万地形图上乡、镇级以上居民地全部选取；1∶100万地形图上县级以上居民地全部表示，乡、镇级居民地尽量选取，其他居民地根据规定的选取指标选取。表6-7列出了1∶25万～1∶100万地形图上居民地的选取指标。

表6-7　居民地密度分区选取指标

密度分区		实地每100 km^2内居民地数量	图上每100 cm^2选取数量		
			1∶25万	1∶50万	1∶100万
大中型居民地地区	稀疏区	15个以下	60个以下	70～100	90～120
	中密区	16～60个	60～80个	100～130	120～160
	较密区	61～110个	80～100个	130～160	160～200
	稠密区	110个以上	100～120个	160～180	200～250
中小型居民地地区	极稀区	15个以下	60个以下	70个以下	90个以下
	稀疏区	16～35个	60～80个	70～100	90～120
	中密区	36～110个	80～100个	100～130	120～160
	较密区	111～200个	100～115个	130～160	160～200
	稠密区	200个以上	115～130个	160～180	200～250

* 大中型指以街区式、轮廓式为主的居民地区域，中小型指以圈形符号为主的居民地区域。
资料来源：编者制。

对于非基本比例尺地图，确定居民地的选取指标通常采用以下一些方法：

1. *图解法*

图解法是基于已有地图或综合样图以确定居民地选取指标的方法，需要具备丰富的制图和视觉感受经验。利用已有地图时需要考虑图上符号、注记与新编图上的符号、注记之间的差别，其次要根据经验判断居民地的选取数量是否达到新编图的要求；综合样图的编制采用新设计的符号系统，可以在专家评定通过后作为确定选取指标的依据。

2. *图解计算法*

这是苏联学者苏霍夫提出的一种以地图符号的面积载负量确定符号选取数量指标的方法。居民地的面积载负量 S 由两部分组成，即居民地符号的面积 r 和居民地注记的面积 p。其表达式为

$$S = n(r + p) \tag{6-4}$$

式中，n 为每平方厘米的居民点个数。

居民地注记的面积 p 也要分析，每个字的面积为宽×高 $=d^2$，汉字地名注记平均由2.5个字组成，连同字间隔占0.5个字宽，则上式可表示为

$$S = n(r + 3d^2) \tag{6-5}$$

我们知道，在一张地图上，不同级别的居民地圈形符号或平面图形是大小不一的，相应的注记大小也不同。衡量一个地区内居民地面积载负量，即为每100 mm^2 内居民地所占面积(mm^2)的总和，即

$$\sum S_i = (\sum r_i + \sum 3d_i^2) \tag{6-6}$$

在实际应用中，地图编制者已对工作地区中不同区域居民地的面积载负量完成抽样统计，例如表6-8，它选择了我国不同地区、四种比例尺居民点的面积载负量，作为编制这些比例尺的地形图参考。

表6-8 居民点所占面积在不同比例尺地图上的载负量（单位：0.01 mm^2/mm^2）

地区分类	1∶10万	1∶20万	1∶50万	1∶100万
大型集团式居民点地区(东北)	50	30	16	14
中型集团式居民点地区(华北)	40	20	14	13
小型及散列式居民点地区(我国大部)	18	15	12	11

资料来源：编者制。

3. 解析法

除了图解法和图解计算法外，还可以利用相关数学模型进行居民地选取指标的计算，如采用数理统计法，该方法包括两种模型：

单相关模型：

$$y = ax^b \tag{6-7}$$

式中，y 表示选取数量；x 表示原有数量；a，b 表示待定参数，可以利用统计数据构建拟合方程来解算。

复相关模型：

$$y = b_0 x_1^{b_1} x_2^{b_2} \tag{6-8}$$

式中，y 表示选取数量；x_1，x_2 表示影响居民地选取的两类因素；b_0，b_1，b_2 表示待定参数，可由统计数据拟合回归方程来解算。

(二) 选取居民地的一般原则

1. 根据重要性确定选取的优先级

重要性的衡量标准包括行政意义、经济地位、交通状况、军事价值等指标。从居民地重要性角度考虑，应优先选取位于道路交叉口、交通线旁、河流交汇处、山隘、渡口、制高点、国境线、重要矿产资源地、文物古迹等处的有政治、经济、历史和文化意义的居民地。

2. 反映居民地的分布特征

居民地的分布与自然地理条件及交通状况有着紧密的联系。一般地势平坦、水网发达、自然条件较好的地区，居民地的分布就密集。高山地区、荒漠地区、农业耕作条件较差的地区，居民地则稀少。在平原地区，居民地多沿交通干线、河流两岸分布。在山区，居民

地则多沿谷地分布。在黄土地区，居民地多分布于塬、梁面上。在沙漠地区，居民地则多分布在水源(井、泉)的附近。

3. 反映不同地区居民地密度对比

在选取居民地时，一定要反映出居民地分布的规律性，并同时表达不同地区居民地密度的对比关系。经过选取后的地图，居民地密集与稀疏的对比仍应明显清晰，不能人为地造成居民地的均匀分布，歪曲不同地区居民地的密度对比关系。应研究实地居民地的分布状况，划分不同密度等级或区域，针对不同密度区确定不同的选取指标。

通常，首先绘出选取资格以上的大居民地，绘出政治、经济、军事、交通、文化、历史等方面有特殊意义的居民地，然后再按选取指标，从重要到次要补足全部居民地。一般密集区可多舍，稀疏区可少舍，人烟稀少区全取。这样，不仅使重要的居民地保证入选，而且使图面清晰易读。

五、居民地的名称注记

名称注记是识别居民地的重要标志，在制图综合时要注意它的选取与配置。

凡选取的居民地一般均应注记名称，并以不同的字体与字大区分居民地的行政等级。乡、镇级以上居民地按行政名称注出，“乡”“街道”字可省略，但民族乡、自治乡应全名注出。当镇级以上行政名称与驻地自然名称不一致时，驻地自然名称作为副名注出，副名用比正名小二级的同体字在正名下方或右方加括号注出。当一居民地是两个以上政府驻地时，只注高一级名称。自治州人民政府驻地，地区、盟行政公署以驻地名称注出，并在其名称下方绘一横线。农、林、牧、渔场应全名注出，村庄按自然名称注出，工厂、学校、陵园等单位用专用名称注出；在城市郊区和城市连成一体的农村居民地可以选注名称。

配置居民地名称注记的基本原则是指示明确、易于阅读(图 6-33)。首先，它不应压盖同居民地联系的重要地物，例如整段道路或河流等；其次，名称注记应尽可能地靠近其符号(一般距离不应超过 0.5 mm)，当居民地密集时，要做到归属十分清楚；再者，名称注记一般采用水平字列，在不得已的情况下才用垂直字列。呈自由分布时，以排在图形的右侧或上侧为主，其次考虑下侧或左侧等其他方向上的空位。当居民地沿河流或境界分布时，最好不要跨越线状符号配置名称注记，以免造成视觉上的错觉。

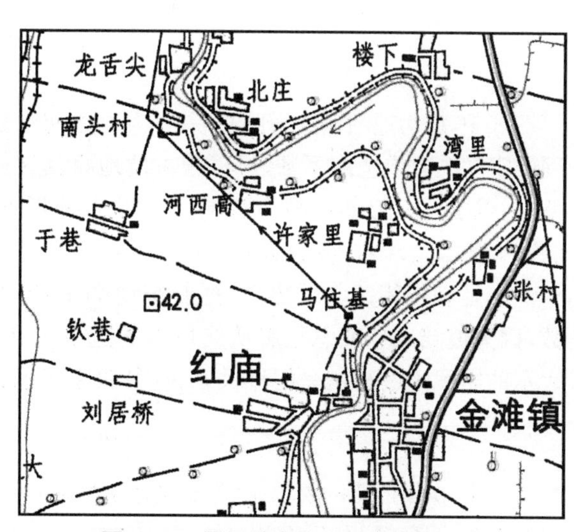

图 6-33　居民地名称注记的配置示例

资料来源：编者根据中华人民共和国国家质量监督检验检疫总局，中国国家标准化管理委员会. 国家基本比例尺地形图图式(第 3 部分：1∶25 000 1∶50 000 1∶100 000 地形图图式)[M]. 北京：中国标准出版社，2006 改绘.

第六节　交通要素的制图综合

地图上交通要素的编绘要求正确表示道路的类别、等级、位置，反映道路网的结构特征、通行状况、分布密度，表示水运、空运及其他交通设施，正确反映交通与其他要素的关系。陆地交通是大多数地图上交通要素表示的主要内容，本节仅针对陆地交通讨论其制图综合方法。

一、道路的选取

（一）道路的选取指标

道路的选取指标包括数量指标和质量指标。

1. 数量指标

道路选取的数量指标可以通过道路网眼大小或道路网眼数来控制。

（1）网眼面积

道路组成多边形网，网眼面积指多边形的大小。将网眼面积作为选取指标的影响因素包括居民地密度、居民地大小和居民地名称注记的长短。根据长期的制图和用图经验，从地图的详细性和清晰性相统一的原则出发，编绘地图时，道路网眼大小一般以 2～4 cm^2 为宜，最密处不应小于 1 cm^2。表 6-9 为比例尺 1：25 万及以下地形图上道路网眼面积的参考数据。

表 6-9 地形图上道路网眼的大小参考表

居民地密度	居民地稠密区和较密区			居民地中密区			居民地稀疏区		
比例尺（1/*K*）	25 万	50 万	100 万	25 万	50 万	100 万	25 万	50 万	100 万
网眼面积（cm^2）	1～3	2～4	1～3	2～4	3～5	2～4	＞3	＞5	＞4

资料来源：编者制。

（2）网眼数量

道路网眼数可以通过两种方法确定：

一是根据道路总长确定网眼数。道路总长和网眼数的关系表现为：

$$L = \frac{A}{2} \times (\sqrt{n} - 1) \tag{6-9}$$

式中，L 为地图上的道路总长；n 为道路网眼数；A 为制图区域边长。编图时若规定道路网的密度系数或选取系数，可以很方便地将其转换为总长，并进而变换为应选取的网眼数。例如，以 1：10 万地形图为基础，1：25 万地形图的选取系数大致为 0.56～0.69，1：50 万为 0.31～0.4，1：100 万为 0.13～0.24。

二是利用相关分析法，根据新编地图上选取居民地的数量来计算应选取的道路网眼数，因为道路的选取总是服从居民地的选取。在一定比例尺范围内，道路的多少同地图上表示的居民地的疏密呈线性关系，这种关系表示为：

$$n = a + bQ \tag{6-10}$$

式中，n 是道路网眼数；Q 为居民地个数；a，b 是参数。根据已成地图或编绘样图，统计一组若干个 n_i 和 Q_i，可反解出 a 和 b。例如，在 1：5 万和 1：10 万地形图上，上式一般为 $n=-0.98+0.9Q$。利用该式，可以根据选取在地图上的居民地数量来确定道路选取的数量。

2. 质量指标

选取道路的质量指标，实质上是解决选取哪些道路的问题。为解决这个问题，首先规定一个全取界限，如规定某地区大车路以上的道路全部选取。显然，全取界限以上的道路不应超过既定的选取数量指标，不够的部分再按一定条件从低级道路中选取。

在城市郊区及工矿区，道路网稠密，纵横交错，且多高级道路，主要为铁路、公路。选取时应注意：选取能控制道路网分布范围的道路，如大工矿外围和中间的道路；根据主次及会让关系，选取大铁路枢纽的主干线，选取连接主干线的外围岔道，中间的支岔则根据密度选取；若干条支岔需要取舍时，应选取延伸长的、有车站的、通向重要工矿的支岔。

黄土地貌区的道路，除少数高级道路分布在有河流的开阔谷地外，大部分道路分布在墚或塬上。从墚上向下通向居民地或穿过谷地的多为乡村路或小路，选取时应注意：首先选取高级道路；然后选取位于墚、塬上的道路；最后选取连接两墚的道路。

（二）道路的选取原则

1. 优先选取重要道路

道路重要性的标志主要是等级，优先选取的应当是在该区域内等级相对较高的道路。除此之外，还有些具有特殊意义的道路需优先考虑，它们是：作为区域分界线的道路，通向国境线的道路，沙漠区通向水源的道路，穿越沙漠、沼泽的道路，通向车站、机场、港口、渡口、矿山、隘口等重要目标的道路。

2. 道路的取舍和居民地的取舍相适应

道路与居民地有着密切的联系：居民地的密度大体上决定了道路网的密度，居民地的等级大体上决定着道路的等级，居民地的分布特征则决定着道路网的结构。一般来说，在大比例尺地图上，每个居民地都应有一条以上的道路相连，并反映贯通情况。在小比例尺地图上，部分用图形符号表示的小居民地，允许没有道路相连而独立存在。

当有两条以上道路与居民地相连接而又必须舍去其中一条时，应保留等级高的一条；如果道路等级相同，应保留通向较大居民地的道路，或保留居民地间距离最短的道路。

通向小居民地的唯一道路，应与小居民地的取舍相一致。若保留了居民地，则道路也应保留；若舍去了小居民地，则通向该居民地的道路也要相应舍去。

选取道路时，还应反映居民地在行政上的辖属关系，优先选取通向行政中心的道路。

道路的选取与居民地取舍的关系如图 6-34 所示。

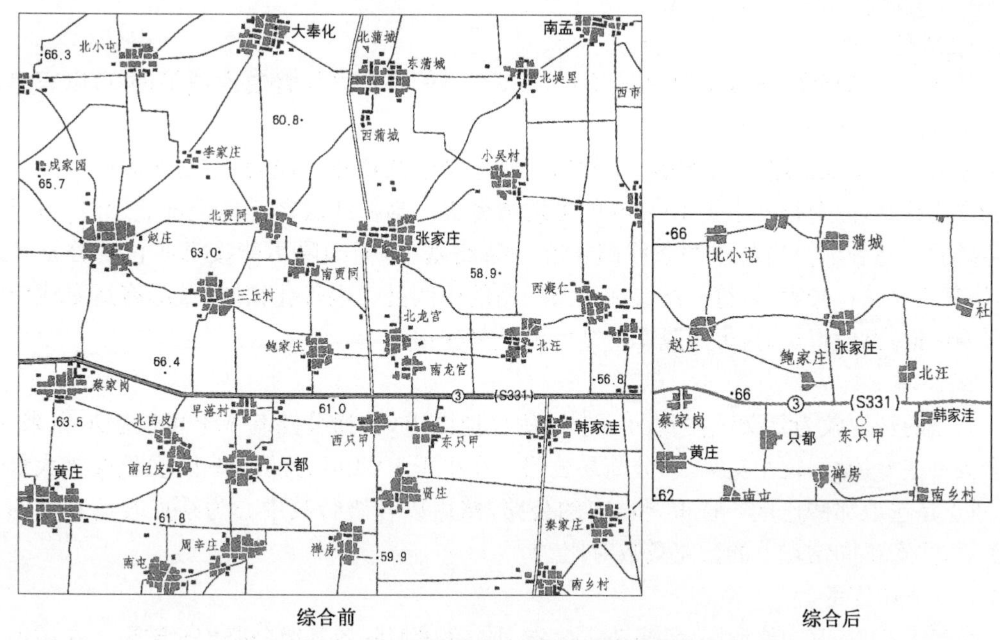

图 6-34　道路选取与居民地取舍相适应

资料来源：编者根据中华人民共和国国家质量监督检验检疫总局，中国国家标准化管理委员会. 国家基本比例尺地图编绘规范（第 2 部分：1∶250 000 地形图编绘规范）[M]. 北京：中国标准出版社，2008 改绘.

3. 保持道路网平面图形的特征

不同地区道路网构成的平面图形是各不相同的。道路的网状结构取决于居民地、水系、地貌等的分布特征，平原地区道路较平直，呈方形或多边形网状结构；在山区，由于地形条件的制约，道路也会构成多种形状不同的网状。在选取道路时，应注意其平面图形特征，保证经选取后的道路网图形与资料图上的图形基本相似(图 6-35)。

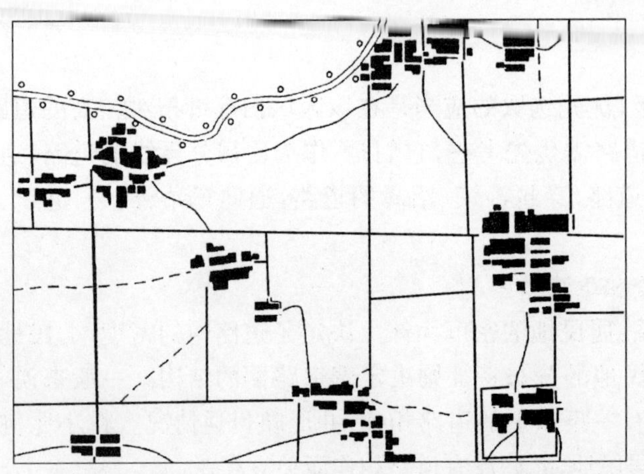

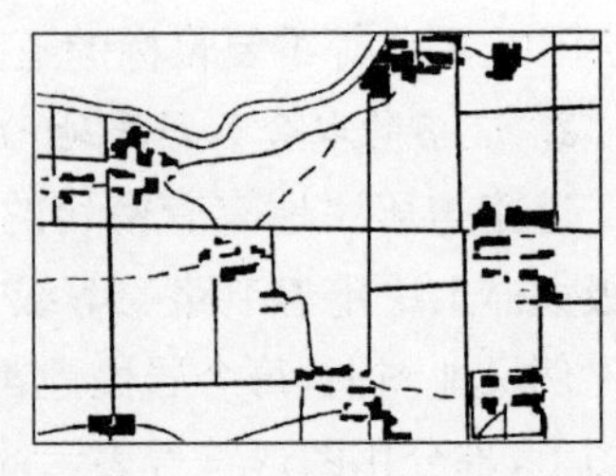

图 6-35 呈矩形网状结构道路的综合

资料来源：祝国瑞，郭礼珍，尹贡白，等. 地图设计与编绘[M]. 武汉：武汉大学出版社，2001.

4. 保持不同地区道路的密度对比

基本选取规律对道路选取也是适用的。密度大的地区舍去的道路较多，密度小的地区舍去的道路较少，最终要保持各不同密度区的对比关系。随着比例尺的缩小，各地区间的密度差异会减小，但始终要保持密度对比不可倒置。

(三) 各种道路的选取

1. 铁路

我国铁路网密度很小，从地形图直至 1∶400 万的小比例尺普通地理图，都可以完整地表示出全部的营运铁路网。

地形图上单线铁路、复线铁路、窄轨铁路和建筑中的铁路均应表示，通往工矿区及工厂内的支线铁路，图上长度小于 10 mm 的可酌情舍去。当岔线较密不能全部表示时，可只选取主要的线路表示。当某段两条线路不在一条路基上，但间隔不能按真实位置分别表示时，用复线铁路符号表示，符号配置在两条线路的中间处。电气化铁路、城际客运专线应加注说明注记，路段很长时，可每隔 15～20 cm 重复注出。

2. 公路

公路的选取较为复杂。在我国大中比例尺地图上，普通公路基本上可以表示出来，只会舍去一些专用线、短小支叉、部分简易公路。在小于 1∶100 万的地图上，公路会被大量舍弃，重点是选取那些连接各省重要城市的公路，然后以各级行政中心为结点表达它们的连接关系，注意不同结点上的公路条数对比。

(1) 城际公路

大于 1∶100 万的地形图上，高速、国、省、县、乡等城际各等级公路均应选取。在城市近郊、工矿区等公路过密地区，图上长度不足 1 cm 且平行间距不足 5 mm 的短小岔线可酌情舍去。大于 1∶10 万地形图上还应表示匝道，当其匝道网格小于 1 mm^2 时可综合，但应保持其基本平面图形特征。

(2) 乡村道路

机耕路和乡村路、小路作为居民地之间、居民地与公路之间相互联系的补充，视各地区不同情况决定其取舍程度。在人烟稀少地区道路一般全部选取；时令路及无定路仅在交通不发达地区予以表示，密集时可取舍。

3. 其他道路

其他道路是舍弃的主要对象。它们的选取用以反映地区道路网的特征，补充道路网的密度，使之达到保持密度对比和网眼平面结构特征的目的。

二、道路的图形概括

道路的形状与道路的类型和地形条件有关。地图上的道路通常可以分为铁路、公路和其他道路。铁路平直圆滑，公路可有折角和急弯，其他道路基本依附于地形。山区道路有的绕行于谷地之中，有的呈螺旋形弯曲，有的呈“之”字形“弯曲”；平原地区的道路一般比较平直，多呈直线状或折线状；沿海、湖的道路形状受地貌与岸线的影响，当地貌等高线与岸线弯曲一致时，道路的形状多与岸线弯曲一致，特别是岩岸地段，这一特点更为明显。

道路上的弯曲按比例尺不能正确表达时，就要进行概括。概括时应在保持道路位置尽可能精确的条件下，正确显示道路的基本形状，正确反映各段道路的曲折对比关系，同时保持和地貌、水系等要素相协调。当道路与水系要素发生争位时，宜保持水系要素的位置准确，移动道路，保持图上 0.2 mm 间距。地形图上的大多数公路一般不予化简，机耕路、乡村路和小路可进行较大程度的图形概括，着重表示其走向，虚线表示的道路交叉点应以实部衔接，变换等级时，应以地物点为变换点。

概括道路形状的主要方法有：

(一) 删除小弯曲，减少弯曲数量

随着地图比例尺的缩小，道路上的一些小弯曲，可根据化简道路弯曲的分界尺度进行化简。取舍道路弯曲的分界尺度一般为 0.5 mm×0.5 mm，即内部空白小于分界尺度的最小弯曲一般舍去，从而减少道路上的弯曲个数，但是要注意保持各路段的弯曲对比。

(二) 夸大具有特征意义的小弯曲

对于道路上具有特征意义的小弯曲，特别是具有方位意义的特征弯曲、平直道路上的突然弯曲、形状特殊的小弯曲等，即使随着地图比例尺的缩小，其弯曲小于分界尺度，也应夸大表示(图 6-36)。

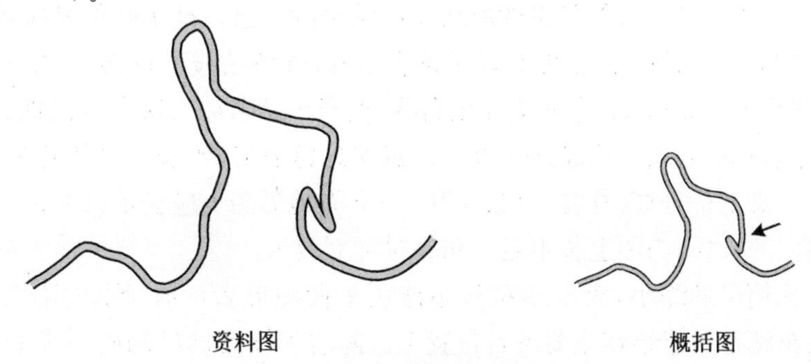

图 6-36 夸大具有特征的小弯曲

资料来源：编者绘。

(三) 共边线或缩小符号宽度

以双线符号表示的山区"之"字形弯曲道路，为了保持其"之"字形特征和减少因道路形状夸大所产生的过大移位，可采用共边描绘(图 6-37)或缩小符号宽度等特殊处理方法。当有多个"之"字形弯道并联，图上无法逐一表示时，应在保持两端位置准确和"之"字形特征的条件下适当化简。

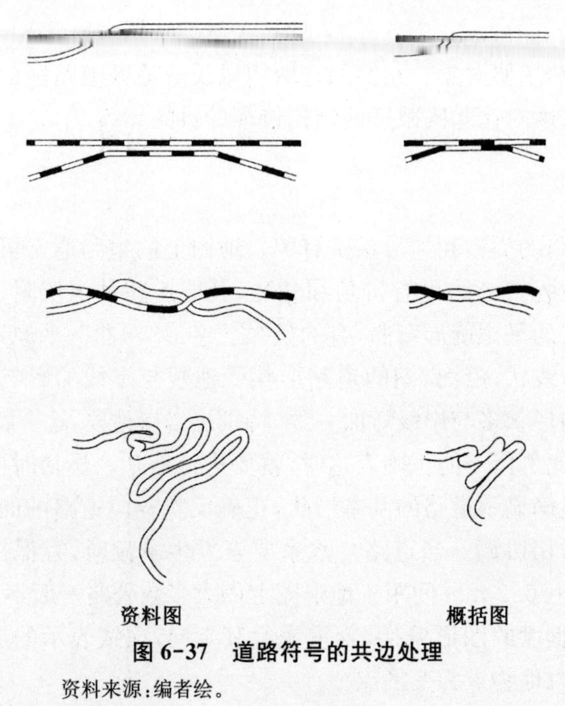

图 6-37 道路符号的共边处理

资料来源：编者绘。

三、道路附属设施的选取

道路的附属设施是道路的重要组成部分。它主要包括火车站及附属建筑物、桥梁、路标、里程碑、道路附属建筑物(涵洞、隧道、路堤、路堑)、渡口等。在地形图上应正确表示，并实施正确的综合，主要表现在选取方面。

(一) 火车站及附属设施

火车站及其附属设施主要包括车站、会让站、机车转盘、车挡、信号灯、信号柱、站线等。在大比例尺地形图上，一般可用平面图形表示。火车站、会让站应全部表示。车站符号表示在主要站台进出口位置上，符号中的黑块应在站房的一边。被车站符号压盖的其他地物符号可移位或省略。车站内的站线不能逐条表示时，外侧站线准确表示，中间站线均匀配置，但间距不应小于 0.3 mm。车站应注出名称，但当车站名称与所在居民地名称一致且靠得很近时，车站名称可省略。当站线宽度不超过车站符号时，不表示站线符号。机车转盘、车挡和有方位意义的信号灯、柱在 1∶2.5 万、1∶5 万地形图上应表示，1∶10 万地形图上选取表示。车站内的天桥，当图上长不足 3 mm 时可不表示。

随着地图比例尺的缩小，火车站符号不能用平面图形表示时，则改用车站符号(记号性)表示，此时车站符号应绘在主要站台位置上。随着地图比例尺的进一步缩小，当车站符号也不能全部表示时，则要进行取舍。一般是选取主要车站(根据车站所处位置及与周围的联系，参考铁路部门的专用图和列车时刻表判别)，舍去次要车站。选取的车站，一般应注出名称。

（二）桥梁

桥梁与道路、河流是紧密地联系在一起的，桥梁的选取应与道路的选取相一致，有桥梁就应有道路相连接。

在大比例尺地形图上，铁路和公路上的桥梁一般应全部表示，地物稠密地区可只选取跨越主要河流的桥梁；小于1∶25万地形图上以单线表示的河流其桥梁不表示；在小比例尺地形图上，除个别重要的桥梁（如长江大桥）要表示外，一般都不表示，道路直接通过河流符号。桥梁的说明注记随地图比例尺的缩小而进行取舍，在大、中比例尺地形图上，公路上的桥梁符号须加注载重吨数，密集时方可取舍。

（三）隧道、明峒、路堤、路堑

铁路、公路上的隧道是影响通行而又起隐蔽作用的附属物体。在山区，隧道比较密集，一般只能取舍，不能合并。在地形图编绘规范中，一般规定图上长度超过1 mm的依比例尺表示；长度不足1 mm的用不依比例尺的隧道符号择要表示。不能依比例尺表示的连续的隧道群，在其两端分别绘出不依比例尺的隧道符号，中间酌情配置符号。

铁路、公路上的路堤、路堑，一般是根据图上长度和实地比高作为选取指标。如1∶2.5万、1∶5万、1∶10万地形图规定，图上长5 mm且比高2 m以上的应表示，并择注比高，连续分布且间隔小于图上2 mm时可连续表示。

（四）长途汽车站、加油站、停车场、收费站

大于1∶10万地形图上，应表示出城区内县级以上的长途汽车站，以及居民地外公路旁的加油站、大型停车场、收费站、高速公路上的服务区。

（五）零公里公路标志、路标、里程碑

路标是设置在道路边上指示道路通过情况的标志。大于1∶10万地形图上，中国及各省、市级公路零公里标志均应表示；公路上有方位作用的路标应表示；公路上的里程碑一般不表示，在缺少方位物的地区，公路上的里程碑应选择表示，其间隔一般不大于10 km，并注出公里数。

（六）其他交通设施

渡口、徒涉场：渡口影响通行和运输的速度，在军事上有重要意义，因此在大比例尺地形图上，一般应全部表示火车轮渡、汽车轮渡的渡口；通行困难地区的人行渡口也需表示。在中比例尺地形图上，人行渡口选取少量重要的；小比例尺地形图上，车渡一般也不表示了。

简易轨道、架空索道：大于1∶10万地形图上，图上长度大于1 cm的应表示。

第七节　地貌的制图综合

地貌在地图上的表示最常用的是等高线法、分层设色法和晕渲法。分层设色法是在不同的等高线间按色彩规律填绘不同的颜色，给读者以地貌起伏的直观感觉，它的基础是等高线；晕渲则是地图整饰的内容。为此本节只讨论等高线法综合的一些基本问题。

一、等高距与高度表

等高距的大小直接影响地貌表示的详细程度，正确地选择等高距是地图设计的重要

任务。为了详细表示地貌，通常把等高距间隔定为读者能清楚辨认和绘图能顺利完成的最小间隔，一般应为 0.2 mm。在地图比例尺确定的条件下，等高距的大小由地面倾斜角确定。

大中比例尺地形图上大多使用固定的等高距。为保证地图的统一，每一种比例尺地图上只能有一种或两种等高距，但同一幅地图上只能采用一种等高距，且不同比例尺地图上的等高距之间应保持简单的倍数关系。我国地形图上的等高距如表 6-10 所示。

表 6-10　大中比例尺地形图等高距

比例尺	1∶1 万	1∶2.5 万	1∶5 万	1∶10 万	1∶25 万	1∶50 万
一般等高距/m	2	5	10	20	50	100
扩大一倍的等高距/m		10	20	40	100	200

资料来源：编者制。

在小比例尺地图上，制图区域范围较大，包含的地貌类型多，使用单一的等高距不利于反映地面的特征，用等高线表示地貌时很难找到一种适当的固定等高距，只能采用从低到高逐步增大的等高距才能较有效地表示制图区域的地貌形态。把地图上表示的等高线及其高程按顺序排列起来构成的图表称为高度表(或变距高度表)，它是读图的工具，也是选取等高线的依据。我国 1∶100 万地形图上，高度 0～2 000 m 时，等高距为 200 m，并补充 50 m 等高线；高度 2 000 m 以上，等高距为 250 m。为了反映局部的地貌特征，东部平原地区补充 20 m 等高线，吐鲁番盆地补充－50 m、－100 m、－150 m 等高线。

地貌高度表中等高线的选择受地图用途、比例尺、制图区域的地貌情况、制图资料等各方面的影响，一般来说，每种小比例尺地图都有自己特定的地貌高度表。高度表的设计一般应遵循如下原则：顾及影响制图综合的基本因素；等高距的变化应当是渐进的，并适应实地坡形变化的规律；高程带的数量要适当，其分界线尽可能和地貌类型的高程分界线相吻合；考虑陆地地貌与海底地貌的联系。

二、等高线的形状化简

(一) 等高线形状化简原则与方法

1. 形状化简的基本原则

(1) 以正向形态为主的地貌，扩大正向形态，减少负向形态

这是对一般地貌形态适用的原则。基本方法是删除谷地、合并山脊，实现山体轮廓的完整表达。删除谷地时，使等高线沿着山脊的外缘越过小谷地，使谷地"合并"在山脊之中(图 6-38)。

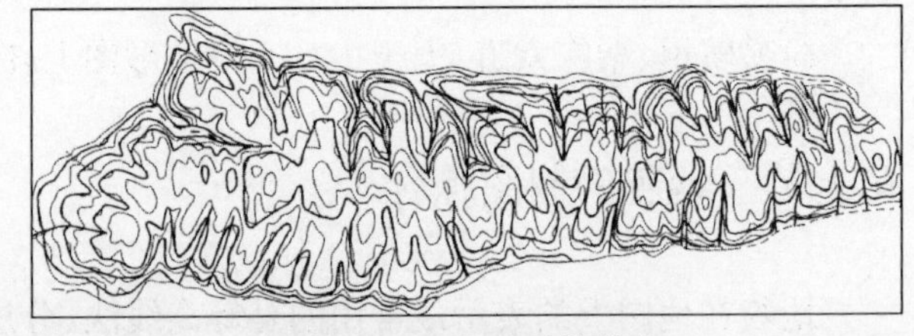

图 6-38　正向地貌的综合

资料来源：王家耀，孙群，王光霞，等. 地图学原理与方法[M]. 北京：科学出版社，2009.

(2) 以负向形态为主的地貌，扩大负向形态，减少正向形态

以负向形态为主的地貌形态，指那些宽谷、凹地占主导地位的地区，如喀斯特地区、砂岩被严重侵蚀的地区、冰川谷和冰斗等，它们都具有宽阔的谷地和狭窄的山脊，这时地貌等高线的图形化简采用删除小山脊等正向

地形，扩大谷地等负向地形。删除小山脊时，等高线是沿着谷地的源头“穿入”小山脊中而把它“切掉”(图 6-39)。

图 6-39　负向地貌的综合

资料来源：祝国瑞，尹贡白．普通地图编制[M]．北京：测绘出版社，1983.

2. 等高线的协调

为了表现连续整体的地表形态，当删除少量的谷地或合并小山脊时，需要从整个斜坡面来考虑多条等高线之间的有机联系，将表示地貌谷地的一组等高线弯曲全部删除，从而保证等高线的协调和坡向等特征的正确反映(图 6-40)。

3. 等高线的移位

有时为了表达某种地貌局部特征的需要，可以在规定的范围内采用夸大图形的方法适当移动等高线的位置，不同比例尺地图上等高线位置允许的移动条件和限度是有规定的。大比例尺地图上，允许移位的量很小；随着地图比例尺的缩小和等高距的扩大，相对而言，允许移动的量较大，等高线位置的精确性和形态特征的真实性越来越难以同时满足，等高线表示地貌的任务逐渐向显示地貌形态特征的方向转化。

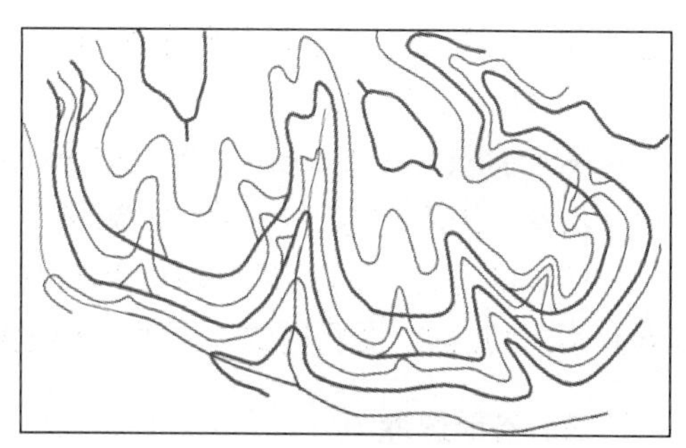

图 6-40　等高线的相互协调

资料来源：王光霞．地图设计与编绘[M]．北京：测绘出版社，2011.

（二）等高线图形综合的要求

综合等高线图形时应根据不同地区地貌类型特点，正确表示山脊、山头、谷地、斜坡及鞍部的形态特征，反映不同类型地貌切割程度。一般情况下是删除次要的负向地貌碎部，但在概括刃脊、角峰、冰斗、凹地、方山、盆地等的图形时，则可删除次要的正向地貌碎部。为强调地貌特征，个别等高线可局部适当移位，但应保持山脊线、谷底线位置正确，并需注意避免等高线与附近控制点和高程点之间出现矛盾。

相邻两条等高线间距不应小于 0.2 mm，不足时可以间断个别等高线，但不应成组断开。等高线遇到房屋、窑洞、公路、双线表示的沟渠、冲沟、陡崖、路堤等符号时应断开。对各类基本地貌形态，其综合的具体要求如下：

1. 山脊

正确表示山脊的形状、延伸方向及主脊与支脊之间的相互关系。山脊顶部等高线间距不小于 0.3～0.5 mm。尖窄山脊的等高线可呈尖角形弯曲，等高线一般不应向下坡方向移位；浑圆形山脊上部等高线可稍向下坡方向移位，以适当扩大山脊部分。

2. 山头

注意反映小山头的形状。表示山脊上的山头和独立高地的闭合等高线最小直径一般不小于 0.5 mm，有境界通过的小山头可适当放大。有高程注记的小山头，等高线表示不下时，可省去一条等高线。

小山头群集地区一般只取舍不合并。取舍时应注意反映其分布密度和排列特征。位于交通要道、河流、宽阔谷地、平地、重要桥梁和主要居民地旁的独立小山头以及有国家级测量标志、界标等的小山头应优先选取。小山头群集处当距离小于 0.3 mm 而又为同走向时可适当合并。

表示山头的等高线应反映不同地貌形态，保持其原来的尖角形、浑圆形等特征。

3. 谷地

正确表示谷地大小、形态以及主支谷关系。概括谷地等高线图形时应反映出谷地纵横剖面的形态特征，正确显示出谷底线、谷缘线的位置。在一般情况下应舍去支谷，突出主谷，或主谷的等高线比支谷的等高线向谷源方向伸入得长一些。

4. 斜坡

注意反映出等齐斜坡、凹形坡、凸形坡、阶形坡、斜陡坡及受冰蚀的三角面、受风化的岩石坡面、受流水冲蚀的扇状坡面等特征。

5. 鞍部

注意反映鞍部的对称与不对称特征。鞍部两侧最高两条对应等高线距离一般不应小于0.3 mm。地形复杂、鞍部很多的地区，可舍去一些小而次要的鞍部，强调表示有道路通过的鞍部及能显示分水岭特征的鞍部。

6. 凹地及示坡线

图上面积大于1 mm^2 的凹地应予以选取，小于此面积但有特征意义的可选择夸大表示。群集凹地应注意保持其分布特征。

凹地的边缘最高一条等高线和底部最低一条等高线应表示示坡线，独立小山头、斜坡方向不易判读处、图廓边的丘岗及谷地也应表示示坡线。

三、谷地选取

谷地的选取是地貌综合的重要组成部分，是保证地貌综合质量的关键之一。谷地的选取，由数量指标和质量指标来确定。数量指标主要用于控制谷地选取的数量，反映不同地区水平切割密度的对比；质量指标指谷地在区域地貌表达中的作用，主要用于控制谷地选取的对象，如主要河源的谷地，有河流的谷地，主要鞍部的谷地，构成汇水地形的谷地，反映山脊形状和走向的谷地，较长、较大的谷地。

(一) 谷地选取的数量指标

1. 谷间距

谷间距是指两相邻谷底线之间的距离，以毫米为单位。谷间距的作用就是控制谷地的选取数量。为保证地图上地貌表示的详细性和清晰性相统一，国家基本比例尺地形图编图规范对地貌谷间距指标都有相应的规定(表6-11)。

表6-11 谷口间距

地貌类型	谷口间距(mm)				
	1∶2.5万,1∶5万	1∶10万	1∶25万	1∶50万	1∶100万
中山、高山	4～8	4～6	4～6	5～7	4～6
丘陵、低山	3～6	3～5	3～5	4～6	3～5
黄土、风成	2～4	2～4	2～3	3～5	2～4

资料来源：编者制。

2. 基本斜坡数量

基本斜坡是指由地貌结构线所围成的斜坡。随着比例尺的缩小，谷地被舍去，基本斜坡数量减少。由一种比例尺变为另一种比例尺时，基本斜坡数量的变化规律如表 6-12 所示。

表 6-12 基本斜坡的数量变化

比例尺	1∶20 万	1∶50 万	1∶100 万
基本斜坡数变化范围	30%～60%	10%～20%	5%～10%

注：该规律假设 1∶10 万比例尺地图上基本斜坡数量为 100%。

资料来源：编者制。

3. 谷地选取比例

通过统计分析发现，相邻比例尺地图上谷地数量成某种比例关系，如表 6-13 所示。

表 6-13 谷地选取比例关系

谷地选取比例	资料图比例尺分母 M_a ∶新编图比例尺分母 M_b	
	1∶2	2∶5
切割程度：密	1/3	1/5
切割程度：中	1/2	1/4
切割程度：稀	2/3(个别为 1)	1/3

资料来源：编者制。

4. 用开方根公式计算谷地选取数量

按地面水平切割程度(稀、中、密)，将谷地的重要性划分为重要、一般和次要三个等级，取不同的 x 值，只要已知原选取密度 N_a，即可按开方根规律公式算出现选取密度 N_b。

$$N_b = N_a\sqrt{(M_a/M_b)^x} \tag{6-11}$$

(二) 谷地选取的质量指标

根据谷地在表达地貌中的重要性确定优先选取哪些谷地是实现谷地选取的重要方面。以下一些谷地作为重要谷地应优先选取：作为主要河流河源的谷地、有河流的谷地、组成重要鞍部的谷地、构成汇水地形的谷地、反映山脊形状和走向的谷地。图 6-41 是选取谷地的示意图。

四、地貌符号和高程注记的选取

(一) 地貌符号的选取

在地形图上用等高线无法表示的那些形态小、变化快、具有特殊结构的微地貌，一般改用地貌符号来表示，如：陡崖、陡坎、冲沟、土堆等，可概括为点、线、面状三类地貌符号。制图综合时，根据它们的范围大小、分布密度进行适当选取。

图 6-41 谷地选取示意图

资料来源：编者绘。

1. 点状地貌符号

又称独立微地形符号，属于定位的地貌符号，如溶斗、孤峰、山洞、火山口等。图上表示时，根据其目标、方位及障碍作用的大小进行选取，并且显示其分布密度。

2. 线状地貌符号

又称剧变地形符号，指符号的一边或符号的中轴为线性，如冲沟、陡石山、干河、崩崖、陡崖、岸垄、冰裂隙等。这些地形受内外力强烈作用，坡度大、不稳定、规模大小不等，用等高线无法表示，但是多数能半依比例尺表示其分布范围、长度、宽度和高度(比高)。描绘这些符号时必须注意与等高线的密切配合，处理好图形关系。

3. 面状地貌符号

又称区域微地形符号，如沙地地貌(包括平沙地、灌丛沙堆、新月形沙丘及沙丘链等)、雪山(粒雪原、冰川、冰碛等)、滑坡、泥石流、熔岩流等。这些成片分布的面状地貌符号，有的可以组合使用，形成复合型组合符号，如大沙垄上叠置波状小沙垄。

选取地貌符号时，可按分界尺度选取，也可按其重要性选取，还可按其景观特征选取。

(二) 地貌符号的转换

随着地图比例尺的缩小，资料图上原来以等高线表示的地貌，可转换成地貌符号。如用等高线表示的溶蚀洼地，比例尺缩小后改为溶斗符号；陡壁冲沟谷地配有等高线，比例尺缩小后改为双线冲沟符号，舍去等高线，比例尺进一步缩小则改为单线冲沟符号；用等高线表示的大型沙山、沙丘，地图比例尺缩小后最终都将转换为沙地符号，如图 6-42 所示；风蚀残丘由等高线图形变为"小水滴"符号，最后又变成"小蝌蚪"符号；陡崖由依比例尺表示向不依比例尺转化等。

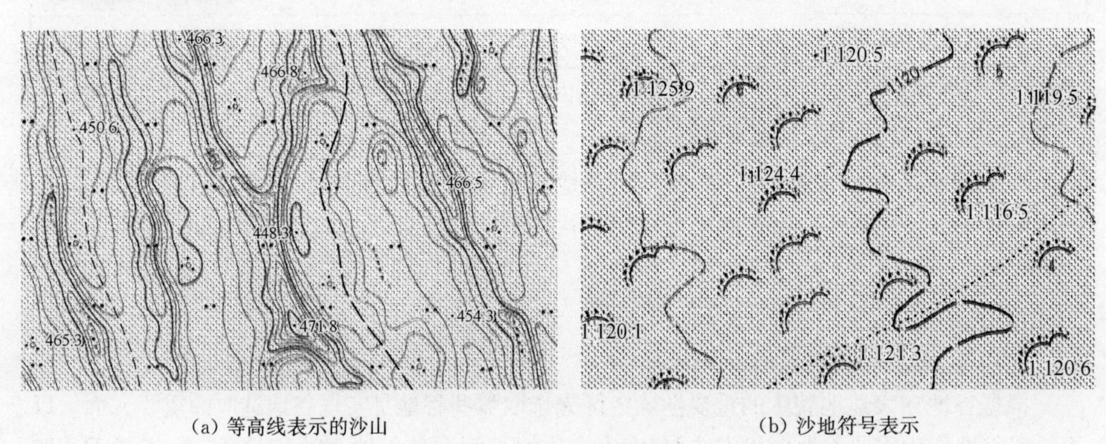

(a) 等高线表示的沙山　　(b) 沙地符号表示

图 6-42　地貌符号的转换

资料来源：编者根据中华人民共和国国家质量监督检验检疫总局，中国国家标准化管理委员会. 国家基本比例尺地形图图式(第 2 部分：1：5 000 1：10 000 地形图图式)[M]. 北京：中国标准出版社，2006 改绘.

(三) 高程注记的选取

高程注记包括高程点的高程注记、等高线的高程注记、地貌符号的比高注记。

高程注记可以提供地面绝对高程和相对高程，配合等高线获取地面任意一点的高度、坡度、地面切割深度、山岳结构、地表起伏和倾斜方向等，是阅读地貌图形时必需的信息。高程点应按地貌特征进行选取，其个数在地貌形态比较破碎复杂的地区应较多，比较完整简单的地区可较少。一般优先选取测量控制点、水位点、图幅内最高点、凹地最低点、区域最高点、河流交汇处、主要湖泊岸线旁、道路交叉处，以及有名称的山峰、山隘等处的高程点，并注意协调处理高程点与等高线等要素的矛盾。

高程点注记和等高线高程注记选取数量，各种比例尺地形图编绘规范都有相应规定(表 6-14)。注记字头朝向高处，尽可能避免配置在北坡，造成字头倒置，也不要选注在谷地、山脊等高线的急骤转弯处，应选择较平缓的斜坡地段。

表 6-14　高程点及等高线高程注记选取指标　（单位：个/100 cm²）

比例尺	高程点数量		等高线高程注记数量	
	平原	丘陵、山地	平原	丘陵、山地
1∶2.5 万、1∶5 万、1∶10 万	10～20	8～15	5～10	
1∶25 万	10 左右	15～20	5～10	
1∶50 万	10 左右	10～15	5～10	
1∶100 万	10～15	15～20	5～10	10～15

资料来源：编者制。

五、实施地貌综合的方法与步骤

地貌综合前，一般应先做好地貌形态特征分析、勾绘地性线等准备工作，在此基础上进行编绘，编绘的一般顺序是：高程点、地貌符号、等高线注记、计曲线、控制山脊与谷底位置的等高线、首曲线、补充等高线。

（一）分析地貌形态特征

分析资料图上地貌的真高和比高，山岳结构、山脊线的走向和分支，地貌的成因类型，地貌的斜坡、谷地和山顶等基本形态特征，地貌的水平切割密度及其分区。

（二）勾绘地性线

地性线（地貌结构线）包括山脊线、谷底线、山棱线、山麓线。勾绘地性线本身就是分析地貌特征和拟定综合方案的思维过程，是保证地貌综合质量的有效手段之一。

（三）编绘对地貌有控制意义的等高线

所谓对地貌有控制意义的等高线，指的是确定某一地貌单元的范围和上下边缘的等高线，反映分水岭走向和形态特征的等高线。

（四）编绘其他等高线

在认识坡面形状、陡缓特征、谷地形态的基础上，按斜坡分组编绘其他等高线，保证等高线能反映地貌的特征。

六、几种典型地貌的编绘

（一）冰川地貌

冰川地貌的编绘应正确表示冰雪区与裸露区的范围、面积对比以及不同形态特征；正确表示冰川的侵蚀和堆积而形成的冰斗、角峰、刃脊、冰川槽谷等冰川地貌及冰碛垄、冰碛丘陵等冰碛地貌。

用地类界表示出雪山范围，其内表示粒雪原、冰川、冰裂隙、冰陡崖、冰碛、冰塔。地类界的概括应与等高线图形相适应。

粒雪原图上面积大于表 6-15 规定的应表示，零散分布的面积不足时可适当夸大一部分表示，以反映雪区与非雪区面积对比和粒雪原分布的特点。粒雪原之间间隔小于 1 mm 时可合并。

表 6-15　粒雪原及裸露区面积

比例尺	1∶2.5 万、1∶5 万、1∶10 万	1∶25 万、1∶50 万	1∶100 万
粒雪原面积及裸露区面积	10 mm²	4 mm²	2 mm²

资料来源：编者制。

粒雪原内的裸露区面积大于表 6-15 规定的应表示，小于此面积的可合并到雪山内。

图上长度小于 4～5 mm 且宽度小于 1 mm 的冰川选取表示，作为河源的冰川优先选取。

雪山内的冰面等高线、冰斗湖、冰裂隙、冰陡崖、冰碛、冰塔能清晰表示的均应表示。冰塔比高 5 m 以上的应注出比高。

如图 6-43 所示为冰川地貌的综合示例。

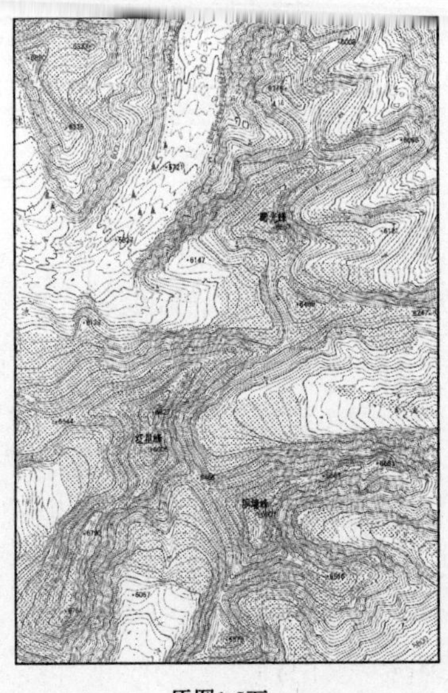

原图1:5万

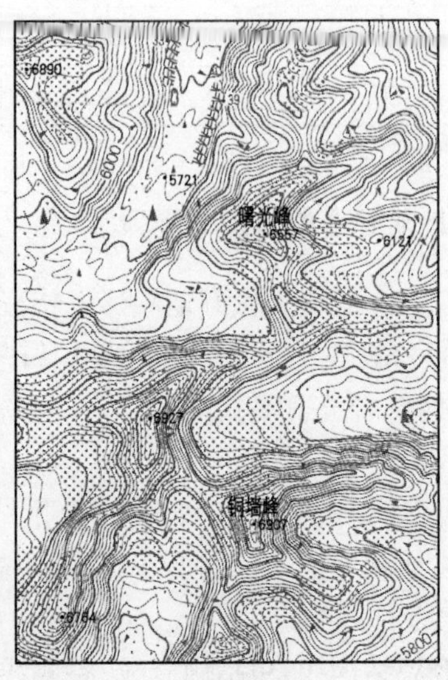

原图1:10万

图 6-43　冰川地貌综合示例

资料来源：中华人民共和国国家质量监督检验检疫总局，中国国家标准化管理委员会. 国家基本比例尺地图编绘规范(第 1 部分：1∶25 000 1∶50 000 1∶100 000 地形图编绘规范)[S]. 北京：中国标准出版社，2008.

(二) 黄土地貌

黄土地貌的编绘要求正确反映黄土高原沟壑区和黄土丘陵沟壑区不同的形态特征。黄土高原沟壑区沟谷稠密，切割较深，谷间地面积较大，顶部平坦。黄土沟壑区沟谷十分稠密，切割较浅，谷地间顶部呈明显的穹形，沿分水岭有较大的起伏。当用基本等高线不能反映上述特征时，可加绘任意曲线表示。在黄土阶地和山麓倾斜平原地带，由于等高线落选而使沟谷不能完整显示，可改用双线或单线冲沟符号表示。

冲沟图上长 4 mm 以上的应表示，冲沟之间的间距一般不应小于 2～3 mm，密集时应优先选取以双线表示的冲沟，舍去一些短小的单线表示的冲沟。图上宽度小于 0.4 mm 的用 0.1～0.4 mm 的单线符号表示，宽度大于 0.4 mm 的用双线符号依比例尺表示。

黄土溶洞用溶斗符号选取表示，以显示地貌的特征。如图 6-44 所示为黄土丘陵沟壑区地貌综合示例。

(三) 岩溶地貌的编绘

岩溶地貌是地下水与地表水对可溶性岩石溶蚀与沉淀、侵蚀与沉积，以及重力崩塌、坍陷、堆积等作用形成的地貌，以南斯拉夫喀斯特高原命名，我国亦称岩溶地貌。编绘时通过对溶斗(封闭洼地)、孤峰、峰丛、峰林的取舍和等高线图形的综合以表示溶蚀高原、溶蚀山地、溶蚀丘陵和溶蚀平原的不同形态特征。洼地图上面积小于 0.7～1 mm^2 的可改用溶斗符号选取表示；峰丛、峰林以取舍为主，在有明显走向的峰林地区，位于同一基底的峰体可合并表示。图上面积小于 0.35～0.4 mm^2 的峰丛、峰林可选择夸大表示。比较突出的孤峰

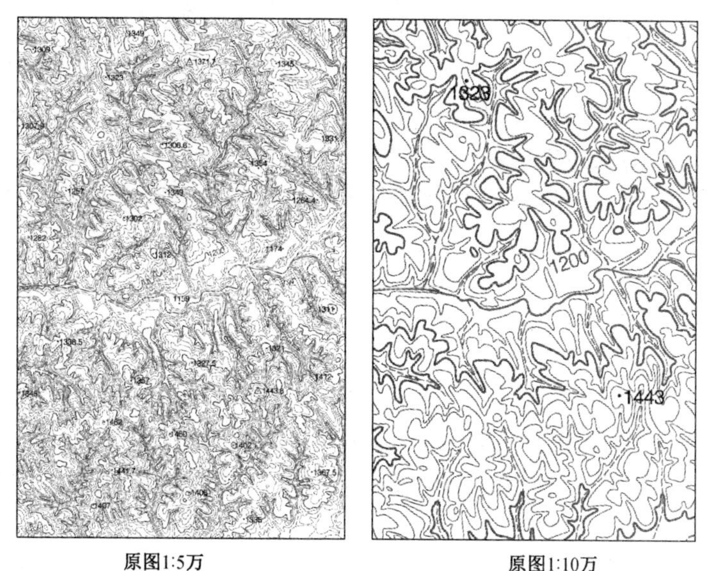

原图1:5万　　　　原图1:10万

图 6-44　黄土沟壑丘陵区综合示例

资料来源：中华人民共和国国家质量监督检验检疫总局，中国国家标准化管理委员会. 国家基本比例尺地图编绘规范（第 1 部分：1∶25 000 1∶50 000 1∶100 000 地形图编绘规范）[S]. 北京：中国标准出版社，2008.

应加注比高，峰丛比高选择最高的标注。注意反映坡立谷的不同形态特征和分布特点。如图 6-45 所示为岩溶地貌综合示例。

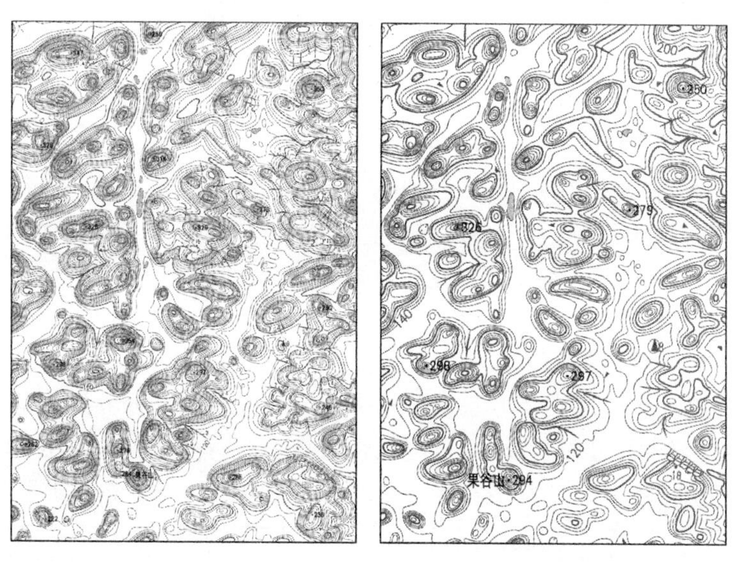

原图1:5万　　　　原图1:10万

图 6-45　岩溶地貌综合示例

资料来源：中华人民共和国国家质量监督检验检疫总局，中国国家标准化管理委员会. 国家基本比例尺地图编绘规范（第 1 部分：1∶25 000 1∶50 000 1∶100 000地形图编绘规范）[S]. 北京：中国标准出版社，2008.

（四）风成地貌

风成地貌其地面物质组成和形态差异分为风成山地、风蚀残丘、戈壁和沙漠等主要类型。

表示风成山地时，应反映基岩裸露、地貌破碎、棱角明显、沟脊狭窄，以及山麓地带遍布洪积物的特征。

表示风蚀残丘地貌时，图上面积大于 1 cm^2 的残丘地应表示，符号的配置应正确显示其分布范围和该地区的主导风向。

沙砾地、戈壁滩图上面积大于 1 cm^2 的应表示，符号配置应正确反映其分布范围。

表示沙漠时应反映其稳定程度、分布范围、规模大小、形态特征及其与风向的关系，图上面积大于 1 cm^2 的各类沙地地貌应用相应的符号表示，大于 10 cm^2 的沙地（除平沙地外）应加注相应的类型注记。基本资料上用等高线表示的各类沙地地貌，因缩小后等高线显示不清或等高线落选时，可改用相应的符号表示。

第八节　植被要素的制图综合

植被是地形图的基本内容之一，地形图上的森林、稻田、园地等都是用地类界加套色、配置符号及说明注记表示其分布范围、性质及各种数量特征。地类界常常不像岸线、道路等那样明显和固定，会有穿插、交错、渗透等现象存在，其精度受到很大的限制，综合时概括程度可以相对大一些。根据植被要素本身的特点，其选取指标不是固定的。当地类界与岸线、道路、境界线、通信线等符号重合时，可不表示地类界符号；有些植被类型不表示地类界，如小面积森林、狭长林带、草地和草原等，只是用符号表示其分布范围。

根据国家基本比例尺地图编绘规范要求，植被综合时应正确反映植被类型、分布范围以及与其他要素的关系。同时，植被地图综合还需要遵循地理数据综合规则，以解决因表达空间缩小而造成的地物要素间的冲突问题，确保图面上图形表达合理、清晰和美观。

毗连成片的同类植被其图上间距小于 1 mm 时可以适当合并；同一地段生长有多种植物时可配合表示，但植被连同土质符号不宜超过三种，符号的配置应与实地植被的主次和疏密情况相适应。

一、植被轮廓形状的化简

化简植被的轮廓形状，与化简一个封闭轮廓的制图物体（如湖泊）实质上是一样的，因此可以采用形状化简的方法。所不同的是，植被轮廓的形状允许作较大的化简，当碎部弯曲较小时，便可删除。为保持轮廓线各地段弯曲程度的对比，小弯曲多的地方，可放大表示一部分小于分界尺度的弯曲。植被轮廓与其他要素（水系、地貌、道路等）的轮廓有明显联系的，化简形状时应保持其协调性。

较大的林中空地也可用类似方法化简轮廓。图上面积小于分界尺度的，可改变性质，即并入植被，但不宜合并过多。如图 6-46 所示，B 表示裸露的地表、G 表示草类植被、LS/G 表示含有草地的低灌木群、TS/G 表示含有草地的高灌木群、S 表示灌木群。

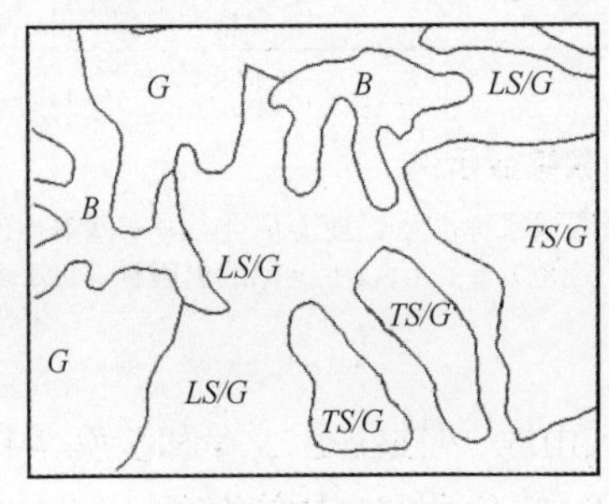

(a) 植被图斑综合前

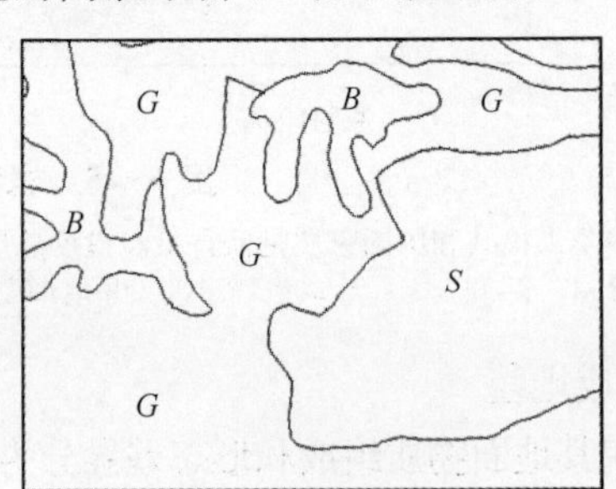

(b) 植被图斑综合后

图 6-46　植被的综合

资料来源：编者绘。

面积较小的植被，当其图上面积小于分界尺度时，不能全部舍去，而应分别采用选取、合并、夸大和改用小面积符号等方法，以反映图形破碎程度和轮廓特征。要防止不适当的合并(保持面积大小的对比关系)或不适当地采用小面积符号(小面积符号属定位符号，不宜转绘过多，否则影响图面清晰)。例如，在1∶2.5万～1∶10万地形图上，图上面积大于10 mm^2 的林地分别用相应的符号表示，小于此面积的一般不表示，仅在植被稀少地区或小面积成片分布地区适当选取，并分别用其小面积符号表示。而在1∶25万地形图上，图上面积大于16 mm^2 的林地分别用相应的符号表示，小于此面积的一般不表示。

用地类界点子表示套色植被轮廓时，在明显转折处应配置点子。内部树种符号，视面积大小，可按比例尺放宽间距。

图上窄于1.5 mm的条状林带可改为狭长林带符号表示。林带并排分布的地区，相互间隔不应小于2 mm，为保持必要的清晰性，可减少林带的条数。

森林防火线犹如街道网，化简方法类似。所不同的是，森林防火线图形较概略，两道防火线间隔可保持3 mm左右。

二、植被质量特征的概括

主要表现为不同类别植被的合并表示。例如，由大比例尺地形图上植被的详细分类到中、小比例尺地形图上的概括分类，在1∶2.5万～1∶10万地形图上，有成林、幼林、灌木林、竹林、迹地、疏林、稀疏灌木林、防火带、零星树木、行树、独立树、独立树丛，而在1∶25万地形图上，则概括为成林、灌木林、竹林、幼林、苗圃；分布面积较小的植被并入另一种面积较大的植被之中(图6-47)；混杂生长的多种植被，根据内部注记数值与符号的多少，判定图上哪种植被为主，减少次要植被的注记和符号，如大面积的成林中夹有灌木林的只表示成林；取舍植被注记时，应选注代表性的1～2种注记。

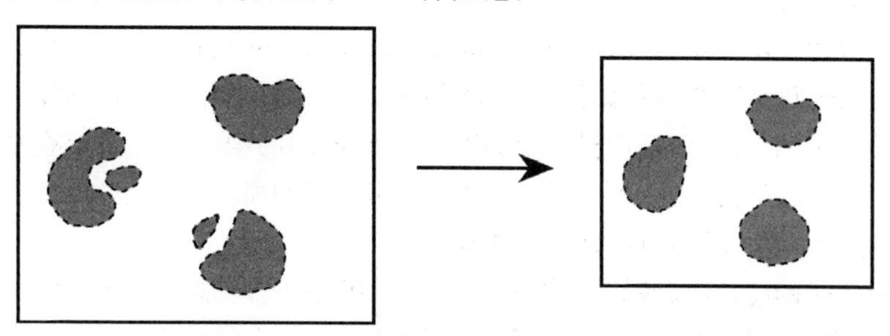

图6-47 小面积植被图斑被合并到相邻斑块

资料来源：编者绘。

第七章　地图设计

第一节　地图编辑与地图设计概述

一、地图编辑

（一）地图编辑的含义

制图生产，特别是大型的制图生产是一项十分复杂的任务。为了缩短成图周期，降低成本，保证地图具有必要的精度以及适合于地图用途的内容、表示方法和美学效果，常常需要按生产的不同阶段和参加人员的业务能力进行专业分工，这样有利于提高从业人员的熟练程度，发挥不同层次人员的专长。

为了能使所有参加者按照统一的目标充分协调地工作，就产生了对制图生产的规划与组织的问题，这些工作称为地图编辑，从事这项工作的专业工作者称为地图编辑员。

在完成普通地图及其边缘作品，如地形图、普通地理图、政区图、交通图等地图时，地图编辑完成从研究制图任务、拟定地图的设计方案到印刷成图的整个制图生产过程中的组织领导工作。而在编辑某些专题地图时，常常需要涉及其主题内容方面的专家在生产过程中与地图编辑相配合，这些专家被称为专业编辑，负责制作作者原图并在地图生产中起到协调与专业内容有关的工作。

仅有好的设计方案并不等于能生产出高质量的地图，还有待于编辑员在指导生产的过程中创造性地贯彻设计思想，使编绘员、地图印刷工艺员都能理解原来的设计思想并结合各阶段工作的实际加以创新。在地图出版以后，负责该图的编辑员还应调查地图的使用情况，收集用户意见及各方面对该图的评论，写出编印该图的科学技术总结，使这些信息反馈到设计新图的过程中去，促进地图质量不断提高。

根据编辑工作的阶段性，编辑工作可分为：编辑准备工作（地图设计），编绘过程中的编辑工作，出版准备阶段的编辑工作，地图出版阶段和出版以后的编辑工作。

（二）编辑工作的组织形式

制图生产中，编辑工作的组织采用集中和分工相结合的方式。

集中指的是国家测绘业务的主管部门根据国家建设的需要和地图的实际保障情况，拟定编制各种类型地图的总方针，提出改进制图工艺和提高产品质量的方向，引导各制图单位的地图编辑员发挥创造精神，以保证不断创作出高质量的地图作品。特别是在编制国家基本地图时，只有实行高度的集中领导，例如制定统一的规范、图式，才能保证成图的综合质量和整饰形式的统一。各单位的制图工作必须在集中的领导下进行。

分工是指按业务性质或地区划分任务，由不同的制图机构负责相应的地图编辑工作。

在一个制图机构内部，由总编辑或总工程师（或主任工程师）负责总的技术领导工作。编辑室（组）负责本单位生产中的设计和施工方面的领导。在业务范围比较狭窄时，也可以采用由编辑担任作业组长或在作业组内设编辑员的办法负责生产的技术领导工作。

在编制系列地图、地图集或大区域的地图时，单独成立编辑部(组)负责地图的设计、编绘和出版的领导工作。

为了有效地进行编辑领导，制图企业必须有选题和完成工作的长期的年度计划，总编辑负责根据年度计划给每个编辑员分配年度、季度或逐月的工作任务。

根据制图任务的性质和规模，由一人或数人担任制图任务的编辑工作，称为责任编辑。

(三) 编辑工作的具体内容

在制图生产中，编辑工作可以归纳为以下几个方面：

(1) 根据上级下达的任务，研究并向领导提供编图所需要的人力、时间和物资方面的计划和必要的组织措施；

(2) 研究制图资料和制图区域，保证把最好的资料用于编图；

(3) 选择最合适的编图工艺；

(4) 完成地图的设计；

(5) 领导地图的编绘和出版准备；

(6) 领导各阶段的成品检查，协助印刷厂的工艺员完成制印工艺设计；

(7) 收集对地图作品的意见，编写科学技术总结，提出地图再版时的改进建议。

当然，根据编图任务的具体情况，编辑工作的内容有简有繁。例如由于有相应的规范和图式，编制国家基本比例尺地图的编辑工作要比小比例尺地图的工作简单得多。

二、地图设计

(一) 概念与任务

地图设计又称为编辑准备，它是保证地图质量的首要环节。地图设计是根据地图用途和用户的要求，按照视觉感受理论和地图设计原则，对地图的技术规格、总体构成、数学基础、地图内容及表示方法、地图符号与色彩、制作工艺方案等进行全面的规划，实际上是地图的创作过程，是整个地图生产全过程的准备工作，是地图制图人员在制图业务准备阶段的所有构思过程的总称。

地图设计是一种创造性的智力劳动。首先根据需求对未来的地图进行心像设计，而后对心像进行思维，确定几种较好的心像设计方案并将其可视化出来，通过分析、权衡、评价、比较，最终确定最佳设计方案。因此一个好的地图设计方案是各种研究成果与新理论、新技术的融合，在此过程中人的认知能力以及社会环境和技术特征起到关键性作用。同一制图地区、同一主题，不同国家、不同时期、不同制图者设计制作的地图是不一样的。

地图设计涵盖的任务主要包括：确定地图生产的规划与组织，根据使用地图的要求确定地图内容，各种地理现象和物体在地图上的表示方法和使用符号的设计，制图资料的选择、分析和加工，制图数据的处理，制图综合原则和指标的确定，地图的数学基础设计，图面设计和整饰设计等。

(二) 地图设计的过程与内容

地图设计的主要内容包括地图的总体设计、地图表示内容设计、地图表示方法设计和地图生产工艺设计。地图设计的过程主要包括：明确任务和要求，收集、选择和分析资料，研究区域特征，确定地图内容，地图总体设计，地图符号和色彩设计，地图内容综合指标的拟定，编图技术方案和生产工艺方案设计，地图设计的试验工作，汇集成果和设计文件的撰写。

1. 地图的总体设计

地图的总体设计即基本规格的设计，主要包括地图数学基础、分幅、图面配置等内容的设计。

地图数学基础的设计，包括选择地图投影和确定比例尺。投影的选择主要取决于制图区域的地理位置、形状和大小，同时也要顾及地图的用途。地图投影选定后，还要进一步确定地图上经纬线的密度，并依据地图投影公式计算经纬网交点坐标。比例尺的选择不仅要考虑制图区域的形状、大小和地图内容精度的要求，还要顾及地图幅面大小的限制。图集的幅面多选用 4 开～64 开幅面的纸张；挂图等多选用全开至数倍全开幅面的纸张拼接而成。

图面配置设计是指把主图、附图、图表、图廓、图名、图例、比例尺及文字说明等，在地图上合理安排其位置和大小。配置原则是既要充分利用地图幅面，又要使图面配置在科学性、艺术性和清晰性方面相互协调。

2. 地图表示内容设计

地图表示内容设计是对客观世界和制图对象的认识阶段，主要采用模型化方法，根据不同需求对制图对象进行抽象概括，确立地图的科学内容。在缩小的地图模型上，需要根据地图的用途要求、制图区域特点和地图比例尺等条件，充分发挥人的认识能力、分析能力和概括能力，从语义上对客观事物和现象进行选择、处理和分类分级，确定地图上要表达的内容及其详细程度，即表示什么，表示到什么程度，最终形成地图内容的综合指标体系或规定。

3. 地图表示方法设计

地图表示方法设计是对地图表示内容的形式化设计阶段，主要采用符号化方法，对制图对象进行图形化处理，建立地图的整体面貌。如何将各种物体和现象用地图符号表达出来，如何运用色彩学理论设计符号和图面，如何运用制图技术和工艺来保证制图效果等问题，都需要在这一阶段得到解决。此时，制图人员的符号设计能力、地图美学修养、制图经验和技巧、制图技术水平及能力起到关键性作用。因此，如何将制图对象客观、准确、形象、直观地表示出来，一直是地图设计研究的核心问题。

4. 地图生产工艺设计

地图生产工艺设计是根据地图用途、地图精度、地图制作时间和经费等各种要求，对地图编绘方法、出版和印刷工艺方案进行的设计。目前编图方法主要是采用数字编绘制图方法，出版和印刷主要有胶片输出、晒版及印刷工艺流程，计算机直接制版及印刷工艺流程，计算机数字印刷工艺流程等三种工艺方案。

（三）影响地图设计的主要因素

影响地图设计的主要因素包括客观因素和主观因素两个方面。客观因素主要指的是地图设计内容、设备等客观条件对地图设计的影响，而主观因素则主要指的是地图设计者的设计能力对地图设计的影响。

1. 客观因素

影响地图设计的客观因素包括使用者的要求及理解程度、使用地图的环境、地图信息复杂程度、印刷设备条件、经济状况以及地图存储介质等。

使用者的要求及理解程度主要指地图用途不同，其表达内容及其详细程度、表现形式、色彩应用及符号大小都应该是不同的，例如为儿童设计的地图，色彩一般都很鲜艳，符号大多用象形符号和艺术符号，便于他们理解和认识；使用地图的环境不同主要指根据使用特点要求设计地图的大小或地图集的开本，例如桌面用图和挂图，由于使用要求不同则地图尺寸、地图符号大小等都不同；地图信息复杂程度不同、地图精度要求不同，则地图编图技术方法就不同；地图印刷设备工艺不同、提供的经费不同，则所采用的出版印刷工艺方案和地图印刷色彩数量就有所不同。例如，综合性大型地图集的制作，当地图信息复杂时，一般采用手工方法对多种资料进行先期的编绘综合工作，然后再采用全数字制图方法进行制图生产，同时为保证图面效果，大多采用专色进行印刷；另外，为了提高地图集印刷质量，也可以采用计算机直接制版或数字直接印刷方式，这就比简单的单张地图的编图和印刷工艺要复杂得多，当然费用也高得多。

2. 主观因素

影响地图设计的主观因素包括设计者的素质、技能水平、直观判断和经验等。地图设计过程是地图的创作过程，人的思维能力和经验知识起到很大的作用，地图符号、地图色彩、地图图面整体效果的设计与制图人员的设计能力、美学修养、文化背景、制图经验和技巧、制图技术水平及能力等有很大关系。设计地图时，要充分发挥设计人员的创造力和能动性，科学运用地图学相关理论和技术方法，以提高地图的科学性和艺术性。

上述因素在纸质地图设计时应主要加以考虑，如果是电子地图，则设计中还应考虑以下一些因素：首先地图数学基础关系模型的建立，提供各种投影的正解、反解变换，以及各投影之间的变换。其次，地图内容的确定，包括显示范围的确定、显示内容的确定及地图详略程度的确定。第三，用哪些可视化的方式表达地图，电子地图由于动态性、多尺度性和多媒体性等特点，在表现上与传统方式有着巨大区别。例如，比例尺通常不必直接表示到电子地图上。地图数据库中存储着几何数据和属性数据并彼此关联，用户点击地图符号，弹出属性窗口，显示当前选中的地图符号属性。以属性窗口替代传统的图例，也是电子地图表现上的一个特点。第四，考虑电子地图是否提供交互的功能，交互方式的设计和制作应该是电子地图设计的重要组成部分，也是传统地图设计中不曾涉及的内容。在电子地图的设计研究中，要综合考虑电子地图的特点、地图制作与使用的空间认知模型、地图学习的思维过程等多方面因素，不断完善人机界面技术。界面不仅要美观实用，更要有个性化的设计。在功能方面，应该能够进行图层选择，设置图层的显示状态、设置比例尺、投影方式和显示比例等，还应具有地图缩放、漫游以及交互式编辑各地图对象的功能等。此外，还需要考虑电子地图特殊的使用环境，包含两层含义：一是电子地图的显示、操作是基于计算机还是其他各种电子设备的；二是用户使用电子地图时的外部环境。计算机和不同电子设备（如导航仪、手机）的屏幕分辨率限制了地图符号的尺寸和精细程度，显示器的大小限制了有效的地图显示范围，网络带宽限制了地图文件的大小。用户使用电子地图时外部环境的改变，如视距以及对地图操作方式的改变对地图符号的设计都提出了新的要求。

（四）地图设计的地位与作用

地图设计既是一门学科，也是一门技能，它从地图的用途和基本性质出发，确定地图的内容和特点，在收集、分析、整理相关资料的基础上进行编辑设计，同时运用各种地图语言和地图制图理论，利用计算机制图技术来表达各种地图信息内容和特点，通过地图内容的信息传输、模拟和认知功能，达到人们对地图所反映的客观事物的直观认识。

地图是连接实地与用户之间的纽带，地图的好坏直接影响着使用者对实地地理环境认识的准确程度。因此，如何设计好地图，使实地的客观信息快速准确地传输给用户，是整个地图信息传输的关键。1952年，Wisconsin大学出版的A. H. Robinson教授的《地图外观》(*The Look of Maps*)被公认为是制图学尤其是地图设计研究的萌芽，为地图设计研究提出了方法、开辟了先河，引导人们系统地思考地图设计，思考地图的含义、地图的未来。

在地图生产中，地图设计必须保障制图产品在科学性、知识性、实用性和艺术性等多方面都具有较高的质量，它的任务是制定编制地图的技术规程、协调生产各阶段的工作以及负责地图产品的质量。因此，地图设计是地图制图各种活动的重心，在整个制图过程中有着重要的作用：

1. 地图设计从理论上研究地图的本质和规律、各种表示方法的原理并对地图进行整体设计

地图设计是根据地图制图学科技术的一般原理，结合所编地图的具体特点来实现的。一般原理指的是制图理论，国家颁布的规范、图式及制图工艺方法等；具体特点指的是设计地图的用途、制图区域、比例尺等因素。把一般原理同具体特点结合起来，才能设计出既符合一般规则，又具有不同个性的高质量的地图来。

2. 地图设计对地图生产的各个环节进行了预处理，大大提高了地图生产的效率

一幅好的地图作品需要设计者根据需求，运用设计理论和方法，对地图整体规格、地图符号、地图色彩、地图表示方法、地图工艺方法等进行心像设计和思维、方案分析和评价，最终确定一种最佳的、符合用户认知需求的地图设计方案。整个过程体现着编制者对地图内容的设置、资料收集程度和编辑加工，以及地图语言运用效果的能力。在地图生产的各个环节中，只有本着有目的、有基础、有方式的设计理念进行，才能将融科学性、知识性、实用性和艺术性于一体的高水平地图作品展现在使用者面前，才能不断提高地图生产的效率。

3. 对地图生产过程的质量作总体控制，确保了制图设计者和使用者之间地图信息的有效传输和表达，提高了地图产品的质量

一幅地图，是否具有必要的精度和详细性，表达的内容与实地的现时情况是否一致，地图产品的内容是否完备等，收集、选用的制图资料的质量，科学、合理的总体设计，地图符号和表示方法设计起着关键的作用。反之，抛开地图设计，制作的地图将无法准确、有效地表达客观制图对象，当然也就无法将制图区域地理环境信息有效地传输给用图者，更无法保证地图产品的质量。例如，有些地图的符号设计要么复杂，难以理解；要么过于简单，无法完整表达地图内容；要么缺乏科学性和逻辑性，用户无法准确或快速地理解表达的内容。有些地图面状要素色彩设计要么太深，影响地图要素清晰阅读；要么太浅，难以区别不同要素之间的差异等，这些都最终影响产品的质量。

第二节　地图设计文件

一、编绘规范、图式

(一) 编绘规范

编制国家基本比例尺地图，其工作是相当复杂的。为了保证在全国范围内地图的内容、综合质量、表现形式等的统一，靠各制图机构分别拟订的编辑文件是做不到的。对于这一类地图，普遍采用两级设计的办法，即由国家测绘主管部门拟订对地图各方面统一要求的总大纲——编绘规范，在它的指导下针对具体的地区由地方制图机构的编辑设计局部大

纲——编辑计划。

某些涉及广阔领域的比较规范化的专题地图，如地质图、地貌图、土壤图、土地利用图、地籍图、房产图等，往往也拟订专门的编绘规范来统一它们的规格和要求。

编绘规范是编绘地图所依据的立法技术标准之一，它的内容应简明扼要，并具有相对的稳定性，过细就适得其反，反而适应不了各地的具体情况，降低了它的规范价值。

编绘规范大体上包括以下内容：

总则：包括地图性质、用途和基本要求，地图的数学基础、分幅与编号等一般性的说明。

编辑准备工作：制图资料的收集、分析和选择，制图区域的研究及编辑设计书的拟订等。

编绘技术方法：选择编绘原图的制作方法，数学基础的建立，基本资料的加工处理和转绘，编绘顺序及用色规定，对编绘质量的要求。

地图内容各要素的编绘：各要素的表示方法、综合原则、选取指标和注记的规定等。

印刷原图的制作：印刷原图制作分版规定、对印刷原图的质量要求等。

附录：通常包括综合样图、图外整饰样图，有的规范还附带有地图的图式符号。

地图编绘规范是制图业务的立法文件，是编绘该类型地图时必须遵守的。规范应建立在当代科学及生产水平的基础上，顾及各方面对地图实际的要求，促进地图质量的提高。随着科学技术的进步，规范也会变得不能适应生产实际需要，这时就要对规范进行修订或重编。

(二) 图式

图式是地图符号样式和描绘规则的规范。图式是为了统一国家制图标准，保证地图质量，由国家测绘业务主管部门根据地图的用途、比例尺、地面要素的特点以及制印的可能性等统一制定的。图式中规定了相应比例尺地图上表示各种地物、地貌要素的符号、注记和颜色标准，以及使用这些符号的原则、要求和基本方法，其内容主要包括以下几个方面：

技术规定：符号尺寸、符号的定位点和定位线、符号的方向和配置、符号在图上的正确显示、符号的印刷颜色的一般规定。

各要素符号：对各要素的符号名称、图形、用色及其主要尺寸，都附有详细的说明。

注记：规定了各要素注记的字体、字号、字色。

图廓整饰及样式：规定了地图图廓和图廓间、图廓外整饰要求。

附录：包括说明注记简注表、地图分幅及编号、样图实例等。

图式有单独成册的，也有作为编绘规范的附件的。它是测制和编绘地图，也是各部门使用地图进行规划、设计和科学研究的基本依据。

在计算机制图中，通常将地图符号按规格制作成符号库的形式，供编绘时使用。

二、编辑计划

编辑计划是结合具体的制图区域和资料特点，由制图机构的责任编辑拟订的设计文件，也称局部大纲。它是地图生产的第二级技术文件，是以规范为指导和基本依据的。

结合某个区域(若干图幅)编写的编辑计划称为区域编辑计划。通常是在编绘国家基本比例尺地图或编绘广阔区域的拼幅系列地图时，需要划分若干区域逐次完成，常常在规范、大纲及相应的图式指导下编写区域的编辑计划。而针对某个具体图幅的则称为图幅编辑计划。

编辑计划不应当重复上一级编辑文件中阐述的一般原则，它的内容应当是这些原则针对某区域的具体化。通常包括以下项目：

任务说明：制图区域的位置，图幅数量及位置，建立数学基础的方法，完成作业的期限，编图应遵循的规范和图式等。

制图区域的地理说明：简要说明与地图内容有关的区域类型特征和典型特点。

制图资料说明：指明基本资料、补充资料和参考资料的名称和内容，对各种资料作出简要评述，说明它们的使用方法和程度。

作业方案：根据地图类型、精度和时限的要求、制图资料和本单位人员及设备的条件，确定编绘的工艺方案、实施的方法和程序。

各要素制图综合的指示：这是编辑计划的重点，它要结合制图区域和资料的具体特点，把规范中有关的规定具体化，为本区域确定具体的概括原则和选取指标。

附录：为了说明上述各项内容，常常要制作一些有关的略图和样图附于编辑计划之后，这些附图常包括说明制图区域地理特点的略图、编绘样图、编绘工艺框图等。

当然，根据所编地图类型的不同，编辑计划的内容是不完全一致的。例如，对于专题地图，则要强调其地理底图编制的方法和要求，制图资料的类型和加工方法，制图表示方法及综合原则，编绘工艺等。对于普通地图，则强调制图区域的地理特点及其制图综合要点等。有时，图幅的内容比较简单，没有必要在规范、大纲或区域编辑计划之后再详细说明，而只对某些项目作些补充性的简要说明，这就是图幅技术指示或图幅技术说明，它是被简化了的图幅编辑计划。

三、编图大纲

编辑员在接受上级下达的任务之后，通过对编图任务书的研究和对类似的已成图的分析，确定地图的用途及对地图的要求，构思出它的概貌。然后，收集制图资料，研究制图区域的地理情况，对制图资料进行分析评价，选择地图投影，进行地图的分幅和图面设计、制图工艺方案的设计、内容选择和图例设计、制图综合指标的拟定、地图的整饰设计等。工作过程中积累了大量的资料，它们可能是文字说明、图表、略图、数据、试验样图等形式，经过编排、对比和相互协调，即可构成最后的设计文件——编图大纲(或称总设计书)。

普通地理图和大部分的专题地图，由于没有统一的规范和图式，一般需要制定这种作为地图全部作业过程依据的编辑文件。

(一) 普通地理图的编图大纲

普通地理图的编图大纲通常包括下述内容：

1. 概述

这部分应包括地图的名称、类型、比例尺、制图区域范围及行政归属、图幅数量、地图用途及对地图的基本要求等。

2. 地图的数学基础

地图投影的种类和基本性质，标准纬线的位置，投影区域范围变形的分布规律和最大变形值；经纬线网的密度；投影成果表及其说明；建立地图数学基础的方法和精度要求；经纬线网的表现形式和描绘方法等。

3. 分幅与图面设计

根据地图的类型，确定分幅的方法和各图幅的尺寸、拼接方式和有关拼接的具体规定。

图名的位置、大小和字体，花边的宽度，内外图廓的配置方法，附图、图例等的位置、大小等。

4. 制图区域的地理说明

地理说明是区域地理情况的高度概括，目的在于使作业员对制图区域有一个总的了解。

它必须扼要地阐明制图区域的地理位置，制图区域和范围，行政区划，该区在全国地理分区中所处的位置。并按该地区的自然或经济情况划分为若干区，分要素简要地、综合性地说明。至于各要素的具体特点，则放到制图综合部分的前面去叙述。

地理说明还应附一些必要的略图，如河系类型图和河网密度图等，以加强地理说明的效果。这些附图也可以作为各要素制图综合指标的地理基础。

5. 制图资料

制图资料部分应说明共收集到哪些资料，并确定基本资料、补充资料和参考资料。

对于基本资料，应当先介绍它们的"身份"，然后，就其数学基础的精度、内容的完备性、与客观现实的相应性和现势性等方面加以说明，指出该资料的缺点，用什么资料补充和修正，还要明确指出该资料使用的方法和程度。如果涉及国界或其他政治上敏感的方面，要加以特别说明。

对于补充资料和参考资料，则不需要进行全面的说明，重点是指出使用该资料的哪个部分用于解决什么问题，如何去解决。

6. 制图工艺方案

编图工艺方案应包括两部分：原图编绘和地图的出版准备。如资料的加工和转绘方法、原图编绘的程序和方法、各要素编绘的顺序和用色规定、出版准备的工艺方案和要求等。

工艺方案可以用框图的形式加以说明。

7. 地图内容的选择和符号、图例设计

地图上应表示什么内容，它们的分类和分级，表示方法，设计符号的基本原则，完整的符号表作为附件放在大纲的后面或制作成地图符号库供调用。

关于图例设计，仅提出图例的编排原则和方法。

8. 各要素的制图综合

各要素的制图综合是编图大纲的主要部分，应对各要素加以说明。其内容包括：该要素的地理特点，选取指标和选取方法，概括的原则和概括程度，典型特征的描绘和特殊符号的使用，注记的定名、选取、字体、字号和配置方法，如何使用补充资料，同其他要素的协调关系等。说明的详简程度要视要素本身的情况而定，而且要与地理研究、资料分析的结论结合起来。

9. 抄接边的规定

地图的拼接形式，抄接边的部位、宽度、方法等的具体规定。在计算机制图中，可以省去抄边，但接边仍是需要的(在制图区域外围)。

10. 地图的出版准备及对出版图的要求

在常规制图条件下，地图的出版准备是一个单独的环节，应指明出版原图的制作方法、比例尺、介质、分版数量、分色参考图的制作方法等。

在计算机制图中，通常使用一体化的方法，省去清绘、分色等印前过程，在数据处理后形成绘图文件，直接调用符号库中的符号在照排机上输出分色的挂网胶片，完成出版准备工作。

对于出版图的要求则指出使用纸张的规格，印刷用色的数量和套印精度的要求。

11. 检查验收的规定

根据资料、技术力量、设备及使用的工艺等条件，提出可能达到的质量标准，从而确定检查验收的要求和基本程序。

12. 附件

编图大纲的附件内容和数量根据所设计的地图的情况而定。其中可能包括的内容有：色标、符号表、新旧符号对照表、分幅和图面设计略图、投影成果表、资料配置略图、各要素的分区和制图综合指标图、典型地区的综合样图、各种统计表格、成本和材料预算等。

(二) 专题地图的编图大纲

专题地图的编图大纲同普通地理图的编图大纲相比，有一些不同之处。

(1) 它有一个或一组明确的主题，编图大纲的内容要围绕其主题展开。

(2) 要有地理底图，普通地理要素是作为地理底图的成分出现的，对地图的主题内容起定位作用。

(3) 色彩设计成为一个主要部分。普通地理图上的色彩比较简单且有传统模式，专题地图上的色彩对其表达主题具有更加重要的作用。因此，在设计地图时色彩设计便成为一个主要部分。

(4) 制图工艺相对比较复杂。

这些特点是由专题地图本身的一些特点引起的，从这些特点出发，可以把编图大纲的内容归纳为：

1. 概述

主要内容包括：地图的名称、基本形式、比例尺、主题、制图区域范围和行政归属、图幅数量、地图的用途、对地图的基本要求、图面尺寸及配置等。

2. 制图资料的收集、分类和处理

主要内容包括：收集的途径和方法、资料的分类和可靠程度的分析、资料的加工处理等。由于专题地图的主题涉及各门类的专业知识，制图编辑在分析资料时，重点不在于其专业内容(由专业编辑负责)，而是如何确定可靠程度。

对资料的加工处理，则重点是对制图数据的加工，这包括数据的换算、分级和聚类，计算各种派生数据，如平均值、各种相对指标、比例系数、相关系数和预测值等。为了使数据处理的结果符合客观实际的规律性，在编绘专题地图时同样需要根据地图的主题研究各相关的自然要素或人文地理要素的规律，对制图区域的地理情况有正确的了解。

3. 地理基础底图

这一部分相当于一个普通地理图编图大纲的缩编，只是由于地理底图的内容常常比较简单，且是专题地图的一部分，其内容可以写得扼要些，整体大纲中已出现过的内容，如图面设计、分幅设计、整饰等都不需再单独写。

地理基础底图的内容选择和综合程度取决于主题内容、比例尺和区域特点。其符号系统则尽可能使用惯用的，读者不需查阅图例就可以读懂的那些符号。

4. 专题内容及其表示法

围绕地图的主题选择地图的专题内容，它们的分类、分级原则，选取指标和表示精度。

根据地图内容选择图型和表示方法，指出可能选择的几种表示方法及其配合使用的可能性，符号及图例设计的原则和方法等。

5. 色彩设计

主要内容包括：该图使用的色标，选择颜色的数量及编号，符号、线划、注记、面积、图表色彩的选色原则和用色规定。

6. 原图编绘

主要内容包括：编绘程序，内容转绘方法，草图制作方法，以及最后成果的形式和要求。

7. 出版准备

主要内容包括：制作出版原图的方法，出版准备成果的种类、数量和形式，对出版准备成果的要求等。在计算机制图中也可以省掉这一项。

8. 附件

这一部分同普通地理图的编图大纲相似。

第三节 制图区域分析和制图资料评价

一、制图区域分析

（一）制图区域分析的目的和要求

制图区域是指制图主体。研究制图区域，深入了解研究制图区域的地理特征与特殊自然条件，对选择和分析制图资料，并根据制图任务与相关的制图规范标准科学地确定地图内容的数量和质量指标、进行地图内容的正确选取和化简、选择合理的表示方法、在新编地图上更客观地反映制图区域地理特点等有重要的意义。制图区域分析的目的主要有两个，一是认识制图区域指导制图综合，二是帮助分析评价制图资料。

对制图区域地理特征的研究，除从宏观上了解制图区域地形地物的类型特征和区域特点、地形地物的分布规律、相互联系和发展变化倾向这类定性指标外，同时还要注意了解能够进行定量分析的数量指标，研究的重点应放在同新编地图的用途、主题和比例尺相适应的能反映在新编图上的那些内容。制图区域分析要紧密结合制图的特点，研究的结果要能落实到图上，即能够在图上进行定位表示；要从各要素联系上进行研究，确保各要素关系正确；要重视要素的数量分析，保证编图时有充分的依据。

（二）制图区域分析的内容

制图区域分析的内容主要包括两项，一是制图区域的位置、范围、行政归属，二是按地理单元分别说明各要素的类型、分布规律及其形态特征与影响它们发生和发展的主要因素。具体的分析内容取决于新编图的用途，这里从普通地图和专题地图两类情形分别进行说明。

1. 面向普通地图编制

分析的重点是基本要素的类型、分布、质量特征、数量特征，以及不同要素之间的相互关系。

水系：主要研究河流的类型、发育阶段、密度分级和密度变化、图形特征和曲折系数，伏流、消失河和地下河段，河流各段的名称，主要河源和网状河系中的主要河道；湖泊的类型，分布特征，密度，大小，形状特征，湖水性质，岸线特征，沼泽化或围垦情况；泉源的类型和分布，水库、堤坝、蓄洪区、闸、码头、大桥等工程建筑和附属设施；海岸的类型、曲折系数，有无潮浸地带，有滩或无滩，后滨性质，主要河口的性质；岛屿、礁石的性质和分布；海底地形的类型、特征，斜坡的坡度，离岸距离和底质情况。

地貌：研究地貌结构（按类型分区及其界线，山系结构及岩性，山脉、山体定向和分布），地貌形态（斜坡形状和切割情况，构造形态、激变地形的分布和特点，正、负向地形的分布和对比），数量特征（最高和最低高程、平均高程，平均高差、平均坡度，切割密度、切割深度，雪线及有特殊意义的等高线），特殊类型地貌的分布及特点（黄土、岩溶、冰川、火山、沙地等），山脉和山峰的名称及高程等。

植被：研究森林、灌木林、经济林、草场等面状物体的类型、轮廓和分布特征，它们同水系、地貌要素的联系等。

居民地：包括居民地的分类和分级（行政等级和人口数），居民地密度或人口密度，居民地的名称注记及其特点，居民地与河流、道路、地貌的关系，有特殊意义或特殊类型的居民地。

道路：主要研究道路网的密度，道路的分类分级，道路的形状特征，道路的通运能力、重要性，道路的结构特征等。

境界：国界、未定国界、海上国界的画法，有争议的地段和我国政府的立场，界标、界河、山口等分界标志，国内境界的等级，有无争议地段等。

2. 面向专题地图编制

专题地图的主题广泛，难以针对某一类专题地图单独讨论，这里仅说明编制专题地图时研究制图区域的一般情况。

研究区域的综合性自然和社会经济状况：这和区域的发展状态和发展潜力有着密切关系，它们包括区域的自然条件（地形、气候、土壤、水资源、植被、矿产等），社会经济发展状况（人口数量及构成、劳动力结构、工农业生产状况、交通条件等）。

研究区域的特殊条件：许多传统的工业产品、土特产品，甚至行业发展都有明显的地域性特点，它们同某些区域性的特殊条件有关，这些条件如资源、气候、民族传统、人口、历史，同其他地区的联系等导致产生地方特色，这些地方特色往往也是专题地图选题的重要依据。

研究与专题地图主题有关的内容：地图表达的对象分为物体和现象两大类，普通地图的表示对象以物体为主，专题地图虽然也表示客观的制图物体，如地形、土壤、道路、地质构造、植被等，但以现象为主题的地图非常多，如气候、经济结构、发展指标等。对制图物体的研究仍可参考普通地图制图时的分析内容，如土壤的分类、分布、性质及与其他要素的关系等；对制图现象的研究则要认识现象的性质、形成和发展的规律等。

研究有关专业部门的特殊需要和标准：许多制图对象都有其相关的专业部门，它们对自己的专业对象往往有些习惯用的标准和认识尺度。如国家农业部对耕地地力等级的划分，主要依据耕地基础地力不同所构成的生产能力（产量水平），将全国耕地分为十个地力等级，其粮食单产水平为大于13 500 kg/hm^2（900 kg/亩）至小于1 500 kg/hm^2（100 kg/亩），级差1 500 kg/hm^2（100 kg/亩）；有关部门参照国际上常用的衡量现代化的指标体系，考虑我国国情，认为全面建设小康社会的基本标准包括：人均国内生产总值超过3 000美元、城镇居民人均可支配收入1.8万元（2000年不变价）、农村居民家庭人均纯收入8 000元、恩格尔系数低于40%等。这些习惯用法对我们专题制图中要素的正确分级有重要意义。还有些部门对自己的专业内容有传统的表达符号，作为我们符号设计的依据。为了使所编地图更能适合客观情况和用户需要，要对这些现象进行相应的研究。

与制图资料的分析相结合：在编制统计地图时，研究的依据就是用于编图的统计资料本身，对资料的研究可以认为是对制图区域的研究，同时又是对资料的价值、加工和使用方法的研究。

（三）制图区域分析的方法

制图区域分析基本上是依据地图、各种文献统计资料和各种照片、航片、卫片在室内进行的，必要时进行实地调查。

1. 室内研究

为了查明制图区域的类型特征和典型特点，根据地图资料、像片资料、文字资料，在室内对它们进行比较、量测和分析，是设计大多数地图时进行区域研究的最基本的方法。

用于制图区域分析的地图包括各种比例尺地形图、专题地图和各种全国性的指标图（如水网密度图、河系类型图、典型地貌分布图、居民地分布或人口密度图等），利用小比例尺地形图可以了解区域地理位置及与四周的联系、类型分区及各要素总的特征，利用大比例尺地形图，可以统计、分析各要素的结构、形态、分布等具体的定位、定量特征；影像包括不同时相、不同分辨率的航空和卫星影像，高分辨率航空影像可用于认识地面的碎部特征，中高分辨率卫星影像可用来分析和检查地物形状轮廓，特别是河流的弯曲、岸线的形状、海岛的分布、湖泊的形状和分布、居民地建筑区的外形、山脉的走向和基本断面特征等。

室内研究一般包括以下工作：

① 分要素阅读：先按不同要素把地图上、像片上、文字资料中的有关材料集中起来，进行阅读分析，必要时作出详细摘要。各要素的质量特征，如类型、分区以及同其他要素的联系；数量特征，如根据统计资料直接了解产量、产值，各种百分比等在资料阅读的过程中都可以得到。

② 量算：有些特征，例如，河网密度、居民地密度、地面切割密度、各种曲折系数等，不能通过一般的阅读获得，必须实施具体的量算。在基本地形图数据库建立以后，许多数量特征可以直接从数据库中提取或通过简单计算得到。

③ 比较：从不同资料上得到的材料可能是不一致的，可以通过比较判断其正确性；也可以通过一组相互联系的资料比较，或者进行统计分析，派生出新的认识和结论。

2. 实地调查

区域研究中，当依据各种资料仍无法分析清楚或某些重点地区需要进行详细和深入的分析时，就需要进行实地考察，有时也利用野外考察的方法对实地获得感性认识，一般同现势资料的调查相结合进行。例如，到民政部门调查地区界、县界、省以下各级行政中心；到交通部门调查道路兴建情况，路面质量及通行状况等；或者到重点地区进行实地调查和部分测量等。通过实地调查方法研究制图区域通常有以下三个目的：①获得分析和使用资料的标准样品（例如利用卫片编制专题地图时需要）；②对现有资料的缺陷进行补充，例如提高资料的现势性和详细程度；③判断并消除现有资料中存在的矛盾或其他不一致的问题。

（四）制图区域分析结果的应用

制图区域研究的结果主要用于地图的编制过程中，包括：评价地图资料表示内容的完整性和现势性，确定各要素的分类和分级指标，设计表示方法和符号，确定各要素选取指标，确定图形概括的指标，确定地图要素的名称，制作各种略图等。

目前基于地图数据进行编图生产时，区域研究的重点不是制图区域的地理特点，而是发展变化的社会经济要素。例如，居民地的等级及名称变化，交通要素的变化，境界与政区的变化，水系及植被的变化等。根据以上可能变化的情况，确定制图区域内需要搜集和可能搜集到的各种现势资料、补充资料和参考资料。

制图区域研究的结果在技术设计书中一般体现在两个部分：制图区域的地理特征说明和各要素的具体特征。制图区域地理特征说明主要包括制图区域的位置、范围、行政归属，各要素的类型、分布特点、形态方面总的规律和典型特征，以及发展变化较大的要素等。各要素的具体特征一般放在各要素的制图综合中阐述。

二、制图资料收集、分析与评价

制图资料泛指用于编图的各种资料，是编制地图的基础与依据。资料的好坏，对于保证新编地图质量、加快成图速度等有着重要的影响。编辑设计前，必须对资料进行全面系统的分析研究，鉴别其优劣和可用程度，必要时可搜集现势资料，以增补地图内容、提高地图的现势性和使用价值。

(一) 制图资料的种类

1. 根据资料的功能分类

根据资料在编图中的功能，可把制图资料分为基本资料、补充资料和参考资料。

(1) 基本资料

基本资料是编图的基础资料，主要指能构成制图区域轮廓和含有经纬网、河流、交通干线、主要居民地等基本地理内容的资料，内容必须满足新编地图的基本需要。根据新编地图的性质和用途，一般选择内容完备、数学基础与新编图一致(不一致时要进行改算)、比例尺稍大于新编图的比例尺、精度良好、现势性强、图面平整整洁的地形图作基本资料。数字地图制图中基本资料主要来源于纸质地形图资料和地图数据库数据。

(2) 补充资料

补充资料是用以补充或修改基本资料上某些不足或欠缺的地图要素的资料。一般要求采用最新的现势性资料，其比例尺大于或接近新编图比例尺。补充资料的范围较广，如最新的地形图、交通图、水利图、政区图、土地利用图等专题地图，地图集，遥感影像及相关统计资料。

(3) 参考资料

参考资料是供研究制图区域地理特征以及作业参考之用，在编制的地图中往往不会直接引用相关内容。如供一般了解制图区域概况的各种地图、图表以及文字资料等。

2. 根据资料的形式分类

根据资料的形式，制图资料可分为地图资料、影像资料、统计资料和文字资料。

(1) 地图资料

用于编图的地图形式的资料包括各种地形图、普通地理图、专题地图(包括各种指标图和现势图)。它们有的被作为制图的基本资料，有的只作为研究制图区域、证实其他资料的可靠程度或对基本资料作局部补充的补充或参考资料。

地形图(或地形图矢量数据)是指比例尺为1∶500、1∶1 000、1∶2 000、1∶5 000、1∶1万、1∶2.5万、1∶5万、1∶10万、1∶25万、1∶50万和1∶100万系列比例尺地形图。这种地形图属于普通地图，它综合表示地面上各个要素的特征和空间分布特点。其内容完备、精度高，是新编地图质量的保障，一般用作编图的基本(底图)资料。

专题地图是指突出表示一种或几种专题要素内容的地图，对于它强调的“个性”特征表达得详细而真实，能满足各种专门用途的要求。专题地图可以作为编制同类专题地图的参考底图和编制普通地图时表达专题要素的依据。

（2）影像资料

影像资料包括各种比例尺的航空像片、卫星影像、典型物体的普通摄影像片等。影像资料在编图中通常作为研究制图区域或分析、评价基本资料的参考，有时用于直接测制大比例尺地图和各种比例尺地图的更新，也可作为某项内容或单个目标（如水库、公路等）的补充资料。在编制专题地图时，各种影像资料常被直接用作植被、土地利用等地图上划分界线的基本依据，也常被选作整饰图面的重要内容。

（3）统计资料

我国各级政府都有相应的统计部门，国家统计局承担组织领导和协调全国的统计工作；各专业部门都设有专门的统计机构，收集并整理各行各业的统计数据。它们囊括人口、经济、农业等国情国力数据，农林牧渔业、工业、建筑业等国民经济各行业统计数据，地质勘查、旅游、交通运输、邮政、教育、卫生、社会保障、公用事业等全国性基本统计数据等。这些数据按月度、季度、年度等形式定期发布和更新，或按部门、行业分类发布，或以统计公报、统计年鉴等形式公开或出版。统计资料为制作各种专题地图提供了重要数据源，是编制统计地图的基本资料，编图时要收集制图内容所需的整个地区及各部分同一时期的统一指标的最新资料数据和不同发展阶段的各种资料数据。

（4）文字资料

与编图有关的各种专著、论文、调查报告、访问记录、地图生产技术档案、地理调查资料以及地理文献等，都可作为编图的文字资料。主要包括以下几种：

各种区划资料：许多专业都有自己单独的区划，它们通常是根据本专业多方面的指标综合考虑得到的区划。例如，农业区划一般包括农业自然条件区划、农业部门区划、农业技术改革区划、综合农业区划等四方面内容，其中农业自然条件区划着重分析不同地区农业自然条件和资源与农业布局的关系，需考虑农业气候、地貌、土壤、水文、植被、自然生态等多方面的因素进行综合分区。区划资料常作为研究制图区域的参考资料，在编制相应的区划图时，它们又可以作为基本资料。

地理考察资料：针对某一种具体目的，或对某个地区组织的综合考察，往往有对制图物体详细而具体的描述，成为分析制图区域的参考。尤其在没有实测地图的地区，这种考察报告及其附图，甚至可以作为编图时图形定位的主要依据。

测绘档案资料：包括记载成图情况的图历簿，编图的设计文件，编图的技术总结，记录三角点、水准点等控制点的直角坐标或高程的控制点成果表等，它们往往可以作为分析、评价制图资料质量的依据。控制点成果表又可用于建立地图的数学基础。

其他资料：包括民政部在线发布的行政区划情况及变更信息，国家测绘档案资料馆不定期发布的资料通报，表明制图物体的位置、等级和内容变化的政府文告等，以及报道中有关新建铁路、公路、桥梁、水利工程等消息，都可以作为编图的补充资料或参考资料，有时会成为某项专题内容的基本依据。

（二）制图资料收集的途径和原则

1. 收集途径

制图资料的收集可分为两个部分，即经常性的资料收集工作和为了某项制图目的而进行的资料收集工作。

经常性的资料收集工作由各级测绘与制图单位的资料部门或科室负责，它不是专为某一制图任务才进行收集资料的工作，而是经常关心各种实测和编绘地图的成图情况，与各成图单位取得联系，进行各种制图资料的常规性收集。资料部门都备有接图表、资料目录等，有的还制作有资料卡片，简要地记载资料的名称、类型、范围、比例尺、印色、出版机关和成图时间等，有时还附有对资料的简要评述，例如地图投影、坐标网的形式和密度，平面坐标系和高程系，地图的分幅编号系统，各要素的分类、分级和表示法等。

为某项制图目的而进行的资料收集工作主要是针对地方政府部门、基层组织或与专业部门进行制图任务相关的资料采集，作为对经常性收集资料有目的的补充与采集。

资料的收集和整理工作，一般是由业务部门的专门机构负责的。根据本单位的任务方向，有计划地收集有关方面的资料。设计人员通常只需查阅资料目录就可以掌握资料保障的大体情况，经过分析鉴定，作出取舍。

除依靠专门的资料收集部门外，设计人员也应根据任务情况，结合新编地图应表示的内容及这些内容所反映的日期和时间，使收集资料有的放矢。例如，有的主题以地图资料为主，有的主题以统计资料为主。小比例尺地图以概括的、综合的资料为主，大比例尺地图以原始的数据为主。具体收集渠道包括：利用计算机网络进行资料的收集；在国家各对口专业单位、各统计局等部门收集；派专人去相关地区收集；如果所收集的资料仍不能满足要求，则必须做专门的调查（测图）。

2. 收集原则

在资料收集的过程中，要坚持目的明确性、地图上的可定位性和遵守相关的管理制度等基本原则。

目的明确性指顺应制图任务，明确制图目的，收集与制图任务相关的资料，否则会带来意外困难，影响制图效率，延缓工作进程。资料搜集人员在进行资料搜集之前，首先要了解已有哪些资料，需要搜集哪些资料，搜集这些资料的途径和可能性，制订好资料搜集计划，然后到有关单位搜集资料。搜集到的资料要进行整理，分类登记。

地图上的可定位性是指保证收集到的数据都能以图形形式出现在地图上特定位置。地图图形的定位包括两种形式：绝对定位和相对定位。绝对定位指在实地相应点位置上定位，如道路、水库等；而相对定位指图形的位置只限定在特定的区域中，如分区统计图表等。绝对定位一般只能对点状物体描述定位，如指出该点在某交叉路口、某山顶等。相对定位比较容易，只要根据其描述的区域范围（行政的、自然的、区划的）即可定位。收集资料时主要需要解决非地图形式资料的定位问题，主要依靠坐标定位和描述定位。坐标定位指收集的资料中的目标具有以表格或其他形式记录的点、线、区域范围的直角坐标或地理坐标，这些资料具有最好的定位效果。地图上的平面控制点、国界的界标、科学测站等都可能有单独测定的平面直角坐标。描述定位指的是根据对制图对象的文字描述来确定它的位置。水库由于可以用等高线作为参照目标，只要确定出水坝的位置、长度、水面高度，也能在地图上标绘出来。其他的线状、面状物体，则很难使用描述定位。

遵守相关的文件资料管理制度。涉及保密的资料，要按有关规定执行。其他的资料也应有完备的手续，如对资料收集者进行信息登记与签名记录等。

（三）制图资料的分析评价

对制图资料的分析和评价是一个整体，但又有不同的含义。对资料按一定的方法和标准进行研究，积累对资料认识的素材，这个过程称为资料分析。把分析的结果进行归纳，提出对资料认识的结论称为资料评价。分析和评价是相互联系、相互依存的两个阶段，其目的在于查明制图资料在编图中的可用程度和使用方法。

1. 制图资料的分析

结合新编图的任务要求，分别针对基本资料、补充资料、参考资料和现势资料开展资料分析工作。

对基本资料应进行全面的分析研究，其内容包括编制出版单位、出版年代、成图方法、数学基础（包括坐标系、高程系、等高距等）、地图内容和图式符号等，以判定基本资料的精确性、完备性和现势性。

对补充资料和参考资料，采用比较分析等方法进行分析，确定这些资料的使用程度，用于补充或修改哪些内容。

对于现势资料（如行政区划图、交通图、水利图以及有关的文字、图表等），应着重研究出版单位、年代和特点，并制订转绘这些内容的方法。

在分析、鉴定资料的过程中，还应进行综合性研究，明确各类资料的使用原则和使用程度，提出具体问题的处理方法，以作为编辑指导文件的基础。

2. 制图资料的评价

制图资料的正确使用，是通过资料的分析与评价而达成的。在分析与研究资料的基础上，对资料各方面性能进行评价，进而根据评价意见确定对资料的使用方法。对资料的评价包括以下几个方面：

地图的政治性：地图在表示地面的自然和社会现象时，首先表达出作者的政治立场和观点，在分析资料时必须给予应有的注意，避免编图时出现政治性的错误。涉及地图政治性的内容很多，包括国界和其他境界线的画法，地名的使用，涉及国家主权的其他要素，如界河、界峰、山口、岛屿的归属问题，它们的名称、高程的注法都表明了一定的政治立场。

内容完整性：内容完整性评价即新编地图所要求的要素在资料图上是否完备，以及资料图辅助说明信息是否完整等。地图资料内容的完备性主要从以下三方面评价：地图内容的分类、分级是否和新编图相适应；各要素表达的数量是否满足新编图的要求；图形概括程度是否能满足新编图的详细性。

地理适应性：地理适应性指的是地图上所表达的地理内容在多大程度上真实地反映了客观实际（地理内容与客观实际的相应性），在多大程度上正确表达了制图对象的类型特征和典型特点。为此应当分析：分级是否和实地相符、各要素的图形是否能反映地区的类型特征和典型特点、各地区之间要素的密度对比是否正确。

精确性：从地图的数学基础、地图内容的位置精度两方面判断资料的几何精度如何。在数学基础方面，首先要看其是否具有严密的数学基础要素，不具备完整地图数学基础要素的地图很难具有很高的精度；然后再按投影性质、坐标网类型及密度、高程系等分别进行分析。地图内容的位置精度指的是各要素的符号位置相对于坐标网的中误差。通常在评价位置精度时，以大比例尺的实测地形图作为比较的依据，选择其中的某些特征点来衡量，如居民地的中心点，道路与河流的交叉点等。

现势性：现势性指的是地图上各要素同实地现时情况的一致程度。研究现势性要注意研究以下几点：地图的成图时间、编图时是否经过现势修正、实地要素变化的情况。此外，在分析地图内容的现势性时要有针对性，即只注意对新编图发生实际影响的那些变化。如果对新编图没有影响，即使是实地发生了变化，也不把它看成现势性方面的缺陷。

在上述各项性能的评价中，必须紧密结合新编图的比例尺及用途要求，以此作为评价的依据。

3. 制图资料的选择

在分析与评价的基础上，确定对制图资料的使用选择，即基本资料、补充资料和参考资料的确定，具体采用哪些资料，一般根据下述几项要求决定：①比例尺和投影适合新编图的使用要求；②内容满足新编图的要求；③资料现势性强；④资料地理适应性好；⑤资料精度可靠；⑥资料使用方便。

上述各项要求落实在具体资料上往往出现矛盾。例如，一幅图内容较完整，但精度不够高；而另一幅图精度较好，但比例尺及现势性又不理想，这就使得资料分析工作复杂而难以掌握。在这种矛盾的情况下，要求设计人员能灵活运用各种原则，迅速抓住主要问题，并顾及次要方面，作出正确的选择并合理地安排各资料的使用顺序。

第四节　数学基础设计

地图的数学基础设计主要包括三个方面，即地图投影的选择与设计、地图比例尺的设计和地图坐标网格的确定。对于国家基本比例尺地形图，其数学基础主要根据最新发布的国家基本比例尺地图编绘规范进行确定。对于小比例尺普通地图和各类专题地图，其数学基础的确定需综合考虑地图用途、使用方式、制图区域特征等多种因素，由设计人员经深入研究后确定。

一、地图投影

确定地图投影的基本宗旨是：保持制图区域内的变形为最小，或者投影变形误差的分布符合设计要求，以最大的可能保证必要的底图精度和图上量测精度。

专题地图的多样性决定了其投影的选择有很大的空间。然而，地图投影的选择受制图区域的特征、地图投影自身的性质及地图的用途等因素所制约。

(一) 制图区域

制图区域对投影选择的影响可以从区域地理位置、范围的大小、区域形状等几个方面来分析。

1. 区域地理位置

不同地理位置的区域分别适用于不同类别的投影。例如，极地附近通常用方位投影或伪方位投影，赤道附近常用正轴圆柱投影或者横轴方位投影，中纬度地区常用正切或正割中纬度的圆锥投影。

2. 范围大小

投影范围的大小对投影误差有极大的影响。对一个小范围，常常是不管用什么投影都没有实质性差别；而一个大的范围，不同的投影或同一种投影但投影性质不同，所产生的误差差别就可能很大。

区域范围大小有一个大概的判断标准：纬差 22.5°或半径为 2 200 km。小于这个标准的就可以认为是小范围，选择投影时没有必要过多地从投影性质引起的变形大小去考虑。

我国的省(区)地图，由于纬度跨度都在 15°以内，选择常用的等角圆锥投影编图时，面积变形不超过1%,长度变形更小,可以用于除国家地形图以外的任何中、小比例尺地图。

对大范围的地图,例如全国图、大洲图等,由于投影产生的变形较大,需要认真选择适当的投影。一般对于不大的区域采用等角性质的投影为好,对于较大的区域,为使各种变形较为适中,选用等距离性质的投影或任意性质的投影为宜。对于世界地图、大陆板块图而言,最常用的是正圆柱、伪圆柱和多圆锥投影。国外学者多认为圆柱和伪圆柱投影能更好地体现地理现象的纬度地带性,而且能使地图上重复出现的区域保持图形一致;我国多采用等差分纬线多圆锥投影,这对于处理中国图形以及与周边的关系效果较好。半球地图中东、西半球常采用等积或等距横方位投影,南、北半球常用等角或等距正方位投影,水、陆半球图一般用等积斜方位投影。洲地图可用等积斜方位投影,大面积国家常用等积或等距正圆锥投影。

3. 区域形状

地图投影的标准点或标准线通常位于制图区域的中心部位,每一类地图投影都有自己的变形规律和等变形线形状,因此从制图区域形状考虑,通常选择等变形线或变形分布规律与制图区域轮廓形状基本一致的投影,以使广大制图区域处于微小的变形区。例如,对于外形接近于圆形的区域,宜选用方位投影;对于东西延伸的地区,宜选用圆柱(赤道附近)或圆锥(中纬度)投影;对于南北延伸的地区则多采用横圆柱投影。

(二) 投影性质

投影性质包括:变形性质、变形分布和大小、经纬线的形状、极点的表象、特殊线段的形状等。

1. 变形性质

地图投影分为等角、等面积和任意投影三大类。在任意投影中常用的则是等距离投影,它们各自适用于不同的情况。

2. 变形分布和大小

变形分布的方向应当同制图区域形状相匹配。例如,正圆柱、正圆锥投影,变形同经度无关,随纬度差的增大而增大,纬度差越小变形也越小,因此它们适用于东西延伸的地区;方位投影的等变形线分布为同心圆,离中心越远则变形越大,适用于面积不大的圆形区域;投影面和地面相切的投影只有正变形,边缘地区的变形就可能比较大;投影面和地面相割的投影变形有正有负,分布比较均匀。另外,受变形性质的影响,对于等角投影,面积将有较大的变形;而对于等面积投影,角度会有较大的变形。任意投影时,长度、面积、角度都有变形,但大小比较适中。

3. 经纬线的形状

不同的投影会构成不同的经纬线形状。为了使地图具有良好的视觉效果,通常要求经纬线网格具有正交或近似于正交、等分或近似等分的图形;曲线形状的经纬线有利于表示出地面的球体概念,而直线形状的经纬线则有利于表示出地理事物分布的地带性规律。例如,横轴方位投影、若干多圆锥投影都有利于表示出地球的球形感,而用墨卡托投影编制世界时区图时,则能把时间的地带性表达得很清楚。各种伪圆柱投影中,经线为曲线,纬线为直线或弯曲不大的曲线,能很好地反映自然地带性变化,因此特别适用于表示全世界范围的各种自然地图。

4. 极点的表象

这与经纬线的形状有着密切联系。极点表象为点,视觉上比较好,但整个制图区域的变形分布不易均匀，有些地区会出现极大的变形；把极点投影成一条直线或曲线，极地附近变形较大，但它常常能换取整个制图区域变形的较均匀分布。

5. 特殊线段的形状

地图上有些特殊的线段，投影后它们的表象形状常常成为选择投影的基本条件。例如，航海图和宇航图上之所以选择墨卡托投影，就是因为在采用这种投影的地图上等角航线表象为直线，而采用球心投影，可以把大圆航线投影成直线，它是地面上距离最短的线，是航海中辅助墨卡托投影（等角圆柱投影）航海图中寻求最短航程的必要投影。

（三）地图的用途

地图的用途决定了地图投影选择的方向。由于不同的比例尺对地图的用途有着非常大的影响，所以有时可以把地图用途与地图比例尺连在一起来考虑。大比例尺的自然地图，无论是地质图、地貌图，还是土壤图、植被图，都是反映国家和区域自然资源状况的基本地图，要求形状正确，面积正确，因此这类图的投影应视同大比例尺的国家基本地形图那样，采用高斯-克吕格投影。中比例尺图则应采用国际 UTM 投影。采用同地形图一样的地图投影，过去也是为了方便利用地形图的地理基础要素，实现上述各专题内容的转绘。小比例尺的自然地图，则可根据制图区域本身的位置、大小和形状来选择投影。一般来说，反映资源分布状况的图比较重视面积的概念，所以自然地理图一般以选择等积性质的投影为好。从人文地图来看，政区地图要求版图形状正确，但更注重各局部区域面积的大小对比正确。如对中国全图，宜选用等面积性质的投影。但对中国省区以下范围，用不同性质的投影，变形都不会超限。经济图中除了少量的资源分布图要求面积正确而可选择等面积性质的投影外，其他的经济图以反映区域经济态势及发展水平为主要内容，以统计图为主体，中小比例尺为多数，对地图投影没有很特殊的要求，可以选择该区域惯用的地图投影。航空图、航海图、工程图及其他地图往往依其用途对地图投影有特殊的要求。如航空图要求地标方位正确，因此航空图必须选择等角性质的投影，根据比例尺的不同，从大比例尺用通用的高斯-克吕格投影，中比例尺用国际 UTM 投影，到小比例尺用等角圆锥投影或等角斜方位投影。为便于确定中心机场到各地的航线方位及距离，应设计以该中心机场为中心的等距离斜方位投影。航海图则从航向定位方便出发，用等角圆柱（墨卡托）投影。大比例尺的工程图要求方位正确，故应采用高斯-克吕格投影，中、小比例尺的工程图也仍十分注重方位的正确性，因此对工程图应首选等角性质的投影。旅游图的要求类同于工程图，应选择等角性质的投影。大比例尺的旅游图仍可选用高斯-克吕格投影，这样选用资料来编图会更方便。

需要说明的是，目前地图制图已普遍采用机助方法制图，对以数字形式存放在数据库中的资料图形，很容易实现不同投影间的坐标转换，资料图的投影类型对新编图的投影选择几无影响。

（四）其他因素

地图投影的选择还会受到如地图出版方式、地图图面配置等因素的影响。地图在出版方式上，有单幅地图、系列图和地图集之分。单幅地图的投影选择比较简单，只需考虑上述的几个因素即可。对于系列地图来说，虽然表现内容较多，但由于性质接近，通常需要选择同一种类型和变形性质的投影，以利于对相关图幅进行对比分析。地图集是一个统一协调的整体，因此投影的选择应该自成体系，尽量采用同一系统的投影。但不同的图组之间在投影的选择上也要根据各自的主题和内容具体选择，要求不尽相同。图面配置中是否为插图也影响到投影的选择，如以往南海诸岛在中国政区图和各类专题图中可分别选择斜方位投影、彭纳投影或者圆锥投影。近年来，为了进一步普及全民国家版图知识，维护国家领土主权和海洋权益，中国竖版地图得到广泛认可并正式出版发行。

二、地图比例尺

（一）确定比例尺的一般原则

地图比例尺的确定受到地图的用途、制图区域的范围（大小和形状）和地图幅面（或纸张规格）的影响，三者互相制约。确定地图比例尺时，应注意以下几点：

（1）在各种因素制约下，确定的比例尺应尽量大，以求表达更多的地图内容，使设计的图面更宽绰些。

（2）计算的比例尺数值，应向小比例方向凑整并尽可能取整数。这样做的目的是为了便于图上快速量测和标绘，方便使用资料，也有利于与系列比例尺图配合使用。但是，要注意地图比例尺调整的同时，地图图面大小也随之改变了。

比例尺的确定还受地图精度要求的直接影响。正常人的视力能分辨地图上大于0.1 mm的距离，因此，0.1 mm是地物缩绘成图形能达到的精度极限，通常把地图上0.1 mm所能代表的实地水平距离称为比例尺精度。如要求表示到地图上的实地最短长度为0.5 m，则应采用的比例尺不得小于0.1 mm/0.5 m=1∶5 000。地图比例尺越大，表示地貌和地物的情况越详细，误差越小，但同时所需的工作和投资也越大，因此要从实际精度需求角度出发，合理地选择地图比例尺。

专题地图对比例尺的规定不像普通地图那样严格，并要求形成系列。专题地图中只有地质图、地貌图、土壤图、植被图以及航空图、航海图等有着普通地图那样的、较为严格的、有一定比例关系的系列比例尺系统。随着比例尺的不同，其内容的详细程度、分类级别的表达、制图综合的大小及用途都会随之改变。除此之外，其他专题地图的比例尺是随专题内容表达的详细程度、表示方法的精确程度、地图的用途和地图精度要求而定的。因此对单张地图而言，往往是在用途、内容、量测精度要求和表示方法确定后，依据纸张大小来确定和调整比例尺的。

对地图集而言，可主要依据区域的级别、制图区域的形状与大小来确定一个基本比例尺，并依此设计以基本比例尺为基础的系列比例尺。一般而言，整个地图集的底图比例尺有统一的系统；同等重要的、内容有紧密联系的图幅，采用同一种比例尺；不同种的地图则用不同的比例尺，但比例尺应为整数且最好相互成为简单倍数。

（二）确定比例尺的方法

1. 确定单幅地图比例尺的方法

（1）利用图上线段长估算比例尺

选择一幅与设计地图区域相同、地图投影相近的出版地图作为设计用的工作底图，由设计地图与工作底图的图廓尺寸、工作底图的比例尺计算出设计地图的比例尺。估算地图比例尺的公式为：

$$M = \frac{a}{A}m$$

式中，M为设计地图的比例尺分母；m为工作底图的比例尺分母；A为设计地图的内图廓尺寸；a为工作底图的内图廓尺寸。

(2) 利用制图主区的经纬差概算

已知制图主区的经纬差范围和图幅幅面大小(或纸张开幅大小),概算出设计地图的比例尺。其中,纬差1°的经线平均长约为110 km,经差1°在赤道上的纬线长约111 km,经差1°的纬线弧长为111cos B。概算地图的比例尺的公式为:

$$M_{横} = \frac{a}{\Delta L \times \Delta S_n \times \cos B}$$

$$M_{纵} = \frac{b}{\Delta B \times \Delta S_m}$$

式中,a 为幅面横长的有效尺寸;b 为幅面竖宽的有效尺寸;ΔL 为制图主区的经差;ΔB 为制图主区的纬差;ΔS_n 为经差1°的纬线长,在赤道上约为111 km;ΔS_m 为纬差1°的经线长,平均值约为110 km。

(3) 根据制定的图上精度近似计算

当保证地图上两点的距离误差不超过某一数值时,可以根据下面公式近似计算比例尺:

$$M = 710\frac{M_d}{\Delta}$$

式中,M 为地图比例尺分母;M_d 为实地两点间容许的中误差,m;Δ 为地图上的点位图解误差和量测误差,mm(根据误差传播规律可计算出 $\Delta = 0.29$ mm);710为转换系数。

例如,若要求图上量测两点的中误差在实地不超过100 m,设计地图应选择多大比例尺?根据上式计算得 M=244 828,将比例尺的数值向小里凑整,比例尺应为1∶25万。

2. 图组(图集)比例尺的确定

(1) 利用工作底图框套确定比例尺

根据制图区域范围和底图幅面的大小,选定一幅小比例尺底图作为工作底图;找出该图组中制图区域范围最大的一幅,以规定的幅面概算出该幅图的比例尺,初步拟定一个比例尺系列;确定内图廓尺寸,并换算为各种比例尺地图上相应的实地长度;将实地长度转换为设计用的工作底图上的尺寸;根据计算出的尺寸在透明胶片上绘出相应的图框,以此在设计用的工作底图上框套确定各区域适用的地图比例尺。

(2) 利用参考数据确定比例尺

规定地图的开幅(全开、对开、4开、8开等),用1∶100万作为过渡比例尺(也可选用其他比例尺),将各开幅的内图廓尺寸划算为1∶100万图上的经纬度差值,以此作为确定各开幅比例尺的参考数据。计算比例尺的参考数据如表7-1和表7-2所示。

表7-1 计算比例尺的参考数据(一)

纸张开数	全开	对开	4开	8开
内图廓尺寸/cm	100×68	68×48	46×31	29×21
1∶100万图上经纬度差值	9°sec B×6.1°	6°sec B×4.3°	4.1°sec B×2.8°	2.6°sec B×1.9°

资料来源:王光霞.地图设计与编绘[M].北京:测绘出版社,2011.

表7-2 计算比例尺的参考数据(二)

B	0°~30°	31°~40°	41°~50°	51°~60°	61°~70°	71°~80°
sec B	1.0	1.3	1.5	2.0	3.0	5.7

资料来源:王光霞.地图设计与编绘[M].北京:测绘出版社,2011.

三、坐标网

坐标网的设计主要包括确定坐标网的种类、定位、密度和表现形式。对于已发布实施制图规范的国家基本图或部分行业专题图(如土地利用总体规划制图),坐标网的定位、密度和形式根据规范要求确定,其他小比例尺地图或各类专题地图,则需设计者根据任务需求研究确定。

在大于 1∶100 万的普通地图上,存在着两种制图网格,一种是方里网,是图上的基本网;另一种是经纬网,仅以图廓和分度带来体现,为辅助网。小于 1∶100 万的普通地图则已去除了坐标方里网,仅标示有经纬网。专题地图上对制图网格的表示没有严格的规定,主要视用途而定。

在地图上标示出一定密度的制图网格,其作用有两个:一是通过制图网格便于指示并量测出某制图现象或制图物体的位置;二是通过制图网格反映不同制图现象因地理位置的差异而发生性质上的差异,寻求其发生发展的规律性。由于地球球体形状造成太阳光入射角差异,使太阳辐射在地球表面各纬度分布不均,形成气候、水文、生物和土壤等自然要素以及自然带大致沿纬线方向带状伸展并按纬度变化方向逐渐更替的分布规律,即纬度地带性,因此表示一定密度的经纬网对于自然地理图尤为重要,它有利于反映各类要素的地带性分布规律。大比例尺的自然地理图与普通地理图一样,有分幅和编号的标准系统,也有同样的方里网(即坐标网),其密度与同比例尺普通地图一样。

坐标网的密度应当适当,过分稠密的网线会使图面显得杂乱,过稀又会使图上量测或目测确定目标的位置产生困难,降低地图精度。坐标网密度的确定通常根据地图的用途和使用特点来确定,对于挂图,经纬线网的密度可以稀一些,其网眼大小约为 10～15 cm 为宜,对于桌面用图,其网眼大小约为 5～10 cm 比较合适。设计时要求坐标网能起到一定的控制作用,便于在纸质地图上量测地面任意点的地理坐标,同时坐标网间隔应取整数,在一个网格内尽量使其视感为直线,便于绘制连线。

大比例尺地形图上的方里网密度在相应的规范中都有规定,大体为 2～10 cm,中、小比例尺地形图上则多使用经纬线网,它们的密度大体相应于基本比例尺系列中前两级比例尺地图的分幅范围,例如,1∶20 万地形图上采用 $10'\times15'$,相应于一幅 1∶5 万地形图;1∶50万地形图上为 $20'\times30'$,相应于 1∶10 万地形图范围;1∶100 万地形图上 $1^\circ\times1^\circ$,大体相应于 1∶20 万或 1∶25 万地形图。小于 1∶100 万,已不再表示坐标方里网而仅表示经纬网。经纬网的密度与同比例尺的普通地图一样,一般来说,1∶100 万～1∶200 万,密度大约是 $1^\circ\times1^\circ$,小于 1∶200 万,密度随比例尺缩小,由 2°到 4°,直到小于 1∶1 000 万的小比例尺自然地图,仍要表示经纬度,密度可达 $10^\circ\times10^\circ$,主要是指示纬度差异对自然要素的分布影响。

政区图仅表示经纬网,主要用于指示居民地的地理位置。但大比例尺的城市平面图中则由编图人员自行构建方格网,这种方格网是独立的,与坐标网不是一个系统,目的是为了易于查找各种地名,密度一般为 5 cm×5 cm。

人文地图中对制图网格的表示没有特别的要求,这与人文经济现象的表示方法多用概略的统计制图方法、没有很多的量测要求有关,所以常常只是概略地表示一些密度较稀的经纬网格,有的根本不表示。

对某些用网格形式表示的环境质量评价图、城市地价评级图,或由点数法转换为其他表示方法的图型而需用网格作为过渡时，需要在图面打上一定密度的网格。网格密度的确定往往与比例尺有关，根据比例尺不同，有的换算为相当于实地的 100 m×100 m，有的相当于 250 m×250 m 的网格。在用点数法表示的人口密度图上，如果要转换成另外的表示方法，地图比例尺是 1∶100 万，那么网格密度以 1 cm×1 cm 为好；如果是 1∶250 万，则网格密度以 4 mm×4 mm 为好，因为这两种网格大小都相当于实地 10 km×10 km。一个网格大小相当于 100 km^2 的地图，非常易于计算人口密度，便于利用网格直接得到统计值，并易于转换成其他表示方法。

航空图、航海图都必须表示有一定密度的经纬网，其密度与比例尺有关，大致与自然地图的要求一样。

工程地图中亦必须有制图网格，大比例尺工程图用的是坐标方里网，以便于计量的 100 m×100 m、250 m×250 m、500 m×500 m 等为好，密度依比例尺为准。

第五节　地图内容的确定与制图综合

地图内容的确定就是根据地图用途、比例尺、制图区域的地理特点和资料情况，确定地图上各种地理要素和空间现象的种类、特征及其表示详细程度的工作。普通地图表达的内容相对稳定，综合原则和指标一般也有规范可循，故本节仅针对专题地图的内容选择和制图综合进行介绍。

一、专题地图的内容选择

(一) 确定地图内容的基本要求

地图内容的确定应遵循一定的科学准则，主要包括：

1. *要有明确的时间性*

地图上表示的对象是会发展变化的。因此，地图上的内容要有明确的时间性。这包括两方面的含义：

一是明确的资料截止时间。地图上表示的内容是制图对象某一个具体时刻的状态，如行政区划、水利工程、某些统计资料等。一幅地图或一本地图集表示的各种内容，一般应有统一的资料截止时间，这对读者使用地图是很重要的。

二是要有一定的时间跨度。以某一特定时间的现象为基本内容的地图往往只能在短暂的时间内起作用（如气象预报图），要想使地图不因现势性的原因失去其价值，在一个相当长的时期内保持稳定的用途，其内容选择上要保持一定的跨度。在地图的内容中不仅要反映现势的地区面貌、分布状况、各要素的协调和相互联系，而且还要考虑选取有利于判断历史发展状况的、延续一定时间阶段的资料，以及为了预报某种地理现象的重新出现或演化出新的情况所涉及的原因等。即便是现时的部分，也最好是一段时期的稳定现象或平均值，而不是某个特定时间的资料。例如，表达工农业生产状况的地图，其统计数据最好不用某一特定时刻的指标，而使用某个时期（例如以一个五年计划为阶段）的平均值，同时配合以历年来的发展变化情况和未来的发展趋势的资料，这样就可以使地图在一个相当长的时期内起作用。

2. *要注意揭示事物的规律*

愈是专门化的地图，其内容愈是不能停留在资料的图解上，要注意揭示事物的规律。

它主要由两个方面来体现：第一，正确反映制图现象的结构，这包括现象的现时情况，它们之间实际存在的和潜在的联系以及随时间的变化等；第二，在地图上实施正确的制图综合，进行科学的抽象。在这种情况下，应当花费更多的精力去建立新的科学概念，为分类拟订新的标志，制订资料的选择原则，全面进行地图主题和制图区域特点的研究，从而引出确定的结论。通常，大比例尺地图上比较强调各种现象的局部因素，小比例尺地图则需要用概括的标志、简单的轮廓来反映总体的规律性和地域性差异。

3. 应顾及多方面的评价标准

确定地图内容时，要照顾到它的各个方面。每一幅地图，特别是科学参考地图，首先应具有科学上的可靠性，同时还要顾及地图内容的完备性和现势性，在图面上表达的明显性和易读性。

4. 根据地图用途选择主题内容

地图的主题内容指的是为达到地图预定的使用目的所必须表达的内容，如土地利用图的土地利用现状，土壤图的土壤分类，矿产图的矿物种类和分布等。确定地图内容时，要在与主题有关的众多标志中选择主要的、通用性强的、稳定的标志作为表达对象，并完备、详细、明显地表达出来。为了便于地图主要内容的解释，在不损害地图易读性的条件下，还可以选择一些相关的标志加以表达。例如，农业地图上适当地选择一些农业气象资料，矿产图上表示出地质构造线、岩性和年代等，对说明其主题都是有意义的。当然，在要素的分类分级，符号的视觉强度等方面，主次内容是应当有区别的。

5. 要反映各要素之间的联系

在反映各要素之间的联系时，既要反映本图上各要素之间的联系，也要注意反映同其他相近的地图上表达的要素的联系。例如，植被图上不仅要反映出植被的轮廓同作为地理基础的地貌要素的轮廓相协调，还要同本区域的气象、土壤等地图上表达的内容相协调。自然地图上不仅要反映出自然综合体要素之间的联系，而且还要力图反映出人类活动的结果使自然要素发生的变化。

（二）影响地图内容确定的因素

影响地图内容确定的因素有很多，但起决定作用的因素主要是地图用途、地图比例尺、制图区域的特点、资料或数据源的情况。

地图的用途决定着地图的主题，地图的主题直接影响着作为主题内容要素的选取。如专题地图设的主题内容要素应能布满制图区域，而不宜在分布上留有空白。一幅地图上，一般只能有3～4种表示方法的重叠，兼有点状、线状、面状三种要素作为主题要素的地图，其处理效果可以达到最佳。

地图内容的确定与地图比例尺有直接关系，特别是普通地图。一般来说，地图内容随比例尺的缩小，由实测的量变为相对的量，影响着地图制图综合的指标及其内容的表示。

资料的拥有情况与地图所能表示的内容要素有直接关系。有资料来源的内容要素可以确定为图上要表示的内容，无资料来源的则不可能表示；资料的详细程度与地图内容要素表示的深度直接相关。

另外，制图区域的地理特点也直接影响着地图内容的确定和表示方法的选择。不同的制图区域同一要素的制图综合指标有可能是不一样的，最终表示到地图上的内容及其详细程度也就不同。

（三）底图内容的选择

在专题地图上存在着两种内容：一种是专题内容，就是地图主题所规定的内容；另一种是底图内容，就是地理基础内容，它们采用浅淡的颜色表示，置于第二层平面。

地理基础内容的作用是：编制专题地图时，它们作为转绘专题要素的基础；在使用专题地图时，它们被用于地图的定向和专题要素的定位，并说明现象的分布与周围环境的关系，从而揭示现象的分布规律。

在专题地图上影响地理基础内容选取和表示详细程度的因素有：地图的主题、用途、比例尺和区域的地理特点。例如，自然地图中水系的表示要比经济地图中的水系表示更为详细，而经济地图中对道路的表示就比自然地图中的详细，气候图则一般不表示道路网。按月（或按季）表示气候状况的气候图，比例尺一般都比较小，地理基础内容的表示都比较概略。在起伏不大的平坦地区，表示农作物的分布时一般不表示地貌；但在起伏颇大的山区，由于地势对农作物的分布有较大影响，故表示地貌有重要意义。

表示方法的不同对地理基础要素的要求也不一样。例如，定点符号法要求提供某种现象所有的点的分布位置；等值线法需根据大量观测数据插绘，这些观测点有其精确的地理位置；点数法中的定位布点法要求尽可能把点布置在实地相应的位置上。这几种表示方法对地理基础要素的显示要求比较详尽且位置要准确，尤其是与所表示现象关系密切的那些要素。因此，凡要求精确表示现象特征的，要尽可能地显示与现象有关的地理基础要素。相反，概略地表示现象特征的，则对地理基础要素显示的要求相应降低，如点数法中的均匀布点法、分区统计图表法和分级统计图法，由于其表示方法本身的特点，它们只能概略地显示现象的分布特征，故对地图基础要素的要求并不高。

总之，地理基础要素表示的程度应该是：既要能阐明某专题内容所发生的环境，又要有助于读图，清晰易读，不干扰专题内容。

虽然不存在对任何专题地图都适用的地理底图，但是地理底图的要素选择有规律可循。对于地理底图要素的类型，主要考虑地貌、水系、交通网、行政界线、居民地。地图性质的影响主要表现为对要素类型的取舍，可分为四个等级：详细、适量、概略、不表示，其概略性规律见表 7-3。比例尺的影响主要表现为对同一类型不同等级要素的取舍，也可分为四个等级：全部表示、条件表示、待定、不表示。对于我国省区专题地图常用的几种比例尺 1∶100 万、1∶200 万、1∶350 万、1∶500 万，其对底图要素影响的一般规律见表 7-4，其中数量指的是图上单位。若制图者运用其他的比例尺，可参考邻近的比例尺作为底图内容选择的依据。

表 7-3　地图性质对底图要素的影响

地图性质	底图要素类型				
	水系	居民地	交通网	行政界线	地貌
类型图	详细	适量	概略	适量	详细/适量
区划图	详细/适量	适量	概略	适量	适量
等值线图	详细	适量	不表示	适量	详细/适量
分布图	适量	适量	适量	概略	不表示
统计图	详细/概略	详细/适量	详细/概略	详细	不表示

资料来源：田晶，黄仁涛. 智能化专题地图内容选择的研究[J]. 地理空间信息，2007，5(3)：123-127.

表 7-4　比例尺对底图要素的影响

要素类型	具体要素	1/100 万	1/200 万	1/350 万	1/500 万
水系	双线河	全部表示	全部表示	全部表示	全部表示
	单线河	长度>12 mm	长度>5 mm	长度>5 mm	不表示
	湖泊	全部表示	面积>3 mm^2	面积>5 mm^2	不表示
	水库	全部表示	全部表示	特大型水库	不表示
居民地	省级行政中心	全部表示	全部表示	全部表示	全部表示
	地市级行政中心	全部表示	全部表示	全部表示	全部表示
	县级行政中心	全部表示	全部表示	待定	待定
	镇乡级行政中心	待定	待定	不表示	不表示
交通网	铁路	全部表示	全部表示	全部表示	全部表示
	国道公路	全部表示	全部表示	待定	待定
	省道公路	全部表示	待定	待定	不表示
	县道公路	待定	不表示	不表示	不表示
行政界线	省界	全部表示	全部表示	全部表示	全部表示
	地(市)界	全部表示	全部表示	全部表示	全部表示
	县(市)界	全部表示	全部表示	不表示	不表示
地貌	等高线	待定	待定	待定	不表示
	高程点	不表示	不表示	不表示	不表示

资料来源：田晶，黄仁涛．智能化专题地图内容选择的研究[J]．地理空间信息，2007，5(3)：123-127.

(四) 专题地图内容的选择

专题内容的选择可根据地图类型和主题来决定。同一类型的地图，主题不一样，所选的专题内容也不一样。由于专题内容本身的复杂性和广博性，其选择通常是由领域专家和制图工作者协作的结果，这就决定了它的复杂和非结构化。

我们可以把地图看作是反映地球上各物体空间分布的模型及对各系列要素的解释。通过模型，可以概括地反映研究物体的重要特征及其联系。所谓系列，就是把各类物体视为具有不同复杂程度和不同分布的地理综合体，在每种要素系列中可通过制图方法表示按用途决定的结构和内外联系。为了使复杂的研究变得容易，可以对每个系列要素再进行分解。这样，每个系列又可分为一系列不同的子模型，从而将某个系列的要素逐步转变为分级的表象。例如，根据地理景观及其与地质、地貌、水文、土壤、植被等景观要素的关系，就能阐明地理综合体和各个系列要素的关系。而每个系列要素又可进一步分解成各子系统，如陆地水可分解为河流、湖泊、沼泽和冰川，按照它们的发育情况，又可将它们进行再分类。

专题地图既可以反映某几个要素的综合体表象，也可以反映某一种系列要素，乃至其中的某一类。如综合性地震构造图上，除了反映地震活动(震源位置、震深、强度、年代)外，还表示其地质背景，即新生代构造轮廓(如断裂、地壳厚度、新生代盆地等)，表示新构造运动和现今构造运动(活动断裂)，以及地震构造的基本特征(如从应力角度分析的发震机制)等。

对于为评价自然条件的地图来说，要考虑多方面的内容。例如，为了估计石油和天然气的开采，在有关的地图上要表示土壤的类型、覆盖土层的厚度，为了反映对输送管道建设的影响，需要表示沼泽并进行分类。筑路使用的地图，要反映土质的坚固性、冻情和湿度，而地貌的表示则应有对影响建筑要素的分析。评价居民生活条件的地图，要反映气候条件、水源保障、土壤状况。也有反映单一要素的地图，例如只反映河流和湖泊分布密度的地图。因此，在专题地图上，内容要素的确定存在着一个选择的问题。

由此可见，地图不仅仅是客观实体的单纯罗列，它所表示的内容已不同于客观世界中原有的实体。实际上，地图是编图者根据特定的目的，有意识地观察世界并选择性地加以表达的结果。因此，地图带有主观认识的成分，或多或少地受到制图者感性和理性认识能力的限制。地图作为传输信息的通道，用图者对地图信息的接受能力，也受到类似的限制。地图信息传输模式表明，制图者和用图者都受到其本身的目的、任务、知识经验、能力特长、内在心理、思维过程以及外界的影响。地图功能发挥的好坏，取决于制图者对地图内容的理解是否深透，选择是否合适，对该主题建立的多维模型是否正确；同时，是否用最完美、最科学的地图语言来表达这一模型。

专题地图内容要素的选择是主题的展开和限制的总和：一方面，要求反映与主题有关的内容；另一方面，表达内容又受地图用途、比例尺、载负量、制图表示方法、符号的特点和颜色的数量等的限制。

不论是自然地理图还是人文经济图，按其用途的需要，都可能要求编辑反映某主题内容的综合性图（这类图要求内容指标选择得全面而完备），但必然还需要有相应的系列图乃至单要素图。如除了综合性的农作物图外，还可以有粮食作物图、经济作物图等系列图和水稻、小麦、豆类、薯类等单一作物图，其内容指标是由用途因素确定的。

在显示农业自然条件的地貌图、土壤图、土地利用图上，为了揭示农作物分布与自然条件的相关关系，大比例尺的上述地图中，需保留与此相关的等高线。但当比例尺缩小时，由于地图载负量的原因，可能要抽去一部分等高线甚至去掉全部等高线。

在专题地图上，最多只可能有 4 种表示方法系统的重叠。如果有两种质底法系统重叠，则一种用底色，另一种用晕线。若是单色地图，重叠表示两种质底法系统就不太可能，这是地图易读性的要求限制的，所以专题地图上的内容表示方法和使用颜色的数量也限制了内容的选择。

在实际工作中，专题地图内容的选择一般由制图工作者根据用图者的用途要求并参考已有的同类地图先予拟定，然后由专业工作者予以补充、修订，在考虑到图面表示的可能性后，再最后确定下来。可以这样说，从事专题地图的制图工作者，其知识面愈宽，对所要编制的这一主题领域了解愈深，在表达内容的选择上愈正确、愈科学。

二、专题地图的制图综合

（一）专题地图制图综合的特点

就制图综合的内涵来看，专题地图与普通地图并无太大差异，但实施中却有专题地图自身的特殊性，主要表现在：

（1）实施制图综合时，不一定是在较大比例尺地图向较小比例尺同类地图过渡时进行。因为，专题地图上表示内容的概括程度有所不同，有较为简单、直观的分析型，又有表达多种相关要素的综合型，更有经过进一步概括、组合后的合成图；从表示方法来看也有在表达程度上精确和概略的不同，因此，较小比例尺的专题地图并不都是以较大比例尺同类地图作为基本资料编制的，有时可能是利用同比例尺的地图，有时可能是利用比所编图更小比例尺的地图。

(2) 许多以数据资料为基本资料的专题地图,在处理资料时已考虑了数据类别的归并和数量等级的划分。实际上,制图综合在资料处理阶段已经进行。一旦处理完成,通过符号化就形成了专题地图。

(3) 专题地图制图综合的内容与普通地图的制图综合侧重面不一样。普通地图着重在物体的选取、轮廓图形的简化、各要素间的相互关系处理;而专题地图主要是质量与数量特征的概括,也就是新的分类、分级问题,尤其是以数据统计资料和文字资料为基本资料的专题地图。

(4) 专题地图制图综合的进一步发展是制图表象的变换,这是一种地理模拟方法,表现为系谱、结构和表示方法的变换。

(二) 不同分布特征专题现象的制图综合

根据不同现象的分布特征,进行专题内容的制图表达时所采用的手法也各不相同,各种表示方法的专题地图在制图综合时的处理也有各自的特点。

1. 定位于点的现象

这种现象常用定点符号法表示,如居民点、工业中心、城镇的人口分布等。制图综合表现为:概括物体的数量特征与质量特征,对个别要素、物体进行选取。

数量特征的概括表现为缩减分级,如减少居民点按人口分级的数目。质量特征的概括表现为两种情况:一是把较小的、局部的类别合并,过渡到大的、全面的类别,如把农业机械制造、工业机械制造与运输机械制造合并为机械制造业;二是取消要素的质量特征,如取消居民点的行政意义以减少要素或物体的类别。

根据指标的选取“资格”选取要素或物体。例如,在经济地图上表示到某种规模的工厂,乡以下的居民点不予表示等。

在符号密集的地方,往往把某些单个物体的符号合并成一个符号表示,或用结构符号来代替。

2. 定位于线的现象

这种现象经常用线状符号表示。在专题地图上,制图综合表现为简化其形状特征。有时因用图的特殊要求,除了简化形状特征外,还简化其路径的表示。例如,在小比例尺地图上表示输电线路,着重于反映输电及用电地点间的联系,而不在于各输电线路位置的准确。

线状符号的质量特征与数量特征的概括,表现为缩减其分类、分级。

3. 间断状分布或满布全制图区域的现象

这些现象往往以等值线法表示数量特征,用质底法或范围法表示质量特征。

等值线的制图综合主要是扩大等值线的间距值,从而缩减分级数、选取特征等值线和简化等值线的轮廓。例如等高线的综合,在确定其间隔时往往要考虑到地图上 1 mm 内能绘几条线的可能性,同时还要注意到体现地形特点的特征等高线的选取。而对其他专题要素的等值线间隔的选取往往取决于要素的性质、分布特征以及地图的用途,如气候要素要反映地区的水、热特点。我国划分亚热带、暖温带、温带、寒带的指标之一是最冷月份的温度界限为 16 ℃, 0 ℃, −8 ℃, −28 ℃等几条等温线。这样,在气候图上,等温线的间隔至少是每 2 ℃一条。又如 400 mm 等降水量线将我国大陆分成东西两个部分,东部为湿润区,西部为干旱区,该等降水量线就是降水量图上的特征等值线之一。所有的特征等值线都属于与地图比例尺相应的被选取的等值线之列。等值线的轮廓简化应注意现象发展规律及与其他现象的联系，例如考虑到下垫面（地形）的轮廓形状，不能机械地只按等降水量线进行综合简化。

质底法的制图综合主要是简化现象的分类。如某农业地区的经济作物区有甘蔗、棉花、油菜等，综合时可以将其合并成经济作物区。其分类的详细程度取决于编图的目的、制图现象本身分布的复杂性和对它的研究程度，也取决于地图上能表示最小面积的可能性。在用质底法表示的图上，对小轮廓面积进行制图综合时可能去掉一些次要的小轮廓面积、夸大一些重要的而较小的轮廓面积、合并一些同样性质的小的轮廓面积。

范围法的制图综合方法主要是：根据范围面积的大小或意义确定选取"资格"；合并同类小的区域范围；根据简化分类的要求，将几种区域合并为一种区域；简化区域轮廓形状；用范围法中的区域符号代替小的轮廓面积，如图上小片分布的农作物用一区域符号表示。

4. 分散分布的现象

分散分布的专题现象有很多种表示方法，常用的有点数法、分级统计图法和分区统计图表法等。

用点数法表示的专题现象，其制图综合的方法：一是扩大分级点值，由于图面随地图比例尺的缩小而缩小，因此必须扩大点值才能配置一定数量的点子。一般来说，地图比例尺越小点值就越大，对现象分布稀疏地区如有困难，可考虑用不同的点值。二是减少代表几种要素点子的颜色数，在同一幅用点数法表示的地图上，归并多种现象的分类，用有限的几种颜色表示点子。

对于分级统计图法与分区统计图表法，其制图综合主要表现为：扩大分级的间隔值，把统计单位由小的区划单位合并成为较大的区划单位。地图比例尺愈小，则分级数愈少，同时区划单位应愈大。

5. 运动线法的制图综合

运动线法的制图综合通常表现为：①简化运动线的路线形状，使之概略化；②简化数量特征，如货运能力的分级；③简化质量特征，如货运的结构，将各种货物分为工业品和农业品两类；④选取主要的、舍去次要的运动线。

（三）专题地图表象的变换

制图表象变换可分为两种类型，即系谱和表示方法的变换，每种类型还可按变换的目的和技术方法细分。

1. 制图表象系谱的变换

该变换是指改变制图物体的系谱，改变空间分布的系谱或变种等。例如，增大分级的划分表，由绝对指标向相对指标变换，其结果是改变了制图物体的系谱。空间分布的变换或变种是制图指标的变换。例如，由居民点表示人口数变换为人口密度等。

2. 制图表示方法的变换

等值线图的变换：等值线图具有现象的地理分布的最大数量信息，可以从地图上任何点确定现象的量测值、斜坡方向和倾角，最大值和最小值的线和点，量测任何定点到线和点的距离等。例如，可以编制距最近的谷底和分水线距离的地图，用来研究地区垂直方向的差别及其切割特征。等值线图常变换为新的等值线图或分级统计图、质底图和范围图等。

点数法和符号法的地图的变换：这类图通常表示离散现象，可用来编制伪等值线图，表示现象的密度或强度。方法是按各规则几何网格内的点数所代表现象的数量指标勾绘伪等值线，这些相等数量的连线并非理论等值线。这两种地图都可以变换成分级统计地图或分区统计图表地图。

线状符号与运动线地图的变换：从这类地图中可以得到物体的以下特征，即定位于线的物体的形状（直线、曲线）和方向、各线状物体长度及总长、线状物体的密度、线状物体的相交特征等。例如，把线状物体的分布变换为线状物体的各区域总长或单位面积长度的密度（分级统计图），有道路网密度图、河岸曲率图等。

质底法和范围法地图的变换：其他表示方法通过指标的组合，可以变换为质底法地图。例如，用日照、气温、降水和地形等几种等值线图的组合，可形成质底法的气候区划图；而质底法只能进一步概括分类单元，变换为新的质底法地图。范围法图通过量算和统计，可以变换为分级统计图，例如沼泽、湖泊占有面积量的地图等。

分级统计图和分区统计图表图的变换：可把数量指标变换为质量指标，也就是将按数量反映质量等级的两种统计地图变换为质底法地图。

定位图表法地图的变换：可把现象的离散数据变换为连续的表面表示。例如，许多气候图的等值线就是根据许多测站数据内插编制而成的。

制图表象的变换具有不可逆性。例如，各级谷地图可以转换为普通水系图，但舍去了小支流，并已把河流划分等级，次要的表象就不可能重新获得；类似地，根据谷地密度图不可能编制谷地分布图，按人口密度图不可能得到居民点人口数，而且变换后的制图表象已形成了新的概念，原始信息大部分已消失。因此，只能在具备原始资料地图和了解变换算子的条件下，才能评价变换的精度。

制图表象按变换方法可分为综合性变换和多级变换。由一幅原始资料地图获得几幅不同的、相互联系的地图是综合变换。例如，分析一幅地貌分层设色图，可以得到切割密度图、切割深度图、地面深度图及其他地图。多级变换是指一次变换的地图同时又是下一级变换的资料。例如，由居民点人口数地图变换为人口密度图，由此再变换为人口密度增减梯度图；由地形图变换为各级谷地图，再变换为 2～3 级河流曲率异常带图等。

第六节　地图色彩设计

现代地图常使用彩色符号来表象事物，其根本原因是色彩具有强烈的表现力。它不仅能清晰地表现制图对象而使人们易于理解和认识，而且由于地图色彩协调而富有韵律，使人产生强烈的艺术感，增强地图的传输效果。在设计地图时，必须对色彩表现的构成形式以及最终的艺术效果进行深入分析，通过长期实践、体会，提高色彩的运用能力。地图色彩的设计要从全局出发，局部应服从整体，不同要素的色彩之间相互照应，相互衬托，井然有序。只有合理运用色彩的色相、纯度、明度对比，并能使图面色彩和谐统一，才能提高地图色彩的美感。

一、地图色彩设计的原则

总的说来，地图的设色要考虑三方面的因素：一是反映事物的特征，二是要素之间的对比协调关系，三是要照顾到图面的整体装饰效果，这三个因素必须同时考虑方能取得最佳效果。为此，地图色彩的设计一般应遵循以下原则：

（一）与地图的用途相协调

地图的用途不同，对地图色彩设计的要求也有所差别，因此要根据用户的特殊需求进行色彩设计。例如，普通地图的一个重要应用是作为专题地图的底图，在其上标绘各种专题信息，因此，普通地图的色彩应清淡、浅亮，整体协调性强，而且普通地图的设色一般有一个约定俗成的标准；专题地图的色彩要突出主题，其主要要素颜色应浓而重，次要要素应浅而淡，而且专题地图的设色没有统一标准。对于一些像地质图、旅游图、儿童地图等，其色彩更加艳丽和特殊。

（二）层次分明，重点突出

优秀的地图色彩应层次分明，突出重点内容。通常重点内容应位于色彩的第一层次，以达到突出地图内容主题的目的。色彩对比的运用是体现层次性的重要手法，特别是应注重色彩亮度的对比，地图上的重点内容要采用高纯度、高浓度色彩来强调，次要内容要采用低纯度、低浓度色彩弱化，并且依据内容的重要程度用色彩的对比手法分出几个层次，使地图要素成为主从相依、重点突出、层次分明的统一整体。过多使用高纯度色彩是地图色彩品位不高的重要原因，善于运用低纯度色彩有助于衬托出主题，也有助于提高地图色彩的艺术效果。

（三）概括简洁，以少胜多

色彩运用的一个基本法则是用色简洁，组合适当。设计作品的色彩效果的优劣，不在于用色的多少，而在于色彩的选择与组合是否适当，运用得巧妙，二三色就能获得完美的色彩效果。很多地图作品经常要挂起来看，应当要有一定距离的“视觉冲击”，用色过多，相互抵消，抓不住读者的视线，达不到最好的展示效果。从视觉体验来说，单纯明确的东西要比复杂琐碎的东西更容易加深人们的印象。那些用色少、组合巧妙、高度简洁的地图作品往往能给人以强烈牢固的印象和记忆，能达到以少胜多的视觉效果。

地图中色彩的数量主要根据内容的复杂程度而定，即使数量比较多，也要做到多而不乱。限制用色的意义不能简单地理解为减少印刷工序和印刷成本，更重要的是避免杂乱，提高地图的装饰性。

（四）对比与调和的统一

对比与调和是一对矛盾，能否处理好这对矛盾直接影响地图的美观。没有对比图面不生动，但对比过大就会显得生硬。地图色彩设计既要对比又要调和，两者达到了统一，则可取得完善的美。色彩明度、色相、纯度等对比要符合一定的秩序和适度的范围，才能产生协调美。在地图上过分强烈的对比应适当加以限制，以求得和谐，但也要符合内容的需要。对不同类别的要素应强调对比，用外形差异较大的符号分别表示，或用对比度较大的色相区分不同要素；而对同一类别的要素应强调调和，用类似符号或类似色去表示，这样的地图看起来才井然有序，易读性强。

地图中点、线、面的色彩设计要区别对待，尤其是明度关系的处理要具有条理性。总体上，面的色彩不宜太深，为的是衬托线和点；线的色彩应处在中等，太深的线条，尤其是在密度较大的情况下，会使人感到烦乱；点的色彩要有一部分较深，有利于节奏的形成。

（五）与用户的认知习惯和地图的使用方式相适应

设计地图色彩时，还应尽量遵循色彩的认知规律和长期形成的习惯性用法，用类似自然色彩（蓝色表示水面，绿色表示植被等），或者符合色彩视觉联想心理（冷色表示冷的、湿的事物，暖色表示暖的、干的事物等），或者符合色彩的情感效果（红色表示热烈的、危险的，绿色表示平静的、新鲜的等），或者符合象征意义。如果所设计的地图产品是给外国人看的，那就应注意各国传统用色习惯，一般来说不能违反，否则会直接影响使用效果。

显示在不同介质上的地图，色彩设计也是不一样的。计算机图形图像系统采用的是

RGB 表色系统，而印刷工业则采用黄、品红、青印刷三原色系统。如果要将显示在屏幕上的地图印刷到纸张上，就必须基于显示设备、印刷油墨、纸张和印刷机，建立它们之间的色彩转换管理软件，否则最终地图产品就无法达到色彩设计的要求。在远距离及阅读环境光线暗的情况下，要酌情加深色彩和加大色彩明度及色相对比。例如，教学挂图设计就要加深色彩和加大色彩明度及色相对比，才能达到较好的效果。

（六）体现创意和特色

创意和特色是设计的灵魂。没有创造性，就没有鲜明的个性，也就没有风格各异的地图产品。设计用色的技巧在于用尽可能少的色彩去达到最好的色彩效果。有些地图产品的样式几十年不变，这种状况不能再延续下去，否则地图设计就不会有进步。在单纯中求美观的趋势中，为追求简洁大方具有审美价值的色彩构成，必须在色彩的选择与组合上，根据设计主题的要求，不落俗套，创造具有鲜明个性特点、新颖独特的色彩格调，才能给人以深刻的印象。这就需要探索、求新、创造。除了有国标的地图以外，其他大多数地图没有对用色的限制，设计者可以充分发挥自己的设计才能来进行创作。

二、色彩特性的运用

（一）色彩三属性的利用

1. 色相的利用

大多数人对色相的差别都很敏感，所以地图上总是用色相来区分事物的类别。虽然人们对色相的感受能力因人而异，但如果不考虑精确的亮度关系，人们通常对红色最敏感，所以地图上总是把最重要的目标表示为红色。其他色相的敏感度依次为绿、黄、蓝、紫等，这就从事物重要性的角度为我们提供了用色顺序。

由于人们记忆一个色相并保持其印象的能力是有限的，如果表达不同类型的图形时色相的差别太小，在图例上或许是可以区分的，但是当色彩的周围环境不同时，例如转移到色彩复杂的地图上时，往往就会难于区分。所以，不同类型和不同级别的要素都要有足够的差别。

2. 亮度的利用

亮度是决定清晰性和易读性的基础。一般是亮度对比越大，分辨率越高，清晰易读性也越好。

从生理学观点来看，人们对亮度的差别并不十分敏感，说出或识别出一种特定亮度的能力是十分有限的。因此，当某一要素系列需要用亮度差来表示其数量上的差别时，最好限制采用 4～5 种亮度的符号。如果利用的色相原本就是淡色，那么可利用的亮度级就更少。

从主观反映来看，最重要的是亮度变化可以传递数量变化的含义，即色调浅的地方象征数量少，深的地方象征数量多。例如，海域中较深的蓝色表明较深的水域，较浅的蓝色表示较浅的水域。

但是数量大小的概念对有些现象来说具有相反的关系。例如财政收入水平和赤字水平，环境质量和污染水平等是相反的。究竟用较暗色表示哪一端，又涉及用色的习惯问题，通常是性质不利的一面用暗的色调表示。

3. 饱和度的利用

在色相不变的条件下，人们对饱和度差别的敏感性并不是很强，而且在地图生产中要想不改变亮度而获得饱和度的差异也很困难，况且色相的亮度差是由饱和度变化而引起的。因此，色彩的这一属性是不易控制的。

地图上运用色彩的饱和度主要是调配色彩，以收到良好的效果。例如，地图上用许多颜色的组合表现对象的分布范围时，一般小面积、少量分布的对象使用饱和度较高的色彩，以求明显突出；而大面积范围的设色则最好饱和度偏弱，以免过分明显刺眼。

（二）色彩感觉的利用

色彩能给人以不同的感觉，而其中有些感觉是趋于一致的，如颜色的冷暖、兴奋与沉静、远与近、轻与重等感觉。

1. 颜色冷暖感的利用

颜色的冷暖感主要是由于人们对自然现象色彩的联想所致，如人们看到红、橙、黄色会联想到太阳、火焰，产生温暖感，因而它们被称为暖色；蓝、蓝紫等色则使人联想到海水、月夜、阴影，使人产生寒冷的感觉，因此，被称为冷色。色彩的冷暖感在图面各要素配置时，不仅要注意位置的安排与组合关系，更应注意各要素色彩轻重感的运用，以使图面配置均衡。

色彩的冷暖在地图上运用很广泛。例如，在气候图中，总是把降水、冰冻、1月份平均气温等现象用蓝、绿、紫等冷色来表现；日照、7月份平均气温等常用红、橙等暖色来表现等。使符号设计与人对色彩的感觉联系起来。

2. 颜色兴奋与沉静感的利用

颜色的兴奋与沉静感是指暖色往往能给人以兴奋，冷色往往能给人以沉静的感觉。而介于两者之间的如绿、黄绿等色，色泽柔和，久视不易疲劳，给人以宁静、平和之感，有中性色之称（黑、白、灰、金、银等色亦属中性色）。在地图设计中，常根据不同的年龄对象而选择用色。例如，供老年人用的历史地图，多用一般老人所喜爱的沉静色；供小学生及少儿读的地图，一般都要使用刺激性很强烈的兴奋色等。

3. 颜色远近感的利用

颜色的远近感是指人眼观察地图时，处于同一平面上的各种颜色给人以不同远近的感觉。例如，暖色似乎离眼睛近，有凸起之感觉；冷色似乎有离眼睛远而具有凹下之感觉。因此，前者称为前进色，后者称为后退色。在地图设计中，常利用颜色的远近感来区分内容的主次，主要内容用浓艳的暖色，次要内容用浅淡的灰色等，这是把地图内容表现为几个层面的主要措施。

4. 颜色轻重感的利用

色彩的轻重感是由亮度起主要作用，亮度高的色彩感觉轻，亮度低的色彩感觉重。饱和度亦起重要作用，同一亮度、同一色相条件下，饱和度高的感觉轻，饱和度低的感觉重。在地图设计中进行图面各要素配置时，不仅要注意位置的安排与组合关系，更应注意各要素色彩轻重感的运用，以使图面配置均衡。

（三）色彩象征意义的利用

从原始社会起，人类就懂得使用色彩来表达某种象征性的意义。红色，使人易对自然界中的红艳芳香的鲜花、丰硕甜美的果实产生联想。因此，常以红色象征艳丽、饱满、成熟和富于生命，象征欢乐、喜庆、兴奋、胜利、兴旺发达等。绿色，称之为生命之色，可作为农、林、牧业的象征色，还可以象征春天、生命、活泼、和平等。蓝色，易使人联想到天空、海洋、湖泊、严寒等，象征崇高、深远、纯洁、冷静、沉思等。白色，易使人联想到太阳、冰雪、白云，象征光明、纯洁、寒冷等。

在今天的世界里，不同的民族都拥有自己象征性的色彩语言。象征性的色彩是各民族在不同历史、不同地理及不同文化背景下的产物，既有共性又有个性，构成了人类文明的一部分内容。有多种因素影响着人们对颜色的喜爱，包括社会背景、年龄、心理需求、场合和用途差异等，不同国家、不同民族，由于文化背景不同，如宗教信仰、审美观念、历史等方面的不同，导致对色彩的喜好也有一定的差异(表 7-5)。

在地图上，主要利用色彩的自然景色象征和政治意义的象征来丰富地图的信息量，加强信息传输效果。例如，在几乎所有国家的普通地图上，各要素的用色都大同小异地遵循习惯，水系用蓝色，森林用绿色，地貌用棕色等；再如，地图上用红色(箭头)表示暖流，用蓝色或绿色(箭头)表示寒流，用红色或橙色表示 7 月份等温线，用蓝色表示 1 月份等温线，这都是色彩象征性的具体应用。

表 7-5　不同国家或地区对色彩的喜好与忌讳

洲名	国家(地区)	喜好颜色	忌讳色彩
亚洲	中国	红、黄、绿	黑、白
	日本	柔和色调，红、绿、白、金、银、紫、红白相间	黑、深灰、黑白相间
	印度	绿、橙、红、黄、蓝、鲜艳色	黑、白、淡色
	叙利亚	青蓝、绿、白、红	黄
	沙特阿拉伯 绝大多数西亚国家	绿、深蓝与红相间	粉红、紫、黄
欧洲	英国	蓝、金黄	红
	法国	灰，女孩爱粉色，男孩爱蓝色	墨绿
	意大利	浅红、绿、茶蓝、黑、鲜艳色、金黑相间	紫茶红、深蓝
	保加利亚	绿(较沉着的)	鲜明色
	北欧诸国	白、红、绿、蓝、鲜艳色	
美洲	美国	无特殊喜好	无特殊忌讳
	加拿大	素净色	
	阿根廷	黄、绿、红	黑、紫黑相间
	巴西		浅黄、暗茶
	委内瑞拉	黄	红、绿、茶、白、黑
	古巴	鲜明色	
非洲	埃及	绿、红、青绿、浅蓝、鲜艳色	深蓝、蓝
	摩洛哥	绿、红、青绿、浅蓝、鲜艳色	深蓝、蓝
	突尼斯	红、绿、黑、鲜艳色	白
	埃塞俄比亚	鲜明色	黑
	南非	红、白、蓝	
	东非	白、粉红、水色、天蓝	
	西非	红、绿蓝、藏蓝、黑	

资料来源：凌善金. 地图艺术设计[M]. 合肥：安徽人民出版社，2007.

三、色彩对比的运用

(一) 明度对比

明度对比是色彩构成的基础,处理好色彩明度对比不仅能很好地表现地图内容,同时还能改善地图的装饰效果。如果违背了明度对比构成规律,不仅反映不出地图的主题,还会影响图面的清晰感、节奏感、空间感、层次感。

1. 明度对比与图面的清晰感

地图中的符号是否清晰与色彩明度对比状况密切相关。如在白纸上写黄字会看不清楚,其中的原因就是明度对比的大小问题。在彩色图上经常遇到底色与其他符号的用色问题,如果想让底色上的符号非常清晰,则应当使两者的明度对比尽可能加大。地图上用得较多的是浅底色。在选择底色时应当注意明度是否合适,以免影响图面的清晰性。底色确定后,其他符号则根据其所在的层面确定深浅度,建立正确的明度关系。

2. 明度对比与地图的层次感

层次是形式美的法则之一,用色彩的明度对比来表现地图的层次可取得层次分明的良好效果。地图上常以明度对比为主,结合冷暖和纯度对比来表现层次。例如,在绿色底上用相近明度的红色表示某一地物,它们之间虽有冷暖对比存在,绿色有后退感,红色有前进感,有一点层次感。但是,如果让绿色减淡,即具有了明度对比,则层次感会变得特别明显。地图上点状、线状符号常以大小、粗细来分层次,如果没有明度对比的配合,效果也未必理想。例如,有的地图上的居民点符号全都印成湖蓝色,虽然有大小的差别,但差别感不明显,主要居民点总是上不了第一层面,不如改变方法,主要居民点用黑色,一般居民点用湖蓝,层次感更明显。

3. 明度对比与图面的节奏感

地图作品与其他艺术作品一样,必须要有一定的节奏感,才具有艺术感染力。明度对比在表现地图节奏感方面起着很大的作用。例如,等值线加分层设色是利用色彩的明度变化来表示专题内容的,具有渐变的节奏感;居民点或其他间隔分布的地物散布于整个图面,使图面产生了明暗变化的节奏感;居民点符号的色彩在很多图种上可以让其中一部分重要的用深色,散布于图中,以增强节奏感。以一些小比例尺的交通图上各种等级的居民点符号设计为例,图上各种等级的居民点密度很大,交错在一起,若不利用明度对比手法来拉开层次会使人感到很乱,没有重点与层次,也体现不出美感。若把居民点按省会—省辖市—县城—其他居民点这几个层次用明度对比拉开层次,不仅突出了重点,明确了层次,也使地图具有多样统一之美。

4. 明度对比与图面的空间感

地图中一旦有了明度对比,就能产生一定的空间感。在白色或浅色底上,深色的前进感与浅色的后退感使地图产生了深度空间。表示地形起伏的分层设色法就是运用了色彩的这种视觉规律,地势越高,色彩越深。为了让这种空间感更强,就要求有足够的明度对比,并且要尽量避免色相上的太多变化。有不少地图最深与最浅的色彩之间明度对比不足,立体感不够强。空间感不仅仅限于分层设色图,其他图种只要有一定的明度对比也会产生空间感。

5. 明度对比与图面的多样统一美

多样统一是形式美法则的高级形式,它要求图面符号在形式上既要有差异性,又要统一起来，使得同中有异，异中求同，形成高度的形式美。多样统一，一般表现为对比与调和这两种基本形态。运用明度对比能造成图面色彩浓淡、虚实的变化，在一定程度上减少单调感。如果只强调对比忽视了调和，可能会使图面显得呆板、生硬，过分调和又会变得平淡无味。因此，在处理地图要素的明度关系时，要符合多样统一法则，这样设计出来的地图就会更美观。

（二）色相对比

色相对比适宜用来区分地图内容的类别，但不能以色彩的多少来判断美与不美，如果图上色相太多，则易造成不协调或杂乱。控制色相的数量，调和色相对比，是提升地图美感的有效方法。以旅游资源图为例，按旅游资源的三大景系（自然景系、人文景系和服务景系），可使用对比鲜明的三种色相来区分，每种景系内部的等级只需在纯度上进行适度变化，而底图要素均不用鲜明色彩，用灰色或近似灰色，这样可以减少色相数，让主题突出、层次分明。

色相对比运用中还要善于运用色彩调和手法，使地图产品色彩既有对比又能和谐。色彩的调和是在各色的统一与变化中表现出来的，也就是说，当两个或以上的色彩搭配组合时，为了达成一项共同的表现目的，使色彩关系组合调整成一种和谐、统一的画面效果。有的地图设计者喜欢用大红大绿，而不注意色彩的调和，色彩同一调和、对比调和、分割调和、秩序调和在地图设计中未能充分得到运用。

（三）纯度对比

合理运用纯度对比有利于提高地图的美感。有些设计者常把鲜艳作为地图用色的最高标准，喜欢用高纯度色彩，低纯度色彩用得很少，恨不得把所有鲜艳的色彩都用上，致使地图色彩格调显得浅薄庸俗，且不知除了鲜艳美以外还有朴素之美、淡雅之美。要提升地图的美感，必须学会使用低纯度色彩以及非彩色。多一点低纯度色彩及非彩色，可以使地图产生高雅、含蓄、隽永之美。例如，城市旅游图中水系用蓝灰，街区用红灰，旅游要素可用高纯度色彩，这样多了一些纯度对比，就不会那么花哨，也有利于层次的表现、主题的突出；在专题地图中，底图要素的低纯度色彩和专题要素的高纯度色彩，既合理地表达了主题，又丰富了图面色彩，图面也显得很和谐。

四、地图符号的色彩设计

地图上的色彩除衬托性质的底色外，绝大多数属于符号性质的，每一种色彩代表一定属性的事物及其数量。为了更好地反映现象的分布规律，应使每一种色相、色调和亮度同所表示现象的实质和特征联系起来。

设计地图符号色彩时，除了考虑一般的设色原则外，有时还要考虑传统习惯用色，考虑工艺条件和颜色之间的可辨别程度，考虑地图颜色的选择应与数据的分类、分级数保持协调关系，考虑使用符号的类型（点、线、面）与其颜色的相互统一和协调。这里分别对点、线、面符号和界线符号的色彩设计加以论述。

（一）点状符号的设色

点状符号可利用不同的色相表示现象的类别即质量差别，尽量采用与地物相似的固有色，便于读者引起联想，合理利用接近色、象征色和标记色。如用红色表示火力发电厂，用蓝色表示水力发电厂。设色时少用复合色，多用原色、间色，多采用对比色和互补色组合，以达到清晰可见的效果。另外，由于点状色彩面积比较小，需加强其颜色的饱和度，即设色面积应与饱和度成反比。

利用不同的色相还可以反映数量等级的变化。如在人口分布图上，用不同色相的圈形符号表示不同城市的人口增长率：浅灰色代表 0～20％，浅蓝色表示 20％～50％，朱红色表示 50％～100％。由于点状符号面积小，设色时按色彩对视觉冲击力的强弱，采用色相对比，可获得图面清晰易读的效果。

根据地图具体用途的不同，点状要素所使用的色彩也相应有所调整。专题地图中点状符号色彩要鲜明、醒目、突出；而作为底图的点状符号，则要求色彩素雅、清淡。但是在挂图中，为了便于远距离看图，点状符号的用色多偏鲜艳、浓烈；桌面用图不需要考虑远距离看图的因素，用色则多偏于和谐、素雅。此外，还要考虑符号本身的图形、尺寸以及印刷的经济条件与技术条件等。

（二）线状符号的设色

线状符号除用于表示各类线状地物外，还包括各类界线和运动线。线状符号的设色也可采用各种接近色、象征色和标记色。例如，普通地图上，用棕色表示等高线、蓝色表示等深线，用来区分陆地和海洋的高度变化；专题地图上可以用黑色表示大车路，红色表示气温图上的等温线，蓝色表示等降雨线等，从而区分不同性质的制图物体或现象。

利用色彩对比，表达主、次要素，达到图面层次分明、清晰易读的效果。设色时，凡属主要或重要的，则可用同类色中亮度、饱和度较大的颜色，其他视其等级不同，设置不同亮度或饱和度的颜色。例如，在行政区划界线图上，各级境界线用色应浓艳、醒目，常用红色、黑色、白色（深底留白线），而河流、岸线、道路等属于辅助要素，其符号一般用淡蓝色和青冈色表示。另外，对线划色的深浅一般要求是粗线用浅色，细线用深色，依此视对象的条件确定其颜色。如单一的线划，实线比虚线明显，实线设浅色，虚线设深色；宽线（如运动线）设浅色，窄线（如公路或铁路）设深色。

（三）面状符号的设色

面状色彩指在一定的面积范围内设色，又分为质别底色、色级底色、区域底色和大面积衬托底色。

1. 质别底色

指质底法中所采用的面状色彩，用以显示现象的质量特征及其分布范围。质别色主要用于表示地质、地貌、土壤、植被等内容的分布图、类型图和区划图。设色时，要能正确反映不同现象固有的特点及相互间的质量差别，尽量选择有象征性和联想性的颜色，并明显区分质量差别，以鲜明、对比为主，色彩的变动必须与内容的分类系统相一致，对高级的内容用不同的颜色区分，对低一级的分类则用各颜色饱和度的变化来区分。例如，在世界气候图上，热带气候区用朱红色调，干燥气候区用中黄、柠檬色调，温带气候区用黄绿、浅绿色调，亚寒带气候区用紫色调，寒带气候区用青色调。此外，在选择颜色时有传统习惯用色和部门用色标准的，应按习惯和标准用色。应考虑图斑的大小来调整色彩的饱和度。主色调是图面的主要色彩倾向，用它来反映地图的主题内容，更能提高地图的表现力和感受力。

2. 色级底色

色级色是利用色彩饱和度、亮度变化或冷暖色变化表示现象数量特征的面状符号色彩。常用的是分级统计图的底色和分层设色表示地貌时的分级底色。色级底色选色时要按照一定的深浅变化和冷暖变化的顺序和逻辑关系。当数值增大时，应相应地增加其面状色彩的饱和度，或者使色彩向偏暖方向变化；当数量减少时，则相反。例如，人口分布图，随着人口密度的增大，颜色由浅黄向橙红过渡；反之，颜色由黄向浅蓝过渡。再如，地形图上，随着地势的增高，颜色由浅向深过渡变化。一般表达数量时通常以亮度变化为主要手段，色相变化为辅助手段。

3. 区域底色

用不同的颜色、晕线、花纹显示区域范围，并不表示任何的质量和数量意义，这样的设色形式称为区域底色。政区底色、表示某种现象分布区域（范围）的底色就是这种底色。区域底色的设色目的在于标明某个区域范围，没有主次的区别，整个图面构成上应比较均匀，不能造成其中某些区域特别明显和突出的感觉。选色时宜选用对比色且不必设置图例。

4. 衬托底色

对于起衬托和背景作用的底色，是具有普遍使用意义的装饰性色彩，是一种既不表示数量特征，也不表示质量特征的设色方式。它主要用于衬托和强调图面上的主题要素，设色应该较为浅淡，以衬托图面主题内容，使图面形成不同层次，有助于读者对主要内容的阅读。地图上常用不饱和色或间色，如淡黄、米色、淡红、淡绿，也可采用淡紫色、浅棕色等复色色调来表示，同时不影响其他要素的显示，并且和衬托的点、线符号保持一定的对比度。

（四）界线符号的设色

界线是地图中重要的线状符号之一，在地图中界线与色块相比所占分量较小，它的作用往往容易被忽视，但实际上它的用色对全图色彩效果影响很大，应该将其作为地图色彩设计的一个重要方面来考虑。

地图中界线的用色，不但要符合地图内容表达的要求，还要遵循色彩设计规律。一方面，界线是地图中不同事物的分界线，不同的专题内容对界线有不同的要求，应从色彩上去满足这种要求；另一方面，界线还有色彩设计意义上的含义。比如，界线对色彩冲突（对比）可起隔离调和作用，界线是造型的骨架等，这些也是界线设计中应考虑的因素。

根据色彩构成理论以及地图的用色特点，地图上界线彩色大致可分为调和型、协调型和强调型三种类型。

1. 调和型

当地图中各色块之间色相对比较大时（如采用质底法的政区地图），宜采用缓冲色来隔断色块之间的相互影响，以达到调和的目的，即所谓的分割调和。以黑、白、灰等缓冲色为界线色来进行分割大有用处，它们不但能调和色彩之间的对立，而且还具有朴素、庄严、坚固、冷静的特点，从而使图面显得和谐、庄重、高雅，同时还可以使其他色块的色彩特征更加明确。

黑色既是暖色又是冷色，故能调和冷暖色。以黑色为界线的地图，不仅调和，同时界线格外明确、肯定，图面显得有筋骨，可产生沉着明快的效果。不过以黑色为界线要注意粗细，太粗了会有沉重感，一般情况下宜细不宜粗，尤其是界线密度大的情况下更要注意。白色是明度最大的非彩色极色，可以与所有色彩构成明快的对比调和关系。然而，受传统地图制作及印刷工艺的影响，过去的地图作品中以白色为界者极为少见。随着计算机制图的发展，白色在提高地图的装饰效果上仍有其用武之地。中性灰色是一种无特点的平淡的非彩色，具有减弱邻近色彩的力量，并使它们变得柔和，因此，用中性灰色为界线能调和色彩的对比，使图面产生一种极为和谐的色彩效果和柔和的明度关系。灰色处在黑色与白色之间，它有很多种明度，作为地图中主题内容的界线，一般应选用中等或偏深的灰色，使之明确、肯定，还能起到支撑图面的作用。

2. 协调型

有些专题地图内容的分界线只需要与面色相协调，如等值线法表示的内容具有连续渐变性，而用于表达这些内容的面色也是连续渐变的。相邻色为相似色，这种面色的组合本身就是调和的（秩序调和），其间的界线（等值线）只需用类似于面色的色彩，只是明度较低，使之既容易看出线的走向，又不破坏面色的连续性，产生隔而不离的效果，而用对比色或非彩色却满足不了这种要求。范围法表示的专题内容往往与底图面色不会有明显的冲突，其界线用类似色也适用。当然，用非彩色作为范围线也完全可以，因为非彩色可以与任何色彩配合。

3. 强调型

在各种区划图上，区划界线的地位特别重要，需要运用色彩的明度与色相对比以及加粗区划界线等方法来充分体现它的地位。根据试验比较，彩色和非彩色均可作为区划界线。彩色界线通常是利用红色注目性高、刺激作用大的特点来实现强化界线的目的，不少地图都采用红色为区划界。但是，红色界线只适用于界线密度不大的图，不宜大量使用。因为红色特别引人注目，读者的视线会被它牢牢地牵制住，用多了会干扰其他内容的表达。以黑或白色为界线，可利用它们与面色之间的明度对比来强化自己的地位。用灰色为界线，可采取适当加粗线划配合加大明度对比来达到强化自身的目的。

第七节　地图图面配置设计

一、图面配置的理论依据

图面配置与艺术和设计中的构图相似，它是把构成整体的那些部分统一起来。地图构图也就是地图设计者利用视觉要素在图面上按照空间把它们组织起来的构成，是在形式美方面诉诸视觉的点、线、形态、明暗、色彩的配合，以表达自己的艺术情感、审美观。地图构图分为符号构成、色彩构成和图面配置三部分。这三部分是不可分割的，其中，符号构成、色彩构成相比图面配置是中观的设计，是地图的实质性内容要素图的组织，而图面配置则是地图中有关内容宏观上的设计，如主图、副图、图名、图例、图表、文字说明、比例尺、方向标及其他（图号、编辑出版单位、时间等）内容。

图面配置是地图设计中十分重要的工作，是地图的宏观设计，其结构严谨与否，是一幅地图是否美观的重要标志之一。地理区域图形千变万化，图面要素千差万别，尽管没有固定的图面配置模式，但是必须符合美学原理、视觉心理和地图内容的要求，只要符合这些法则就可以取得满意的效果。

（一）多样统一

多样统一是形式美的总原则，也是图面配置的总原则。如主要内容与一般内容的统一，即宾与主的对比统一，一般内容之间也要统一协调。多样统一表现在多方面，设计者必须善于运用各种形式因素来体现这一原则，例如整体与局部、方与圆、长与短、大与小、疏与密、多与少，要从全局出发，做到既多样又统一。

（二）对称与均衡

对称的设计可以获得平衡、安稳、沉静、庄重的效果。地理区域绝对对称的很少，绝大多数制图区域外形都是随机的，形态均衡的和不均衡的都有。遇到不均衡的图形时，通常用图框内放置图名、图例、统计表格资料、附图、局部放大图、照片等方法来取得均衡。利用配置要素的色彩、明度、尺寸、形状、密度、位置的调整，来取得视觉上的平衡。

（三）空间分割

就构图的美感来说，空间分割十分重要。图面结构的变化，取决于形象占有画面空间的位置和面积，也就是说，取决于空间的分割。探索构图中的空间分割原则，对于构图的配置很有帮助。实际构图中很少把空间分割为两个完全相等的部分，否则构图就会显得单调、呆滞。画面分割一般以长方形画面居多，恰当的长方形易于视觉接受，如书籍、杂志、名片、照片等都是长方形的。现今常用的长方形图面边长的划分比例为 1∶1.6，这一比例被称为"黄金比例"。这种幅面形式只是一种参考，应根据表现内容的需要，确定幅面比例和样式。实践中应该把握：主体内容宜安排在画面中左或右或上或下的黄金分割线上，主体不宜偏离画面黄金分割线的交点，这一位置便于人们视觉接收，易于突出主体而不呆板。其他内容安排在次要位置，起到烘托主体的作用。从图 7-1 中可以看出，(1)就不如(2)(3)来得生动有致，因为(1)的横线在中间，把空间分割为两个完全相等的部分，显得单调。同样，(4)的空间分割就不如(5)和(6)。(7)是一种窗玻璃的分割法，但是我们经常用的却是(8)或(9)的分割法。

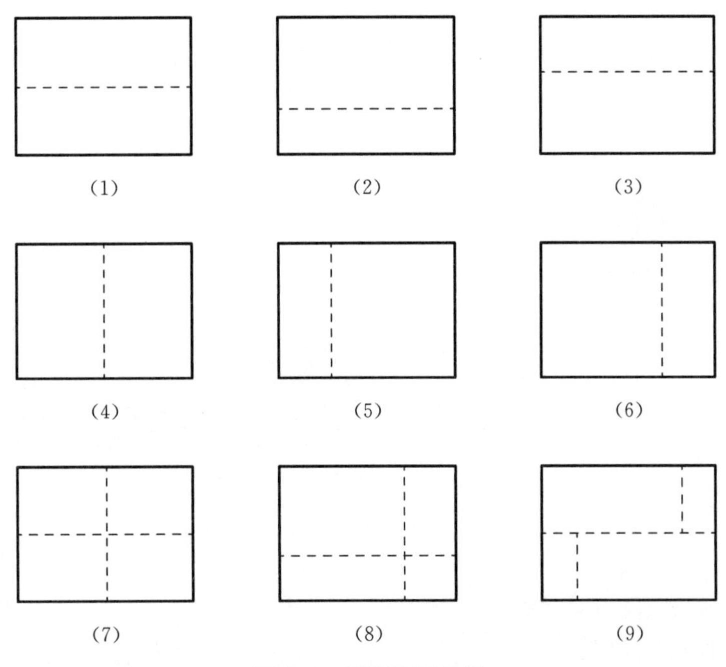

图 7-1　平面空间分割

资料来源：编者绘。

（四）对比

凡是要想使某个图形突出，就必须有与其相对的图形进行比较。在版面构成中，对比构成具有十分重要的作用。按照不同方面的对比关系，可以将对比构成分为空间对比、聚散对比、大小对比、方向对比、曲直对比、明暗对比等方面。在地图图面配置中，通过不同要素的色彩、明度、尺度、位置的对比，可以强化主图的地位，说明副图与附属要素的从属地位。如主图与副图，陆地与水域，主图与图名、图例、比例尺、文字及其他图表（照片、统计图、统计表），要有合理的色彩、明度、尺度、位置。例如，中间位置和上方为主要位置，放置主图很突出；尺度大的为主图，尺度小的为副图。

（五）节奏和虚实

图面配置切不可将各种图面要素填满了事，要将图面上各种要素按照美的规律来组织，使它们相互照应，相互补充，并留有空白，切忌附属内容（图名、图例）分割线与制图区域靠得太紧，更不能相接触。同时，要造成色彩的色相和明暗等变化，增强节奏性。在虚实上设计对比，才能丰富版式的韵律，有变化才有视觉情趣。图形虚实对比的类型多种多样，不同类型呈现不同的画面效果。整体背景是虚的，前面的主体是实的，整体与部分进行强烈的对比；对图形的边缘进行虚化处理，使图形中要表现的主体部分与边缘部分形成强烈的虚实对比。巧妙地虚化画面，集中视线于实，造成画面的空间层次。

（六）视觉动力学原理

20世纪德国艺术心理学家鲁道夫·阿恩海姆将格式塔心理学应用于视觉艺术研究，并提出著名的“视觉动力”学说。如图7-2所示，当我们看到这个图形时，会觉得这个黑色的圆面仿佛要被矩形的右侧边框吸引而去，可以说，我们在这个图形样式中知觉到了一种“力”的作用，是矩形边框对黑色圆面的吸引力。这样一种我们可以在图形样式中观察到的“力”就是阿恩海姆所谓的“视觉力”，平面上任何一个视觉要素的存在都会产生一定的视觉动力，类似于物理学上的动力。但是，视觉动力是一种视觉心理感应，例如重心、平衡感、稳定感、引力均衡感等。视觉动力学说对其后的艺术创作领域产生了重大影响，它对地图的图面设计也同样适用，图面配置只有达到重心平稳、平衡安定才具有美感。

图7-2　视觉力

资料来源：编者绘。

二、地图图面配置的构图原则

地图的图面配置指主图及图上所有辅助元素在图面上放置的位置和大小。首先应根据出版地图的纸张规格和开本大小、地图比例尺确定主图范围，辅助元素尽量简明扼要，充分利用主图或制图范围以外的空余地方，因图而异，合理安排，恰当布置，并对它们做必要的装饰，做到既明显又不突出，使整个图面层次分明，美观协调，构成一个有机整体，并便于阅读。

由于地图的内容、图例容量及主区单元图数（一图或多图）乃至有无附图、图表等情况各不相同，因此地图的配置样式是极为多样的。但是地图构图有它自身的特殊性，它首先要求能保证地图主题得以充分表现，信息的传输符合合理的程序；其次，构图要符合一般意义上的形式美法则，即对称、均衡、和谐、统一。

（一）主从关系明确

地图在构图时要充分展现地图主题。对只有一幅主区图的主单元地图，应采取以下措施来保障这一目的：

（1）表现主题的主图的幅面要大，要避免附图和图表在总面积上超过主图的现象发生。

（2）主图在空间上占据优势的位置，大多是安排在幅面的中间。当附属的图件较多时，依照视觉重力原理，将主图安排在左上方位置。

（3）主图在其符号图形、符号结构或色彩上应表现出较强的力度，使读者的视线首先被吸引。对有两幅或两幅以上主地图的多单元地图，应将其中表达重要内容的地图用较大的比例尺，并置于左上方(或左方)；表达次重要内容的地图用相对较小的比例尺，并按视觉方向自左向右、由上到下安排这些地图。

(二) 图面均衡

构图均衡是地图图面配置中重要的构图原则。所谓均衡就是指均匀平衡。由于地图主题的原因，有时可能使图内图形密度不一致。如中国公路图，线划符号较密集地集中于中国的东、中部，这时可将西部的境外区域底色适当加大饱和度，并将图例置于版图西部的下方，使整个图面色彩和重心平衡。当一幅面中有若干幅同比例尺的主区图时，可采用对称均衡的布局，包括左右对称或是对角线对称，如图 7-3(a)所示。当一幅面中有多幅不同比例尺的主区图时，则采用不对称均衡的布局，如图 7-3(b)所示。需要强调的是，均衡并不完全指表现主区的地图间的均衡，还包括附属于这些主区图的图名、比例尺、注记、图例、图表的位置安排，以及各主区图间的疏密安排，目的是使图面上下左右具有大致一样的视觉分量，重心落在图幅中间附近。

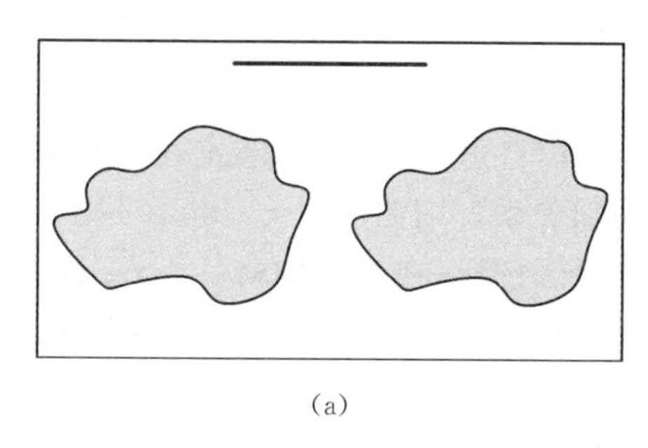

(a)

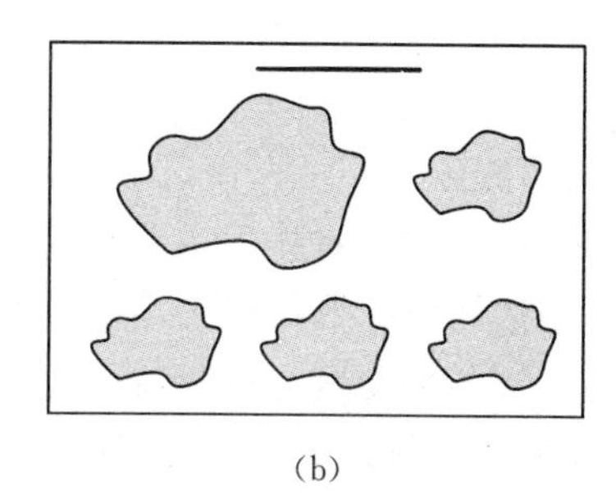

(b)

图 7-3　图面均衡示意图

资料来源：编者绘。

(三) 疏密均衡

普通地图在设计主比例尺时应尽可能地利用有效的幅面，设计较大的比例尺。专题地图则不一定。当某专题地图有较多的附属图件(如图例、附图和附表)时，这类图面构图时不应将主区比例尺设计得过大，以免图面塞得过满，要给各图形单元留出一定的空白，给人以宽松的、有变化的、轻快的感觉。

在统计地图中，分区统计图表法是一种主要的表示方法。分区统计图表的设计也要注意疏密匀称，即图表不能设计得很大、很满，使整个图面显得臃肿不堪。对柱状形式的分区统计图表，基于它们类同的形状和不同的高低，在定位时除了要符合定位原则外，还应使其聚散有度，引导读者视线有规律地扫动，产生有节奏的美感。

(四) 和谐统一

从构图角度看，和谐统一体现在三个方面：一是构图要紧凑，在图面有效范围内，各制图单元和非制图单元都要排列紧凑、避免松散。二是关系要协调，各单元配置时要明确各单元间的从属关系，同一单元内各单独构图要素之间距离应小于各单元之间的距离，图形间不应发生冲突，要巧妙地利用图面空间。三是要整齐一致，图内各单元间在内容上各有表述，各单元的图例、图表都环绕其主体配置；但对整幅图而言，要视它们为一整体，所以由各单元组成的整体外围要按图面、版面的统一规格安排到位，外围整齐，如图 7-4 所示。

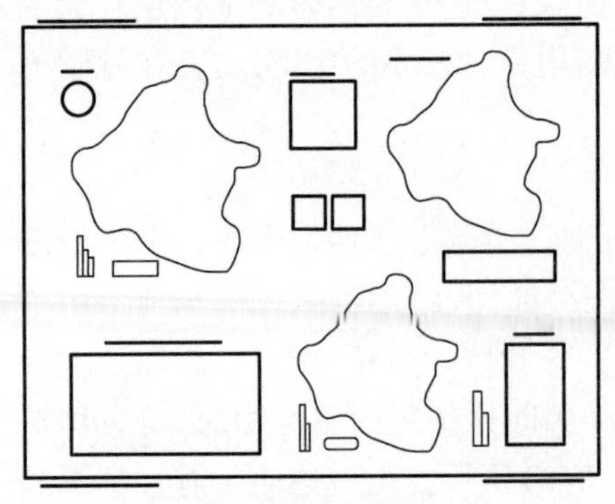

图 7-4 构图的和谐统一

资料来源：编者绘。

三、主图配置

主图是地图版面中最主要的部分，主图的图面配置要注意以下几方面的问题：

（一）主图的位置与大小

主图是一幅地图的主体，应占有突出的地位，主要从位置和所占面积两方面来体现。主图放在图面的上半部分或者是中间位置，有利于体现主图的地位。图面空间全部或者基本上被主图所占据，至少占图面面积一半以上，才有利于突出主图的地位。

（二）主区的衬托与装饰

地图设计中经常需要强化制图区域，强化主区与邻区的对比。对此，通常运用色彩对比，如明暗、冷暖、纯度对比，同时主区边缘加装饰带或者是加阴影，可以达到强化的目的。

适当的邻区色彩可以使区域图形更加明显，没有适当衬托，不但主区不明显，而且主区与邻区协调性差，衬托就是调整这种对比调和关系。用明度对比、纯度对比、冷暖对比等手法，可让区域图形得以突出。灰色常用作邻区色彩，在灰色的衬托下，主区色彩显得更加鲜艳，使各种要素的色彩特征更加明确。衬托时所用灰色一般宜浅不宜深。纯灰色作为衬托使用范围较广。若让色彩活泼些，可以灰色为基调稍加其他色彩，如红灰、蓝灰、绿灰、黄灰，但以保持低纯度状态为佳，衬托出纯度较高的主要内容，使地图主次分明，又可避免纯灰色之呆板。邻区的内容密度与明度对区域的表现也有一定影响，内容选取密度要适当减小，必要时还可以将邻区的符号及文字注记作淡化处理，对突出主区有辅助作用。

强化边界可以使制图区图形得以充分展示。一种方法是适当加粗边界线。但是过度加粗边界线又会影响界线定位的精确性，此时可选用适当的边界色彩，使不太粗的边界得以强化。另一种方法是在制图区域外边加装饰带（晕线或色带），这是传统制图中常用的表现方法，也是强化区域图形的极好办法。虽然装饰带并非地图的实质性内容，只是附加在边界外边缘，却发挥着重要的作用：一是装饰了边界，使制图区域图形显得特别醒目，气氛隆重；二是解决了边界强化与精确定位的矛盾，可以在不影响边界精确定位的情况下强化边界，使主区图形脱颖而出。

装饰带的宽度应适当，太宽会显得臃肿，太窄则显得瘦弱、拘谨。经过观察比较认为，装饰带的宽度与图框平均边长之比约 1.5：100 时较为合适。装饰带的层数以一至三层为宜，单层有平面感，多层则有立体感（即能使主区有前进感），但多于三层则显得累赘。装饰带的明度，单层的以中高明度为宜，多层装饰带要有明显的渐变性，靠内侧的一层要有足够的深度，才有利于立体感的形成。

（三）主图的方向

主图的方向应按读图习惯上北下南，不容易使读者产生方向错觉。如果没有经纬网格标示，左、右图框线即指示南北方向。但在一些特殊情况下，如果区域的外形特别长，而且延伸方向也非东西向或南北向，为了让制图区有较大的比例尺和避免图纸空间浪费，可以考虑与正常的南北方向作适当偏离，但必须配以指北针。

(四) 移图

由于制图区域的形状、位置以及地图投影、比例尺和图纸规格等的影响，需要把制图区域的一部分用移图的办法配置（嵌入）在图廓内较空的位置，以达到节省版面的目的（图 7-5）。严格意义上移图是主图的一部分，移图的比例尺可以与主图比例尺相同，但经常也会比主图的比例尺小，当然与主图比例尺相同更好。移图与主图区域关系的表示应当明白无误。假如比例尺及方向有所变化，均应在移图中注明。移图部分也可以采用另一种投影或缩小的比例尺，例如世界地图上嵌入两个以方位投影编制的南、北极地图，《中华人民共和国地图》把南海诸岛作为嵌入图移到主图的图廓内；另一种移图方法是不改变投影和比例尺，把相对的独立部分图形的位置移到主区外的图廓内。

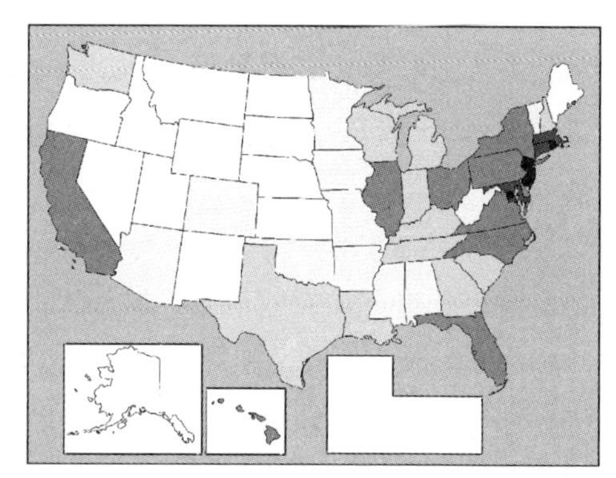

图 7-5　移图

资料来源：编者绘。

设计移图时，地图要素的符号和色彩应当与主图完全一致。

(五) 重点区域扩大图

有时地图主区上的某些重要区域，需要用较大的比例尺详细表达，于是就把这一局部区域的比例尺放大，以重点区域扩大图的形式放在同一幅地图的适当位置上。如选择重要城市和城市街区，重要海峡、海湾和岛屿，重要地区和小国家，某一重点区域（风景区、工矿区等），做成扩大比例尺的地图。

重点区域扩大图的比例尺应大于主图，究竟选择多大比例尺合适，要由其可能占有的图上面积来决定，但比例尺的数值要取整。如果一幅地图上需要放置两个以上同一类扩大图时，它们的比例尺应尽可能相同，以便于读图时比较。

扩大图的表示方法最好与主图一致，一般不增添新的符号，这样读图方便些。如果对扩大图有更多的要求，也可增加少数符号。

四、地图辅助要素设计

图面上辅助要素的配置设计，在于将图名、图例、比例尺、插图、图片、统计图表等内容采用合适的比例合理地布置在图面上的适当位置，并对它们做必要的装饰，以达到美观、协调和便于阅读的目的。

(一) 图例

1. 图例的大小和位置

图例是地图的附属内容，不可太大，要处理好与主图的比例关系，使它们主次分明。图例的位置比较自由，可以放在图内也可以放在图外，主要看图框内多余空间的多少而定。图内图例通常置于图面的下方空白处，不可太显眼，图例框不宜紧靠主区；对于挂图，不宜将图例放在上方（不便于阅读）。当图例符号的数量很大，集中安置会影响主图的表示及整体效果时，可将图例分成几部分，并按读图习惯，从左到右有序排列。如果图框外放置图例，通常置于图框外的右方或下方空白处，符合视觉习惯（图 7-6）。

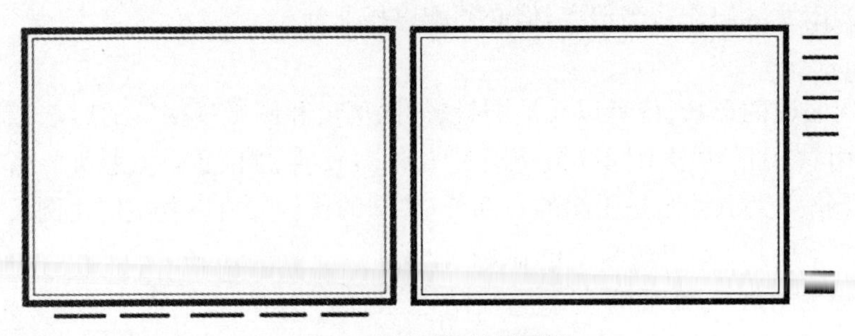

图 7-6　图框外放置图例

资料来源：编者绘。

2. 图例的边框及形状

图例外边可加外框也可不加外框。加外框显得分量重些，较为突出；不加外框，则与地图内容融为一体，显得和谐、自然。框形一般设计为方形、长方形，其四角有时采用富有装饰性的圆角。有些图上背景内容较多时会影响图例的阅读，这时主图可以镂空，即压上不透明图例背景框，但此时背景与图面是一种排挤关系，会挡住地图内容，协调性较差。如果放置图例处地图上内容并不复杂，主图可不镂空，是否加边框视具体情况而定，原则是不影响图例的阅读。

加边框的图例，边框不可太靠近主图，这会增加空间的拥挤感。图例边框与总图图框的衔接也应处理好，常见边框的画法如图 7-7 所示。一般来说，小幅面地图用一根单线与内图框相接画出图例边框，大幅面地图的图例边框最好用双线，而且需要有粗细变化，否则显得单薄。图例边框为双线时，其间隔一般设计为图例边框平均边长的 1%左右较为理想。

图 7-7　常见图例边框的样式

资料来源：凌善金．地图艺术设计[M]．合肥：安徽人民出版社，2007．

3. 图例符号与文字的排列

图例内容的排列应遵循一定的逻辑性。首先需要将地图上使用的符号严格地分组，再根据各要素的重要性及彼此间的联系组织各类符号。地形图上通常按居民地、方位物、道路、水系、地貌、土质、植被、境界的顺序编排；小比例尺地图上有时把境界提到第二位，放在居民地的后面，以配合说明居民地的行政意义(图 7-8)；专题地图可以把专题内容放在前面，一般内容放在后面。自然地理图图例的具体排列，应根据一定的分类体系和分级顺序，表示自然要素的质量特征，一般是先地带性类型，后非地带性类型；各种地质图、构造图等以地质年代或地层新老为基础，以及其他反映时代年龄的地图，都是按由年轻到古老，由新到老，由发育不成熟到发育成熟的顺序排列。

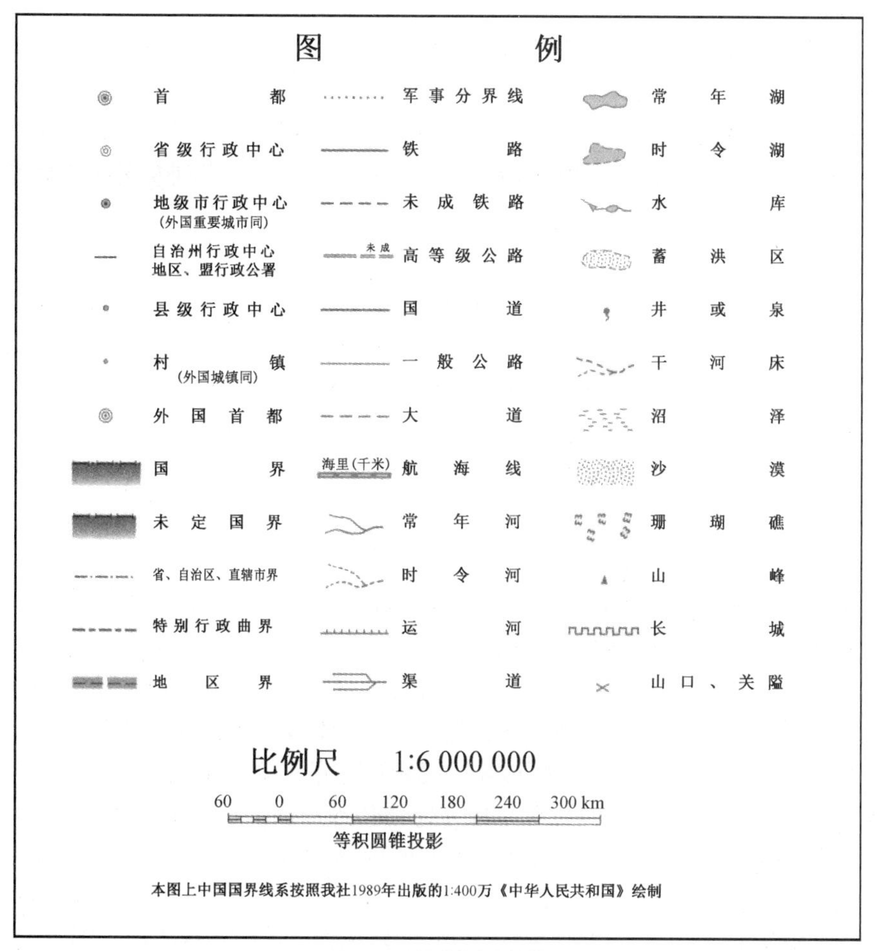

图 7-8 图例样式实例

资料来源:中国地图出版社. 中国地图(1∶600 万)[M]. 北京:中国地图出版社,2011.

图例通常有行列与表格两种形式。行列式又分一级制与多级制,一级制就是所有图例设色方框及符号按顺序单行或多行排列;多级制是图例分等级(分层次)排列:一级标题、二级标题、设色图例框及代号、低一级代号与说明。表格形式图例主要是同时反映并列的多项指标。如果地图表示了多方面内容和指标,应先主后次,先安排第一层平面,然后安排第二、三层平面的内容。为了使图例更美观,图例的排列必须留边距,而且边距大于行距,才能使图例内容有一种内在的凝聚力,具有整体感。

图例符号背景可以加外框,也可以不加外框。加外框则分量较重,空间分割明显;不加外框则分量较轻,空间分割不明显,与地图融为一体。

此外,如比例尺、高度表、坡度尺等也属图例内容,能否并列于图例边框之中应视框形大小而定。如果框形大,应尽量将它们编排入内,框形小,也可单独放在图面上的位置。

(二) 图名

图名的设计指的是图名位置、大小、字体选择和字面装饰诸方面的设计。图名是展示地图主题最直观的形式,应当突出、醒目,取名需简明、确切。

1. 图名位置、大小与排列

图名的位置可分为两类,置于图框外和置于图框内。

(1) 图框外图名

按着居中为尊的原理，置于图框正上方最为正宗、庄重。图名所占宽度与图边宽度之比以黄金比较为理想，超过此比例太多则不够美观，小于此比例则显得分量不足；图名的高度应控制在图幅高度的 1/13 左右，字与框之间距离一般保持在 1/3～1/2 字高；字数较多的，字隔不小于 1/5 字高；字数较少的，最大间隔不能大于头一个字到左图框的距离，这样才显得疏而不散、紧而不挤。

(2) 图框内图名

小幅面的地图可置于图框内任何合适的位置，可置于图框内左上或右上，横排或竖排。按照视线移动的规律，地图上方更引人注意，要想使它更加突出，应当放在上方，靠左边或靠右边或居中。加字框时图名分量更重，但容易造成图面空间分割的不协调，要注意字不能顶天立地，字的上下左右至少要留 1/4 字高或者字的高度与边框的高度比参照黄金比，字距要小于边距。直接放在图中的图名容易被埋没，必须注意色彩的明暗对比，加白色轮廓可以排除背景的干扰，且字到图框的距离要适中。

2. 图名字体的选择与装饰

图名字体具有统领整张地图风格的作用，图名是庄重大方还是天真活泼，是工整秀丽还是朴素自然，均影响到整张地图的格调。

图名字体不仅可以使用印刷字体，还可以使用篆、隶、楷、行等书法字体或自行设计的艺术字体。字体的风格必须与地图的主题相吻合，才能产生协调和谐的美感。图名的设计也与使用对象有关，不同的字体风格对读者产生的心理作用不一样，影响到读者的兴趣以至使用效果。字体的选用要恰如其分地传达地图内容的特点。如地质、地形类地图的图名字体一般写得结实粗犷；行政区划图的图名字体写得严肃庄重，多采用宋体及其变体字，这种字体使人油然而生威武刚强、神圣不可侵犯之感；少儿地图的图名文字要活泼可爱，要有童趣；对于一般教学类地图，可选用黑体、隶书等变体作为图名，这种字笔划粗壮，不影响远距离看图，而且字的结构严谨、端庄、工整，使人产生一种肃然起敬的感觉；旅游图或导游图图名字体一般写得轻松浪漫，用笔画变化大的美术字更合适，以轻松活泼陪伴着读者。

为了提高地图主题的表现力和读者兴趣，有时会对图名进行字面装饰。字面装饰有多种方法，图名的装饰主要是立体装饰、阴影装饰、肌理装饰、形象装饰等(图 7-9)。需要注意的是，地图产品一般较为严肃，图名的装饰应适度，不宜装饰得太花哨，让人有画蛇添足之感。

图 7-9　图名和图边样式实例

资料来源：中国地图出版社. 中国地图(1：600 万)[M]. 北京：中国地图出版社，2011.

(三) 图框

图框的设计直接影响地图的外观，尤其是带花边的图框，对地图有较强的装饰和衬托作用，是地图美化的一部分。通常使用的图框有单线、双线和装饰性图框。

单线图框给人以简洁、朴素的感觉，同时也有单调、随意的感觉。它的这种特点决定了它适用于小幅地图、书籍插图、资料图等。单线图框的设计要求以协调为主，须压得住图中内容线划，图框应与图上最粗线划等粗或更粗。

双线图框由细的内图框和粗的外图框构成，能使地图庄重典雅。内图框与地图的内容线划直接接触，应当与地图线划相协调，不要任何对比，取图内中等或偏细的线条作内图框为宜，太粗了不协调，太细了不明显。外图框是地图作品的外部框架，主要起装饰作用，首要任务是要压得住地图的线划，但要处理好它与图幅大小、内外图框间空白的关系。

装饰性图框主要由二方连续纹样组成，是一种结构严谨的带状连续纹样图案，由一个纹样（单元）或两三个纹样（单元）组合向两方发展（左右或上下），特点是带状形式，运用纹样的反复节奏，获得美的韵律。花边图案内容应与地图内容相配合，取材上要尽可能与地图主题相一致。一般而言，花边不能单独作图框用，两边须加实线为其筋骨，方能使图框坚定有力；花边设计时，应注意保持外图框的整体感，要紧密而不松散，花边宽度也要适中，其比例掌握在外图框总宽度的 1/2～2/3 为好。对于小图来说，花边没有用武之地，用后反而会有画蛇添足之感。

（四）其他辅助要素

1. 副图

副图指补充说明主图内容的地图，如主图位置示意图、内容补充图等。一些区域范围较小的单幅地图，用图者难以明白该区域所处的宏观地理位置，需要在主图的适当位置配上主图位置示意图。内容补充图是把主图上没有表示但却又是相关或需要的内容，以副图形式表达，如地貌类型图上配一幅比例尺较小的地势图。如图 7-10 所示的植被类型图上，补充了地势、干燥度、年降水量、年平均气温、土壤类型等多个与植被类型关系密切的自然环境因子专题图。

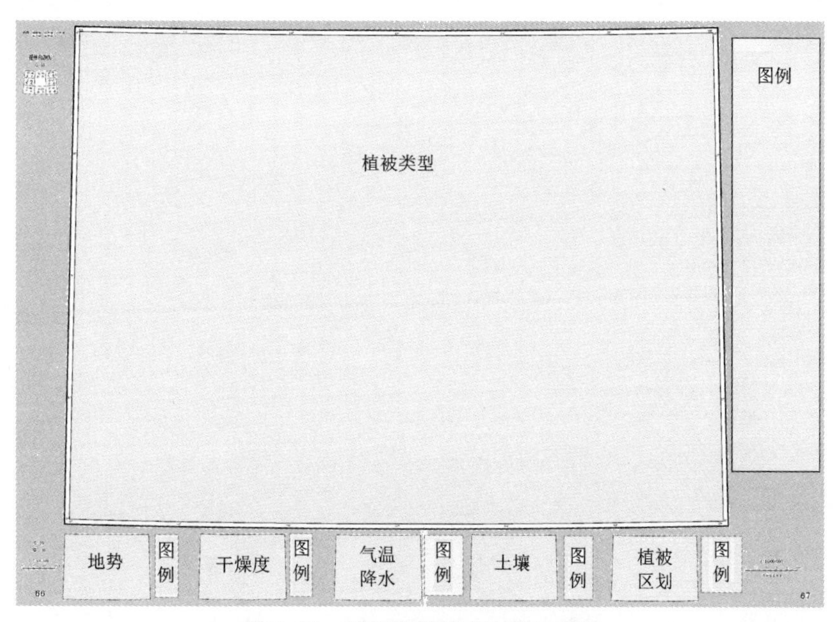

图 7-10　图面配置综合实例示意图

资料来源：编者绘。

副图在图幅上的位置，一般来说并无统一的格式，但要注意保持图面的视觉平衡，避免影响阅读主要图区。要处理好与主图的比例关系，使主次分明，和谐相处。通常置于图内较空的地方，一般不放置在图面的重要位置，多数放在四角隅处，但大型挂图不能放在上面。有时也可以置于靠近图廓的中间部位，或稍离开图廓边的一定位置。如果图件数量较多，就要单独为它们留出空间，并注意图面的分割之美，使排列具有一定的规律性。

2. 比例尺和指北针

地图比例尺，一般要求数字比例尺和图解比例尺同时绘出，方便用图者量算。图解比例尺不宜太长。为使读者看图名时同时知道比例尺，可将数字比例尺用显眼的字体注在图内横排于图名的下方。在一些区域范围大、比例尺很小的情况下，如一些表示世界或全国的专题地图，甚至可以将比例尺省略，此时地图所要表达的主要是专题要素的宏观分布规律，各地域的实际距离等已经没有多少应用价值，放置了比例尺反而可能得出不切实际的结论。

指北针置于图内左上或右上空余的地方为宜。指北针虽小，但是它的位置与大小对于平衡图面发挥着重要的作用。对于上北下南摆放的地图，指北针可有可无，但是对平衡图面却意义重大，此时指北针的装饰意义更强，设计时要注意它的位置与尺度。

3. 统计图表、图片与文字说明

统计图表、图片与文字说明的形式（包括外形、大小、色彩）多样，能充实地图主题、活跃版面，有利于增强视觉平衡效果。统计图表与文字说明在图面组成中只占次要地位，数量不可过多，所占幅面不宜太大，单幅地图更应如此。在大小、长宽与排列上要有规律性，要相互照应，相互协调。

第八章　地图编制的技术方法

第一节　传统编制技术

用传统技术编制地图分为四个阶段：地图设计、原图编绘、出版准备和地图印刷，其编绘工艺主要是利用各种绘图或刻图工具进行手工制图，生产出来的地图为传统的纸基地图。与目前普遍采用的计算机制图技术相比，以手工绘图技术为代表的传统地图生产技术工艺复杂，工序多、生产周期长、劳动强度大、表现形式比较单一且色彩处理困难，然而，就制图的具体工作内容而言，并无本质的差别。

一、原图编绘

原图编绘是在室内采用一定的技术方法，将编绘资料的内容转绘到展有数学基础的图纸上，并按地图设计书和编绘规范要求，经制图综合描绘成编绘原图的作业过程。对于专题地图，在地图正式编绘之前，往往由专业人员绘出作者原图或作者草图，再由编绘人员进行正式的地图编绘作业。

原图编绘阶段的工作主要包括：建立数学基础，转绘地图内容，在编绘用底图上实施制图综合和图形描绘，最终获得编绘原图。

(一) 数学基础的建立

展绘地图的数学基础，即按照规定的比例尺用直角坐标展点仪绘出经纬线图廓、经纬线网或直角坐标网、控制点(一定数量的三角点)等。

1. 根据投影公式计算或应用投影成果表查取展点坐标

以地形图为例，我国 1∶1 万～1∶50 万比例尺地形图采用高斯-克吕格投影，该投影的经线和纬线都是曲线。在 1∶50 万及更大比例尺地形图上，经线曲率很小，其矢距都在 0.15 mm以下，可以用直线代替；南北图廓上曲率较大，1∶10 万、1∶25 万及 1∶50 万地形图的南北图廓分别增加图廓点数量到 3、5、7 点，并用折线代替弧线。此外，为了绘制纬线图形，在图内也要相应增加展点的数量(图 8-1)。

获取图廓点的坐标值有两条基本途径，即从《高斯-克吕格投影坐标表》或由此表衍生出的《图廓坐标表》上直接查取，或通过计算机用高斯-克吕格投影公式及相应程序直接计算获得。

三角点的坐标值需从大地控制点成果表中抄录。

为了使用直角坐标仪展绘图廓以及正确选择三北方向图，还需要获取子午线收敛角的值，它可以在查取或计算图廓点坐标时一并获得。

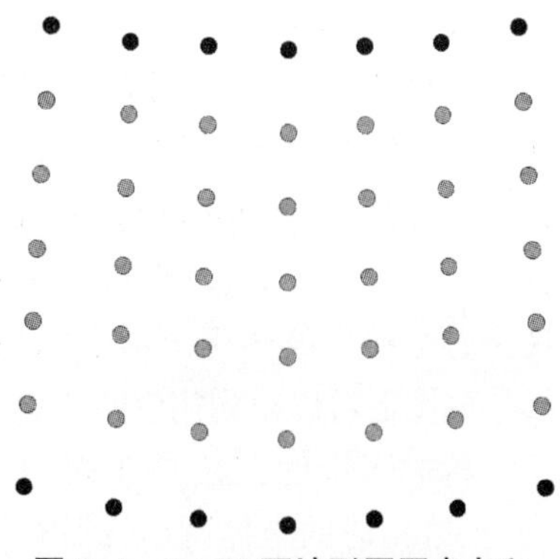

图 8-1　1∶50 万地形图图廓点和经纬线交点的分布

资料来源：编者绘。

2. 用直角坐标仪展绘地图的数学基础

直角坐标展点仪是以往制图生产中展绘地图数学基

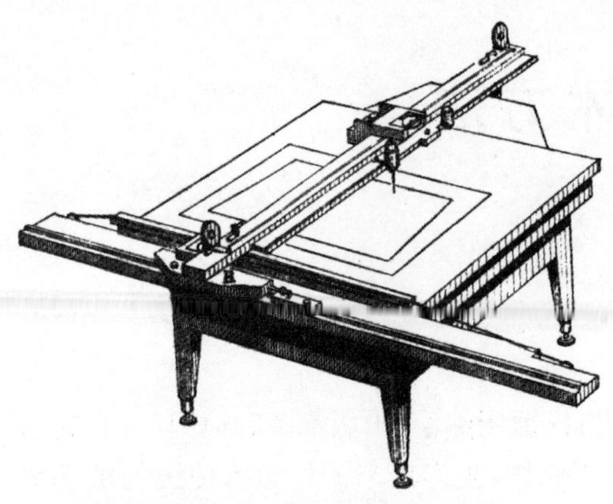

图 8-2　阿累斯托大型手推式坐标仪

资料来源：祝国瑞，尹贡白. 普通地图编制[M]. 北京：测绘出版社，1983.

础的主要设备，类型很多，但其原理相同，结构也基本一样。如图 8-2 所示为阿累斯托大型手推式坐标仪示意图，其有效展绘版面为 120 cm×100 cm，展绘精度可达图面上 0.01～0.02 mm。

展点工作的步骤包括：整置仪器，安置图版，展方里网、展图廓点和经纬网交点、控制点，检查等。地形图以外的其他地图通常没有方里网和控制点，只需展绘图廓点和经纬线网即可。

所有展在图版上的点都需要经过检查，其检查方法主要是使用一级线纹米尺通过点间的距离判定。其精度一般要求点位误差不超过±0.1 mm；图廓边长和对角线误差不超过±0.2 mm。一级线纹米尺俗称日内瓦尺，是由温度膨胀系数极小的合金制作的用于精确量测和检验直线长度的直尺，尺身上附有温度计和两个可滑动的放大镜，其量测范围为 0～1 000 mm，最小分划值为 0.2 mm。对于小比例尺地形图，因为展出的点子数量很多，用量点距的方法较繁琐，通常都是依照地图投影的性质来检查点位的分布规律。例如，最常用的双标准纬线等角圆锥投影，只要掌握以下几条规律，就可以确定展出的点位是正确的：①所有的经线都成直线；②两条纬线间的经线线段长度相等；③同一条经线上的经线线段，当纬差相等时，在两条标准纬线之间的逐渐变小，在标准纬线之外的逐渐变大；④同一条纬线上等经差的线段长度相等。

全部检查合格，方可松动坐标仪，并将图版从仪器台上取下，进行连线和着墨。如果图幅位于重叠带内，还需要展绘邻带方里网。

（二）地图内容转绘

转绘地图内容的任务是将制图资料按投影网格嵌贴在展绘好数学基础的图版上，从而完成不同地图投影之间的转换并获得供编绘用的底图。地图内容转绘一般是由较大比例尺向较小比例尺过渡，因而地图内容的转绘实际上也就是地图比例尺的变换问题。底图或资料图的比例尺均可用光学投影仪法、照相法或网格法来变换。在实际制图生产中，通常是同时使用几种方法，以发挥它们各自的优点，在保证新编图具有必要精度的条件下提高工效，缩短成图周期。

1. 网格转绘法

网格转绘又称为图解纠正法。它的实质是：在资料图和新编图上按一定的规律加密有足够密度的相应网格，用目测或直尺、分规、比例规（图 8-3）等简单的绘图工具把资料图上的图形转绘到新编图上。由于网格形状的变化，转绘的图形可以得到相应的纠正。

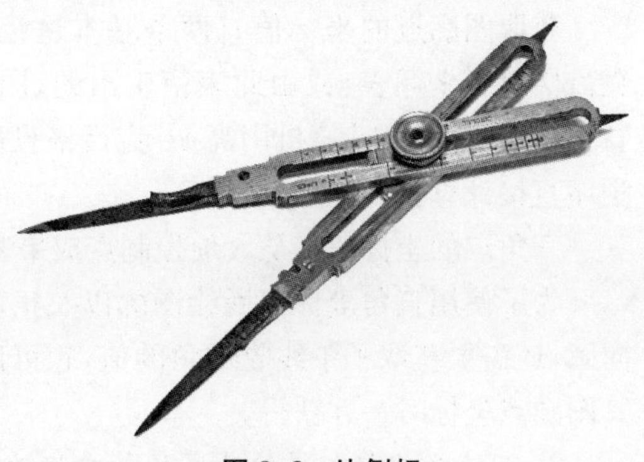

图 8-3　比例规

资料来源：编者拍摄实物照片.

构成网格的方法是在编图资料和所编地图上，以相应的坐标网（经纬网或直角坐标网）为基础，按相同数目加密网格，并编号以便作业，然后逐格相似转绘（图 8-4）。若编图资料与所编地图上没有同一的坐标网时，则可根据共同的控制点(三角点、天文点等)，将它们建成对应的几何图形，然后等分各对应边，连接各边分点构成对应网格。网格的大小对地图内容转绘的精度有较大的影响，一般由地图内容的复杂程度和作业的熟练程度而定。网格边长通常为 3～5 mm，地图内容稀疏时，边长可放大到 5～10 mm。

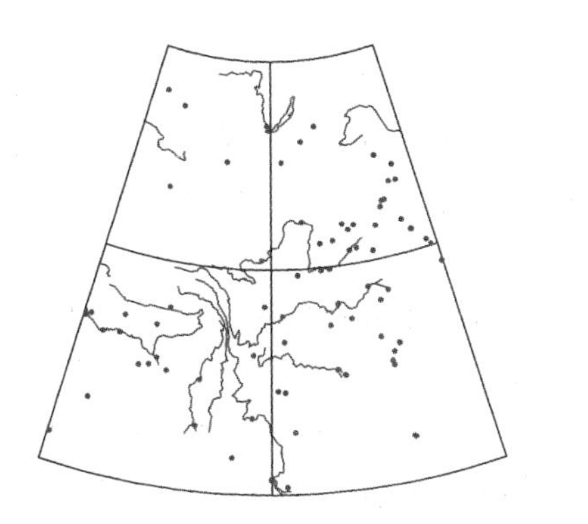
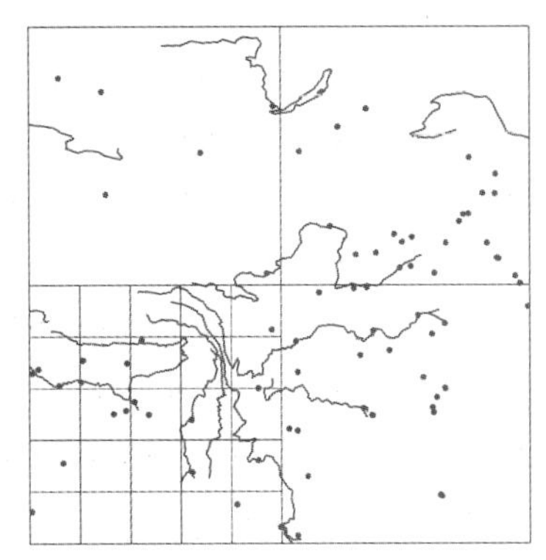

图 8-4　网格转绘原理

资料来源：编者绘。

网格构成后，可用目测或比例规逐格或分要素进行地图内容的相似转绘。转绘线状地物时，先在资料图上估计地物与网格边交点的位置和地物本身的主要转弯点，然后将其标定在所编的新图上，用线条连接并进行地图概括，制作成与资料图相似的图形。重要点位(如主要居民点、道路或河流的交叉点)的转绘，可以使用比例规、分规等来完成。

网格转绘法的主要特点是：它不需要什么昂贵设备，只要有某些最简单的绘图工具就可以进行转绘。它不受资料图同新编图之间投影差别的影响，也不受缩放倍率的限制，可以同时使用多种资料，因而它的适用面较宽。但它的效率非常低，精度也不高，一般只作为转绘现势资料时的补充方法。在未经实测的地区编图，往往资料零乱、种类多，数学基础不严密，网格转绘可能成为主要的方法。

2. 缩放仪转绘法

缩放仪是一种比较简单的用于相似缩放转绘的仪器，种类很多，有悬吊式的，也有仅靠滚轮支撑的；有极点在端点的，也有极点在中间的。但它们的结构原理基本上相同，都是由四根尺杆组成，如图 8-5 所示是极点在仪器端点的悬吊式缩放仪示意图。

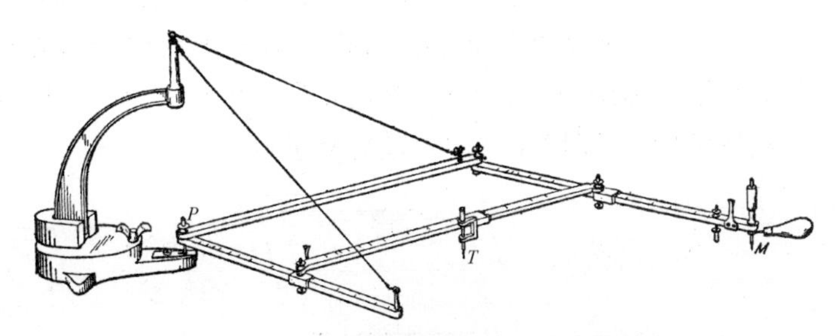

图 8-5　极点在仪器端点的悬吊式缩放仪

资料来源：https://etc.usf.edu/clipart/76900/76973/76973_sus-pntgraph.htm

转绘作业时，通常是分要素或分小区进行。在缩小转绘时，一般是将内容转绘与综合结合起来；内容过多图面不清晰时，可以改用彩色铅笔转绘；当资料图和新编图的数学基础相差较大时，可以进行分块转绘，以达到均匀配赋误差的目的。

缩放仪转绘的误差取决于仪器的质量、缩放系数和仪器工作时尺杆的夹角等因素。一般情况下，缩小转绘，其点、线中误差为±(0.2～0.3)mm；等大或放大转绘时，点、线中误差可达±(0.5～0.8)mm。

缩放仪转绘使用的设备简单，操作容易，工序简单，但精度较差，生产效率比较低，在正规制图生产中，它不能作为一种基本方法使用。如果作为一种补充手段，用于绘制略图或内容十分简单的地图，或者在地图上加绘某些内容，这时它还有一定的价值。

3. 光学投影转绘法

使用光学投影设备，在新编图的制图网格上形成相应资料图的光学图像，作为描绘和进行制图综合的依据，从而达到地图内容转绘的目的，这种方法称为光学投影转绘。

光学投影转绘法使用的仪器种类和型号很多，分为反光的和透光的两大类。反光投影仪通常是用光源照射资料图面，经过光学反射系统在新编图上建立起图像；而透光投影仪则通常使用底片、缩小底片或缩微胶片等，通过光学系统在新编图上建立图像。通过适当调整放大和缩小旋钮，投影到绘图表面上的图像比例尺和编图比例尺就能取得一致。对准以后，需要的资料即可透写出来。代表性的仪器有制图光学反射投影转绘仪、平面转换仪、立式光学缩放仪、纠正仪等。

光学投影转绘法的主要特点是：在缩小转绘时一般不需要对资料图进行很多的加工，同照相转绘法相比其缩小的倍数可以较大。同一地区使用几种不同的资料图也可以得到比较精确的结果。不同类型的光学转绘仪可以解决相似变换、仿射变换、同素变换，甚至更复杂的变换问题。它的主要缺点是在新编图上不能存留资料图的图像，而且当光线比较弱时，作业员容易疲劳。

4. 照相转绘法

利用照相的方法把资料图上的内容转绘到新编图上的方法叫照相转绘法，通常是把基本资料(图)复照，晒成蓝图，拼贴到展绘好数学基础的新编图的图版上去，从而得到编绘用的底图。照相转绘法是传统方法中转绘地图内容的最基本的方法，它的具体作业方案有大版拼贴法、蓝图拼贴法、拼晒蓝图法等。

(1) 大版拼贴法是将资料图拼贴在比例尺同资料图等大、按新编图投影展绘好数学基础的大图版上，然后按编绘原图的比例尺照相缩小，用底片晒蓝获得供编绘作业用的底图，其作业程序如图8-6所示。这种方法采用资料图等大拼贴，而后照相缩小，提高了地图内容的转绘精度；得到的编绘底图版面平整、清洁；拼贴时各项误差均可相应放大(通常按0.75的倍率放大，例如拼贴后欲缩小1/2照相，其误差界限可放大至1.5倍)，使拼贴工作比较容易掌握；由于资料图纸较软，拼贴工作也比较容易进行。

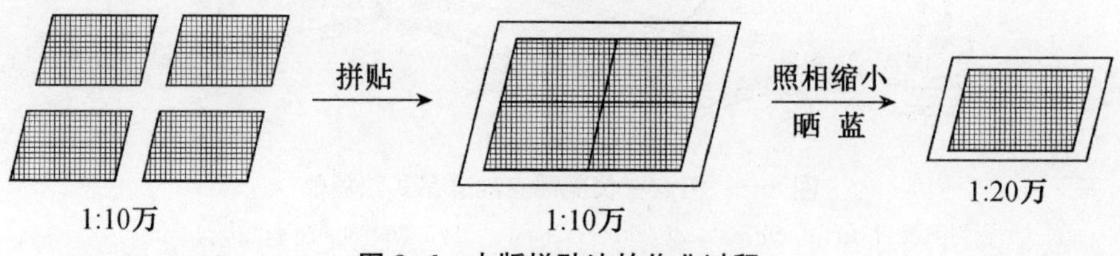

图8-6 大版拼贴法的作业过程

资料来源：编者绘。

(2) 蓝图拼贴法的作业过程(图 8-7)是:对基本资料进行必要的加工以后,将资料图按新编图的比例尺进行缩小复照,把蓝图晒在绘图纸上,然后将图纸拼贴到展绘好数学基础的图版上,即获得供编绘作业用的底图。在资料比较完整,比例尺和新编图相差不大,能够一次照相得到蓝图时,可使用这种方案。此法与大版拼贴的不同点是:大版拼贴法是先拼后缩,蓝图拼贴法是先缩后拼。

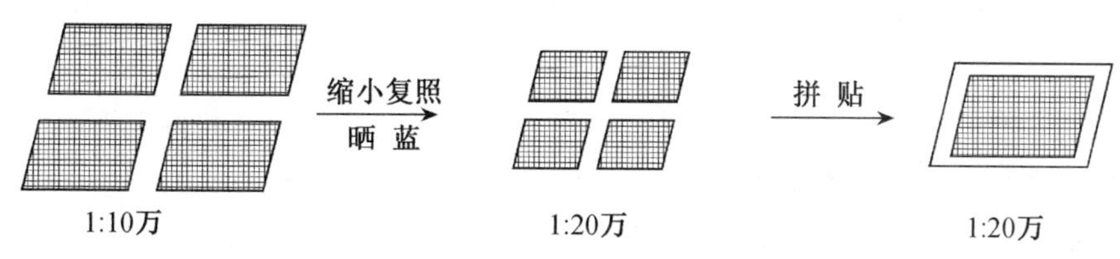

图 8-7 蓝图拼贴法的作业过程

资料来源:编者绘。

(3) 拼晒蓝图法是将资料图按编图比例尺分别缩小照相,用复照底片按控制线拼晒在展有数学基础的图版上,得到供编绘用的底图(图 8-8)。此法与蓝图拼贴法的区别在于用分块拼晒蓝图代替分块拼贴蓝图。由于直接用照相底片拼晒,因而对照相的要求比较严格。

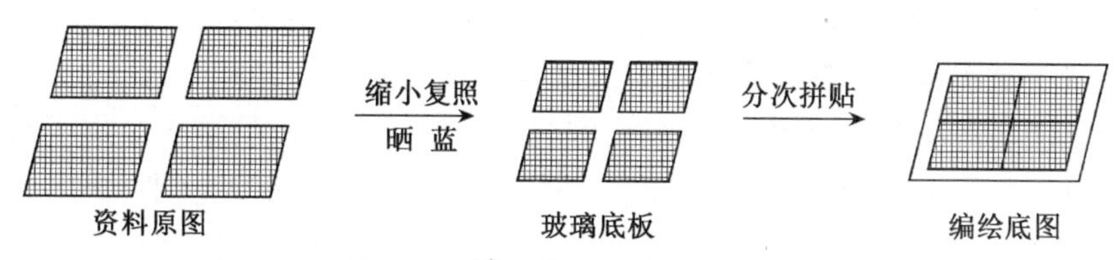

图 8-8 拼晒蓝图法的作业过程

资料来源:编者绘。

照相转绘法是传统地图生产中最常用、最基本的转绘方法,它的精度高,速度也比较快。但它要求具有昂贵的复照仪(制版照相机,图 8-9)等专业设备,基本资料要比较完整,适合于复照,投影与新编图相同或近似。当缩小程度较大(例如 1/3 或 1/4)时,需要进行资料加工(如标描)、制作过渡图等中间环节。如果图面过大,可以分块照相,最后再一块一块地拼接起来。

(三) 制作编绘原图

在编绘用的作业底图上对各要素进行制图综合并描绘出综合后的图形,再经接边、图廓整饰和审校,即制成编绘原图。

编绘原图分为线划编绘原图和彩色编绘原图。前者只注重线划的位置和图形,它是复制印刷的基本依据;后者不但要注意线划,也要注意色彩,都要作为印刷的依据。普通地图和部分专题地图(如地质图)只制作线划编绘原图,它们的符号色彩在制图规范中已有规定,大部分专题地图还应制作彩色编绘原图。

图 8-9 复照仪

资料来源:http://rci.rutgers.edu/~oldnb/356/printing_images/process_camera.jpg

为处理好各要素之间的相互关系，编绘各要素时通常需遵循特定的顺序。地图内容各要素的编绘顺序同它本身的重要性及各要素间相互联系的特点有关。一般而言，精度高的、轮廓固定性强的、能对其他要素起控制和定位作用的重要内容先绘；绘图作业过程对其他要素有破坏作用的(如普染色)先绘。在编绘大中比例尺普通地图时，各要素编绘的顺序通常是：①普染水域、植被覆盖面积与描绘好内图廓线、控制点和方位物；②编绘起骨架作用的水系及其附属物，然后依次编绘居民地、交通网、地貌、境界、土质、植被、其他地物和名称注记等。

分幅编绘的地图，为了保证相邻图幅内容的严密衔接，在编绘时抄接边是一个必不可少的过程。在同一批任务中，通常规定西边和北边为抄边，南边和东边为接边。若四周均为已成图，则都以接边处理；若四边都为未成图，则都以抄边处理。若相邻图幅中资料的可靠程度不同，资料质量好的部分为抄边，质量差的部分为接边。抄边一般用薄膜或透明纸，各要素用色与编绘原图相同。抄边内容除图边所包括的所有要素外，还应标出抄接边地图的图号和图名，以及抄边者和检查者的签名，抄接边的时间等。

完成各要素内容的编绘之后，需进行编绘原图的图外整饰，内容包括：图名、图号、图廓、接图表、比例尺、图例、坡度尺以及其他补充性的说明。一般要求其位置和内容应准确，形式可以简化。

在制图生产中，编图作业过程的情况均应详细记录，所形成的技术档案即图历簿。图历簿详细记录了地图编制实施各个阶段有关技术和地图质量问题的处理情况，应和编绘原图一起存档。图历簿应及时填写，编辑员或作业组长在检查作业员的作业进度时应连同图历簿一起检查。由于地图的比例尺和用途不同，地图的内容有很大差别，图历簿的内容和形式也不尽一致，一般应包括以下几个部分：一般情况(图名、图号、比例尺、图幅范围)的记载；编绘本图的图幅编辑计划或技术说明的重点；编图资料及其使用情况的说明；建立数学基础的数据；编图中所产生的问题及处理方法；对编图质量的评语。

二、清绘整饰

编绘原图的图解质量较差，不能保证获得高质量的地图印刷品。因此在地图出版前，必须经过地图整饰这一环节，使地图的线划均匀光滑、符号美观精细、色彩分明清晰。完成通过编绘原图清绘或刻绘出供印刷用的出版原图(图 8-10)，以及制作与出版有关的分色参考图、半色调原图、线划试印样图和彩色试印样图的工作。

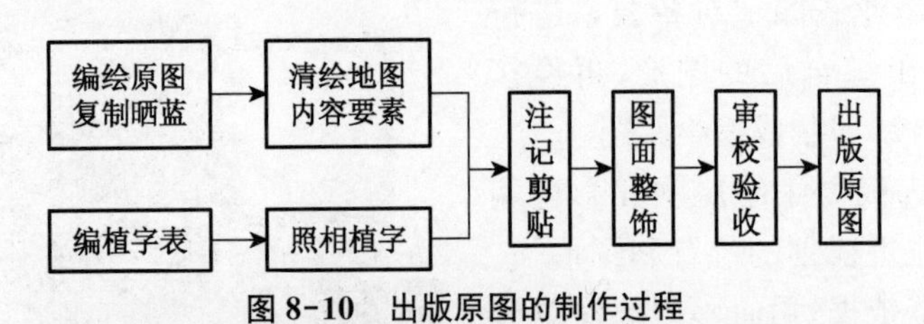

图 8-10 出版原图的制作过程

资料来源：张荣群，袁勘省，王英杰. 现代地图学基础[M]. 北京：中国农业大学出版社，2005.

(一) 地图清绘

地图清绘的目的主要是为地图制印提供出版原图或晒图用的底图。通过外业测图获得地形原图，或由航测内、外业得到的航测原图，以及由内业编绘而成的编绘原图，由于受诸多条件的限制在符号的规格、线划质量、整饰内容、各种注记的配置和要素之间的关系处理等方面还比较粗糙，不可能完全符合图式的规格及地图印刷的要求。因此在内业按照图式规格和制印要求，晒制裱版蓝图、聚酯膜蓝图进行描绘或用聚酯膜蒙绘，以获得符号规格准确、各要素关系合理、图面清晰美观、符号达到制印要求的出版原图，并且可以使底图完整地固定下来，长期保存。

清绘作业需由经过严格训练的绘图员完成，先将编绘原图照相在清绘图版上晒成蓝图。过去采用白纸绘图纸裱版清绘，后来大多采用绘图塑料片清绘。为了保证清绘质量，一般都放大清绘(放大三分之一或四分之一照相晒蓝)。这样在缩小照相制版时，可消除清绘线划的一些细小不均匀部分。为了减少制印中的分版工作量，通常采取分版清绘，可以分为线划版(将所有的线划图形放在同一版上)和注记版；也可以分为地物版和地貌版(如将等高线、道路等单独描绘在一版上)。分版清绘时，必须注意各版尺寸应严格一致，图廓线误差和图廓对角线误差不得超过±0.2 mm 和±0.3 mm；各线划要素清绘时，必须严格按照蓝图位置，不得偏离和移位。这样得到的出版原图还需再一次复照才能用于翻版或晒版，第二次复照时将其准确地缩为出版图的比例尺。

注记版的制作过去都是采取照相植字剪贴方法。照相植字机(或称照像排字机)是一种专用设备，可将字盘(底版)上的文字、符号通过曝光，在照像纸上感光，经过冲洗得到照相纸字体，再剪贴到注记版上。照相植字机配备多种字体的字盘，通过一组光学镜头可将每个字放大缩小、变形(包括长形、扁形、左斜、耸肩等)。

(二) 地图刻绘

随着制图技术的发展，地图清绘逐步发展出刻图法、透明注记、符号转印法等一些新的工艺方法，主要使用刻图工具，对用地图原稿或编绘原图所复制的刻膜蓝图进行刻制，从而获得印刷原图。

刻图法是在透光桌上利用刻图工具，在涂布于透明片基上的阻光膜层上刻出线划和符号的一种绘图方法，同清绘相比，刻绘的线划质量高，速度快，易于掌握和操作。国外于 20 世纪 40 年代开始实验试用，五六十年代普遍推广，我国于 70 年代初开始在一些单位试用，后来逐步推广。采用刻图法需具备的条件主要是刻图膜与刻图工具。刻图膜有多种，常用的有钛白刻图膜、醇酸树脂膜等。最初采用玻璃板作片基，后来普遍改为聚酯塑料薄膜作片基，膜层颜色有黄色、枯红色、淡绿色等。刻图工具也有多种，如折臂式刻图仪、刻图环，另配有各种粗细刻针、刻刀、刻点仪以及各种符号、数字模片等。一般采取等大分版刻绘工艺，首先将编绘原图的等大照相阴版在刻图膜上晒蓝图(分几版刻绘晒几份刻图膜蓝图)，刻绘后所得到的刻图膜原图就成为制版用的阴像底版，经过翻版也可得制版用的阳像底版。

与刻图法相适应，注记版的制作由照相纸植字剪贴，改为透明注记剪贴。即照相植字采用涂有感光层的透明片基并剪贴在透明塑料片上成透明注记版。

符号转印法是将各种个体符号、线状符号和面状网纹符号晒印到涂有粘胶的透明薄膜上，使用时，将黑色符号或线划转印到图纸或塑料片原图上。采用这种方法可以省去大量符号和网线的清绘或刻图工作。另外，还有色彩转印，同样将涂有粘胶的彩色薄膜层，转印到原图上，可得到彩色样图或分色参考图。

(三) 制印前的准备工作

地图制印前的准备工作，除线划编绘原图外，还需制作彩色样图、分涂参考图，有时还制作半色调原图(地貌晕渲版、影像图版)。

分涂参考图(也称分色参考图),是作为分色分涂的依据。制版印刷时,每种印色作一个版。为了把绘在同一版上不同颜色内容加以区分,使制版迅速准确,要在出版原图晒制的蓝图上用差别明显的不同颜色单独标绘或单独着色,供分版分涂参考。其中供线划分涂参考用的叫线划分涂参考图,供底色分涂参考用的叫底色(或称普染色)分涂参考图。分涂参考图如果作在透明塑料片上,对叠置检查分涂参考图分色的重复错漏很有帮助,尤其对检查制版分版分涂的错漏更为简便。

彩色样图(也称彩色原图)是地图彩色设计定稿的样图,也是地图的最终面貌,将作为制印的选色标准和制印工艺设计的依据。彩色样图最好在打样线划样图上着色。如果没有打样线划样图,在出版原图的蓝图或复印的线划图上着色也可。着色时除了根据地图设计的图例设色外,还应尽可能参考印刷色标选择色调和色度。这是因为,地图上印刷出的各种颜色是通过几种基本色的不同疏密网线相互套印而成的,如果参照制印色标着色,在进行制印工艺设计时,容易达到彩色样图的着色标准。

三、地图制印

地图制版与印刷简称地图制印,是地图成图的最后一道工序,它是利用出版原图和分色参考图进行制版印刷,以获得一定数量、质量好的印刷地图,满足各方面的需要。

(一) 地图印刷的特点

地图印刷与普通印刷均使用相似的印刷设备,印刷方法大致相同。但由于地图的使用目的不同、原稿的种类特殊、印刷品的表现形式不同,因此,它们在用纸、用色、印刷色序、印刷要求等方面也不尽相同,主要不同之处包括:

1. 印刷幅面大

地图的幅面大小不能人为地任意分割,应遵循国家技术标准或按一定规范进行。有的地图需要多张纸拼接而成,这是其他印刷品所没有的特点。

2. 表现方法差异

地图是有一定数学基础和现势性的地理信息载体,地图上的内容有各种线划、符号、普染等要素,表现方法不同于一般印刷物品,地图印刷复制和地图编制、地图整饰等相关学科关系密切,地图制图技术发生了改变,地图印刷工艺也会随之变化。

3. 用纸差异

地图印刷用纸主要考虑变形小以保证地图精度,耐磨、抗折以适应野外使用,军事用图更强调这些特性;而普通印刷用纸主要考虑白度好以确保色彩还原好,表面光泽佳以反映图像的美感。

4. 印刷用色及色序差异

地图印刷用色主要考虑各要素的可读性、地理要素的完整性。地图上有时用专色以表示不同用途的地图;而普通印刷用色主要考虑色彩的还原,因此以使用三原色加黑色印刷居多。色序以地图的框架用色为先,一般以地物要素的黑色为第一色序,然后依据主为先、深为先的原则进行印刷;而普通印刷则要遵循色彩还原的要求,按黄—品红—青—黑的顺序进行印刷。

5. 印刷要求差异

地图印刷强调套合及精度,对色彩要求次之;而普通印刷强调色彩还原、阶调还原,对套合及精度要求次之。

6. 要便于及时修改和校正错漏

地图内容十分复杂，在地图制版印刷操作过程中，有时难免会产生错漏，这时就需要操作人员在底片或印版上及时进行修改和校正。

（二）地图制印的方法和流程

最早的地图印刷采用各种凸版或凹版（如木刻版、石刻版、铜腐蚀刻版等），19 世纪末开始使用金属版制版和胶印机印刷，后来普遍采用平版胶印印刷，所用的主要材料为 PS 版、胶印纸张、胶印油墨等。平印技术中印刷机不断向着高精度、高质量、高速度、多色组、多功能、微机控制与缩减准备及停机时间等方面改进。胶印中水墨平衡是关键之一，在润湿装置，药液配方，水辊性能及绒套上都做了很多改进，卷筒纸印刷机逐渐成为报纸、书刊印刷的主力。平版印刷能较好地适应地图印制的特点，成为地图制印的主要方法。

在常规制图条件下，印刷厂在接到出版原图后，需根据其类型制定印刷工艺方案。地图的种类较多，一般线划与普染色（平色）的印刷色版较多；而且线划精细，图型复杂，套印精度要求较高。因此，地图制印比较复杂，往往要经过原图验收→工艺设计→复照→翻版→修版分涂→晒打样版→打样→审校修改→晒印刷版→印刷→分级包装等 10 多道工序（图 8-11），而且每一工序中的方法是多样的。部分主要工序简介如下：

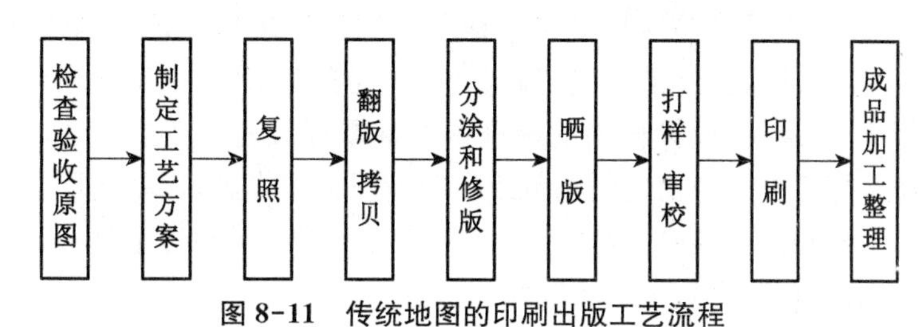

图 8-11　传统地图的印刷出版工艺流程

资料来源：编者绘。

1. 地图复照和翻版

出版原图复照的目的是为了得到符合印刷尺寸翻版和制版用的高质量底片，是采用专门的复照仪完成的。对于半色调的晕渲原图或影像图，在复照时，采用网目照像，即增加一网目屏（版），使底片上得到由粗细与疏密不同的网点所构成反映色调深浅连续变化的图像。

地图翻版是将复照的底片或刻图膜原图拷贝复制出多种形式的若干底片。其中包括正、反阴片和阳片，供分涂与制版用。常用的感光片有铬胶感光片、重氮树脂感光片、罗甸感光片和氯化银感光片等。

2. 地图分涂

分涂的任务是根据分涂参考图制作出供制版用的各种分色印刷用的底片（包括线划要素底片和普染色底片）。分涂主要采用撕膜法。撕膜法就是在一种涂有红色遮光层的透明片基上，翻晒地图轮廓界线，把要普染的轮廓范围沿界线用刻刀或刻针把膜层刻透，撕掉这一轮廓范围的红膜。在地图制印中，分层设色地势图、各种专题地图常采用撕膜法代替手工分涂，大大减轻了繁重的分涂工作量，提高了制版速度。

印刷地图上同一色调的深浅，是通过不同疏密的网线或网点来实现的。网线或网点有 15％、30％、45％、60％、75％等种类。百分比是网线或网点占整个面积的比例。网线还有粗细的差别，一般以一英寸内的线条数计算。网线数目越多，印刷效果越好，但所要求的制版印刷技术也较高。地图上各种颜色有的多达 100 多种（如地质图、植被图、土壤图等），而地图印刷时，不可能采用100多块色版印刷，这就要靠几种基本颜色通过各种比例的网线或网点套印组合成各种颜色，通常运用四色（红、黄、蓝、黑）套印，力求达到最好效果。

3. 地图制版

根据翻版分涂好的地图阴片或阳片，通过晒版可制得供打样或印刷用的印刷版。通常有蛋白版、聚乙烯醇平凹版、多层金属平凹版、重氮树脂预制感光版等不同制版方法。除多层金属平凹版外，其他版材多采用锌版或铝版。制版前要对版材进行研磨处理，目前采用较多的是平凹版。它用阳片晒版，以重铬酸铵与聚乙烯醇作感光膜。当以阳像晒版时，受光部分硬化（即地图空白部分），未受光的线划或普染网线部分被清水洗掉后，露出金属底面。然后浇注腐蚀剂腐蚀线划或普染网线部分，造成稳定牢固的印刷要素，再去掉空白部分硬化了的胶膜，使其具有亲水性能。平凹版的优点是线划精细，耐印力高（几十万份）。多层金属平凹版是在铝板上先后镀铜和镀铬（或镍），用阳像晒版，用腐蚀剂溶解地图线划部分的铬层露出铜层，而地图空白部分保留了铬（镍）层。由于铜亲油墨而铬、镍亲水，前者就可构成印刷要素。多层金属平凹版比聚乙烯醇平凹版印刷的质量更高，印刷份数可达百万份以上。

4. 地图打样

地图打样就是地图少量试印，将各要素印刷用打样机印出数份，以检查地图内容的差错、套合的准确性和色彩设计与制印效果。地图线划打样包括红色线划校样和套合样图，分别检查线划、注记版的内容差错（遗漏、重叠）与线划套合精度；而地图彩色打样是将线划版和普染底色版全部按彩色设计样图的标准调配油墨逐版套印，如果某种颜色不够理想，再重新调色打样。打样图需送交地图编辑或专题地图编稿作者，以及地图制印技术编辑进行审校和批样。审校和批出的错误与问题，有的需要在阴版或阳版上修改。如果改动较大或设色与套印效果很差，还要做第二次打样。

5. 地图印刷

就是把经过审批修改好的各色印刷版，上胶印机正式印刷。地图印刷用的胶印机有单色机、双色机、四色机三种，印刷机的幅面也有四开、对开、全开、大全开几种。地图印刷对纸张和油墨也都有一定要求。由于地图印刷色版较多并要求套印准确，而且要求地图尽可能美观精致，耐折耐磨，使用时间长。因此，要求印图纸的机械强度、耐光性、平滑度、洁白度要高，而伸缩率要低。为了在印刷时尽量减少纸张伸缩变形，并与上机印刷时的温度、湿度平衡，一方面印刷前纸张要在晾纸机上进行处理；另一方面要求胶印车间温度控制在18 ℃～20 ℃，相对湿度保持在60％～65％。地图印刷油墨要求耐光性好，干燥性能适宜，着色力强并有良好的透明度。

在一幅地图的整个胶印过程中，必须随时注意对照彩色打样图，观察和掌握每个色版的印刷效果和套印精度。如果印刷多幅拼接的地图，还要注意各幅地图的对比，保证整个地图拼接时色调一致。每幅地图印刷完成以后，还要进行质量检查，对拼幅地图还要挑选印色深浅一致的进行配套。

第二节　计算机地图制图

一、计算机地图制图技术简介

传统的地图制图技术经过长期发展，已日臻完善和成熟，但其弱点是地图编制与生产难度大、生产成本高、周期长、制印技术复杂、专业性强；手工劳动占重要成分；地图产品种类单一，更新困难，难以反映空间地理事物的动态变化，信息难以共享等。因此，从20世纪50年代开始，计算机技术开始引入地图学领域，经过理论探讨、应用试验、设备研制和软件开发等发展阶段，从最初提出的地图制图自动化到后来提出的计算机辅助地图制图、计算机地图制图，计算机地图制图的技术问题(包括硬件与软件系统)已基本解决，已全部实现各种类型地图的计算机制图。

计算机地图制图是以地图制图原理为基础，在计算机硬、软件的支持下，应用数学逻辑方法，研究地图空间信息的获取、变换、存储、处理、识别、分析和图形输出的理论方法和技术工艺手段。

计算机地图制图的核心问题是如何使用计算机处理图形信息。地图图形是按一定的数学法则和特有的符号系统及制图综合的原则，将地球表面地物和现象表示于平面上的图形。计算机模拟制图过程，需要解决三个主要问题：一是地图图形怎样变成计算机所接收的数字形式，以便读取、识别它的内容；二是对变成数字形式的图形信息如何处理，并按地图编制法则的要求进行综合概括；三是经过加工后的数字信息必须恢复为地图图形，输出符合地图编绘精度要求的图形符号。按其实质，计算机地图制图是从图形到数字，再从数字变为图形的变换过程；计算机地图制图的原理就是通过图形到数据的转换，基于计算机进行数据的输入、处理和最终的图形输出。地图编制过程就是地图的计算机数字化、信息化和模拟的过程。在这个过程中，由于计算机具有高速运算、巨大存储和智能模拟与数据处理等功能，以及自动化程度高等特点，因此能代替手工劳动，加快成图速度，实现地图制图的自动化。

(一) 主要特点

计算机地图制图不是简单地把数字处理设备与传统制图方法组合在一起，而是地图制图领域内一次重大的技术变革。它以数字原图为主要信息源，以电子出版系统为平台，使地图制图与地图印刷结合更加紧密。它将地图设计、地图编绘、地图清绘和印前准备融为一体，给地图生产带来了革命性的变化。与传统的地图制图技术相比，计算机地图制图技术具有如下特点：

1. 地图印刷前各工序的界限变得模糊

常规的地图编制包括地图设计、地图编绘、出版准备、地图出版等多个阶段，每个阶段又划分为若干工序，许多工作需要受过专门训练的专业技术人员分别处理，现在少数人员甚至一个人都可能胜任这些任务，并且很多操作可以交叉进行。

2. 缩短了成图周期

把地图编辑、地图编绘、地图清绘、复照、翻版、分涂等工艺合并在计算机上完成，减少了传统地图制图和地图印刷过程中的许多复杂工艺，大大缩短了成图周期；对急需的少量地图，可用彩色喷绘或彩色激光打印方法获得。

3. 降低了地图制作成本

成图周期缩短意味着生产效率的提高，从而降低制作成本。成本降低还体现在以下方面：地图设计、制作一体化降低了地图制图人员的劳动强度，减少了人力投入；印刷前各工艺步骤的操作全部在计算机上进行，减少了操作差错，降低了返工率；工艺步骤的简化节省了材料、化学药品；基本采用四色印刷，降低了印刷费用。

4. 提高了地图制作质量

传统制图过程大量依赖手工作业，绘制数学基础要素、进行资料图形转绘等都会产生一定的误差；手工清绘的线划，绘制的符号，很难做到粗细均匀，符号一致；复照、翻版、分涂等工序会使地图的线划、注记、符号轻微变形。计算机地图制图的精度可比传统地图制图精度提高 1～2 个数量级(由±0.1～0.3 mm 提高到±0.01～0.005 mm)，且地图符号、注记更精致，线划更精细。

5. 丰富了地图设计者的创作手法

计算机地图制图环境下，可以灵活地变换符号样式，改变图面配置式样，快速形成地图样图并可反复编辑修改。同时，随着计算机图形学的发展，能较方便地实现三维立体符号、真实感地形表达，实现各类图形的光影、毛边、渐变色等特殊艺术效果，这些技术为丰富地图的表现手段提供了支撑。

6. 易于编辑和更新

传统方法生产的纸质地图，一旦印刷完成即固定成型，不能再变化。采用计算机地图制图技术，地图出版之后，如果要更新和再版，只要保存原有的数据，对地图数据进行编辑、修改和更新是件轻而易举的事情，增加了地图的适应性和实用性。

(二) 发展历程

从 20 世纪 50 年代开始，国内外地图工作者对地图的编绘如何摆脱繁重的手工方式，实现制图自动化进行了理论方法与技术的探讨和实验，目前已进入全面应用阶段，计算机地图制图技术的发展历程简介如下：

试验探索阶段：1950 年第一台能显示简单图形的图形显示器作为美国麻省理工学院旋风 1 号计算机的附件问世；1958 年，美国 Gerber 公司把数控机床发展成为平台式绘图机，Calcomp 公司研制成功了数控绘图机，构建了早期的自动绘图系统；60 年代法国、德国、美国、加拿大、日本等西方国家开展了各种制图自动化的试验，手扶跟踪数字化仪和数控绘图机已批量生产和投入市场；1963 年，美国麻省理工学院研制出第一套人机对话交互式计算机绘图系统；1964 年牛津大学首先建立了牛津自动制图系统，用模拟手工制图的方法绘制出一些地图作品。

发展阶段：20 世纪 70 年代，制图学家对地图图形的数字表示和数学描述、地图资料的数字化和数据处理方法、地图数据库、地图概括、图形输出等方面的问题进行了深入的研究，许多国家相继建立了软硬件相结合的交互式计算机地图制图系统，并进一步推动了地理信息系统的发展。80 年代，随着计算机的更新换代，内存与硬盘容量大幅度提高，增强了图形处理能力和处理速度，高精度、高速度和高质量的数字化仪、激光绘图仪、彩色静电绘图仪、彩色喷墨绘图仪不断推向市场，广泛应用于经济统计制图、气象与水文制图，以及公路交通图、城市平面图与建设工程图等方面。初步实现了统计地图、等值线图与工程平面图的自动绘制，各种功能的计算机辅助制图软件也不断推出，出现了 ESRI、Intergraph 等专门的计算机制图软件公司，ARC/INFO 软件系统迅速扩大市场，一些发达国家很快将计算机制图应用于地形图、地籍图及其他专题地图的编绘。各种类型的地图数据库和地理信息系统都相继建立，例如 1982 年，英国地质调查局建成了本国 1∶200 万地图数据库，用于生产 1∶200万～1∶1 000 万的各种地图，1983 年开始建立 1∶10 万国家地图数据库，到 80 年代后期，英国所有大比例尺地形图与地籍图已全部采用数字测图与计算机制图技术完成。

应用阶段：20 世纪 90 年代开始，计算机地图制图技术逐步取代了传统地图制图，从根本上改变了地图设计与生产的工艺流程，进入了全面应用阶段。各种地图制图软件得到了进一步的完善，出现了制图专家系统；地图概括初步实现了智能化，形成了完整的电子出版系统。多媒体地图信息系统的设计成为计算机地图制图发展的重要方向。电子地图产品成为这一时期地图品种发展的主流与趋势，它也是多媒体地图信息系统的雏形。计算机制图技术由原来的面向专家，转变为面向广大用户。

我国计算机地图制图从70年代中期开始设备研制与软件设计，发展速度很快。80年代初开始逐步引进了ARC/INFO、Intergraph MGE(Microstation Graphics Environment)、MapInfo等软件系统并推广应用。80年代中期以后，国内一些单位也开始致力于计算机制图软件的设计和开发，例如，由中国地质大学经十多年努力研制的MAPCAD彩色地图编辑出版系统于1993年通过地矿部的鉴定，1995年获国家科技进步二等奖，该软件具有灵活的交互式图形输入、很强的图形编辑和变换等功能，实现了对多种外部设备的输出能力，并能通过软件分色加网，输出用于直接晒版印刷的分色胶片，实现了彩色地学图件从输入、编辑直至出版全过程的计算机化。90年代中期中国科学院地理科学与资源研究所和西安煤航地图制印公司引进计算机地图出版系统，对实现地图生产工艺的根本变革，起到了重要的推动作用。随后，测绘部门在地形制图中逐步采用数字测图技术，中国地图出版社完成了地图编绘的技术改造，实现了各类地图设计与编绘的计算机制图。近30年来，相关单位先后采用计算机制图技术完成了《中国人口地图集》《中国国家地图集》等大型地图集的编制出版，采用计算机地图出版系统完成了《中国国家自然地图集》的设计、编辑和自动制版，研制了统计制图专家系统、地图设计专家系统。在地图形式上，除常规印刷地图外，从1989年出版第一部《京津地区生态环境电子地图集》以来，出现了电子地图、多媒体电子地图、互联网地图等新的形式并迅速推广应用。

二、计算机制图的基本过程

目前，计算机地图制图技术应用已相当广泛，不同类型和不同规模的计算机地图制图系统也非常多，除独立的计算机制图软件系统外，有的作为地理信息系统的组成部分，系统功能也比较完备。计算机地图制图的基本过程包括地图设计、数据输入、数据处理和数据输出等四个阶段(图8-12)。

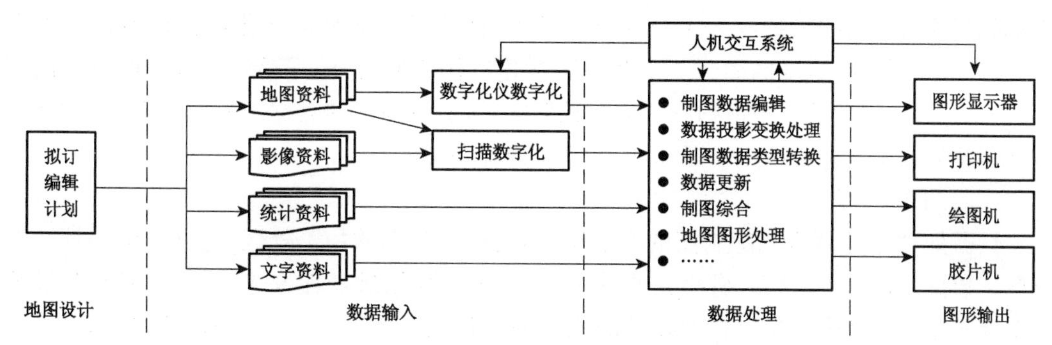

图8-12　计算机地图制图的基本过程

资料来源：编者绘。

(一) 地图设计

计算机地图制图是制图技术的变革，自然会引起制图工艺过程的变化，但其制图理论，例如制图资料的选择，地图投影和地图比例尺的确定，地图内容和地图表示法，地图内容制图综合的原则等，同传统制图并没有实质性的区别，地图设计的内容和要求也与常规制图基本相似。但计算机地图制图也对编辑准备工作提出了一些特殊的要求，如为了数字化，应对原始资料做进一步处理，确定地图资料的数字化方法，进行数字化前的编辑处理；设计地图内容要素的数字编码系统，研究程序设计的内容和要求；完成计算机制图的编图大纲等。在地图设计过程中，需要顾及计算机技术下地图设计呈现的一些新的特点：

1. 形式设计方面

(1) 所见即所得的视觉效果：屏幕上所看到的效果就是打印(或印刷)出来后所得到的效果。

(2) 无级变化的调色系统：彩色电子出版系统提供了灰度、RGB、HSB、CMYK 等调色模式供用户选择使用，每种模式用户均可进行多次随意的色彩艺术创作和设计。

(3) 实际意义的叠加：彩色电子出版系统对地图上的各要素实行分层管理，逐层叠加，以达到屏幕上所显现的完整图幅的视觉效果。

(4) 具有丰富的图表、符号、线型设计工具。

(5) 特殊的艺术效果处理：利用一定的软件工具能完成传统的手工设计所无法完成的艺术效果处理。

2. 内容设计方面

(1) 交互式的图形筛选：能很容易地通过对话框选择所需图形模板图绘制图形。

(2) 对图形目标集成化处理：能对简单图形目标集成后生成较为复杂的图形目标。

(3) 图形的移位和化简：相对手工设计而言，图形的移位和化简不再是一件难事。

(4) 统计数据的加工处理：能将输入的统计数据加工处理后以图表的形式输出。

(二) 数据输入

计算机地图制图的主要数据源是有关地图数据(包括 GIS 数据库地图数据、野外全数字测量地图数据、全数字摄影测量地图数据、GPS 数据、DLG 数据等)、地图资料(如地理基础地图、专题地图作者原图等)，遥感影像、照片、野外测量、地理调查资料和统计资料也可以作为数据源。其中地图的图形和图像资料必须实现从图形或图像到数字的转化，该过程称为地图数字化。地图图形数字化的目的是提供便于计算机存储、识别和处理的数据文件。

地图图形数据的获取，常用方法有手扶跟踪数字化和扫描数字化两种。这两种数字化方法获取数据的记录结构是不同的。手扶跟踪数字化可获得矢量数据，扫描数字化可获得栅格数据。为了从扫描的图像中提取矢量数据，往往通过屏幕数字化或借助专用转换程序，进行全自动或半自动的图形矢量化。矢量化工作完成后，还需手工录入地图要素的属性数据，建立空间关系。把地图资料转换成数字后，要按一定的数据结构进行存储和组织，建立有关的数据文件或地图数据库，供计算机处理和调用。

(三) 数据处理

数据处理是计算机地图制图的中心工作，通过对数据的加工处理，建立起新编地图的数据。数据处理既可采用人机交互的处理方式，也可采用批处理方式，工作主要在某种编辑系统或相应软件中进行。数据处理的主要内容包括以下两个方面：一是数据预处理，即对数字化后的地图数据进行检查、纠正，统一坐标原点，进行比例尺的转换，不同地图资料的数据合并归类等，使其规范化；二是为了实施地图编制而进行的计算机处理，包括地图数学基础的建立，不同地图投影的变换，各类数据的拼接组合，数量指标的分级，质量特征的分类与归并，轮廓界线的取舍与概括，各种地图符号、色彩和注记的设计与编排，制作统计图表，以及建立图形输出文件，等等。

(四) 数据输出

数据输出是计算机地图制图过程的最后一个阶段，将地图数据变成可视的模拟地图形式。包括对地图数据进行图形纠正、图幅拼接、图幅套合和图幅裁剪等数据输出前的数据处理，然后再打印或输出供印刷的分色胶片。输出前数据处理通常借助相关专业图形设计软件完成。以 CorelDraw 为例，可利用其各种变形功能来进行地图图形数据纠正，如利用对象大小调整功能纠正图形数据的规则变形，用封套功能纠正图形数据的不规则变形；利用图形定位功能完成图幅的接边工作；利用对象中心重叠或对象中心对齐实现图幅套合。此外，在计算机制图过程中，难免会出现各种错误和遗漏，需要在地图数据输出供印刷用的分色胶片前，对地图进行全面的检查，打印出地图供审校用(又称软打样)，有时用户只需少量几份成果图时，也可直接打印输出地图数据。

地图数据输出有多种方式。首先，可以直接在计算机屏幕上显示地图；其次，计算机将地图数据传输给打印机，打印机喷绘彩色地图；地图数据传输给激光照排机发排供制版印刷用的四色软片；把地图数据传送到数字式直接制版机可以制成直接上机印刷的印刷版。数字式直接印刷机可直接把地图数据转换成印刷品彩色地图，又称数字印刷。此外，通过编辑制作并存储于光盘上的电子地图、电子地图集也是一种重要的输出形式。数据输出时，应根据地图数据的格式、目的和用途选择相应的输出方式。

三、计算机地图制图的工艺流程

计算机地图制图的工艺流程一般要根据地图的类型、编图的数据来源、地图内容复杂程度和计算机地图制图系统设备来制定。对于普通地图制图，其工艺流程一般可分为两种，一种是以纸质地图为制图资料的工艺(图 8-13)；另一种是以地图数据为制图资料的工艺，该工艺流程将资料收集改为地图数据收集，地图扫描改为地图数据导入，地图图像缩小、匹配改为地图投影变换、匹配，图形数据的矢量跟踪、制图综合改为地图数据编辑、制图综合，其他工序完全相同。对于专题地图，由于其种类繁多，形式各异，与普通地图相比，制图工艺相对要复杂些。随着地图内容和具体条件的差异，可采用不同的制图工艺，图 8-14 给出了专题地图制图的一般工艺流程。

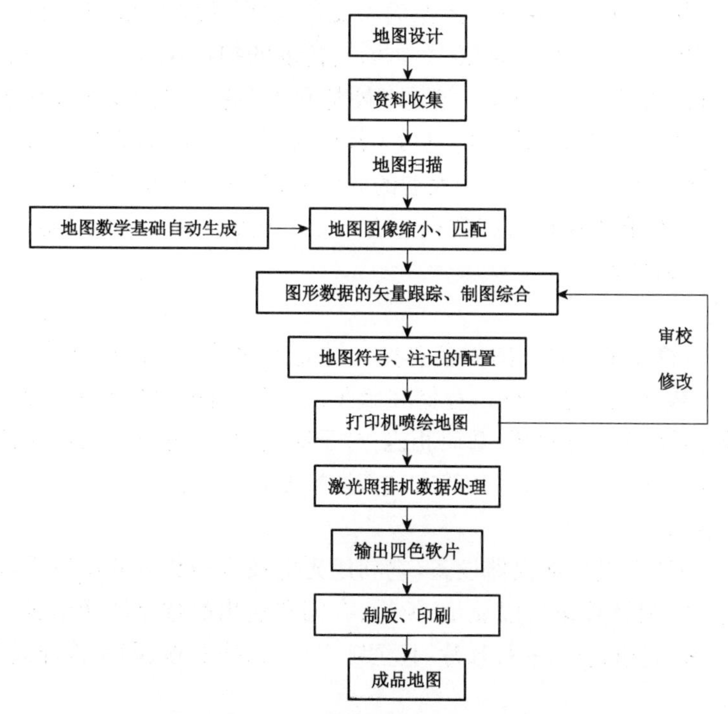

图 8-13　以地图为制图资料的工艺流程

资料来源：何宗宜. 计算机地图制图[M]. 北京：测绘出版社，2008.

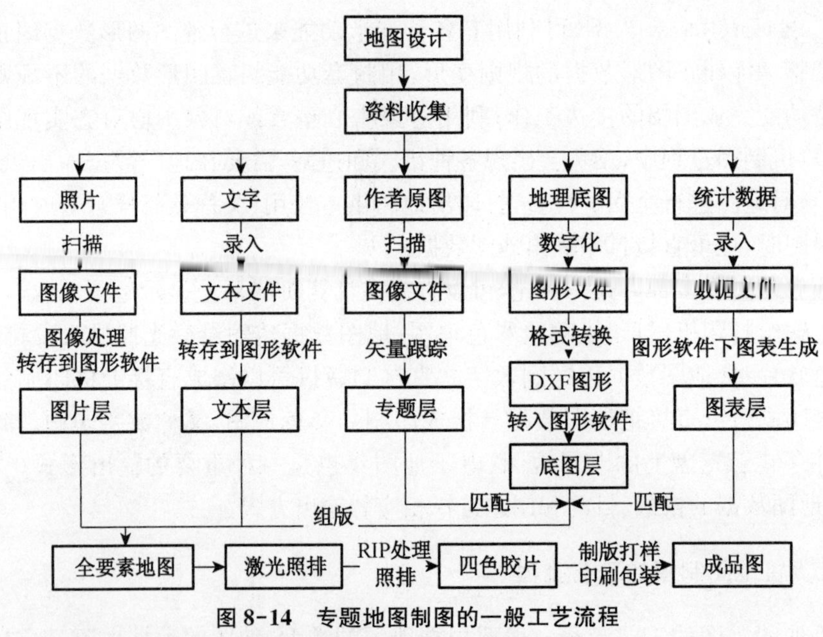

图 8-14　专题地图制图的一般工艺流程

资料来源：何宗宜. 计算机地图制图[M]. 北京：测绘出版社，2008.

四、计算机地图制图系统的软硬件构成

计算机地图制图系统是以通用硬件和软件为基础构成的一种开放式系统。它以工作站或微机为核心，可以和各种输入输出设备连接，加上相应的软件，集成满足计算机地图制图和印刷要求。

(一) 硬件设备

计算机地图制图系统硬件由图形图像输入设备、数据处理设备(计算机)和输出设备组成。输入设备包括手扶跟踪数字化仪、大幅面高精度的扫描仪、电子分色机、数码相机等；计算机可以是微机、图形工作站等，一般要求硬盘和内存容量较大，显卡性能较好，图形显示器的尺寸相对也要大一些；输出设备包括大幅面喷墨绘图仪、激光打印机、激光胶片输出机、数字制版机、数字印刷机等。对于大型的制图系统，多台微机之间联成网络，输入输出设备是共用的，计算机和外设设备在数量上有一定的比例关系，大型的输入输出设备有专用的微机进行驱动和管理。

1. 输入设备

输入设备是指将文字、图形、图像信息输入计算机的设备。信息存储介质和存储方式不同，它们所需的输入设备也不同。存储在纸张或胶片上的地图原稿、照片、反转片，需要的输入设备是扫描仪、电子分色机、数码相机；对于线划图形，可以用数字化仪，也可利用大幅面扫描仪经图像扫描和屏幕数字化等方式获取数据。

(1) 扫描仪简介

扫描仪是一种计算机外部仪器设备，它利用光电技术和数字处理技术，以扫描方式捕获图像，并将之转换成计算机可以显示、编辑、存储和输出的数字图像信息。照片、文本页面、图纸、美术图画、照相底片、菲林软片，甚至纺织品、标牌面板、印制板样品等三维对象都可作为扫描对象。

在地图制图应用中，可利用扫描仪将存储在纸张或胶片上的地图资料、地图原稿、照

片、反转片等制图有关信息扫描数字化，然后输入计算机。

扫描仪的种类繁多，分类的方式有多种。按原稿架形分为平板式扫描仪和滚筒式扫描仪；按扫描仪幅面分主要有 A0、A1、A2、A3、A4 幅面扫描仪；根据扫描仪扫描介质不同，扫描仪又可分为名片扫描仪、底片扫描仪、馈纸式扫描仪、文件扫描仪、实物扫描仪等；根据使用方式还可分为台式扫描仪、手持式扫描仪、笔式扫描仪等；按扫描后图像的维数可分为 2D 扫描仪和 3D 扫描仪等。对于地图资料的扫描，根据资料特点，可能需要不同类型的扫描仪。例如，普通的单幅图件用滚动式扫描仪（图 8-15），超大开本地图集用平板式扫描仪，珍稀古旧地图用高精度仿真非接触式扫描仪。

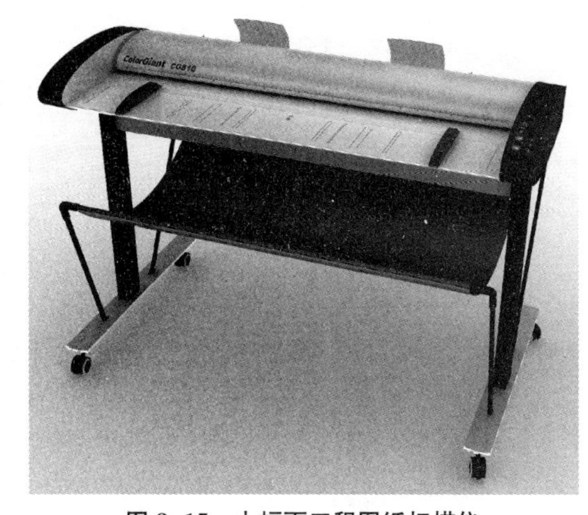

图 8-15　大幅面工程图纸扫描仪

资料来源：http://www.ftc.net.cn/pd.jsp?id=5#_pp=116_441

扫描仪的性能指标直接影响到数据质量和生产效率，主要的技术指标包括：

① 分辨率。是扫描仪最主要的技术指标，它表示扫描仪对图像细节上的表现能力，即决定了扫描仪所记录图像的细致度，其单位为 PPI(Pixels Per Inch)。通常用每英寸长度上扫描图像所含有像素点的个数来表示，大多数扫描仪的分辨率在 300～2 400 PPI 之间。

② 动态范围。动态范围也叫密度值，指扫描仪所能识别出原稿层次变化的密度范围，是表示扫描仪所能允许的色调值宽度范围，即从近白色到近黑色的范围。动态范围越大，所能表现的层次越丰富，所包含的色彩空间也越广。

③ 色彩深度：又称色彩位数，是指扫描仪对图像进行采样的数据位数，也就是扫描仪所能辨析的色彩范围。目前有 18 位、24 位、30 位、36 位、42 位和 48 位等多种。应该说，色彩位数越高，扫描仪越具有提高扫描效果还原度的潜力。

④ 接口类型。是指扫描仪与计算机连接的方式，主要有 SCSI、EPP、USB、Firewire (IEEE 1394)等接口方式，直接关系到扫描仪作为输入设备的工作效率。

(2) 数字化仪简介

数字化仪是一种高精度的图形输入设备，它以跟踪地图单要素线划方式将图形进行数字化，数字化的结果是把图形全部转换为以矢量方式表示的数据。说得通俗一些，数字化仪就是一块超大面积的手写板，用户可以通过用专门的电磁感应压感笔或光笔在上面写或者画图形，并传输给计算机系统。20 世纪 70 年代曾研制出半自动和全自动跟踪数字化仪，目前生产中仍以手扶跟踪数字化仪为主要设备。

手扶跟踪式数字化仪主要由数字化仪面板和定标两部分组成（图 8-16）。数据输入时，先将地图贴在图形输入板上，利用定标器在数字化板表面上移动可将地图图形坐标逐点、逐线数字化输入计算机。操作方式主要有点方式、时间方式和距离方式等。点方式即由操作员控制，遇到所需记录的点时按动释放键予以记录。时间方式每经过一定的时间间隔(0.01～1 s 之间)就自动读点，并自动记录跟踪头瞬间位置。距离方式是跟踪头在 X 和 Y 方向上移动一定距离间隔(0.1～10 mm 之间)就自动读点，并自动记录跟踪头当前的位置。

图 8-16　数字化仪

资料来源：http://www.windacadcam.com

数字化仪的主要性能指标有幅面、精度、分辨率、数据传输速率、接口类型等。目前中档数字化仪的精度为±0.254 mm 左右；分辨率是指数字化仪面板每英寸内能够辨认的线数，线数越多，分辨率越高。从幅面看，常见的有 A00（1 118 mm×1 524 mm）、A0（914 mm×1 219 mm）、A1、A2、A3、A4 等规格。

2. 输出设备

图形图像输出设备可分为两类，一类是软输出设备，主要有图形显示器、投影仪、大屏幕系统等；另一类是硬输出设备，包括打印机、激光照排机、直接制版机和数字式直接印刷机等。

（1）打印机

打印机用于将计算机处理结果打印在相关介质上。打印机种类很多，按打印元件对纸是否有击打动作，分为击打式打印机与非击打式打印机；按打印字符结构，分为全形字打印机和点阵字符打印机；按一行字在纸上形成的方式，分为串式打印机与行式打印机；按所采用的技术，分为喷墨式、热敏式、激光式、静电式、磁式等类型。

彩色喷墨打印机是经济型的非击打打印机，目前分辨率高达 1 440 DPI，精度已达到激光打印机水平，一般有四个独立的打印头，分别打印 C、M、Y、K 四色。大型彩色喷墨打印机在制图领域也常称为绘图仪、工程绘图仪（图 8-17），其打印宽度可达 1.57 m。

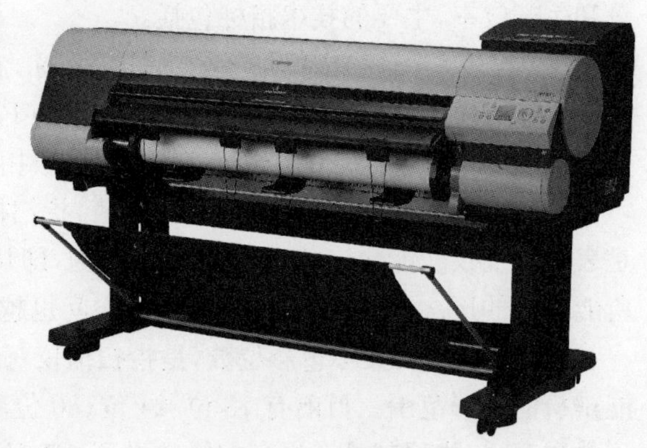

图 8-17　工程绘图仪

资料来源：http://www.canon.com.cn

激光打印机采用的是电子照相技术，利用激光束扫描光鼓，使感光鼓吸或不吸墨粉。彩色激光打印机是在普通单色激光打印机的黑色墨粉基础上增加了黄、品红、青三色墨粉，并依靠硒鼓感光四次，分别将各色墨粉转移到转印硒鼓上，转印硒鼓再将图形转印到打印纸上面，达到输出彩色图形的结果。彩色激光打印机具有精度高、速度快、成像精美等优点，然而其幅面受到一定限制。

热转印式彩色打印机是利用打印头的发热元件加热，使色带上的固态油墨转到打印媒体上，有四个与纸同样大小的色带，分别为 C、M、Y、K。热转印打印出来的产品，经得起时间考验，可以长期保持不退色，不会因为接触溶剂或温度较高就导致变形变色等。

除二维平面打印外，近年来 3D 打印技术也得到快速发展。3D 打印是快速成型技术的一种，它是一种以数字模型文件为基础，运用粉末状金属或塑料等可黏合材料，通过逐层打印的方式来构造物体的技术。3D 打印目前已开始应用于地图制图领域，据报道，有关军区测绘信息中心已研发并应用 3D 地形图打印系统；2016 年，河北省地理信息局地理空间技术创新基地研发了一套 3D 地图生产工艺流程，打印制作了河北省地貌图。

（2）激光照排机

激光照排机是在胶片或相纸上输出高精度、高分辨率图像和文字的打印设备。它的特点是输出精度要求高，输出幅面大，因此设备的制造难度也大，价格贵。主要有外滚筒式和内滚筒式(内鼓式)两种。

外滚筒式照排机的工作方式与传统电分机的工作方式类似，记录胶片附在滚筒的外圆周随滚筒一起转动，每转动一圈就记录一行，同时激光头横移一行，再记录下一行。这种照排机的优点是记录精度和套准精度都较高，结构简单，工作稳定，可以将记录幅面做得很大。

内滚筒式激光照排机，又称为内鼓式照排机，被认为是照排机结构中最好的一种类型，几乎所有高档照排机都采用这种结构。胶片吸附在滚筒内壁上，滚筒中间有一个转镜，激光通过转镜反射到胶片上，记录时，转镜转动并同时移动，胶片静止不动。这种结构具有记录精度高、幅面大、自动化程度高、操作简便、速度快等特点，但价格较昂贵。

照排机有各种幅面宽度，一般有正八开、大八开、正四开、大四开、对开和全开幅面，一般照排机都在最大幅面范围内可以换用几种不同幅面的胶片，以适应不同的幅面要求，达到节约胶片的目的。

(3) 数字制版机

数字制版是指用电子的方法直接把地图数据传送到一定介质上，制成可以直接上机印刷的印刷版的过程(即 Computer-to-Plate，简称 CTP)。

数字直接制版省去了胶片输出步骤，节约了成本，缩短了成图周期，提高了地图产品质量。数字式直接制版机的印版曝光装置基本与版材处理装置形成一体化，采用不同的版材，其制版设备结构也大不一样，如图 8-18 所示为辽宁大族冠华印刷科技股份有限公司生产的 HD670 热敏计算机直接制版机。CTP 版材是 CTP 技术的核心部分之一，版材种类繁多，在经过了激烈的竞争之后，热敏型、银盐型、光敏型 CTP 版材抢占了大部分市场。热敏型 CTP 版材现在主要有热熔解型和热交联型两种，主要优点是网点再现性好，分辨力高，网点边缘锐利清晰，印刷时容易达到水墨平衡，经烤版后的版材耐印力可达 100 万印以上。

图 8-18　热敏计算机直接制版机

资料来源：http://www.gronhi.com/

(4) 数字印刷机

数字印刷是指用电子的方法直接把地图数据转换成印刷品的一种印刷复制过程。根据印刷工艺和机器性能不同，主要有无压印刷和有压印刷两种方式。以德国海德堡公司 1996 年推出的快霸数字直接成像胶印机 QMDI46 为例，与传统印刷机不同的是，该机无需出胶片，能自动完成出版和印刷。印刷厂商可以将客户已制作好的数字文件(包括 PS、PDF 等多种文件格式)传输至机器实现印刷。机器自动化程度高，换版、上版、套准、清洗、油墨参数设定、制版和印刷等所有步骤，全部由机器自动完成，印刷速度为每小时 1 万张，耐印率为 2 万张。由于出片、晒版等中间环节的减少，大大消除了过多人为因素的干扰，保证了印刷的质量。

（二）软件功能

计算机地图制图过程复杂，从资料数据获取、数据处理到最终的地图成品输出，大部分环节是在计算机环境中借助各类软件实现的。软件的主要功能是从不同信息源获取地图数据，并将地图数据处理成符合特定格式要求的数据集合，并实现纸质化输出。

从制图各环节的需求看，软件功能应包含地图数据处理、制图综合、制图表达、图件整饰、制图输出等方面，其中每一类别又涉及很多具体的功能。

1. 地图数据处理

编图时用到的各类资料很多，分类分级也很繁杂，新编图的信息也并非直接来自制图资料，因此需要对所用的地图资料（数据）进行整合和各类分析处理。包括数据输入与编辑、数据处理与变换、数据提取与统计、空间分析与模拟等多种类型数据处理。

如果收集的有些资料是纸质地图，为了满足计算机地图制图的要求，就必须先将纸质地图扫描，然后利用相应的软件，获取地图矢量数据。可利用扫描仪逐一对地理底图进行扫描，获得若干位图图像文件，并分别存储；利用图像处理软件对扫描后的图像进行拼接、纠正处理，生成数字栅格图像底图；再利用扫描矢量化软件进行矢量化和数据采集与编辑，获得需要的矢量地图数据。

如果地理底图数据与各种专题信息投影、坐标系、数据格式都存在差异，就必须对它们进行投影、坐标系、数据格式的转换。数据格式转换，可以利用多种图形图像处理软件，进行数据格式的转换，也可编程直接转换；地图投影转换，可以利用制图系统软件中的投影转换功能，将其转换为新编地图所需投影；不同大地坐标系资料的处理，可利用制图软件进行投影坐标的转换、坐标平移、图幅拼接等。

当资料图为分幅地图时，可利用制图软件生成理论图廓和经纬线网，然后在图像处理软件中，将扫描图幅中分幅的部分，利用经纬线网将其纠正到新生成的图幅中；当资料图为合幅地图时，可扫描要合幅的两幅图的底图，然后利用图像处理软件进行图像处理，将要拼接图幅的部分，纠正到新编图幅中。

在进行地图设计确定制图综合指标时，需要分析要素分布特征，如计算线状地物长度、密度、弯曲程度，可利用 GIS 软件的空间统计或形态分析工具，或采用二次开发方式编制程序进行计算。

如果新编图所表达现象的数量、分级、分类指标不能直接从资料图获取，则需利用 GIS 软件的各类空间分析功能进行计算，如根据居民点的人口数量计算区域人口密度、根据地形等高线数据计算地表破碎度并进行分级、根据犯罪事件发生点的分布进行平面或网络核密度估计和热点探测。

2. 制图综合

制图综合在地图编制中具有极其重要的地位，新编图的内容主要来源于各类地图资料，但必须根据地图设计书确定的综合指标进行取舍概括，包括确定各类要素的取舍数量、选取的数量或质量指标、选取地物的原则和次序等。

在传统手工地图制图时代，制图综合是用手工作业方式实现的，而在现代计算机数字地图制图时代，制图综合的理想方式是利用计算机程序进行自动综合。然而，由于制图综合的复杂性，现在仍没有一个能实施全部自动制图综合的软件。实际制图生产中，往往要采取一些过渡的办法，根据综合的性质、难易程度和软件的功能，确定制图综合的途径。也可以通过对制图资料地图的标描基本完成对图形的综合，将经过处理后的图形数字化输入计算机，这样就将制图数据处理的难度大大降低了。

对于属性数据的综合，如根据要素的数量或质量特征进行重新分类、分级，可直接采用GIS软件中较常见的数据综合功能。例如，利用土地利用类型图编制耕地资源图时，将二级类水田、水浇地、旱地合并为一级类耕地。

对于按特定标准（如长度、面积、等级、规模）进行的要素取舍，可直接利用属性查询工具，提取达到制图综合指标的地物，存储为综合后的新图层文件。

对于线、面等图形要素的化简，目前已发展了一些化简算法。例如，在线的化简方面，Li和Openshaw基于自然法则提出一种比例尺驱动的线综合算法，该算法中使用的参数是源比例尺、目标比例尺和最小可视尺寸，其中最小可视尺寸由实验所得，其图上大小大概为0.5～0.7 mm。这类图形综合可采用人机协同的方式进行，计算机最大限度地实施制图综合，人则是在关键环节控制制图综合的过程，例如，针对不同的目标确定不同的计算参数。

对于需考虑上下文的复杂群组要素的尺度变换，包括点群状、线网/簇状和面群状分布要素的尺度变换，目前仍是自动综合的难点和重点。在结构化的点群综合算法方面，艾廷华和刘耀林等提出一种基于Voronoi图的算法，该算法力图保持分布区域和相对密度这两个较重要的参数不变。线簇在地图上的典型代表是等高线，线网的典型代表是河系网和道路网。许多学者借助于等高线树来表达等高线之间的空间拓扑关系，进而设计相应的算法。道路网的典型综合方法有Stroke算法、网眼密度算法和基于拓扑相似性描述的算法。河系网的综合方法有基于选取指标的河系综合法、基于河系树的河网综合法、基于知识推理的河网综合法和考虑多因子影响的河网综合法。面群目标又分为离散的（如居民地）和连续的（如土地类型）两类。居民地综合算法中的代表是基于Gestalt原理和城市形态学的方法，连续面群的综合算法包括基于规则的植被地图综合方法、顾及空间关系维护的地块综合方法和基于Agent的地块综合方法。

3. 制图表达

计算机制图只是一种技术手段，对于制图生产而言，最终还要将各类地理信息按常规地图的表达方式进行符号化表示，通过整饰形成规范、美观的地图作品。制图表达功能因此成为计算机制图软件必备的基本功能，主要包括如下几个方面：

计算机地图符号的制作与管理。通过符号编辑工具，进行点、线、面等各类图形符号的设计。能通过符号组合派生新的符号；能修改设定多种图形变量参数，如线型、宽度、颜色、基本单元长度、基本单元间隔等。通过符号管理工具建立专题地图符号库，采用较通用的符号数据格式，实现不同软件间符号的共享，能导入并使用有关制图规范指定的符号集，或将用户设计的符号导出以便在其他制图环境中应用。此外，注记也是地图的重要内容之一，可视作特殊类型的地图符号，地图上图名可能采用艺术字体，部分要素的注记采用变形字（耸肩体、左斜体等），因此制图时也应准备必要的字库管理与编辑软件。汉字注记，特别是地名，会出现一些不常用的字，选择字库除要考虑字体齐全、字形美观外，还要考虑字库的容量大小。一般有汉仪字库、方正字库、文鼎字库、汉鼎字库、创艺字库、华文字库等。

地图符号的自动绘制。一幅地图往往有多种地理要素（基础地理要素和专题要素），每种要素包含大量同类地物，需要根据地物类型，在每个地物所处位置上，按设定的符号样式绘制符号图形，按拟定规则进行要素自动注记。与一般工程制图相比，地图上的符号更复杂，定位精度要求高，且地图制图对符号绘制提出了更多更具体的要求，如境界符号的绘制，需要考虑境界与河流、道路等其他要素之间的关系；河流、桥梁、道路等符号，绘制时需要考虑各符号的配合关系；为了使制图区域表达得更明显，需要对制图区域的界线增加晕边；河流符号从单线逐步过渡到双线时，需运用逐渐加粗的线状符号。目前计算机地图制图已基本解决各类符号的自动绘制，但实际工作中仍存在一些细节问题需要手工干预。

空间信息的专题表达。对于普通地图，各类基础地理要素普遍采用常规的点、线、面状符号予以表示。对于各类专题地图，其表达方法非常丰富，其中点数法、动线法、分区统计图表法、三角形图表法、金字塔图表法、剖面图法，以及一些新型表达方法（如夸张地图、夜景图、三维柱状网格图等），难以直接运用符号表示法，需要制图软件提供专门的模块，在分析空间数据特征基础上，自动进行分级分类，进行属性数据统计并生成特定样式的统计图表（如金字塔图表）或符号（如表达流场的规则箭头、流线），并在图面内选择合适的位置配置图表或符号。

4. 图面整饰、美化与组版

除数学基础和地理要素外，地图图面上还有大量辅助要素。对于专题地图或地图集，地图只是图面内容的一部分，以旅游图为例，图面会配置一定数量的照片、影像、表格或文字介绍，版面设计也相对自由。利用计算机编制地图，仅仅靠制图或 GIS 软件完成地图要素的符号化还远远不够，一般还需利用专业图形图像处理和排版软件，进行图面整饰、版面设计与美化等工作。版面整饰需要的功能主要有：

绘制地图整饰要素，包括图名、图边、图例、图幅号、接图表、行政隶属、比例尺、坡度尺、三北方向、密级、技术说明等。多数主流 GIS 软件包含这些功能，如绘制不同样式的比例尺、图边，但不一定能完全满足设计要求，例如，很多软件不支持复杂花边的绘制。

地图版式设计。提供不同类型的地图版式供修改选用，这类似于 PowerPoint 模板文件的功能，各类绘图元素的总体布局、样式、色彩搭配、背景底纹、边框式样等，直接影响到图件的总体视觉效果。

图形图像美化设计。计算机图形图像后期处理与图像美化在现代工业生产、广告设计、摄影等领域应用广泛，后期处理的优良与否是关系到整个图像表达效果的关键。为了提高地图的表现力和艺术效果，有必要借鉴平面设计的理论方法，运用平面设计中常用的软件工具，如图像处理软件 Photoshop，矢量设计软件 CorelDRAW、Illustrator、FreeHand，组版处理软件 PageMaker，进行各类构图要素的美化处理。例如，利用 CorelDRAW 可制作三维、镂空、发光或有金属质感的艺术字，在色彩层次和两个图形之间自动生成连续色调，在封闭图形内按指定色均涂或半透明处理；Photoshop 主要处理以像素所构成的数字图像，可利用其众多的编修与绘图工具，有效地进行图片编辑处理，主要功能包括色彩校正、图像调整、蒙版处理、几何变形等，特殊功能还有改变尺寸、清晰化、柔化处理、阴影特效、阶调变化、色彩校正等；组版软件 PageMaker 可以把各种处理好的矢量图形、文字块、图像块、地图辅助元素等内容配置在一起，形成一个完整的地图页面，并能按后续流程要求输出所需格式的文件。

参考文献

[1] 蔡孟裔,毛赞猷,田德森,等.新编地图学教程[M].北京:高等教育出版社,2000.

[2] 郭庆胜.地图自动综合理论与方法[M].北京:测绘出版社,2002.

[3] 何丽华,徐之俊.地图注记设计若干问题的探讨[J].地理空间信息,2011,9(6):153-154,12.

[4] 何宗宜.计算机地图制图[M].北京:测绘出版社,2008.

[5] 黄仁涛,庞小平,马晨燕.专题地图编制[M].武汉:武汉大学出版社,2003.

[6] 李海晨.专题地图与地图集编制[M].北京:高等教育出版社,1984.

[7] 廖克.现代地图学[M].北京:科学出版社,2003.

[8] 凌善金.地图艺术设计[M].合肥:安徽人民出版社,2007.

[9] 毛赞猷,朱良,周占鳌,等.新编地图学教程[M].北京:高等教育出版社,2008.

[10] 绍兴市土地勘测规划院,浙江省第一测绘院.绍兴市地图集[M].北京:中国地图出版社,2011.

[11] 田晶,黄仁涛.智能化专题地图内容选择的研究[J].地理空间信息,2007,5(3):123-127.

[12] 王家耀.普通地图制图综合原理[M].北京:测绘出版社,1993.

[13] 王光霞.地图设计与编绘[M].北京:测绘出版社,2011.

[14] 王家耀,李志林,武芳.数字地图综合进展[M].北京:科学出版社,2011.

[15] 王家耀,孙群,王光霞,等.地图学原理与方法[M].北京:科学出版社,2009.

[16] 杨萍,李森,魏兴琥,等.西藏综合自然与沙漠化地图集[M].北京:科学出版社,2013.

[17] 喻沧,廖克.中国地图学史[M].北京:测绘出版社,2010.

[18] 袁勘省.现代地图学教程[M].北京:科学出版社,2010.

[19] 张克权,黄仁涛.专题地图编制[M].北京:测绘出版社,1991.

[20] 张荣群,袁勘省,王英杰.现代地图学基础[M].北京:中国农业大学出版社,2005.

[21] 中国科学院南京地理与湖泊研究所.江苏省资源环境与发展地图集[M].北京:科学出版社,2009.

[22] 中国科学院南京地理与湖泊研究所.中国湖泊分布地图集[M].北京:科学出版社,2015.

[23] 中国科学院生态环境研究中心,世界自然基金会.澜沧江流域生物多样性格局与保护图集[M].北京:科学出版社,2014.

[24] 中华人民共和国国家质量监督检验检疫总局,中国国家标准化管理委员会.国家基本比例尺地形图图式第1部分:1∶500　1∶1 000　1∶2 000地形图图式 GB/T 20257.1—2007[S].北京:中国标准出版社,2007.

[25] 中华人民共和国国家质量监督检验检疫总局,中国国家标准化管理委员会.国家基本比例尺地形图图式第2部分:1∶5 000　1∶10 000地形图图式 GB/T 20257.2—2006[S].北京:中国标准出版社,2006.

[26] 中华人民共和国国家质量监督检验检疫总局,中国国家标准化管理委员会.国家基本比例尺地形图图式第3部分:1∶25 000　1∶50 000　1∶100 000地形图图式 GB/T 20257.3—2006[S].北京:中国标准出版社,2006.

[27] 中华人民共和国国家质量监督检验检疫总局,中国国家标准化管理委员会.国家基本比例尺地形图图式第4部分:1∶250 000　1∶500 000　1∶1 000 000地形图图式 GB/T 20257.4—2007[S].北京:中国标准出版社,2007.

[28] 中华人民共和国国家质量监督检验检疫总局,中国国家标准化管理委员会.国家基本比例尺地图编绘规范第1部分:1∶25 000　1∶50 000　1∶100 000地形图编绘规范 GB/T 12343.1—2008[S].北京:中国标准出版社,2008.

[29] 中华人民共和国国家质量监督检验检疫总局，中国国家标准化管理委员会. 国家基本比例尺地图编绘规范第 2 部分：1∶250 000 地形图编绘规范. GB/T 12343. 2—2008[S]. 北京：中国标准出版社，2008.

[30] 中华人民共和国国家质量监督检验检疫总局，中国国家标准化管理委员会. 国家基本比例尺地图编绘规范第 3 部分：1∶500 000　1∶1 000 000 地形图编绘规范 GB/T 12343. 3—2009[S]. 北京：中国标准出版社，2009.

[31] 中华人民共和国国家质量监督检验检疫总局，中国国家标准化管理委员会. 公共地理信息通用符号 GB/T 24354—2009[S]. 北京：中国标准出版社，2009.

[32] 祝国瑞，尹贡白. 普通地图编制[M]. 北京：测绘出版社，1983.

[33] 祝国瑞，郭礼珍，尹贡白，等. 地图设计与编绘[M]. 武汉：武汉大学出版社，2001.